无人机应用技术专业新形态系列教材（总主编：何先定　刘建超　李屹东）

无人机
飞 行 原 理

主　编　王永虎　王福成
副主编　何云华　熊　斌

课程思政　　　资源库　　　校企合作

西南交通大学出版社
·成 都·

图书在版编目（CIP）数据

无人机飞行原理 / 王永虎，王福成主编. —成都：
西南交通大学出版社，2022.3（2025.1 重印）
ISBN 978-7-5643-8463-0

Ⅰ. ①无… Ⅱ. ①王… ②王… Ⅲ. ①无人驾驶飞机
－飞行原理 Ⅳ. ①V279

中国版本图书馆 CIP 数据核字（2021）第 257354 号

Wurenji Feixing Yuanli
无人机飞行原理

主编　王永虎　王福成

责任编辑	何明飞
封面设计	吴　兵

出版发行	西南交通大学出版社
	（四川省成都市金牛区二环路北一段 111 号
	西南交通大学创新大厦 21 楼）
邮政编码	610031
发行部电话	028-87600564　028-87600533
网址	http://www.xnjdcbs.com
印刷	四川森林印务有限责任公司

成品尺寸	185 mm × 260 mm
印张	24
字数	599 千
版次	2022 年 3 月第 1 版
印次	2025 年 1 月第 3 次
定价	68.00 元
书号	ISBN 978-7-5643-8463-0

课件咨询电话：028-81435775
图书如有印装质量问题　本社负责退换
版权所有　盗版必究　举报电话：028-87600562

李懿珂 成都纵横大鹏无人机科技有限公司	李志鹏 中航（成都）无人机系统股份有限公司
李志异 成都航空职业技术学院	廖开俊 中国人民解放军空军第一航空学院
刘 驰 四川航天中天动力装备有限责任公司	刘 夯 成都纵横大鹏无人机科技有限公司
刘佳嘉 中国民用航空飞行学院	刘 健 山西机电职业技术学院
刘 静 重庆科创职业学院	刘明鑫 成都航空职业技术学院
刘 霞 重庆航天职业技术学院	马云峰 成都纵横大鹏无人机科技有限公司
梅 丹 中国人民解放军海军工程大学	牟如强 成都理工大学工程技术学院
潘率诚 西华大学	屈仁飞 成都西南交大研究院有限公司
瞿胡敏 四川傲势科技有限公司	任 勇 重庆电子工程职业学院
沈 挺 重庆交通大学	宋 勇 四川航天中天动力装备有限责任公司
唐 斌 成都航空职业技术学院	田 园 成都航空职业技术学院
王 聪 成都航空职业技术学院	王国汁 中航（成都）无人机系统股份有限公司
王 进 成都纵横大鹏无人机科技有限公司	王朋飞 西安航空职业技术学院
王 强 成都航空职业技术学院	王泉川 中国民用航空飞行学院
王思源 成都航空职业技术学院	王文敬 中国民用航空飞行学院
王 旭 成都航空职业技术学院	王 洵 成都航空职业技术学院
魏春晓 成都航空职业技术学院	吴 可 重庆交通大学
吴 爽 中航（成都）无人机系统股份有限公司	谢燕梅 成都航空职业技术学院
邢海涛 云南林业职业技术学院	熊 斌 西南大学
徐风磊 中国人民解放军海军工程大学	许开冲 成都纵横自动化技术股份有限公司
闫俊岭 重庆科创职业学院	严向峰 成都航空职业技术学院
杨 芳 成都航空职业技术学院	杨谨源 中航教育科技（天津）有限公司
杨 琴 成都理工大学工程技术学院	杨 锐 成都纵横自动化技术股份有限公司
杨少艳 成都航空职业技术学院	杨 雄 重庆航天职业技术学院
杨 雪 成都航空职业技术学院	姚慧敏 成都航空职业技术学院
尹子栋 成都航空职业技术学院	游 玺 成都纵横大鹏无人机科技有限公司
张 捷 贵州交通技师学院	张 梅 成都农业科技职业学院
张 松 四川零坐标勘察设计有限公司	张惟斌 西华大学
张 伟 成都纵横大鹏无人机科技有限公司	赵 军 重庆电子工程职业学院
郑才国 成都理工大学工程技术学院	周 彬 重庆电子工程职业学院
周佳欣 成都航空职业技术学院	周仁建 成都航空职业技术学院
邹晓东 中航（成都）无人机系统股份有限公司	

近年来，我国无人机产业迅猛发展。工信部 2017 年 12 月发布的《关于促进和规范民用无人机制造业发展的指导意见》，以及我国航空运输协会发布的《2019 中国民用无人机发展报告》等文件均显示，当前我国民用无人机产业发展势头强劲，包括无人机产品、企业、规模等都增长明显。2019 年以来，教育部批准开设无人驾驶系统工程专业的高等院校达 20 多所，这为无人机行业的发展提供了充足的人才储备。

为了顺应无人机产业发展和行业单位用人需求，高质量建设高校无人驾驶系统工程及其相关专业方向，依据无人驾驶系统工程专业人才培养目标、最新专业课程标准以及《民用无人机驾驶员管理规定》，高等院校一般会将无人机飞行原理作为一门专业必修课程。编者通过与相关无人机企业的专业人士深度交流和探讨，结合多年的飞行原理授课经验，以及对 AOPA 无人机执照考试的理解，涵盖多位参编者集体智慧，融合相关的专业知识、工作经验和对行业的认知编写了本书。考虑将无人机的多样性、理论性与实用性相结合，本书力求结构合理，内容宽泛适度、深浅适中，在编写风格上，深入浅出，通俗易懂，图文并茂，给读者提供必要的基础知识与先进信息，具有基础性、系统性、应用性等特点。

本书积极探索思政元素融入教材的新路径、新方法，推进课程思政建设。借助每一章的"航空思政讲坛"环节，西南大学马克思主义学院的思政教育者熊斌副教授团队搜集大量相关资料进行整理和拓展，通过航空历史故事、航空发展的案例讲述，展现一代中国航空人的理想信念、家国情怀、创新精神、工匠精神。在知识传授、智能培养的过程中加强价值引领，让学生学习诚实守信、善于沟通、团结互助、爱岗敬业、感恩坚守等优良品质，于潜移默化中融入思政教育，提升读者的思想境界，真正让该书成为具有"思政味道"的航空工程专业书籍。

按照无人机构型的多样性以及飞行原理的差异性，将此书内容分为 5 大部分：第 1 篇为基础知识，第 2 篇为固定翼无人机，第 3 篇为单旋翼无人机，第 4 篇为多旋翼无人机，第 5 篇为复合翼及其他类型无人机。其中，绪论由王永虎编写；第 1 章由王福成、王永虎编写；第 2、3 章由王永虎、何云华编写；第 4 章由何云华、王永虎编写；第 5 章由王永虎、曹跃杰编写；第 6、7、8 章由王永虎编写；第 9、10 章由王福成、史睿哲编写；第

11、12、13 章由付鹏编写，曹跃杰整理。另外，所有章节中的"航空思政讲坛"由熊斌、游志莲、邹欢编写。黄中桓提供了局方和行业制定的无人机法规和运行标准（清单见附录）。全书由王永虎和王福成统稿及校对。

本书的编写得到西北工业大学民航学院、中国民用航空飞行学院、重庆交通大学航空学院、西南大学马克思主义学院、成都工业学院等高校的大力支持，以及重庆市公安局警航办、四川省公安厅警航办、成都纵横无人机公司、重庆驼航科技有限公司等行业单位专业无人机教员和飞手的指导和帮助，在此深表感谢。同时，在本书编写的过程中，参考了大量教材、文献，并引用了网络资源资料和相关单位的影像、资料，有些引用体现在参考文献中，有些未能同原作者取得联系，在此一并表示衷心感谢。

本书可作为高等院校无人机等相关专业学生的专业教材，也可作为面向新时代要求的第二课堂前沿微课的辅助教材，还可作为从事无人机研发、制造、使用维护和培训工作人员，广大无人机爱好者的参考读物。

由于时间仓促和精力所限，书中难免会有一些疏漏和不足之处，敬请各位同行、专家和读者指正和交流。

编　者

2021 年 10 月

第 3 篇　单旋翼无人机

第4篇　多旋翼无人机

第5篇　复合翼无人机

第 1 篇

基 础 篇

　　本篇主要通过了解无人机的发展历史，知晓无人机的产生、发展、不断完善的过程，强调无人机与航模的区别，以及涉及国家民航局和各地方管理局公布的规章体系和行业标准。同时，了解无人机在使用过程中可以获取的飞行类执照；机翼飞行原理涉及的航空气象基础知识，包括无人机的飞行环境、风场等，掌握无人机翼型和桨型的基础知识。

0 绪　论

无人驾驶飞机简称"无人机"，实际上是无人驾驶飞行器的统称，它与载人飞机相比，具有明显的行业应用优势。世界上第一架无人机诞生于 1917 年，而无人机真正投入作战始于越南战争，主要用于战场侦察。随后，在中东战争、海湾战争、科索沃战争、阿富汗战争、伊拉克战争（第二次海湾战争）等局部战争中，无人机频频亮相、屡立战功。尤其在阿富汗战场上，无人机更是当之无愧的主角，多次成功实施"斩首"行动。

目前，无人机从最初的军用领域逐渐扩展到消费领域，消费级无人机市场十分火热，普通民众对无人机的认可程度和需求度也在逐渐攀升。现在无人机已经成为我国少有的在整体水平上步入世界一流，在部分品种和技术上走在世界前列的领域。

0.1　定义和概念

无人机（Unmanned Aircraft，UA）是由控制站管理（包括远程操纵或自主飞行）的机上无人驾驶的航空器，也称远程驾驶航空器（Remotely Piloted Aircraft，RPA）。

自主航空器（Autonomous Aircraft）是指飞行过程中驾驶员全程或者阶段无须介入控制的无人驾驶航空器。

无人机系统（Unmanned Aircraft System，UAS），也称远程驾驶航空器系统（Remotely Piloted Aircraft Systems，RPAS），是指由无人机、相关控制站、所需的指令与控制数据链路及设计规定的任何其他部件组成的，能完成特定任务的系统。

美国联邦航空局（FAA）将无人机正式命名为 Unmanned Aerial Vehicle（UAV）或 Unmanned Aircraft System（UAS），即无人飞行载具或称无人飞行器系统。虽然中国民航局（CAAC）将无人机的正式英文名命名为 Unmanned Aircraft，但国内外科技界很少使用这个单词，更多将其称为"Drone"，这是从法语转来的词汇，如无人机战争（drone warfare）、无人机产业（drone industry）等。

还有，在英语中最常用的 UAV（Unmanned Aerial Vehicle）和 RPA（Remotely Piloted Aircraft）都可以认为是无人机，但严格意义上，前者指自主无人机，后者指现有的所有无人机，即遥控飞行器。遥控驾驶航空器和自主航空器统称无人机，但不包括模型航空器。

从某种角度来看，无人机可以在无人驾驶的条件下完成复杂空中飞行任务和各种负载任务，可以被看成"空中机器人"。但真正的无人机是自主（控制）无人机，或可直称智能（AI）无人机，是指在飞行或执行任务时，完全不需要人去操纵和控制的无人机。

0.2 无人机分类

无人机是迄今为止品种最复杂、应用领域最广的航空器,在构型、用途、尺寸、质量、航程、航时、飞行高度、飞行速度等多方面有着很大差异。

目前,我国对无人机驾驶航空器实施两级三类五型管理。2013 年 11 月,中国民用航空局下发了《民用无人驾驶航空器系统驾驶员管理暂行规定》,由中国 AOPA 协会协助负责民用无人机的相关管理。

由于无人机的多样性,产生了多种分类方法(图 0.1):按照使用等级分为国家无人机和民用无人机;按照运行管理分为开放类、特许类和审定类三类;按照重量和性能分为微型、轻型、小型、中型和大型五型。

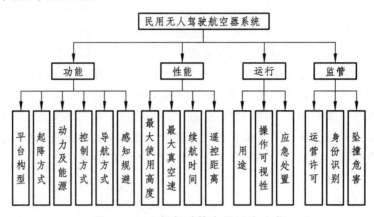

图 0.1 无人机驾驶航空器系统分类

1. 基于平台构型的分类

基于平台构型无人机可分为:固定翼、直升机(单旋翼)、多旋翼、其他构型(如扑翼无人机、倾转旋翼、复合翼无人机等)。主要机型包括无人飞机(固定翼无人机)、无人直升机、无人多旋翼飞行器、无人自转旋翼机、无人飞艇、无人伞翼机等,相对常用的是前三种。

无人飞机是军用和多数民用无人机的主流样式,特点是飞行速度较快;无人直升机是灵活性最强的无人机平台,可以原地垂直起飞和悬停;无人多旋翼机是消费类和部分工业级民用用途的首选平台,灵活性介于无人飞机和直升机之间,且操纵简单、成本较低。

2. 基于起降方式的分类

(1)基于起飞方式无人机分为:滑跑起飞、垂直/短距起飞、导轨动能弹射、气压弹射/液压弹射/橡筋弹射/电磁弹射、空中挂飞投放、火箭助推、车载助飞、手抛起飞等。

(2)基于降落方式无人机可分为:滑跑着陆、垂直降落、伞降回收、空中拦收、撞网/撞绳拦阻回收、气囊回收等。

3. 基于动力的分类

基于动力无人机可分为:活塞发动机(往复式、转子等)、涡轮发动机、电动机、火箭发动机、压缩空气驱动动力、组合/混合动力等,见表 0.1。

表 0.1 按照发动机类型分类

序号	名称	发动机类型	发动机型号	推力/功率
1	Global Hawk	Turbofan	Rolls-Royce AE 3007	34 kN
2	GeneraJ Atomics Avenger	Turbofan	Pratt & Whitney PW500	17.7 kN
3	MQ-1 Predator A	piston	Rotax 914	115 hp
4	MQ-9 Reaper	Turboprop	Honevwell TPE333-10	900 hp
5	RQ-7 Shadow 200	Piston	UEL AR 741	28.3 kW
6	Northrop Grumman Firebird	Piston	Lycoming TO-540	260 kW
7	DJI Mavic 2 Pro quadcopter	Electric	4820 mAh at 15.2V	4×73 W
8	AeroVironment RQ-11 Raven	Electric	Aveox brushless 27/26/7	250 W
9	Arcturus UAV T-20	Piston	Avgas 110 LL	7.5 kW
10	Aurora Perseus B	Piston	Rotax 94	73 kW

4. 基于能源的分类

基于产生动力的能源无人机可分为：

（1）燃料：甲醇、生物燃料等。

（2）燃油：航空煤油（重油）、汽油、柴油等。

（3）电池：锂电池、氢电池、燃料电池等；组合/混合能源等。

（4）其他：太阳能、风能等。

所以，与有人机一样，无人机可分为油动无人机、电动无人机、固态氧化物燃料无人机、太阳能无人机、混合动力无人机。油动包括燃油驱动活塞、涡喷、涡轴等；电动包括多样化的电力来源驱动电机，如燃料电池、太阳能电池、超级电容器、无线能量传输或其他种类的电池等。无人机常用电池见表 0.2。

表 0.2 无人机用电池类型

序号	电池类型	能量密度 $E_D/(W \cdot h/kg)$	比功率	缩写	额定电压/V
1	锂离子电池	100~250	300~900 kJ/kg	Li-ion	3.6~3.8
2	聚合物锂电池	100~265	360~950 kJ/kg	LiPo	
3	镍镉电池	40~60	150 W/kg	NiCd	1.2
4	铅酸电池	30~42	180 W/kg		2.1
5	镍氢电池	60~120	250~1 000 W/kg	Ni-MH	1.2
6	碱性电池	160Wh/L		L	1.5

5. 基于控制方式的分类

基于控制方式无人机可分为：

（1）人工遥控：驾驶员使用指令通过舵面或者控制增稳功能进行直接操纵。

（2）自动控制：机载系统按照预先输入的飞行计划和性能约束，在全飞行任务范围内自动连接连续完成飞行任务，机载系统可根据不同的飞行阶段及设备有效状态提供安全保护和故障处理功能。

（3）自主控制：具备自适应和自决策能力的程序控制飞行。

（4）组合控制方式。

6. 基于导航方式的分类

基于导航方式无人机可分为：

（1）惯性导航。

（2）卫星导航。

（3）无线电导航。

（4）组合导航。

（5）其他（图像匹配导航、天文导航等）。

7. 基于感知与规避能力的分类

基于感知与规避能力无人机可分为：

（1）Ⅰ类：具备感知与规避能力。

（2）Ⅱ类：不具备感知与规避能力。

8. 基于最大设计适用高度的分类

基于最大设计适用高度无人机可分为：

（1）Ⅰ类：最大设计适用高度不大于 20 m（相对高度）。

（2）Ⅱ类：20 m（相对高度）<最大设计适用高度≤50 m（相对高度）。

（3）Ⅲ类：50 m（相对高度）<最大设计适用高度≤120 m（相对高度）。

（4）Ⅳ类：120 m（相对高度）<最大设计适用高度≤600 m（相对高度）。

（5）Ⅴ类：600 m（相对高度）<最大设计适用高度≤3 000 m（相对高度）。

（6）Ⅵ类：最大设计适用高度大于 3 000 m（相对高度）。

常见不同升限的无人机见表 0.3。

表 0.3　各种不同升限的无人机

序号	名称	起飞质量/kg	载荷	机翼面积/m²	b/m	功率或推力	实用升限	最大速度	航程	航时/h
1	Predator B Reaper	4 760	1 700 kg	20.2	20.1	712 kWTurboprop	50 000 ft	260 knot	5 926 km	14～28
2	Global Hawk	14 628	2 000 lb	69	39.9	31.4 kNTurbofan	65 000 ft	V_c345 knot	14 000 nm	41
3	Predator A	1 020	—	11.5	14.8	86 kwPiston	25 000 ft	117 knot	726 km	24
4	YaInaha R-MAX	94	30 kg	Rotor diameter: 3.115 m	—	15.4 kWPiston	—	—	1 hour	—
5	ScanEagle	18	—	—	3.1	1.5hpPiston	16 000 ft	70 knot		20+
6	X-45A UCAV	6 804			10.23	31.4 kNTurbofan		Mach 0.75		
7	X-45C UCAV	16 555			14.9	50.03 kNTurbofan	12.19 km	Mach 1	2 220 km	
8	RQ-5A Hunter	885	90 kg	14.28	10.57	2×64 hpPiston	18 000 ft	89 knot	125 km	12
9	RQ-7 Shadow 200	170	—	4.5	4.3	28 kwPiston	15 000 ft	110 knot	400 km	6
10	Raven	1.9	0.4 kg	0.32	1.37	250 WElectric	—	30 km/hr	10 km	1

9. 基于最大真空速的分类

基于最大真空速无人机可分为：

（1）Ⅰ类：最大真空速不大于 50 km/h。

（2）Ⅱ类：50 km/h<最大真空速≤120 km/h。

（3）Ⅲ类：120 km/h<最大真空速≤367.5 km/h（0.3 Ma）。

（4）Ⅳ类：367.5 km/h（0.3 Ma）<最大真空速≤980 km/h（0.8 Ma）。

（5）Ⅴ类：980 km/h（0.8 Ma）<最大真空速≤1 470 km/h（1.2 Ma）。

（6）Ⅵ类：最大真空速大于 1 470 km/h（1.2 Ma）。

10. 基于续航时间的分类

基于续航时间无人机可分为：

（1）Ⅰ类：续航时间≤0.5 h。

（2）Ⅱ类：0.5 h<续航时间≤2 h。

（3）Ⅲ类：2 h<续航时间≤12 h。

（4）Ⅳ类：12 h<续航时间≤24 h。

（5）Ⅴ类：续航时间大于 24 h。

11. 基于遥控距离或活动半径的分类

基于遥控距离无人机可分为：

（1）Ⅰ类：遥控距离≤50 m。

（2）Ⅱ类：50 m<遥控距离≤1 km。

（3）Ⅲ类：1 km<遥控距离≤50 km。

（4）Ⅳ类：50 km<遥控距离≤200 km。

（5）Ⅴ类：200 km<遥控距离≤500 km。

（6）Ⅵ类：遥控距离大于 500 km。

根据活动半径，无人机也可以分为超近程无人机、近程无人机、短程无人机、中程无人机和远程无人机。

（1）超近程无人机：活动半径在 15 km 以内。

（2）近程无人机：活动半径在 15 ~ 50 km。

（3）短程无人机：活动半径 50 ~ 200 km。

（4）中程无人机：活动半径在 200 ~ 800 km。

（5）远程无人机：活动半径大于 800 km。

各种不同航时和航程的无人机见表 0.4。

表 0.4　各种不同航时和航程的无人机

序号	名称	航时	航程	起飞质量/W_{TO}	载荷重量/W_{PL}	W_{PL}/W_{TO}
1	RQ-4 Global Hawk	32 hours	22 800 km	32 250 lbs	3 000 lbs	0.093
2	Raven RQ-1IB	90 minutes	10 km	4.2 lbs	6.5 oz	0.097
3	Scan Eagle	23 hours	100 km	48.5 lbs	13 lbs	0.27

序号	名称	航时	航程	起飞质量/W_{TO}	载荷重量/W_{PL}	W_{PL}/W_{TO}
4	RQ-7B Shadow	7 hours	110 km	375 lbs	100 lbs	0.27
5	MQ-IC Gray Eagle	30 hours	3 750 km	3 600 lbs	800 lbs	0.22
6	A-160 Hummingbird	24 hours	4 023 km	6 500 lbs	1 000 lbs	0.15
7	MQ-8 Fire Scout	8 hours	203 km	3 150 lbs	500 lbs	0.16
8	Black Eagle 50	4 hours	260 km	77 lbs	22 lbs	0.28
9	Silver Fox	12 hours	32 km	28 lbs	4 lbs	0.14
10	Killer Bee	18 hours	100 km	250 lbs	20 lbs	0.08
11	Northrop Grumman Firebird	40 hr	11 200 km	5 000 lbs	1 240 lbs	0.25
12	RQ-5 Hunter	21 hr	125 km	885 kg	90 kg	0.102
13	Yamaha RMAX	1 hour	90 km	94 kg	31 kg	0.33
14	Predator B Sky Guardian	30 hours	11 000 km	4 500 kg	340 kg internal payload+1 360 kg external payload	0.38

12. 基于用途分类

基于用途无人机可分为以下类型（除农业植保用途外，其他用途允许一机多用）：农业植保、电力巡线、道路监视、航空拍摄、航空遥感、海洋监测、物流空运、航空体育、气象探测、环境保护、森林防护、水务监管、空地通信、影视航拍、消费娱乐等。

13. 基于操作可视性的分类

基于操作可视性无人机可分为：

（1）目视视距内操作：在满足一定的气象条件下，无人驾驶航空器处于驾驶员（或观察员）直接目视视距内半径 500 m，飞行真空不大于 120 m 的区域内。

（2）目视视距外操作：在目视视距以外运行。

14. 基于应急处置的分类

民用无人驾驶航空器系统的应急处置有以下几类，可单独或组合应用：一键迫降、自动悬停、失控返航、在线监控、手动避障、低电返航、降落伞备降。

15. 基于运营许可的分类

从运营许可视角综合考虑民用无人驾驶航空器系统的重量、动能、飞行高度、飞行速度、应急处置等，评估运营风险，可将民用无人驾驶航空器系统分为：

（1）开放类：低风险民用无人驾驶航空器系统，运营时无需适航审定，也没有针对运营商和飞行员的资质要求。

（2）特许经营类：中等风险民用无人驾驶航空器系统，运营时需要通过额外的限制或通过对设备和人员能力提出更高的要求来控制风险。

（3）审定类：高风险民用无人驾驶航空器系统，运营的风险上升到载人航空器的风险水平，运营时需要通过与有人机类似的适航审定程序。

16. 基于身份识别的分类

基于身份识别无人机可分为：

（1）不可识别：不具备任何身份标识。

（2）静态可识别：未安装支持身份识别的设备和软件，但可通过铭牌、二维码等实现识别。

（3）动态可识别：

① 动态被动识别，即运行中应答监管平台发送的身份核实信息。

② 动态主动识别，即运行中主动向监管平台报告身份信息。

17. 基于坠撞危害的分类

基于坠撞危害（坠撞危害用动能表征）无人机可分类为：

（1）Ⅰ类：动能≤10 kJ。

（2）Ⅱ类：10 kJ<动能≤95 kJ。

（3）Ⅲ类：95 kJ<动能≤1 000 kJ。

（4）Ⅳ类：动能>1 000 kJ。

其中，动能计算公式为

$$E_{DN} = \frac{1}{2}mv_{DX}^2 \tag{0.1}$$

式中　E_{DN}——飞行撞击功能，焦耳（J）；

　　　m——无人驾驶航空器运行质量，千克（kg）；

　　　v_{DX}——等效速度（1.4倍最大飞行速度），米每秒（m/s）。

18. 按照运行风险分类

无人机按运行风险大小分类见表0.5。

表0.5　无人机的分类（按运行风险大小分）

无人机的分类	无人机的运行风险大小
微型无人机	空机质量小于0.25 kg，设计性能同时满足飞行真高不超过50 m、最大飞行速度不超过40 km/h、无线电发射设备符合微功率短距离无线电发射设备技术要求的遥控驾驶航空器
轻型无人机	同时满足空机质量不超过4 kg、最大起飞质量不超过7 kg、最大飞行速度不超过100 km/h，具备符合空域管理要求的空域保持能力和可靠被监视能力的遥控驾驶航空器（不包括微型无人机）
小型无人机	空机质量不超过15 kg，或最大起飞质量不超过25 kg的无人机（不包括微型、轻型无人机）
中型无人机	最大起飞质量超过25 kg不超过150 kg，且空机质量超过15 kg的无人机
大型无人机	最大起飞质量超过150 kg的无人机

19. 按照民航法规分类

根据2015年中国民航局发布针对民用无人机运行管理的咨询通告《轻小型无人机运行管

理规定（试行）》，将无人机进行分类见表 0.6。

表 0.6　无人机的分类（按民航法规分）

分类	空机质量/kg	起飞全重（质量）/kg
I	0<W≤1.5	
II	1.5<W≤4	1.5<W≤7
III	4<W≤15	7<W≤25
IV	15<W≤116	25<W≤150
V	植保类无人机	
VI	无人飞艇	
VII	可 100 米之外超视距运行的 I、II 类无人机	

注：1. 实际运行中，I、II、III、IV 类分类有交叉时，按照较高要求的一类分类。

　　2. 对于串、并列运行或者编队运行的无人机，按照总质量分类。

　　3. 地方政府（例如当地公安部门）对于 I、II 类无人机质量界限低于本表规定的，以地
　　　方政府的具体要求为准。

0.3　无人机与航模的区别

无人机与航空模型有时难以区分，所有现代航空器都是从航空模型（简称"航模"）进化来的。在人类飞上蓝天的探索实践中，毫无例外都是先静态模型，后动力模型；先模型样机，后实物真机。没有模型，就没有航空创造，就没有航空发展。

在航空探索的早期，航空模型具有强烈的科学实证性质，至今，利用航空模型进行技术验证仍是航空研发的重要手段。图 0.2 给出两者之间的逻辑关系。

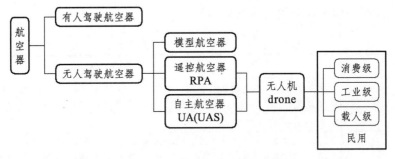

图 0.2　无人机与航模的逻辑关系图

根据国标对无人机驾驶航空系统给出的术语，模型航空器（Model Aircraft）定义为重于空气、有尺寸和重量限制、不载人，不具有控制链路回传遥控站（台）功能或者自主飞行功能，仅限在操纵员目视视距内飞行或者借助回传图像进行第一视角遥控操纵飞行的无人驾驶航空器。

注：模型航空器的控制模式可分为自由飞、线控、无线电遥控。

现阶段无人机与航模的最大相同点在于机上均无人，都需要人的掌控。二者之间又有很大区别，主要体现在功能与性能两方面。

首先是功能不同。航模除早期的试验验证作用外，逐步转向主要供运动用的不载人小型航空器，即特定的、狭义的航空模型。在成立于 1905 年的国际航空联合会（FAI）的推动下，航模逐渐演化成一项全球性、群众性竞技运动的工具。FAI 管辖的航空活动包括特技飞行、模型飞机、航天记录、通用航空、滑翔机、悬挂式滑翔和飞行伞等。有各种分类的航模，如模型直升机、自由飞模型、线操纵模型等，并在继续变化和丰富。其基本功能，主要是完成各种竞技性或表演性任务。通过这种活动，去实现社会价值和倡导科学精神，以致对航模本身的技术内涵和丰富的探索有所淡化。而无人机的功能则有明确的个性化要求，由机上任务载荷（又称有效载荷）来体现完成使命任务的能力。在这个意义上，无人机可以理解为载荷与搭载平台的组合体，有时还包括地面设施在内组成的系统。例如，侦察型无人机就是在具有一定飞行能力的平台上安装侦察设备和传输设备；攻击型无人机通过装载武器或战斗执行部件完成攻击任务。即使是科学验证用无人机，为获取飞行数据，也要安装必要的感知、测量和数据传输设备，以实现特定功能。所以，也可以说无人机是通过机上有效载荷来体现不同功能的系统。

其次是控制不同，即控制方式和控制系统的不同。无人机通过装置在机上的飞行控制系统，控制自身的姿态和机动；一般可以做到远距控制，可以事先设定程序，也可以通过数据链将地面控制参数与无人机进行交互，以实现自动运行。随着技术进步，还能实现部分或完全的自主控制，即不需人的干预。而航模的控制是通过人的直接控制或无线电远距遥控实现机动和姿态调整，机上一般没有自动飞行控制系统。高端航模通过采用 FPV（第一视角）技术已可实现视距外操纵，但距离多在几千米范围。形象地说，无人机是带着大脑飞行，这副大脑可以极为聪明，也可以不那么智慧；而航模的大脑始终是在地面，是在操纵人员的脖颈之上。

随着航模操纵性能的持续提升和控制部件的低成本化，单就操纵性而言，高端航模与中低档无人机在这方面的差异在缩小，有时甚至已无高下之别。一般来说，除保障飞行的控制系统外，只有机上载有任务载荷，才可以称之为现代意义上的无人机。

总而言之，无人机与航空模型的区别可以总结为：

（1）从飞行方式上，航空模型始终需由人操纵且无法超视距飞行；而无人机除了人为操纵，由传感器、机载计算机和伺服动作设备组成的飞控系统可以实现自主飞行。

（2）从系统组成上，航空模型由飞行平台、动力系统、视距内遥控系统组成，科技含量较低。无人机由飞行平台、动力系统、任务系统、地面站等组成。

（3）从管理方面上。在我国，航空模型主要由国家体委下属航空运动管理中心管理；民用无人机由民航局统一管理，军用无人机由军方统一管理。

0.4　无人机的诞生与演变

无人机的发展已超百年，其发展也伴随着军事航空的发展。无人机的研发其实是早于有人机的，但其真正受到关注是在第一次世界大战期间。无人机因其结构简单，造价低廉，能完成有人驾驶飞机不宜执行的多种任务，而在军事上得到广泛应用。无人机的诞生与演变总结起来可以分为三个阶段，具体如下：

1. 第一阶段：萌芽期

1878 年，意大利人 Enrico Forlanini 制造了一台用蒸汽机驱动的无人驾驶直升机，这架机器离开地面 12 m，悬停了 20 s。1887 年，英国人 Douglas Archibald 在风筝上安装了摄像头，这是世界上最早的侦察 "无人机" 之一。

1896 年，美国人 Samuel Pierpont Langley 在波托马克河上空发射了一架无人驾驶的蒸汽动力飞机，飞行了近 1 mi（1.61 km），这次历史性的飞行比莱特兄弟的首次飞行早了 7 年。

早在 1914 年，英国的卡德尔和皮切尔两人向英国军事航空学会提出了无人机投炸弹的概念，得到支持并命名为 AT 计划，使无人机用途得到世界关注，随后无人机进入航空视野（图 0.3）。

图 0.3　无线电遥控无人机（1914 年）

在 1917 年，美国人 Charles Kettering 花了大约 3 年的时间开发了一种双翼无人机，命名为 "科特林空中鱼雷"，但更广为人知的是 "科特林臭虫"（图 0.4），它可以由轨道发射，以 55 mi/h（88.5 km/h）的速度飞行近 40 mi（64.4 km）并执行投弹任务。

图 0.4　无人机驾驶的航空器（1917 年）

1917 年 3 月，英国第一架无人驾驶飞机在英国皇家飞行训练学校进行了第一次飞行试验。同年，Lawrence Sperry 为海军开发了一种无人机，类似于凯特林的无人机，称为斯佩里-柯蒂斯空中鱼雷。"1917" 这个年份成为无人机元年。

随着无人机技术的逐步成熟，到了 20 世纪 30 年代，英国政府决定研制一种无人靶机，用于校验战列舰上的火炮对目标的攻击效果。1933年，由"费雷尔"水上飞机改装成的"费雷尔·昆士"无人机试飞成功。此后不久，英国又研制出一种全木结构的双翼无人靶机，命名为"德·哈维兰灯蛾"。

同年，英国又研制出了第一架可重复使用的无人驾驶飞行器——"蜂王"（图 0.5）。它使用经修复的双翼机进行试验，从海船上对其进行无线电遥控，最高飞行高度 17 000 ft（5 182 m），最高航速 100 mi/h（160 km/h）。蜂王号无人机成为第一架能飞回起点的无人机，也使英国成为第一个研制并试飞成功无线电遥控靶机的国家，使得这项技术更具有实际价值。

图 0.5 DH.82B"蜂王"号无人机（1935 年）

1935 年，"蜂后"式无人机的问世才是无人机真正开始的时代，可以说是近现代无人机历史上的"开山鼻祖"。

2. 第二阶段：发展期

在第二次世界大战中，美国陆军航空队曾大量使用无人靶机和无人机。1941 年，因战事所需，美国陆、海军开始大批订购靶机，其中 OQ-2A 靶机 984 架、OQ-3 靶机 9 403 架、OQ-13 靶机 3 548 架。后两种靶机均安装上了大功率的发动机，飞行速度可达 225 km/h，飞行高度达 3 000 m。世界上首台喷气推动的无人机在 1951 年出现在美国，主要用于美国空军。其间，美国海军也曾研制出 3 种喷气式无人机，分别取名为"格劳伯""富根""加格勒"。

中国无人机事业是从自主研发军用无人机起步的。20 世纪 50 年代末，北京航空航天大学、西北工业大学、南京航空航天大学三所著名航空高等学府以不同形式进入无人机范畴，开拓出中国人自己的无人机事业。1958 年是中国无人机事业的起始之年。1958 年 6 月 29 日，北航启动"北京 5 号"无人机研制，1959 年 2 月实现首飞。1958 年 8 月 3 日，西工大研制的"04"代号科学试验用无人机试飞成功。

1982 年，以色列首创无人机与有人机协同作战，无人机在海湾战争中大放异彩引起了各国军事高层的重视，开启了无人机真正的发展之路。

20 世纪 90 年代末，美国军方认为无人机的发展对于美国军方的战术空中力量将产生巨大帮助。在科索沃战争中，美国军方看到了无人机技术的缺陷后，财政拨款支持无人机研发事项。

3. 第三阶段：蓬勃期

第二次世界大战结束后，随着航空技术的飞速发展，特别是 21 世纪后，无人机家族也逐渐步入其鼎盛时期，世界上研制生产的各类无人机已达几百种，并且还有一些新型号正在研制之中。

在我国，作为高端无人机研发单位之一 ——西北工业大学，已经建立了强大的无人机产业体系，共研制靶标、侦察、攻击、通用等 4 个系列 20 多种平台 70 多个型号的无人机，累计向军方为主的客户交付超 5 000 架无人机，产品创造了多项国内第一。国庆 60 周年大阅兵、建军 90 周年大阅兵，西北工业大学无人机方队庄严亮相，如图 0.6 所示。同时，西北工业大学也"领飞"我国中高端民用无人机产业发展。

图 0.6 参加国庆阅兵的无人机（西工大）

西工大研发的近程/中程通用无人机 ASN-206 和反辐射无人机 ASN-301 分别于 1994 年和 2008 年荣获国家科技进步一等奖。2017 年度国家科技进步一等奖的"长鹰"高原型远程侦察无人机（北航）也亮相国庆阅兵现场，如图 0.7 所示。

图 0.7 "长鹰"高原型远程侦察无人机（北航）

除了实力雄厚的北航、西工大无人机团队之外，中国航空工业集团公司、中国航天科工集团公司、中国航天科技集团公司、中国电子科技集团公司的下属院所与研究团队也正瞄准前沿技术发展趋势，在新概念无人飞行器设计、智能感知与自主飞行控制、新能源动力等方向开展研究工作，旨在引领下一代无人机技术创新，向着更高、更远、更长航时、智能化、集群化的方向进发。

例如，中国航空工业集团公司下属多个研究机构和生产实体从事无人机研发和生产，包括贵州航空工业集团（贵航）、成都飞机设计研究所（成都所）、成都飞机公司、沈阳飞机设计研究所（沈阳所）、直升机设计研究所、洪都飞机公司等。其中，如"龙"系列、"剑"系列、"鹰"系列、"影"系列等无人机，正取得一个又一个具有世界先进水平的新突破、新成就。

其中，"翔龙"系列中国新一代高空长航时无人侦察机，如图 0.8（a）所示，机身全长14.33 m，巡航高度为 18 000～20 000 m，巡航速度大于 700 km/h，作战半径 2 000～2 500 km。该机最大特色在于采取了罕见的连翼布局。

"翼龙"无人机是中航工业研制的一种中低空、军民两用、长航时多用途无人机，如图0.8（b）所示。它可携带各种侦察、激光照射/测距、电子对抗设备及小型空地打击武器，可执行监视、侦查及对地攻击等任务，也可用于维稳、反恐、边境巡逻等。

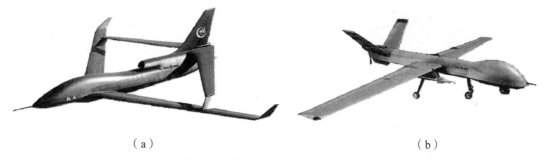

（a） （b）

图 0.8 "翔龙"和"翼龙"无人机

"彩虹 3"无人机为中程无人机，翼展 8 m，机长 5.5 m，可由无线电遥控设备或自身程序控制装置操纵。最远航程达 2 400 km，最长巡航时间 12 h。该机装有照相、摄像等装置，还可以挂载 AR-1 型空地导弹，可作为察打一体机使用。

西方国家中在无人机研制与生产领域中仍占有领先地位，最著名的是"捕食者"和"收割者"可复用无人机。还有，世界上最大的无人机——"全球鹰"，"影子-200"低空无人机，"渡鸦""龙眼""沙漠鹰""扫描鹰"小型无人机（见图 0.9）。

美国"全球鹰"无人机 美国"捕食者"无人机 美国"影子200"无人机

图 0.9 典型的固定翼无人机（美国）

进入 20 世纪 90 年代后，美国加快了新一代无人直升机研制步伐。第一阶段是在有人驾驶直升机上进行无人化改造，如 RQ-8A 型和 MQ-8C 型无人直升机，其中，MQ-8C 型是在贝尔 40 直升机平台基础上研制的。第二阶段是全新研制的无人直升机，如波音公司的 A160T 无人直升机。第三阶段是在现有成熟有人驾驶直升机平台基础上进行无人化改造，开发出一款可选有人或无人驾驶模式（OPV）的直升机，目前是美国的主流研制系列之一，如 H-6U 无人直升机、无人 K-MAX、无人黑鹰、A160T 无人直升机等（图 0.10）。

（a）MQ-8B 型	（b）MQ-8C 型
（c）"小鸟"	（d）K-MAX
（e）A160T	（f）"黑鹰"

图 0.10　典型的无人直升机（美国）

国内对无人直升机的研究起步较晚。1995 年，北京航空航天大学研制的"海鸥"共轴式无人直升机[图 0.11（a）]首飞成功，之后陆续改进设计出了 M18、M28 共轴式无人直升机。1997 年，南航研制成功"翔鸟"无人直升机[图 0.11（b）]，实现自主控制和超视距飞行。将无人直升机技术推进到工程应用的，要数中国直升机设计研究所（早期成果：AV200、U8）和第六十研究所（早期成果：Z-3、Z-5 系列）。

2006 年，影响世界民用无人机格局的大疆无人机公司成立，先后推出的 Phantom 系列无人机，在世界范围内产生深远影响，它们研制的 Phantom2 vision+在 2014 年入选《时代》杂志。

2009 年，美国加州 3DRobotics 无人机公司成立，这是一家最初主要制造和销售 DIY 类遥控飞行器的相关零部件的公司，在 2014 年推出 X8+四轴飞行器后而名声大噪，目前已经成长为与中国大疆相媲美的无人机公司。

（a）"海鸥"

（b）"翔鸟"

图 0.11　国内无人机直升机

2015 年，是无人机飞速发展的一年，各大运营产商融资成功，为无人机的发展创造了十分有利的条件。

近几年来，随着材料、控制和动力推进等技术的发展，中国、美国、以色列、英国等已经成功研制出多型长航时无人机，主要型号如图 0.12 所示。长航时无人机由于自身特点，巡航时间会超过 24 h，飞行高度主要集中在中高空领域，其中高空长航时无人机的巡航高度超过 18 000 m。

（a）1989 蚊蚋-750（美国）
续航时间：40 h

（b）1994 捕食者（美国）
续航时间：40 h

（c）1994 苍鹭（以色列）
续航时间：大于 40 h

（d）1998 全球鹰（美国）
续航时间：36 h

（e）2001 太阳神（美国）
续航时间：4 320 h

（f）2009 赫尔墨斯 900（以色列）
续航时间：40 h

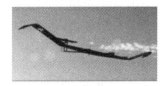
（g）2010 西风 7（英国）
续航时间：336 h

（h）2013 猎户座（美国）
续航时间：120 h

（i）长鹰（中国）
续航时间：大于 40 h

图 0.12　具有代表性的长航时无人机

长航时无人机飞行高度较高，飞行环境中空气稀薄，飞行雷诺数较低，巡航时所需升力系数较大，且由于长航时飞行，要求机内储油量大，巡航阻力小。所以，对长航时无人机高升力、高升阻比、低雷诺数气动布局要求较高。国外主要常规动力和新能源动力长航时无人机关键参数见表 0.7 和表 0.8。

表 0.7　国外主要常规动力长航时无人机关键参数

型号	首飞时间	翼展/m	机长/m	起飞总重/kg	有效载荷/kg	实用升限/m	续航时间/h	发动机类型
捕食者	1994	14.63	8.13	1 043	204	7 620	40	活塞
全球鹰	1998	39.90	14.50	14 628	1 360	18 288	36	涡扇
猎户座	2013	40.20	11.90	3 175	454	6 100	120	活塞
苍鹭	1994	16.60	8.50	1 150	250	>9 140	>40	活塞
赫尔墨斯 900	2009	15.00	8.30	970	350	10 058	40	活塞

表 0.8　国外主要新能源动力长航时无人机参数

名称	翼展/m	机长/m	有效载荷/kg	实用升限/m	试飞时间	飞行时间/h		能源类型
						试验	设计	
太阳神	75.29	3.66	1 000.0	21 340	2001	24.0	4 320	太阳能
西风 7	22.50	—	2.5	21 350	2010	336.0	336	太阳能
全球观察者	53.30	21.30	159.0	16 764	2011	4.0	120	液氢
鬼怪眼	46.00	16.00	204.0	19 812	2013	4.5	96	液氢

总体上来说，智能化、长航时、超高速、微型化、隐身化等是无人机未来发展的主要方向。另外，在现有成熟的有人驾驶直升机平台基础上进行无人化改造，具有平台技术可靠、研制风险小、研制周期短等优点。

0.5　无人机运行管理法规

民用无人机立法历史可追溯到第二次世界大战期间。1944 年，全球达成了第一个航空公约——《芝加哥公约》，其中第 8 条提到了无驾驶员航空器，并强调了其运行需要特殊授权。

在 21 世纪初，随着技术的迅速发展，无人机已经发展成一个商业可行的系统。2002 年，英国和澳大利亚较早地颁布了民用无人机运行管理法律法规；从 2012 年起，越来越多的国家制定了相应的法律法规，以应对迅速发展的民用无人机产业。国际民用航空组织（ICAO）、欧洲航空安全局（EASA）、无人系统规则制定联合体（JARUS）等国际组织积极探索无人机管理政策，为各国无人机管理框架提供指导与建议。

2019 年，ICAO 发布了《UTM ——一个具有核心边界的全球统一的共同架构》文件，旨在为正在考虑实施无人机交通管理系统（UTM）的国家提供系统的框架和核心功能指导。

JARUS 作为有广泛影响力的无人机政策研究和制定机构，旨在统一标准、支持促进各国无人机法规制定。2019 年 6 月，它发布了最新的《UAS 运行分类》，为所有运行提供了全面的 UAS 管理策略建议，包括无人机的设计、生产、维护、运行批准、飞行员能力、监管执行和安全促进等多个方面。

EASA 注重法律与规章的体系性与逻辑性，建立了较为完善的无人机运行管理法规体系框架，并在这一框架内不断补充完善。2019 年 6 月，EASA 发布了《第（EU）2019/945 号授权法案》(关于无人机和第三国无人机系统运行人)及《第(EU)2019/947 号实施法案》(关于无人机运行规则和程序),标志着其无人机立法进程进入实施阶段。

英国民航局与 ICAO、EASA、JARUS 保持一致,采用以运行为中心、基于风险的监管思路。

目前,FAA 运行管理以小型无人机(Small Unmanned Aerial System,SUAS)为主,根据起飞重量与使用目的将无人机运行进行分类,具体分类及运行管理法规见表 0.9。针对起飞质量在 25 kg 以下的 SUAS,2016 年 FAA 颁布了第 107 部规章,与之配套的《小型无人机驾驶航空系统》(AC 107-2)咨询通告提供了运行限制、驾驶员认证、无人机注册和标记、无人机维护维修等方面的指导,用于规范 SUAS 的运行。

表 0.9　美国民用无人机运行分类及相应法律法规

运行种类	使用目的	最大质量限制/kg	最大飞行高度/m	飞行规则	航空器管理	驾驶员资质	相关法律法规
模型航空器飞行	爱好与娱乐飞行	25	120	视距内运行(VLOS)	注册	—	101 部 E 子部、AC91-57B、《2018 年 FAA 再授权法案》44809 节
需要驾驶员认证的运行	工作或运营	25	120	VLOS	注册	认证	107 部
公共安全与政府飞行	政府公共事务	25	120	VLOS	注册	认证	107 部
			按照公共飞行器的法定要求飞行,在授权或者豁免条件下运行				美国法典第 49 编:40102(a)、40125 条
培训	按照 107 部运行的驾驶员培训	25	120	VLOS	注册	认证	107 部
	个人娱乐飞行或作为基于社团的航模组织机构	25	120	VLOS	注册	—	《2012 年 FAA 现代化和改革法案》336 节
高级运行	无人机物流配送(修改)	25	—	BVLOS		认证	135 部
	特定授权的运行	使用基于风险的方法确定是否需要对适航、驾驶员及运行等相关要求进行豁免					《2018 年 FAA 再授权法案》44807 节
	需进行审定管理	参照有人机进行审定管理					21 部
	消防、搜救、执法、公共设施或关键基础设施恢复等紧急飞行	25	120	VLOS	注册	认证	107 都
		大于 25	—	—	—	—	按照颁发 COA 证书飞行、FAA JO 7200.23A

民用无人机运行管理法律法规的适用范围包括不同的运行场景,这些场景根据无人机的重量、运行范围、使用目的等变量进行分类,除了日本,大部分国家采用了最大起飞重量(MTOW)和使用目的对民用无人机运行进行分类(表 0.10)。

表 0.10　无人机使用范围

国家	无人机/模型航空器	分类标准：重量（W）、目的（P）、运行区域（A）	最大起飞质量/kg
中国	区分	W、P	1.5/7/25/150
美国	区分	W、P	0.25/25/150
澳大利亚	区分	W、P、A	0.1/2/25/150
英国	区分	W、P	20
日本	不区分	——	0.2

我国专门针对无人机的法律法规在国家立法、行政法规和规章三个层次上暂时不够完善。

1. 无人机法律法规

国务院、中央军委空中交通管制委员会（简称国家空管委）组织起草了《无人驾驶航空器飞行管理暂行条例（征求意见稿）》，并于 2018 年初面向社会公开征求意见，是国家层面无人机产业法律法规零的突破。

2. 无人机规范性文件

近几年，我国相关部门陆续出台了一些针对无人机的咨询通告、管理规定等规范性文件，如 2015 年中国民航局发布针对民用无人机运行管理的咨询通告《轻小型无人机运行管理规定（试行）》《民用无人驾驶航空器系统空中交通管理办法》（MD-TM-2016-004）《民用无人机驾驶员管理规定》（AC-61-FS-2016-20-R1）、《民用无人驾驶航空器实名制登记管理规定》（AP-45-AA-2017-03），在无人机飞行管理、空中交通管理、驾驶员管理和无人机登记管理等方面进行了规定，成为法律法规的有益补充。

3. 无人机标准体系文件

无人机标准体系建设能引领和规范行业的发展，也将进一步提高无人机的监管水平。

2017 年 6 月 6 日，国家标准化管理委员会、工业和信息化部、科技部、公安部、农业部、国家体育总局、国家能源局和中国民用航空局等八部门联合发布了《无人驾驶航空器系统标准体系建设指南（2017—2018 年版）》。

2017 年 7 月 10 日，中国民用航空局飞行标准司下发了《无人机电子围栏（征求意见稿）》和《无人机云系统接口数据规范（征求意见稿）》，2017 年 10 月 20 日中国民用航空局正式发布了这两项行业标准，并于 2017 年 12 月 1 日起开始实施。

2019 年发布的《特定类无人机试运行管理规程（暂行）》，将中国国情与 SORA 进行结合，提出了特定类运行合格审定的申请审批流程与要求，在民用无人机运行监管领域迈出了重要一步。

不畏攻坚克难苦　要令仰首看飞翔
——记西北工业大学的"无人机精神"

2017年7月30日，内蒙古朱日和，天空澄澈，日光晴朗。纪念中国人民解放军建军90周年阅兵式正在进行。一支空陆混编的三型无人机方队惊艳亮相，在朱日和的天空中留下一道道矫健的身影。

这是由西北工业大学研制的无人机方队，继新中国成立60周年阅兵式之后，第二次以整个方队入列，接受党和人民的检阅。

自1958年成功研制试飞我国第一架无人机起，西北工业大学在无人机系统研制的道路上已走过整整一个甲子。半个多世纪以来，这些奋斗在一线的科研工作者们，始终秉持着"拼搏、创新、协同、奉献"的"无人机精神"，筚路蓝缕，薪火相传，为我国的科技创新与国防事业做出了切实的贡献。

攻坚克难：一切都是为了国家

"从上世纪中叶，我国最早的一台无人机问世开始，无人机系统的研制就与国家的需求密不可分。"西北工业大学无人机研究所所长王俊彪向记者解释。

王俊彪介绍，此次阅兵中西工大研制的三型无人机，分别是某新型通信干扰无人机、某新型雷达干扰无人机和某新型反辐射无人机，是我军无人机装备的重要组成部分，能对敌预警探测，能对敌指挥通信体系进行断链、致盲、破网，达到预期作战目的。

其中，反辐射无人机是继第三代反辐射导弹之后，一种新发展起来的电子对抗硬杀伤武器。

"如果说雷达是战争中的千里眼、顺风耳，那么反辐射无人机的作用就是把敌人的眼睛打瞎、耳朵打聋。"负责反辐射无人机项目的祝小平总工程师如是说。

20世纪90年代，欧美多个国家已有多个型号反辐射无人机装备部队，并先后多次被应用于战场实践。但无论是关键技术，还是各种元器件，国外都对我国实行了严苛封锁。

国家安全重于泰山。自主研制反辐射无人机的重任如箭在弦。

"怎么样？有没有信心做世界领先的反辐射无人机？"部队首长发问。

"西工大是无人机研制领域的'国家队'，要做就要做好！"负责人的回答铿锵有力，也回荡在团队每一个人的心中。

军令状立下了，但困难要比想象严峻得多。

作为我国第一个按武器系统来设计的无人机，反辐射无人机项目设计难度大、对精确性要求高，70%以上都是新技术。要知道，一般成熟的项目，新技术的比例只占到30%以内，其难度可想而知。

而来自国外的技术封锁更加剧了团队的窘境。

祝小平还清晰地记得2001年7月13日这个日子。

当国际奥委会主席萨马兰奇在伦敦宣布中国申奥成功，人们热泪盈眶、举国欢庆的时候，无人机团队却接到了发动机出口国单方面撤销出口许可的通知。

这对团队来说无疑是个噩耗，原本准备使用进口发动机进行外场试飞，现在没了动力，该怎么办？

"发动机是无人机的心脏。我们一定要下决心，咬咬牙，自己把发动机搞出来！"

就这样，当年年仅36岁的祝小平，组织了一批和他年纪相仿的年轻技术员，胸怀对国家的满腔热情，投入了国产发动机的研制。这几乎是一场从零开始的竞赛。无数资料的收集翻阅，无数个日夜的潜心研究，无数次外场的飞行试验。终于，首批7台样机研制出来了，成功打破了国外的技术封锁，也填补了国内的技术空白。

无私奉献：甘做隐姓埋名人

记者参访西北工业大学无人机研究所时，正值周日。虽然是周末，但研究室和厂房内，仍然是一派热火朝天的工作场景。

"365天都要工作，这可能就是我们无人机所又叫'三六五所'的原因吧！"王俊彪和记者打趣道，"这样的工作节奏我们早就习惯了。"

的确，一个无人机系统从设计到真正投入使用，背后蕴含着普通人无法想象的辛劳。

"设计只是万里长征的第一步。从初样、正样……最后达到定型的状态非常难。"赵远山副总工程师解释道，"我们的发动机就是试出来的。要不停地，一步一步地，坚持不懈地投入。像一棵小树，要不停地浇灌、爱护它，然后才能成为参天大树。"

现在在所里担任行政职务的周小琴，是无人机研究所里为数不多的女研究员。早年，她也作为技术人员参与了所里许多重大的科研项目。

回想起在一线奋斗的岁月，她感慨万千。

曾经，她同时参与了所里两个重大项目，任务重，时间紧。但她和同事，没有一个人有过怨言，也没有一个人考虑过"加班费"，一心想的都是怎样尽快解决问题。因此，大楼的灯常年都彻夜通明。

"在我们无人机所工作，没有男人和女人之分。"周小琴开玩笑道。

为了试飞，每年差不多有一半时间，周小琴和同事都会待在外场基地，那里环境恶劣，条件艰苦。试飞压力之大，让不少同志一夜白了头，"明明还不到四十，看起来像六十多"。作为天性爱美的女同志，周小琴根本顾不上美容保养，一心都扑在工作上。

只是，作为一个母亲，周小琴在给孩子打电话的时候，也会忍不住在电话这头抽噎。虽然无比地想念与愧对家人，但是为了国家的事业，"大家都还是坚持'舍小家为大家'。"

因为工作性质的缘故，飞机研究室研究员连城基本不在朋友圈提起自己的工作，但当他在电视屏幕上，看到自己参与研制的无人机出现在建军90周年阅兵式的队伍里时，他破天荒发了一条朋友圈。

短短四个字，却道出了所有无人机工作者的心声："骄傲，自豪。"

领军发展：加速无人机产业布局

目前，从全世界范围内看，无人机除了用于侦察、电子对抗、火力打击等国防用途之外，还被大规模地应用于农林牧副渔等民用场景。"无人机正处在发展的初期，是一个朝阳产业，具有非常广阔的前景。"王俊彪表示。

为了响应国家战略的号召，近年来，领跑军用无人机领域的西工大，更是不断拓展"军民融合"新路径，致力于做中国无人机产业格局构建的"拓路者"，打造中国无人机产业新名片。

2012年，西北工业大学无人机研究所在某国建立起我国出口的第一条无人机生产线，现已投入实际生产。

2014 年，西北工业大学抓住牵头筹建国家唯一"无人机系统国家工程研究中心"的重大发展机遇，明确了"产业链创新，产业化发展"的新思路，确立了"陕西为总部、向全国布局、国际化发展"的产业化发展目标，规划了"一基地两中心"（无人机产业化基地、无人机研发中心、无人机试验测试中心）的产业化发展格局。

2017 年，由西北工业大学联合西咸新区沣西新城等共同建设的西北工业大学"翱翔小镇"暨无人机产业化基地建设项目启动，这是我国最大的高端中小型民用无人机产业化基地。

未来，无人机的发展还有更大的想象空间，这一切都依靠包括西工大在内的科技工作者去不懈探索。

习近平在中国科学院考察时曾强调，当今世界综合国力竞争的核心和焦点是科学技术。现在，各主要国家都在抢占未来科学技术制高点，包括国防科技制高点。我们要大力弘扬"两弹一星"精神和"载人航天"精神，自力更生，勇攀高峰。

西工大"拼搏、创新、协同、奉献"的"无人机精神"，集中展现了国防科技工作者对国家使命的坚决维护，对技术创新的不懈追求，对无私奉献的生动诠释，正是对"两弹一星"精神和"载人航天"精神的深刻践行。

也唯有如此，我们的国防科技实力才能真正强大，我们的国家才能真正屹立于世界民族之林。

光明日报记者 张哲浩 见习记者 唐芊尔

1 大气环境

1.1 大气的组成

1.1.1 大气成分

无人机在大气里航行,其空气动力、发动机工作的好坏都与大气密切相关,故有必要对大气成分进行分析。

大气是多相态的体系,包含干空气、水和颗粒物,但是后两者含量太低且不稳定,故大气组成一般是指干空气的化学成分,氮气占干空气的体积比最大,约为 78%,其次是氧气,约占干空气体积的 21%,剩下的 1%由其他各种气体构成,如惰性气体、水蒸气、二氧化碳、甲烷等,如图 1.1 所示。

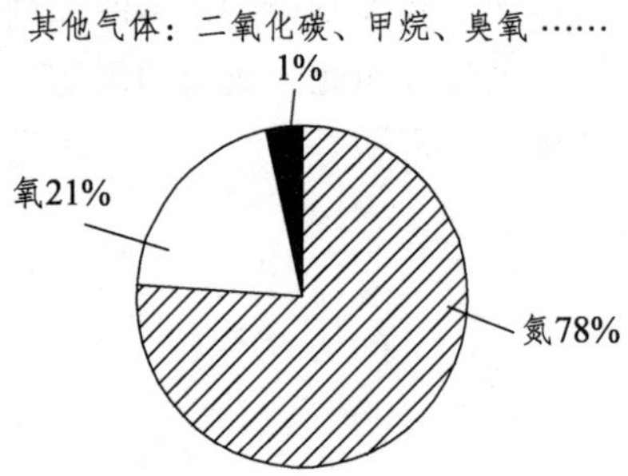

图 1.1 大气成分

1. 干空气

干空气或干洁空气就是通常说的"空气",是大气的主要组成部分,干空气主要成分是氮、氧、氩、二氧化碳等,此外还有少量的氢、氖、氦、氙、臭氧等稀有气体。

2. 水蒸气

水蒸气在气象中扮演了一个重要的角色,虽只占大气总体积的 0.4%,但却是大气中含量变化最大的气体。大气中水蒸气的比例决定了云的形成及其规模,来源于江、河、湖、海及潮湿物体表面的水分蒸发。水蒸气主要集中在大气底层,通过大气垂直运动输送到大气高层,随高度的增高而减少,且因纬度、地势高低及海陆的不同而存在差异。一般情况下,低纬大于高纬,夏季大于冬季,湿润地区大于干旱地区。

3. 大气杂质

大气杂质是指大气中除了气体成分以外,固体杂质或微粒组成的混合物的统称,也可称为气溶胶离子。大气中的尘埃是数量巨大的悬浮颗粒,来源广泛,大部分来自地球表面,如火山喷发、扬尘、燃烧的物质颗粒和海水飞溅进入大气后而蒸发的盐粒,还有植物花粉以及悬浮于大气中的水滴、过冷水滴和冰晶等水汽凝结物等。

据颗粒物的物理状态不同,可将大气杂质(气溶胶分)分为:固态气溶胶 —— 烟和尘;液态气溶胶 —— 雾;固液混合态气溶胶 —— 烟雾。

根据粒径大小，可将大气杂质（气溶胶分）分为：① 总悬浮颗粒物，粒径小于 100 μm 的微粒；② 飘尘，粒径小于 10 μm 的微粒，飘尘是最引人注目的研究对象之一；③ 降尘，指粒径大于 10 μm，由于自身的重力作用会很快沉降下来的微粒，单位面积的降尘量可作为评价大气污染程度的指标之一；④ 可吸入粒子，指易于通过呼吸过程而进入呼吸道的粒子。国际标准化组织（ISO）建议将 IP 定为粒径 $D_p \leq 10$ μm 的粒子。

1.1.2 大气结构

大气在垂直方向上的物理性质是有显著差异的。根据温度、成分、电荷等物理性质，同时考虑到大气的垂直运动等情况，可将大气分为 5 层：对流层、平流层、中间层、暖层、散逸层，如图 1.2 所示。

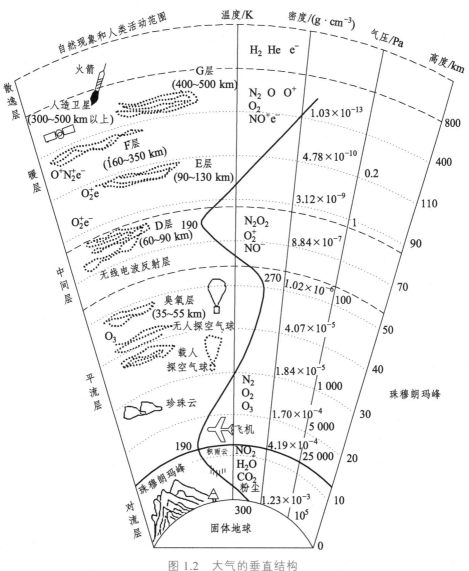

图 1.2　大气的垂直结构

1. 对流层

对流层是地球大气中最低的一层，包含着大气层大部分质量，以及几乎所有的水蒸气和气溶胶。由于该层空气的移动是以上升气流和下降气流为主的对流运动，故称为"对流层"。

由于对流层最显著的特点是具有强烈的对流运动，是天气变化最复杂的一层。英文的对流层一词"Troposphere"的词首"Tropos"在希腊语中是旋转、混合的意思。此称谓源于水蒸气几乎都存在于对流层，刮风、下雨、降雪等天气现象亦发生在对流层内，危及飞行安全的恶劣天气也发生在对流层内。对流层是大气层中湍流最多的一层，喷气式客机大多飞越此层顶部，以避开影响飞行安全的气流。

对流层主要是从地面得到热量，故对流层的温度随高度增加而降低，平均每上升1 000 m，气温降低 6.5 ℃。地球表面的不均匀加热，是对流层易产生垂直对流运动的原因之一。

同大气的总厚度比较起来，对流层是非常薄的，不及整个大气厚度的 1%。但因地球引力的作用，对流层集中了整个大气 75%的质量和几乎全部的水汽。对流层的顶部随纬度和季节或有所不同，赤道地区为 17～18 km，中纬度地区为 10～12 km，高纬度地区为 8～9 km；一般来讲，纬度的对流层厚度，夏季较大，冬季较小。其中中纬度的这一特性，尤为显著。

2. 平流层

平流层位于对流层之上，其上界延伸到 50～55 km。在平流层内，气流主要表现在水平方向运动，对流现象减弱，因此这一大气层叫作"平流层"。平流层内气流的水平运动主要是由于地球的自转造成的。具有没有水汽，天气变化较弱，气流平稳，空气阻力小，多晴好天气，能见度高等特点，是航空器比较理想的飞行空间，目前大型客机大多在平流层高度巡航飞行。

在平流层中，随着高度的增高，气温最初保持不变或微有上升，到 25 km 以上，气温随高度增加而显著升高，在 55 km 高度上可达 – 3 ℃。由于平流层底部温度基本保持不变，且温度最低（中高纬度处为 – 45 ℃），故又将平流层称为"同温层"。

平流层含有臭氧，具有吸收紫外线功能，保护地球所有生物和地表免受阳光中紫外线的致命侵袭。平流层上半部因吸收大量来自太阳的紫外线而被加热，气温随着高度而上升。

3. 中间层

自平流层顶到 85 km 左右为中间层。在中间层中，气温随高度增高而迅速下降，并有相当强烈的垂直运动。

4. 热层

热层也可称为电离层，其位置为中间层顶至 800 km 高度，热层随着高度的增高，气温迅速升高空气更稀薄；热层的空气处于高度电离状态。

5. 散逸层

散逸层又称为外层，主要分布在距离地表 800 km 高度以上的大气层，散逸层的气温随高度的增高而升高。这一层的主要特征是大气质点经常散逸至星际空间。

1.2 大气的基本物理特性

目前，无人机的大气飞行环境主要是对流层和平流层。大气层对飞行有很大的影响，恶劣的天气条件会危及飞行安全，大气属性（温度、压力、湿度、风向、风速等）对无人机飞行性能和飞行航迹也会产生不同程度的影响。压强、密度、温度是描述流体基本属性的物理量，称为大气的状态参数；黏性和压缩性，称为性质参数。

1. 气 压

气压是大气压强的简称，大气压力随高度增加，呈线性下降（图 1.3），固定翼无人机的气压高度计的计算，就是根据大气压来对飞行高度进行判断。大气压力是从观测高度到大气上界，物体单位面积上垂直空气柱的重量。

气压大小与高度、温度等条件有关。一般随高度增大而减小。在水平方向上，大气压的差异引起空气的流动。

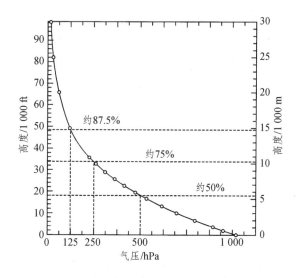

图 1.3　大气压强随高度的变化

气压的大小与海拔高度、大气温度、大气密度等有关，一般随高度升高呈指数律递减。气压有日变化和年变化。一年之中，冬季比夏季气压高。一天中，气压有一个最高值、一个最低值，分别出现在 9—10 时和 15—16 时，还有一个次高值和一个次低值，分别出现在 21—22 时和 3—4 时。气压日变化幅度较小，一般为 0.1 ~ 0.4 kPa，并随纬度增高而减小。气压变化与风、天气的好坏等关系密切，是重要的气象因子。由于各国所用的重量和长度单位不同，气压单位也不统一，这不便于对全球的气压进行比较分析。表示气压的单位，主要有百帕（hPa）、毫米汞柱（mmHg）、毫巴（mbar）等，习惯上常用水银柱高度。例如，一个标准大气压等于 760 mm 高的水银柱的重量，它相当于 1 cm^2 面积上承受 1.033 6 kg 质量的大气压力。

国际上规定，温度为 0 °C，纬度为 45°的海平面上，760 mm 水银所具有的压强称为一个标准大气压。国际上统一规定用"百帕"作为气压单位。经过换算：一个标准大气压=1 013 hPa（mbar）。深圳市的年平均气压为 1 009.8 hPa。

2. 大气密度

大气密度指的是单位体积内的大气质量。质量为 m 的大气，若体积为 V，则密度 ρ 为

$$\rho = \frac{m}{V} \tag{1.1}$$

密度的国际单位为千克每立方米（kg/m^3），大气由分子组成，当单位体积内的空气分子多，空气比较稠密，空气的密度大；反之，如果空气比较稀薄，空气密度就小。大气层越高空气越稀薄，大气密度随高度的增加而减少（图 1.4）。在 10 km 高度，大气密度相当于海平面空气密度的 1/3。空气密度随高度的这种变化不仅影响作用在飞机上的空气动力大小，还影响航器产生的推力大小。

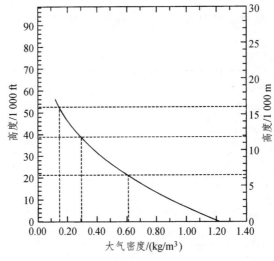

图 1.4 大气密度随高度的变化

3. 气 温

大气温度指的是大气的冷热程度，大气温度的高低，表明大气分子做不规则热运动的平均速度大小。即大气获得热量，大气分子运动平均速度增大，平均动能增加，大气温度升高；反之当大气散失热量时，分子的平均速度减小，平均动能减少，大气温度降低。大气温度主要有三种标定方法，摄氏温度（℃）、华氏温度（℉）、热力学温度（K）表示。大多数国家用摄氏温度来表示，少数国家用华氏温度，理论计算用热力学温度表示。温度换算关系如下：

$$t_C = (t_F - 32) \times \frac{5}{9} \tag{1.2}$$
$$T_K = t_C + 273.15$$

式中　t_C ——摄氏温度，℃；

　　　t_F ——华氏温度（℉）；

　　　T_K ——热力学温度，K。

4. 空气湿度

空气湿度是表示空气中水汽含量和湿润程度的气象要素。湿度可以理解为空气的干湿程度。

在一定的温度下，一定体积空气里含有的水汽越少，则空气越干燥；水汽越多，则空气越潮湿。

湿度有三种基本形式，即水汽压、相对湿度、露点温度。

（1）水汽压（曾称为绝对湿度）表示空气中水汽部分的压力，单位为百帕（hPa），取小数点后一位。

（2）相对湿度用空气中实际水汽压与当时气温下的饱和水汽压之比的百分数表示。也指空气中所含水蒸气的质量与同温度同气压下饱和空气中所含水蒸气的质量之比，这个比值用百分数表示。

（3）露点温度是表示空气中水汽含量、气压不变的条件下冷却达到饱和时的温度，简称露点，其单位与气温相同。实际上是水蒸气与水达到平衡状态的温度。实际温度（t）与露点温度（T_d）之差表示空气距离饱和的程度。

露点温度对飞行来说非常重要，因为它表示了空气中水分的临界状态。当气温降至其露点温度时，大气中的水分开始凝结，变成看得见的雾、云、降水等天气现象。所以航空气象预报中通常同时给出大气的温度值和露点温度值。一个通常的错误观念是水蒸气比同等体积的干空气重；实际上，水蒸气只是同等体积的干空气重量的62%。因此，温度和露点温度越接近，空气的湿度越大，空气的密度就越小。

5. 可压缩性

大气的可压缩性是指气体压强改变时，其密度和体积也随之改变的性质。不同状态物质的可压缩性也不同，液体对这种变化的反应很小，因此一般认为液体是不可压缩的，固体随着不同材料的不同，其压缩性也有不同。但气体压缩变化的反应很大，所以一般来讲气体是可压缩的。因此，在研究大气低速流动的有关问题时，因大气压强变化较小，其大气密度变化也较小，可以不考虑大气和压缩性的影响；当大气流动的速度较高时，由于可压缩性的影响，使得大气高速和低速流过飞行器表面时，对飞行器产生的压力是有很大差别的，因此必须考虑大气的可压缩性。

6. 大气的黏性

大气的黏性是大气在流动过程中表现出的一种物理性质。大气的黏性力是相邻大气层之间相互运动时产生的，是大气的内摩擦力。当大气在外力作用下流动或有流动趋势时，气体分子间的作用力要阻止大气分子相对运动，同时相邻大气层之间分子的不规则运动导致的分子迁移，分子间产生动量交换，因此在大气运动时，会产生一种内摩擦力，这种现象称为流体的黏性。可以通过图1.5的实验来说明，上下两个圆盘，彼此靠近但不接触，当下面的圆盘转动一段时间后，上面的圆盘也跟着下面的圆盘同一方向转动，出现这种现象的原因在于大气的黏性，是两个圆盘间大气的内摩擦力作用的结果。

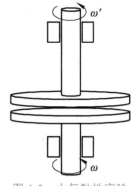

图1.5 大气黏性实验

大气流过物体产生的摩擦阻力与大气的黏性是有关系的，因此航空器飞行所产生的摩擦阻力，和大气的黏性也有很大关系。不同流体的黏性是不相同的，流体的黏性大小可以用流体的内摩擦系数来衡量，在常温下空气的内摩擦系数为水的1.81%。一般情况下，空气对物体的黏性作用力可以不予考虑。但对于在空气中快速运动的航空器，由于空气的黏性作用，在航空器表面的摩擦力不是一个可以忽略的数值，因此必须加以考虑。

大气的黏性和温度是有关系的，随着温度的升高，大气的黏性将会增加，对气体来说，相邻流动层产生的内摩擦力的物理原因是气体分子在层层之间有横向动量交换的结果，温度升高分子间的这种横向动量交换加剧，因此层与层之间相互牵扯力增大，大气黏性增大。

1.3 国际标准大气

大气是指地球周围的大气层，在世界的不同地区，其特点是不同的，因此需要采用一组平均的条件，即国际标准大气（ISA）。图 1.6 给出了国际标准大气中温度随高度的变化情况。

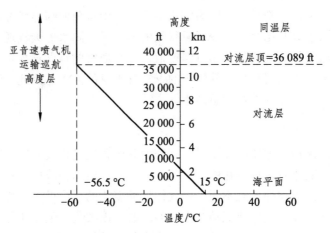

图 1.6 ISA 温度与高度的关系

为了计算给定高度条件下的标准的压力 p，我们进行以下假设：对应高度，温度是标准的；空气是理想气体。通过测量气压得到的高度被称为气压高度（p_A）（图 1.7），可以建立一个标准（ISA）表格，见表 1.1。

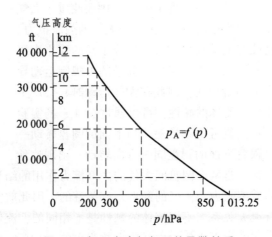

图 1.7 气压高度与气压的函数关系

表 1.1 用表格表示的气压高度值示例

压力/hPa	气压高度/p_A		FL= $p_A/100$
	英尺/ft	米/m	
200	38 661	11 784	390
250	34 000	10 363	340
300	30 066	9 164	300
500	18 287	5 574	180
850	4 813	1 467	50
1 013	0	0	0

1.4 航空气象

大气的物理状态和现象称气象,气象一般包括天气、气候两个主要部分。天气现象是指发生在大气中、地面上的一些物理现象。它包括降水现象、地面凝结现象、视程障碍现象、雷电现象和其他现象等,这些现象都是在一定的天气条件下产生的。

在众多天气现象中,对飞行安全造成威胁的主要是雷暴、低能见度、低云、低空风切变、台风、颠簸、积冰、火山灰云等。

雷暴是飞机在飞行中所遇到最恶劣最危险的天气之一。雷暴区历来被视为飞行活动的"禁区",如果必经之道上有雷雨云封道,那么飞机是不能起飞的。因此,有时会遇到起飞机场和落地机场都是晴空万里,但是飞机延误或取消的情况,这有可能是因为飞行必经之道上存在雷暴等不利天气。

低能见度天气对飞机起降有着很大的影响。雨、云、沙尘暴、浮尘、烟、雾和霾等都会使能见度降低,影响飞行。地面能见度低,容易产生偏航和迷航,影响起飞和着陆。当机场能见度低于 350 m,飞机就无法起飞;低于 500 m 时,飞机就无法降落;如果能见度低于 50 m,飞机连滑行都无法进行,飞行员处置不当极易造成飞行事故。

低云也是危及飞行安全的危险天气之一,它主要影响飞机的降落。如果在低云遮蔽机场的情况下降落,飞机飞出低云后就会离地面很近;如果这时飞机又没有对准跑道,往往来不及修正,容易造成复飞。有时,由于指挥或操作不当,飞机还有可能与地面障碍物相撞,造成事故。

1.4.1 风

风是由空气流动引起的一种自然现象,它是由太阳辐射热引起的。太阳光照射在地球表面上,使地表温度升高,地表的空气受热膨胀变轻而往上升。热空气上升后,低温的冷空气横向流入,上升的空气因逐渐冷却变重而降落,由于地表温度较高又会加热空气使之上升,这种空气的流动就是风。

从科学的角度来看,风常指空气的水平运动分量,包括方向和大小,即风向和风速;但对于飞行来说,还包括垂直运动分量,即所谓垂直或升降气流。实际上,风是三维矢量,地面气象观测中测量的风是两维矢量（水平运动）。

气象上把风吹来的方向确定为风的方向。风向一般用 8 个方位表示，分别为北、东北、东、东南、南、西南、西、西北。风向是指风的来向，因此风来自北方叫作北风，风来自南方叫作南风。

如果人工观测时，风向用十六方位法。如果自动观测，风向以度（°）为单位，由北起按顺时针方向量度，如北风为 0°，东风为 90°，南风为 180°，西风为 270°。

风速是指单位时间内空气移动的水平距离，风的描述见表 1.2。瞬时风速是指 3 s 的平均风速。极大风速（阵风）是指某个时段内出现的最大瞬时风速值。最大风速是指在某个时段内出现的最大 10 min 平均风速值。

表 1.2　风的描述

风速等级	名称	一般叙述	速度/（m/s）
0	无风	静，烟直上	0～0.2
1	软风	烟能表示风向，但风向标不能转动	0.3～1.5
2	轻风	人面感觉有风，树叶有微响，风向标能转动	1.6～3.3
3	微风	树叶及小枝摇动不息，旌旗展开	3.4～5.4
4	和风	能吹起地面尘土及纸张，树的小枝微动	5.5～7.9
5	清风	有叶的小树枝摇摆，内陆水面有小波	8.0～10.7
6	强风	大树枝摇动，电线呼呼有声，撑伞困难	10.8～13.8
7	疾风	全树摇动，迎风行走感觉困难	13.9～17.1
8	大风	摧毁小树枝，迎风前行感觉阻力甚大	17.2～20.7
9	烈风	建筑物有损坏（烟囱顶部及屋顶瓦片移动）	20.8～24.4
10	狂风	陆上少见，见时可使树木拔起，建筑物损坏严重	24.5～28.4
11	暴风	陆上少见，有则必有重大损毁	28.5～32.6
12	飓风	陆上绝少见，摧毁力极大	≥32.7

航空器相对空气的速度矢量，空气相对于地面的空速矢量，航空器相对于地面的地速矢量三种矢量关系，根据矢量三角形法则，可以构成一个速度三角形，如图 1.8 所示。

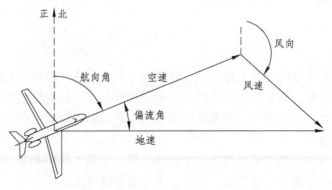

图 1.8　风速三角形

无人机的抗风能力应符合表 1.3 的规定。

表 1.3　无人机抗风能力

机型	起降环境风速/（m/s）	飞行环境风速/（m/s）
固定翼无人机	≥6（侧风）	≥10.8
无人直升机	≥8	≥10.8
多旋翼无人机	≥8	≥10.8

1.4.2　风切变

无人机在大气层中飞行中，航空气象除了对无人机载体飞行有影响之外，任务载荷功能实现也与气候因素有关。影视航拍的理想高度是 500 m 以下的低空，这个高度恰恰是"风切变"的多发区，这会导致无人机严重偏航破坏无人机的稳定性。无人机抗拒不了突然袭来的"风切变"，严重时会导致无人机失控炸机。

低空风切变是指在近地面 600 m 高度以下短距离内风向、风速发生明显突变的状况。雷暴、龙卷风等强对流天气极易引发强烈的低空风切变；锋面，特别是强冷锋及强冷锋后的大风区内往往存在严重的低空风切变。此外，复杂地形也容易产生风切变，如林芝米林机场、九寨黄龙机场、香港国际机场、美国阿拉斯加朱诺机场等周围有山环绕、地形复杂，风切变的现象明显。

1. 定义和表现形式

风切变（wind shear）指空间两点间单位距离的风矢量差，表示风的空间变率。

如图 1.9 所示，低空风切变是在一定的天气背景和环境条件下形成的，主要原因有两种，一种是天气因素造成的；另一种是地理、环境因素造成的。有时也是两者综合而成的。风切变的特征是诱因复杂、来得突然、时间短、范围小、强度大、易变化。

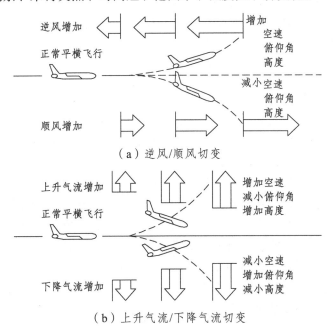

（a）逆风/顺风切变

（b）上升气流/下降气流切变

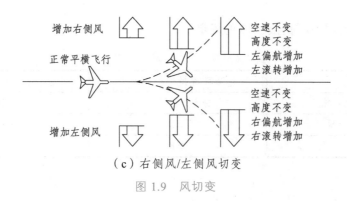

增加右侧风 空速不变 高度不变 左偏航增加 左滚转增加

正常平横飞行

增加左侧风 空速不变 高度不变 右偏航增加 右滚转增加

（c）右侧风/左侧风切变

图 1.9 风切变

根据无人机相对风矢量及其变化的各种情况，按航迹可以把风切变分为下列 4 种表现形式：

（1）顺风切变（tail wind shear）。

顺风切变指水平风的变量对无人机来说是顺风。顺风切变使无人机空速减小，升力降低。无人机下沉，这是一种比较危险的风切变形式。

（2）逆风切变（head wind shaear）。

逆风切变指水平风的变量对无人机来说是逆风。逆风切变使无人机空速突然增大，升力突然增大。无人机抬升，危害相对较轻。

（3）侧风切变（cross wind shaear）。

侧风切变指无人机从一种侧风或无风状态进入另一种明显不同侧风状态，它有左右之分，使无人机发生侧滑、滚转或偏转。

（4）垂直切变（vertical wind shear）。

垂直切变指无人机从无明显的升降气流区进入强烈的升降气流区的情况，特别强烈的下降气流，往往有很强的猝发性，强度大，使无人机突然下沉，危害很大。

热力气流是受各种天气温度湿度以及空气温度递减率气压一系列的数据影响生成的，所以在沙漠戈壁拍摄时，上升气流会十分明显。层次不齐的山体，群山环抱的地区拍摄都要注意气流出现。这些气流很容易造成无人机被拽翻或者机翼折断。

2. 低空风切变

雷暴是产生强烈低空风切变的重要天气。雷暴单体下方的下曳气流在相当宽的范围内可以造成由下击暴流和雷暴外流组成的两种不同的风切变。

一种是雷暴单体中心附近下方的下击暴流切变，表现为范围小，生命期短，强度大。

另一种是下击暴流接近地面时转化为强烈的冷空气外流，它向四外传播，沿雷暴单体前进方向伸出 15～25 km，并使暖湿空气入流抬升形成阵风锋，在雷暴下方大范围内引起180°的风向变化，表现为强顺风切变和强逆风切变。由于其中一部分强风切变区向前伸展远离雷暴主体，不易察觉，对飞行安全威胁很大。当无人机穿越这类风切变时，先是逆风增大，而后逆风对无人机速度减小至零，并有强的下降气流，紧跟着又是大顺风，这种风切变对飞行危害是最大的，无人机在这一过程中先是空速增大，使无人机有利于获得高度，然后空速迅速减小，使无人机迎角减小造成升力降低，紧跟的大顺风会使风速再次减小，如果空速减到一定程度会使无人机掉高度甚至坠地。

3. 锋面

锋面是产生风切变最多的天气系统。锋面两侧气象要素有很大差异，锋面过渡区的垂直结构，是产生风切变的重要条件。一般当锋面两侧的温度差大于等于 5℃，锋面移动速度大于等于 15 m/s 时，都会在锋面附近产生对飞行有影响的低空风切变。其中，尤其以冷锋型低空风切变危害较明显，但这种低空风切变一般持续时间较短。在冷锋后的偏北大风区内往往也存在较严重的低空风切变。另外冷锋附近会经常形成雷暴，也会产生强的低空风切变，因此不能忽视。

4. 超低空急流

在 1 500 m 以下，中心位置常见于 120 ~ 160 m 的超低空急流常伴随产生低空风切变，最大风切变位于急流轴之下，我国曾观测过到的最低 47 m 的超低空风切变。超低空急流出现时，一定伴有逆温。正是逆温层阻挡了在其上的大尺度运动与地面之间的动量交换，为逆温层以上动量的累积和储存提供了条件，同时减缓了动量的耗散，利于逆温层上急流的形成和维持。此时天气晴朗，地面静风。

5. 低空逆温层

晴夜，在低空易存在辐射逆温层，并常伴有低空急流，由于稳定的逆温层阻碍了上层大风向下层的传输，使地面风很弱，在逆温层上下形成风的垂直切变。单纯辐射逆温层引起的低空风切变的强度较雷暴和锋面引起的风切变弱得多,也比超低空急流引起的风切变稍弱些。这种风切变存在时往往存在逆温，下层风平浪静，而上层狂风大作，无人机穿越逆温层时会造成上升或损失高度。如果逆温层很低，在无人机着陆时，飞行员处置不及时，很容易造成无人机坠地，或冲出跑道。

此外，当机场周围的环境和地形比较复杂时，也会产生对无人机的起飞、着陆有影响的低空风切变。如地形波，较大水陆界面等，一般山地高差大，水域面积大，机场附近高大建筑物群等，均容易产生风切变，尤其在较强阵风条件下。它出现的高度一般较低，并且通常伴随高度增加而风速减小，无人机在起降过程中容易遭遇这种风切变，因在起降过程中无人机高度低、速度小，而无人机通常是逆风起落，逆风的减小使无人机空速减小，如果无法使无人机加速来应付风对无人机空速的影响，轻则影响目测，重则导致无人机坠地，造成严重后果。低空风切变的时空尺度特征和对飞行的危害程度见表 1.4。

表 1.4 低空风切变的时空尺度特征和对飞行的危害程度

类型	水平尺度/km	时间尺度/h	飞行危害程度
微下击暴流	0.04 ~ 4	0.1 ~ 0.25	大
下击暴流	4 ~ 10	0.3 ~ 0.7	大
雷暴阵风锋	10	1	中
冷锋	100	10	中
暖锋	100	10	中
超低空急流	0.1 ~ 1	1	中
逆温层附近风切变	0.1 ~ 1	1	中
地形风切变	0.1 ~ 1	1	小
水陆界面风切变	0.1 ~ 1	1	小

6. 防范措施

飞行中遭遇到风切变是一种非常棘手的气象现象，最直接判断风切变的方法就是目视判别法，具体如下：

（1）雷暴冷性外流气流的尘云。雷暴冷性外流气流前缘的强劲气流吹起的尘云随气流移动，通常紧跟在尘云之后就是强烈的风切变。

（2）雷暴云体下垂的雨幡是有强烈下冲气流的重要征兆，雨幡下垂高度越低、个体形状越大，色泽越暗，预示着风切变下击暴流越强。

（3）滚轴状云。在冷锋性雷暴中，强冷性外流气流会有涡旋运动结构，并伴有低空滚轴状云。这种云的出现，预示着强低空风切变的存在。

由于航空器遭遇到风切变，驾驶员识别和规避的时间非常短。为了迅速而准确地做出反应，驾驶员应该做到以下几点：

（1）认真了解天气预报，对风切变可能出现的位置、高度、强度要有心理上的准备。

（2）注意收听地面气象报告和其他航空器在起飞、进近过程中的报告，了解风切变的存在及其性质，对自己所驾无人机能否通过风切变进行风险评估，做出正确的决断。通常应采取避开、等待、备降等措施。

（3）复杂天气飞行时，各工作人员要协同、分工负责。如果需要的话，起飞、进近中各种口令要清晰到位。应不间断地扫视航空器仪表，密切观测有无异常现象，对着陆场地的环境、风向风速等要了如指掌，做到一旦有异常情况就能及时发现，立即采取对策。

（4）不要有意识地做穿越严重风切变或强下降气流区域的尝试，特别是在山区、低高度或一发失效时更是如此。

（5）要与雷暴的强下击气流区保持距离。雷暴的外流气流可超越雷暴之前 20～30 km，不要心存侥幸抢飞这一区域。

（6）在着陆阶段如遇到风切变时，只要无法重建稳定着陆轨迹，就应立即采取有关程序，脱离切变区进行复飞或备降场。

1.4.3　锋面天气

在锋面附近存在着大片云系和降水现象，因此，锋面天气主要指锋附近云和降水的分布。

1. 主要影响因素

影响锋面云系和降水的主要因素如下：锋附近的垂直运动、大气中的水汽条件和大气稳定度。由于这些因素随时间、地点而变化，所以锋面云系和降水千变万化。

（1）锋附近的垂直运动。

锋附近出现广阔的云雨天气表明，锋附近常存在着大规模系统性的垂直运动。造成这种垂直运动的因素有以下几种：

① 摩擦辐合作用。

地面锋线常处在低压槽中，因此，由于摩擦辐合作用使地面锋线附近的空气产生上升运动。槽越深，下垫面越粗糙，则上升运动越强。

② 锋面抬升作用。

这是造成锋面附近大规模系统性垂直运动的主要因素之一。当水平方向上垂直于锋线的水平风速与锋面的水平移动速度不相等时，空气将沿着锋面做上升或下沉运动。锋面坡度越大，垂直运动越强；反之，锋面坡度越小，则垂直运动越弱。

③ 冷暖平流的作用。

一般来说，暖平流伴有上升运动，冷平流伴有下沉运动。在暖锋锋区附件常有暖平流，故有上升运动；在冷锋锋区附近常伴有冷平流，故有下沉运动。

（2）大气中的水汽条件。

大气中的水汽条件指大气中的水蒸气含量。水汽在大气中含量很少，但变化很大，其变化范围在 0% ~ 4%，水汽绝大部分集中在低层，有一半的水汽集中在 2 km 以下，3/4 的水汽集中在 4 km 以下，10 ~ 12 km 高度以下的水汽约占全部水汽总量的 99%。水汽含量在大气中变化很大，是天气变化的主要角色，云、雾、雨、雪、霜、露等都是水汽的各种形态。水汽能强烈地吸收地表发出的长波辐射，也能发出长波辐射，水汽的蒸发和凝结又能吸收和放出潜热，这都直接影响到地面和空气的温度，影响大气的运动和变化。

（3）大气稳定度。

大气稳定度指的是叠加在大气背景场上的扰动能否随时间增强的量度，也指空中某大气团由于与周围空气存在密度、温度和流速等的强度差而产生的浮力，使其产生加速度而上升或下降的程度，也就是大气抑制空气垂直运动的能力。

2. 水汽和层结稳定度

一般而言，暖空气来自南方海洋上，因此具有气温高、湿度大、露点温度高等特点，所以暖空气中水汽含量较多。而冷空气来自北方内陆地区，因气温低、湿度小，所以冷空气中水汽含量较少。锋面云系和降水的形成，主要是暖气团沿着冷气团斜坡爬升时，由于绝热冷却作用使水汽发生凝结的结果。因而锋面附近出现什么样的天气，主要决定于暖气团的水汽含量和层结稳定度。一般层结稳定和水汽含量高的暖空气沿锋面爬升时，形成层状云和连续性降水，但若暖空气水汽含量大和层结不稳定，则可形成对流性云和阵性降水。

锋面附近形成的云系和天气，除主要受上述条件影响外，还受地理条件的影响。

（1）暖锋天气。

暖锋是向冷气团方向运动的。在它移动过程中，暖空气一方面向冷空气移动，另一方面又沿着锋面向上滑升。如果暖空气的层结是稳定的，在地面锋线的最前段是卷云，以后依次是卷层云、高层云、雨层云。这个云系沿着整个锋面可延伸数百千米，离地面锋线越近，云层越低且厚度越大，云顶可达 6 000 m 以上。降水发生于雨层云内，一般多属连续性降水，降水宽度为 300 ~ 400 km，降水区一般位于锋前。

由于从锋面上降落的雨滴蒸发使空气饱和，加上低层辐合、湍流混合等作用。在锋下靠近锋线的冷空气里，常产生层云、碎层云、碎积云。当空气中的饱和层达到地面时，可形成锋面雾。

由于暖空气湿度和垂直运动分布不均匀，因而实际上出现的暖锋云系比上述模式要复杂得多。在锋面云系中有些部分比较浓密，有些部分比较稀疏，甚至会出现无云的空隙，把云分为两层或多层。

夏季，当暖空气层结不稳定且湿度很大时，在暖锋上可产生积云或积雨云，常伴有雷阵雨天气。这种积雨云往往隐藏在浓厚的雨层云之中，对云中飞行威胁很大。当暖空气干燥，水汽含量很少时，锋上只出现一些中、高云，甚至无云。

在中国单独的暖锋出现得很少，大多伴随着气旋出现。春、秋季一般出现在江淮流域和东北地区，夏季多出现在黄河流域。

（2）冷锋天气。

冷锋天气过程如图1.10所示。

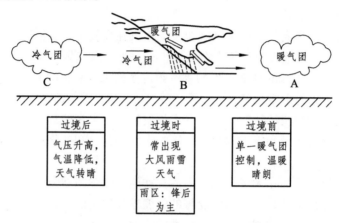

图 1.10　冷锋天气

① 第一型冷锋天气。

地面锋线过后开始降水，风速突然增大，天气恶劣，待高空槽过后，降水逐渐停止，天气开始转晴。这种冷锋在中国冬季比较常见。但若暖空气比较干燥，锋上云系中就可能不出现雨层云或高层云，如中国东北和西北高纬地面，锋上仅有卷层云，但常有降雪现象。当暖空气处于对流性不稳定时，在锋线附近可有浓积云和积雨云发展，出现雷阵雨天气，这种情况在中国夏季比较常见。

② 第二型冷锋天气。

如果暖空气比较潮湿且不稳定，在地面锋线移近时，由于冷空气的冲击，往往形成强烈发展的积雨云，沿着锋线排列成一条狭窄的积雨云带，顶部常可达10 km以上，而宽度则仅仅有数十千米。这种积雨云带之前一般多有空隙。当第二型冷锋来临时，常常是狂风暴雨，乌云满天，且有雷电现象。待锋面过后不久，天气即转晴朗。这种冷锋天气在中国下半年比较常见。

如果暖空气比较稳定，第二型冷锋的云系和暖锋相似，为层状云系。当锋面来临时，也是先见卷云、卷层云，以后云层逐渐增厚变低，在临近锋线时有时有降水。待锋线一过，雨消云散，但风速突然增大，有大风出现。这种冷锋天气多出现在中国冬半年。

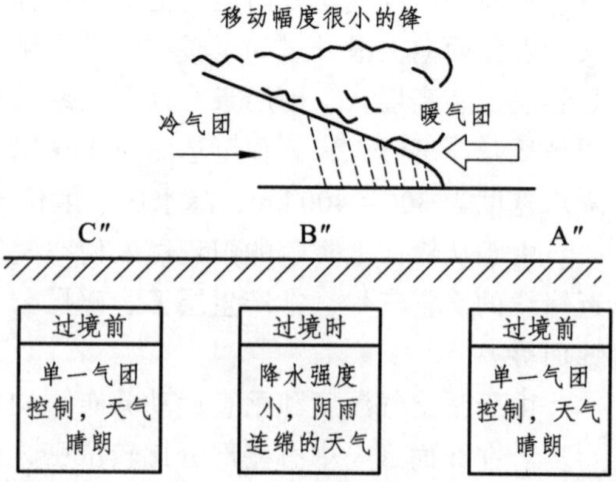

图 1.11　准静止锋天气

（3）准静止锋天气。

中国的准静止锋一般是由冷锋演变而成的（图 1.11）。准静止锋的天气类似于第一型冷锋，但由于静止锋的坡度较冷锋小，因此云雨区比冷锋宽广。由于准静止锋运动缓慢，并常常来回摆动，使阴雨天气持续长达 10 天至半个月，甚至一个月以上。初夏时，如果暖气团湿度增大，低层升温，气层可能呈现不稳定状态，锋上也可能形成积雨云和雷阵雨天气。若在低空有切变线或低涡相配合，多有显著的降水现象，有时甚至产生暴雨。梅雨时期江淮流域的准静止锋常出现这种天气。

① 锢囚锋天气。

锢囚锋天气是由两条移动着的锋合成而成，所以它的天气仍然保留着原来两条锋的天气特征。如果锢囚锋是由两条具有层状云系的冷、暖锋合并而成，则锢囚锋的云系也呈层状，并近似对称地分布在锢囚点两侧。当这种锋过境时，云层先由薄变厚，再由厚到薄。如果两锋锢囚时，一条锋是积状云，另一条是层状云，那么锋锢囚后积状云相连。锢囚锋降水不但保留着原来锋面降水的特点，而且由于锢囚作用促使上升运动发展，暖空气被抬升到锢囚点以上，利于云层变厚、降水增强、降雨区扩大。在锢囚点以下的锋段，根据锋是暖式或冷式而出现相应的云系。在中国，锢囚锋主要出现在东北和华北地区，在一年当中以春季为最多。

② 气候锋。

气候锋是指具有不同性质的主要气团经常相互作用得最为频繁的过渡带。在这个带里，实际的锋（即天气图上的锋）常常得以加强，并且伴有强烈的气旋活动。换言之，气候锋是经常在地球上一些特定的区域形成，并引起一系列气旋发展的锋。因此，气候锋的位置也就是锋经常出现的那些区域的平均位置，故气候锋又可称为平均锋。

1.4.4　云

云是大气中的水蒸气遇冷液化成的小水滴或凝华成的小冰晶所混合组成的飘浮在空中的可见聚合物。云是在飞行中经常碰到的，常给飞行活动带来影响的一种气象条件。

云是地球上庞大的水循环的有形结果。太阳照在地球的表面，水蒸发形成水蒸气，一旦水汽过饱和，水分子就会聚集在空气中的微尘（凝结核）周围，由此产生的水滴或冰晶将阳光散射到各个方向，这就产生了云的外观。并且，云可以形成各种的形状，也因在天上的不同高度、形态而分为许多种。

云的科学分类最早是由法国博物学家尚·拉马克（Jean Lamarck）于 1801 年提出的。1929 年，国际气象组织以英国科学家路克·何华特（Luke Howard）于 1803 年制定的分类法为基础，按云的形状、组成、形成原因等把云分为十大云属，而这十大云属则可按其云底高度把它们划入三个云族：高云族、中云族、低云族。另一种分法则将积雨云从低云族中分出，称为直展云族。

高云形成于 6 000 m 以上的高空，对流层较冷的部分，分三属，都是卷云类的。在这高度的水都会凝固结晶，所以这族的云都是由冰晶体所组成的。高云一般呈纤维状，薄薄的并多数会透明。高云族主要包括卷云（Ci, Cirrus）、卷积云（Cc, Cirrocumulus）、卷层云（Cs, Cirrostratus）。

中云于 2 500 ~ 6 000 m 的高空形成。它们是由过度冷冻的小水点组成。中云族主要包括高积云（Ac, Altocumulus）、高层云（As, Altostratus）。

低云是在 2 500 m 以下的大气中形成。当中包括浓密灰暗的积云（Cu, Cumulus）、层积云

（Sc，Stratocumulus，不连续的层云）和浓密灰暗兼带雨的雨层云（Ns，Nimbostratus）。雨层云云底很低、漫无定形，云体均匀成幕状，云层很厚，一般厚度为 4 000 ~ 5 000 m，能遮蔽日、月，呈暗灰色，云底经常出现碎雨云。雨层云覆盖范围很大，常布满天空。层积云，云块一般较大，其薄厚或形状有很大差异，有条状、片状或团状，结构较松散。层积云外形看起来像积云，有时分散的云块会融合成一整片连续的云层，有时云块间有缝隙，看起来就像是"棉花糖机忘记了关闭开关"。无论是连续的还是有缝隙的，层积云的颜色变化多端，而且云底一般有很清晰的轮廓。层云（St，Stratus），云体均匀成层，呈灰色，似雾，但不与地接，常笼罩山腰，厚度一般在 400 ~ 500 m；云底离地面高度常在 2 000 m 以下。层云接地就被称为雾。

直展云有非常强的上升气流，所以它们可以一直从底部长到更高处。带有大量降雨和雷暴的积雨云（Cb，Cumulonimbus）就可以从接近地面的高度开始，然后一直发展到 75 000 ft（22 860 m）的高空。在积雨云的底部，当下降中较冷的空气与上升中较暖的空气相遇就会形成像一个个小袋的乳状云。薄薄的幞状云则会在积雨云膨胀时于其顶部形成，包括积云和积雨云。

云对飞行活动的影响很大，各种云中对飞行影响最大是低碎云。低碎云出现时，云高常常小于 300 m，有的仅几十米，而且云量多，形成极为迅速，云下能见度也很差，对飞机降落造成严重威胁。如我国沿海的机场，在春末夏初低碎云中的平流低云，常会给飞机带来很大影响，如不及时掌握，可能造成飞机起降困难，威胁飞机安全。1986 年 1 月 29 日，美国一架 DC-3 型飞机，在某机场下降高度准备着陆时，因低碎云影响视程，看不见跑道，在落地没有成功，复飞时撞在高地上。

积雨云往往伴随着冰雹、闪电、大风、暴雨等天气，这对于飞行在积雨云内或附近的航空器的安全造成很大威胁。特别是积雨云里强烈的上升和下沉气流，会对航空器的平衡和姿态造成严重影响，其中最厉害的就是下击暴流。

层云出现时不会伴有较为明显的降水过程，一般不产生降水，偶尔会出现毛毛雨的天气。层云的云底模糊不清，看不出任何结构，云底的高度比雨层云还要低，通常只有 50 ~ 500 m，但云层较薄，厚度只有 200 ~ 600 m。这会造成无人机在降落时无法准确通过目视捕获跑道而安全着陆。

除了云底很低的云影响飞机起飞和降落之外，云中的过冷水滴使飞机积冰；云中湍流造成飞机颠簸，云中明暗不均容易使飞行员产生错觉，云中的雷电会损坏飞机等。

1.4.5 雾 霾

雾霾，是雾和霾的组合词，但是雾和霾的区别很大。

雾是由大量悬浮在近地面空气中的微小水滴或冰晶组成的气溶胶系统，多出现于秋冬季节。雾的存在会降低空气透明度，使能见度恶化。

如果目标物的水平能见度降低到 1 000 m 以内，就将悬浮在近地面空气中的水汽凝结（或凝华）物的天气现象称为雾（Fog）。如果目标物的水平能见度在 1 000 ~ 10 000 m 的这种现象称为轻雾或霭（Mist）。形成雾时大气湿度应该是饱和的（如有大量凝结核存在时，相对湿度不一定达到 100% 就可能出现饱和）。由于液态水或冰晶组成的雾散射的光与波长关系不大，因而雾看起来呈乳白色或青白色和灰色。

霾，也称灰霾（烟雾）空气中的灰尘、硫酸、硝酸、有机碳氢化合物等粒子组成的气溶胶系统造成视觉障碍。雾霾主要由二氧化硫、氮氧化物和可吸入颗粒物这三项组成，前两者为气态污染物，最后一项颗粒物才是加重雾霾天气污染的主要原因，它们与雾气结合在一起，让天空瞬间变得阴沉灰暗。

颗粒物的英文缩写为 PM，北京监测的是细颗粒物（$PM_{2.5}$），也就是空气动力学当量直径小于等于 2.5 μm 的污染物颗粒。这种颗粒本身既是一种污染物，又是重金属、多环芳烃等有毒物质的载体。

中国不少地区将雾并入霾一起作为灾害性天气现象进行预警预报，统称为"雾霾天气"。雾霾是特定气候条件与人类活动相互作用的结果。高密度人口的经济及社会活动必然会排放大量细颗粒物（$PM_{2.5}$），一旦排放超过大气循环能力和承载度，细颗粒物浓度将持续积聚，此时如果受静稳天气等影响，极易出现大范围的雾霾。雾霾常见于城市。

霾与雾、云有所不同，其与晴空区之间没有明显的边界，其主要为空气中大气污染物粒子在大气环境中形成的气溶胶系统，一般颗粒物粒径范围为 0.001～10 μm，易使大气混浊、视野模糊，最终导致能见度恶化，当出现该状况时天气一般呈现黄色或橙灰色。

而雾霾天气并非简单的理化性质即可出现，而是在各种条件、因素一一具备的情况下，才会出现此类灾害性天气。一般相对湿度大于 90% 时的大气混浊视野模糊导致的能见度恶化是雾造成的；相对湿度小于 80%、大气污染物高浓度富集时的大气混浊视野模糊导致的能见度恶化是霾造成的；而相对湿度介于 80%～90%，且大气中污染物浓度达到一定积累量时，造成的大气混浊视野模糊、能见度恶化，才是霾和雾的混合物共同造成的。而这种气象灾害的主要危害成分是霾。

而对于航空安全来说，能见度是决定飞行器起降的重要考量标准之一，是确保飞行器安全起降的必然因素。影响航空能见度的天气现象非常多，如雷暴、雷雨、大雨、冻雨、风切变、顺风超标、结冰、大雪、低云、低能见、大雾等，其中雾对能见度的影响最大，而如今形成的雾霾天气对航空器的起飞降落更是致命。低能见度将导致飞行员视线模糊，不能有效辨别地表障碍物、助航灯光指示等，存在飞机偏离或冲出跑道等潜在风险，可能形成严重安全隐患，一旦事故发生后果不堪设想。因此，雾霾天气造成的大面积能见度恶化，必将严重影响航空器起飞降落，从而导致航班的大量延误和返航。

1.4.6 沙尘暴

在气象学上，把强风将地面尘沙吹起，使水平能见度小于 1 km 的现象称为沙尘暴。根据国家气象中心最新统计，每年 4—5 月份，中国北方还将会出现 6～9 次沙尘天气过程，4 月份影响中国的冷空气仍较活跃，强沙尘暴发生的可能性较大。沙尘天气是沙尘暴、扬沙和浮尘天气的统称，它是一种由大风将地面沙尘吹（卷）起或被高空气流带到下游地区而造成的一种大气混浊现象。

大风或强风的天气形势，易于产生沙尘的源地和空气不稳定是沙尘暴或强沙尘暴形成的主要原因。强风是沙尘暴产生的动力，沙尘源是沙尘暴的物质基础，不稳定的热力条件易于强对流发展，风力加大，从而夹带更多的沙尘，并卷扬到较高的高度。

沙尘暴除了造成恶劣能见度影响飞行外（图 1.12），由于漫天飞舞的沙粒使电磁波严重衰减，以及机体表面与小沙粒互相摩擦而产生的静电效应，会使无线电通信和飞机的导航性能受到严重干扰。

大量的沙粒进入发动机和机体内部，也会造成机件磨损、油路堵塞、导电不良等一系列机械或电器故障。尤其最直接的是容易导致发动机叶片损坏，甚至降低发动机的工作效率，最后导致发动机熄火。

图 1.12　沙尘暴影响着航班运行

其次，沙尘天气的能见度相对较低并且伴有大风和乱流现象，给飞行员的视线和操纵带来很多影响及困难。因此，可以说，沙尘暴对飞行安全的影响是全方位的。

能见度，是指视力正常的人能将目标物从背景中识别出来的最大距离。能见度用气象光学视程表示。能见度与航拍的关系非常密切，能见度的好坏决定航拍能否开展的重要条件。如果能见度不好，就会造成严重的视程障碍甚至危及飞行安全。

按照航空的需要，能见度可分为两类：

（1）地面能见度，反映近地面水平方向能见距离的情况。而不同方向的能见度又常是不同的。一般气象台、站所报告的是能见度的代表值"有效能见度"（测站视野一半以上范围都能达到的能见距离）。航行活动中主要掌握跑道上的能见度和某方位的最小能见度。

地面能见度，指在昼间以靠近地平线的天空为背景，能分辨视角大于 20′ 的地面灰暗目标轮廓的最大距离。例如，一个宽度为 58 m，距离眼点 10 km 的物体，其视角为 20′，正常视力的人用肉眼刚好能够看得见，则能见度为 10 km。

（2）空中能见度，又称"飞行能见度"。能见度是决定机场开放或关闭的条件之一，也是决定航空器起飞、着陆时按目视飞行规则或按仪表飞行规则操作的依据之一。低能见度给目视飞行造成困难，影响安全起飞和着陆。

1.5　气象信息

目前，国内气象资料获取主要途径有民航气象预报和互联网查询。气象信息来源于气象服务设施，即气象探测设施，集气象资料收集、传输、分析各个功能于一体的所有设备的总称。气象卫星和气象雷达是现代重要的航空气象设备。

气象雷达属于主动式微波大气遥感设备，是专门用于大气探测的雷达。气象雷达是用于警戒和预报中、小尺度天气的主要探测工具之一。气象卫星是从太空对地球及其大气层进行气象观测的人造地球卫星。气象卫星观测范围广，观测次数多，观测时效快，观测数据质量高。

1.5.1　气象雷达

在气象台发布的天气信息中，我们常能听到有关降水量的预报，如"成都中北部未来两天降水量将超过 100 mm""据预测，南京将有一场大暴雨，雨量将会达到 130 mm 左右"，等等。它们大多是利用数值天气预报模式由计算机算出来的。

气象工作者还能利用"天气雷达"来定量估测降水。气象雷达（图 1.13）发射出的电磁波在空气中遇到雨滴、冰晶、雪花等会发生散射，返回的电磁波被雷达天线所接收并显示在屏幕上，气象学家根据回波图像可以了解到大气中降水的强度、分布和演变情况。

在雷达屏幕上，只能看到雷达回波的强度、分布、移动和演变情况，气象工作人员是怎样来估测降水的呢？一般情况下，雷达回波强度与降水强度具有相同的概率分布。气象台站会收集和统计不同地区、降水类型、降水强度的雨滴谱，然后找到不同类型的降水的回波强度与其对应的降水强度之间的关系，这样就可以获取一组经验公式，用来定量估测降水。

近年来，气象雷达估测降水的技术也在不断更新。而且，将设置在地面上的雷达组成网络，并利用以卫星为载体的雷达，就可实现大范围内的降水观测，可以弥补单点观测的不足。

图 1.13　多普勒气象雷达

1.5.2　气象卫星

气象卫星是一种人造地球卫星，专门从太空对地球及其大气层进行气象观测。

1988 年 9 月，我国发射了第一颗气象卫星 —— "风云一号"。此后，我国又相继成功发射了多颗极轨气象卫星和多颗地球静止气象卫星 —— "风云二号"。2008 年 5 月 7 日，我国又发射了"风云三号"气象卫星，它的功能和技术更为先进。2017 年 9 月 25 日，"风云四号"气象卫星（图 1.14）正式交付使用。

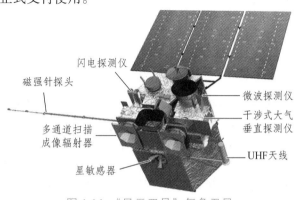

图 1.14　"风云四号"气象卫星

1.5.3 综合气象观测系统

综合气象观测系统主要由地基、空基、天基观测系统，相应的数据处理、技术保障等系统组成。综合气象观测系统可对地面、高空乃至空间范围内的大气圈和相关圈层的状态及其变化过程开展长期、连续、系统的观测。

综合气象观测系统按照传感器所处位置可分为地基观测、空基观测、天基观测系统，如图 1.15 所示。

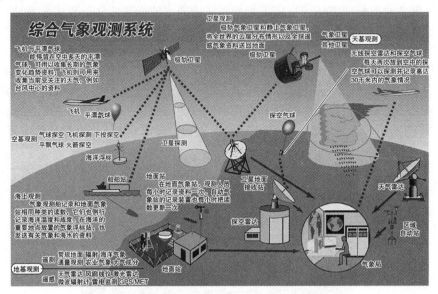

图 1.15 综合气象观测系统

地基观测是指传感器在地球表面的观测，主要由地面气象观测、地基气候系统观测、地基遥感观测、地基大气边界层观测、地基中高层大气和空间天气监测、地基移动气象观测等组成。

空基观测是指传感器在地球表面以上、中层大气及以下的观测，主要由气球探测、飞机探测和火箭探测组成。

天基观测是指传感器在中层大气之外的观测，主要由低轨卫星和高轨卫星以及相应的地面应用系统组成。

综合气象观测系统是现代气象业务体系的重要组成部分，是提升公共气象服务能力和提高气象预报预测准确率的重要基础。

1.5.4 风向袋和风向标

在各个飞行阶段经常需要确定风分量，飞行员可以从多种途径得知地面风的状况，如塔台 ATC、ATIS、风速指示器（Wind Sock），还有 METAR 报中指示风向和风速，起降阶段给出的风速是指塔台报告的在 50 ft 高度的实际风的速度。

一般通用航空机场上常见到风向袋、风向标和风锥等气象装置，如图 1.16 所示，其主要用来确定风向和风速等气象元素。风向袋或风锥是一个圆锥形纺织管。风向标是用于测定风来向的仪器。

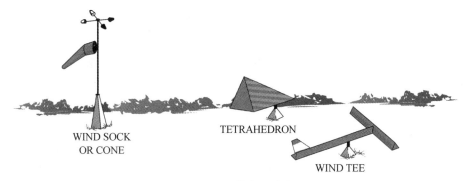

图 1.16　风袋和风向标

既可以表明风向又能确定风速的风向袋如图 1.17 所示。风向袋所表示的风向是与风向袋成相反的方向（注意，风向是被指定为传统的罗盘指向从风起源；所以风向袋指向正北表明南风）。风速则可由风向袋与其标杆的角度表示低风速时风向袋与其标杆的角度则较小；强风时方向水平（角度较大）。在许多机场所用的风向袋都能在夜间发出灯光，方便观察。

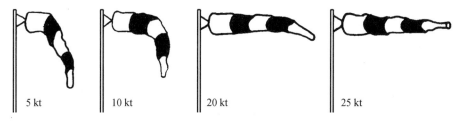

图 1.17　风袋的风速指示

较准确地知晓风速的方法是采用公式计算或借助风分量图（Wind Component Chart）。在风分量图中，横坐标对应的是侧风分量，纵坐标对应的是顺逆风分量，圆弧代表风速大小；射线代表风向与跑道磁向的夹角（滑跑阶段），或风向与飞行轨迹夹角（空中飞行阶段），如图 1.18 所示。

1.5.5　卫星云图

卫星云图是地面接收到的来自气象卫星的云况图片。气象卫星从太空不同的位置对地球表面进行拍摄，大量的观测数据通过卫星传回地面工作站；再合成精细的云图照片。

按气象卫星取得云况的仪器不同，可分为可见光卫星云图和红外卫星云图。人们既可以接收可见光云图也可通过使用合适的感光仪器接收到其他波段的卫星照片如红外云图。电视节目中通常使用的云图，就是红外云图通过计算机处理、编辑而成的假彩色动态云图画面。使用红外

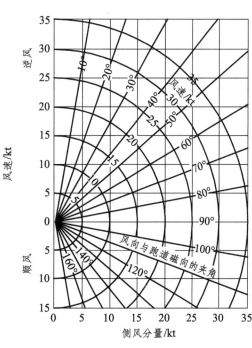

图 1.18　风分量图

云图的一个好处是它能不分昼夜地提供云盖和气团温度信息，而可见光云图只有白天的资料可用。

利用卫星云图可以识别不同的天气系统，确定它们的位置，估计其强度和发展趋势，为天气分析和天气预报提供依据。

如果地球表面是一片晴空区，卫星观测到的是从地面发射到太空的红外辐射信息，卫星云图上表现为绿色。绿色越深，表示地面辐射越强，天气越晴好。当某地上空被云、雨覆盖，卫星观测到的则是从云顶发向太空的红外辐射，表现为白色或灰白色。白色表示地面辐射很弱，气温很低，云系很厚密，降雨强度也就很大。晴空区与云雨区之间的过渡带通常为深灰、灰、浅灰色云系覆盖，表示有不同厚度的云而无明显降水。在电视显示的卫星云图上，地表和海洋常用绿色和蓝色表示。

由气象卫星从太空摄得的可见光云图是利用云滴和冰晶等对阳光的粗粒散射而产生的散射光拍摄而成。云图上白色表示太阳光反射强，灰黑的地方表示反射较弱。由于陆地的反射能力比海洋高，所以可见光云图上的陆地表现为灰色，海洋表现为黑色，而冰雪和深厚云系覆盖的地区一般呈白色。

当然，要准确地解释卫星云图包含的信息，最好是将两种云图结合起来使用。

1.5.6 民航气象预报

航空天气预报，是指为保障航空器起飞、着陆和空中飞行的安全而制作的天气预报，它是组织和实施飞行的重要依据，比用于日常生活的天气预报在内容、时间和定量方面要求更细、更高。

航空预报分为高空预报和机场预报两个方面。机场预报和观测报告在国际上有一些特定的格式，需要编码及解码。机场观测报告和机场预报，分别提供机场的定时观测数据及对未来数小时的天气预报。

按预报的有效时段可分为临近预报（亦称"现时预报"，即未来 3 h 内的天气预报）、短时预报（即未来 6、9、12 或 18 h 内的天气预报）、短期预报（未来 24～48 h 的天气预报）等。预报内容主要有云量、云状、云底高（必要时指出云顶高）、风向、风速（地面的、空中的）、能见度（水平的、垂直的）、空气温度、天气现象（雾、雪、风沙、雷暴等）以及飞机颠簸、飞机积冰、低空风切变等。

航空气象中心、台、站负责编制并按规定时间发布定时天气预报，并含有预报的有效起止时间。此外，气象台、站还发布不定时的天气预报（如订正预报或危险天气警报等）。

预报分类：

（1）航站（机场）天气预报：以机场跑道为中心的视区范围内航空天气预报，内容包括提供飞机起飞、着陆所需的气象要素和天气现象的预计情况，如地面气温、气压、风向、风速、云状、云量、云高、跑道能见度以及雷暴等。有一种航站天气预报是定时发布的，每日两次，即每天 12 时和 24 时各一次。另一种是根据飞行任务需要随时提供的。世界上已有不少机场专门开辟了机场天气预报广播业务，使航站天气预报能够不间断地发布给空勤人员。

（2）航线天气预报：包括起降航线和空中航线两侧 25 km 范围以内的天气预报，内容包括飞行高度上的风向、风速、气温、云量、云状、云高、能见度、天气现象（雾、雷暴、降水等）和积冰等。航线预报通常在起飞前 1 h 由起飞航站气象台向机组人员提供，有效时限至预计飞行结束后 1 h 为止。航线天气预报一般只用飞行天气报告表的形式发布，但当航线很长、天气变化复杂时，还附上航线天气剖面图。

（3）区域天气预报：飞行管制区航空气象业务部门发布的天气预报，一般都用天气预报图的形式发布。除此之外，对于航空危险天气还及时发布通报或警报。其内容主要是预报危险天气的起止时间、强度、原因及其未来的变化等。

航空思政讲坛

造福人类的蓝天精灵 ——说说民用无人机

民用无人机随军用技术的外溢效应而兴盛，反过来又激励与促进军用技术发展。中国民用无人机在总体上处于世界领先水平，在很大程度上源于社会经济生活的旺盛需求。不同于军用无人机的奥秘与高冷，民用无人机平易亲民。推进中国民用无人机发展的动力极其宏大，做出杰出贡献的奋斗者们如群星灿烂。

1. 后生独厚

民用无人机随军用无人机技术的外溢效应而发展，伴随机上任务载荷/设备的发展而发展；在 20 世纪 80 年代末开始运用，到如今大范围、多范畴运用仅 40 余年工夫。日本的民用无人机开发较早，用于喷洒农药、森林防火、灾祸评价等。美国自 21 世纪以来，在较大范围运用，用于高分辨率传感与气候数据获取、森林火灾评价、环境污染监测和处理等。以色列组建了民用无人机及其工作形式的实验委员会，给部分具有条件的军用无人机发放非军事义务执行证书，并与有关部门合作展开多种民用义务的实验飞行。

普遍来说，可以把民用无人机分成三级或三类：消费级、工业级和载人级。载人级也是工业级产品，但因极高的安全性要求，应单独划为一类。近十年来，随着无人机技术的成熟和成本大幅下降，消费类无人机呈井喷式发展场面，走进更多国家和千家万户；工业级无人机也获得大规模运用，载人级无人机正向适用化迈进。支持民用无人机发展的次要技术条件是，移动终端的兴起和芯片、电池、导航与定位器件、通信芯片等硬件的低成本化，以及开源飞控软件的日益成熟。

目前，一个高功能 FPGA 芯片就可以在无人机上完成双 CPU 的功能；Wi-Fi 等通信芯片用于控制和传输图像信息，传输速度和质量已可满足视距内传输需求。在导航与定位方面，MEMS 惯性传感器从 2011 年末大规模运用，6 轴、9 轴的惯性传感器逐渐取代单个传感器，成本仅几美元；而 GPS 芯片仅重 0.3 g，价格不到 5 美元。电池能量密度不断添加，使得无人机在质量约束下，续航工夫达半小时以上，可满足一些基本运用的航时要求；此外，太阳能电池技术使得高海拔无人机可持续飞行一周甚至更长时间。

自 2010 年来，飞行控制系统开源化的趋向使更多的商业企业和发烧友加入无人机系统设计，成为引燃民用，尤其是消费类无人机市场的"爆点"。德国 MK 公司是多旋翼无人机系统开源的鼻祖。其后 2011 年美国 APM 公司开放无人机设计平台，彻底点燃了市场对无人机系统开发的热情；2012 年当前民用无人机进入加速下行的通道。至今，国际无人机行业曾经构成了 APM（用户最多）、MK（最早的开源系统）、Paparazzi（波动性高、扩展性强）、PX4 和 MWC（兼容性强）等五大无人机开源平台。弱小的开源系统使无人机片面进入"用户敌对"时代。现正停止的多平台合作项目,将进一步推进系统开发的可视化和敌对化。

2.大有作为

各种各样的民用无人机,与国计民生联系紧密,它们是人类消费工具的延伸,迷信研讨的利器,腾挪飞舞的空中机器人,将来还会成为可以与人类交流的飞翔生灵。在历史发展的长河中,民用无人机注定具有愈加久长的生命力,具有片面发展的永不干涸的活力。

当前,民用无人机发展和运用的一大特点是,它曾经与通用航空(General Aviation)的发展交融在一同,成为通航业务中的新种类航空器。到2019年底,我国实名登记的无人机超过39.2万架,众多的无人机正在各条阵线发挥作为。民用范畴的广泛运用,又为无人机系统发展提供了产业化基础和市场化活力。无人机系统除了在传统范畴的广泛运用外,也在城市智能空中交通系统、无人空中物流等新概念、新场景中不断探求。

3.双重应战

民用无人机虽然有诱人的发展前景,但仍面临来自技术与管理两个方面的诸多应战。在技术上的次要应战是:

(1)自主控制技术。这一应战与军用无人机相仿;当今急速提升的计算机处理才能和人工智能技术成果,可以不断提供相应的适用技术,有望使一部分民用无人机率先和真正成为"会思索""能决断"的空中机器人。

(2)空管与通信技术。借助于高速宽带网络与数据链,以及配套的监视、辨认技术,可完成无人机与地面系统的互联互通和无缝的监测管理,完成空域"电子围栏"和物项"电子标识"等。

(3)平台与载荷技术。在诸多运用场景,垂直起降是不可或缺的;新规划、新动力、新结构/机构技术将使此类无人机更趋成熟,安全性得到保证;新材料和微机电的技术提高,将使义务载荷和传感器获得大发展,并进一步减轻无人机平台分量,降低平台成本,完成多样化的义务才能,获得更好的抗坠毁和坠地减灾才能。

(4)动力与储能技术。更强的续航才能需求新动力和新储能器件,如电池功能改进可使续航大幅提高,新动力和新样式动力可赋予无人机更长的飞行时间。

在管理下面临着健全制度与规范、使监控到位的应战。在推进无人机扩展运用特别是做好通航作业与服务时,需做好无人机适用性管理及安全监管工作。近年来,国家工业和信息化部、民航局等密集发布了一系列法规、条例、办法等,旨在推进和规范我国民用无人机的研制与运用。

有理由相信,在政府、非政府组织(NGO)和无人机企业三方的共同推进下,在空域管理改革的有力保障下,进一步明白监管主体与权责,加快建立监控管理规章体系,研发和推行运用各种监控装备与技术手腕,我国民用无人机必将迎来片面发展和广泛运用的更好场面。

4.领跑世界

在多种利好要素的作用下,中国民用无人机制造业呈现井喷式发展场面。据统计,在全球民用无人机市场中,中国占据最大份额;在全球民用无人机制造企业的前10名中,中国企业占7家,分别是"大疆"独占鳌头,"昊翔"为第三,"零度智控"第4位,"亿航""飞豹""极飞""一电航空"分列第7到第10位。在这个范畴,中国团队是相对的集体世界冠军。在中国无人机制造业的崛起中,大疆公司以其独有的技术优势,成为业界翘楚;根据IDC的数据统计,大疆占有全球消费类无人机七成以上市场份额。

自 2017 年以来大疆在美国数次遭遇专利侵权、安全性等指控，凭着独有的创新技术和出色应对，大疆获得完胜。2017 年 8 月 7 日，美国联邦政府部门公布调查结果，大疆无人机可以确保数据安全。2019 年 7 月 10 日，美国国务院宣布，在对大疆无人机停止的 15 个月严格评价中，没有发现数据在系统外传输。大疆经纬 Matrice 600 Pro 和"御"Mavic Pro 上配置的大疆政企版无人机系统，包括飞行器的飞行功能、有效载荷和数据安全管理功能，均符合国务院的技术与风险要求，并赞同在外部运用大疆的无人机产品与系统。

张聚恩，2021 年

第 2 篇

固定翼无人机

　　本篇主要介绍固定翼无人机飞行原理所涉及的基本知识，包括固定翼无人机的结构和基本概念。通过本篇的学习能够了解和掌握固定翼无人机的升力和阻力是如何产生的；固定翼无人机是如何保持平飞状态，平飞和哪些因素有关联，爬升、下降、转弯、起飞和着陆等飞行状态都具备什么样的特点；固定翼无人机螺旋桨是如何分类和具备哪些几何性质，有哪些动力特性，在计算关于螺旋桨性能中，应注意哪些问题，在了解螺旋桨性能之后，如何进行合理的选择。

　　固定翼无人驾驶航空器（fixed-wing unmanned aircraft）：由动力装置产生前进的推力或拉力，由机翼产生升力，在大气层内飞行的重于空气的无人驾驶航空器。（摘自 GB/T 38152—2019《无人驾驶航空器系统术语》）

　　注：固定翼无人驾驶航空器飞行中的升力主要由作用于机身的机翼翼面上的空气动力的反作用力获得，此翼面在给定飞行条件下保持固定不变。

　　固定翼无人驾驶航空器（fixed-wing unmanned aircraft）：由固定机翼产生升力的无人驾驶航空器。（摘自 GA/T 1411.1—2017《警用无人驾驶航空器系统第 1 部分：通用技术要求》）

2 固定翼无人机构造

2.1 无人机系统组成

无人机系统 UAS 机体构造多种多样，包括固定翼无人机、旋翼无人机、复合翼无人机等，本章重点讲解固定翼无人机。固定翼无人机组件包括机翼、机身、气动舵面、尾翼，机翼在相对来流作用下为无人机提供升力，气动舵面负责控制无人机的飞行。机载系统最重要的部分是自动驾驶仪，其次还有动力系统、执行器、传感器、导航系统等（图2.1）。

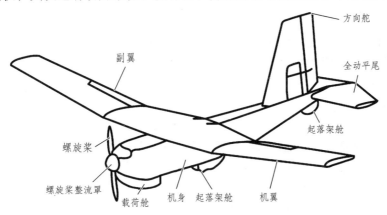

图 2.1　固定翼无人机的基本结构组成

2.1.1　机体

机翼是固定翼无人机产生升力的主要部件，机身用来安放固定翼无人机的实用载荷。气动舵面包括副翼、升降舵、方向舵，副翼安装在机翼两侧的后缘；升降舵安装在平尾后缘且由铰链与平尾相连；方向舵安装在垂尾后缘，由铰链与垂尾相连。气动舵面的作用是改变固定翼无人机的空中姿态。尾翼分为平尾和垂尾。平尾可视为水平安装在无人机尾部的小型机翼，主要起俯仰姿态安定的作用；垂尾则垂直安装于无人机尾部，可起航向稳定的作用。

2.1.2　飞　控

无人机相对于普通的遥控飞机具有一定的自主飞行能力，这得益于飞控的应用。飞控不但可以保证飞机的基本稳定性，还可以使无人机在完成任务时具有高度的自动化。

飞行控制主要由中央计算机、飞行控制类传感器、伺服作动器、导航定位系统及通信系统组成（图2.2）。飞行控制类传感器包括高度/速度类传感器和姿态类传感器。伺服作动器是将控制指令转化为舵面动作及发动机阀门动作的执行机构。导航定位系统包括惯性导航设备、卫星定位传感器、惯性/卫星组合。

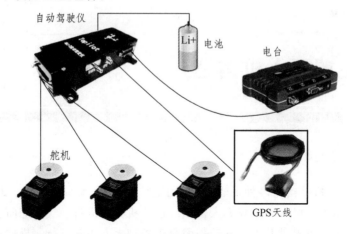

图 2.2　飞行控制系统

2.1.3　传感器

传感器是用来测量飞机状态参数的敏感元件。飞机状态参数包括飞机的姿态、线性速度、线性加速度、角速度等,传感器将它们转化为数字信号传输给信息处理器。无人机装备的几种主要传感器如下:

高度传感器:通常是气压传感器,通过感受大气压强的变化来表示出飞行高度的变化,可以测量无人机相对出发点的高度。也有使用无线电高度计的,原理为通过测量机上无线电发射机发出的电磁波从发射到返回接收机的时间,来计算无人机相对地面的真实高度。气压传感器测量气压高度的精度低于无线电高度计,且需要根据大气环境的变化调整参数,多用于中高空飞行的水平起降无人机。

加速度仪:其测量无人机在机体轴三个坐标上的加速度分量,可用来确定无人机的速度和相对位置。

电子罗盘:广为使用的是三轴捷联磁阻式数字磁罗盘,通过测量地磁场强度和补偿磁偏角,可以指示出正确的航向。

陀螺仪:其测量无人机机体轴三轴线方向的角速度,用于确定无人机的空中姿态和抗气流干扰。

空速传感器:其通过"皮托管"测量空气的动压与静压,计算出两者间的压差,进而计算出无人机相对空气的速度。使用空速传感器测量无人机的空速会有较大误差和波动,并且不能测量低于 15 m/s 的空速。现代无人机还可以从 GPS 和加速度计获取速度相关数据。

GPS 模块:其通过接收卫星信号对无人机的地理位置进行定位,精度可达 10 m,是无人机导航和自动飞行必不可少的组件(图 2.3)。

图 2.3　无人机用 GPS 模块

2.1.4 通信系统

无人机配备了双向通信系统（上行链路和下行链路），分别用来接收地面站指令以控制飞机（图 2.4）和向地面站回传飞机状态数据、图像等信息。

2.1.5 动力系统

目前，无人机所使用的动力系统主要有 3 种，即以电池为能源的电动系统、以燃油发动机提供动力的油动系统和混动系统。

无人机的动力系统是包括发动机本身以及保证其正常工作所需的系统和附件的总称。发动机主要分为活塞式发动机、涡喷发动机、涡扇发动机、涡桨发动机、涡轴发动机、冲压发动机、火箭发动机等。油动发动机的工作过程就是将化学能转化为机械能的过程，常用的是活塞式发动机和燃气涡轮发动机。电动发动机工作过程是将电能转化为机械能的过程。目前，主流的民用无人机所采用的动力系统通常为油动系统中的活塞式发动机（图 2.5）和电动系统的电动发动机两种。

图 2.4　Futaba 接收机

图 2.5　微型活塞式发动机

1. 活塞式发动机

活塞式发动机也叫往复式发动机，主要由气缸、活塞、连杆、曲轴、气门机构、螺旋桨减速器、机匣等组成。活塞式发动机属于内燃机，它通过燃烧在气缸内的燃料，将热能转换为机械能。

无人机安装的活塞式发动机类型分为四冲程和二冲程。所谓四冲程是指这种发动机完成一个周期要用进气、压缩、做功、排气四个阶段，工作原理如图 2.6 所示。二冲程发动机把进气、压缩合为一体，做功、排气合为一体，所以一个周期只有二次往返运动（图 2.7）。二冲程发动机较四冲程发动机更简易轻便。注意，完成四冲程曲轴要转两圈，二冲程只要用一圈。

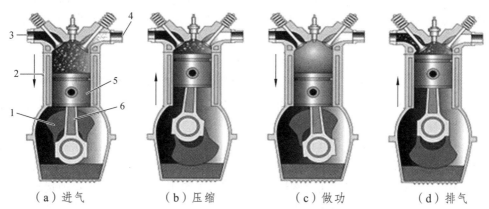

　（a）进气　　　　　（b）压缩　　　　　（c）做功　　　　　（d）排气

1—曲轴；2—气缸；3—排气门；4—进气门；5—活塞。

图 2.6　四冲程发动机工作原理

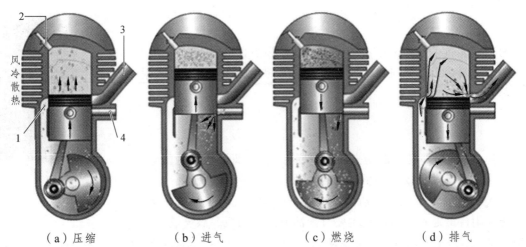

（a）压缩　　　　（b）进气　　　　（c）燃烧　　　　（d）排气

1—扫气孔；2—火花塞；3—排气孔；4—进气孔。

图 2.7　二冲程发动机工作原理

四冲程发动机的一个气缸完成一个工作循环，活塞在气缸内要经过四个冲程，依次是进气冲程、压缩冲程、膨胀冲程和排气冲程。活塞顶部在曲轴旋转中心最远的位置叫上死点，最近的位置叫下死点，从上死点到下死点的距离叫活塞冲程。

（1）进气冲程。

发动机开始工作时，首先进入进气冲程，气缸头上的进气门打开，排气门关闭，活塞从上死点向下滑动到下死点为止，气缸内的容积逐渐增大，气压降低——低于外面的大气压。于是新鲜的汽油和空气的混合气体，通过打开的进气门被吸入气缸内。混合气体中汽油和空气的比例，一般是 1：15。

（2）压缩冲程。

进气冲程完毕后，就开始第二冲程，即压缩冲程。这时曲轴靠惯性作用继续旋转，把活塞由下死点向上推动，进气门也同排气门一样严密关闭。气缸内容积逐渐减少，混合气体受到活塞的强烈压缩。当活塞运动到上死点时，混合气体被压缩在上死点和气缸头之间的小空间内（这个小空间叫作"燃烧室"）。这时混合气体的压强增加到十多个大气压。温度也增加到 400 ℃ 左右。压缩是为了更好地利用汽油燃烧时产生的热量，使限制在燃烧室这个小小空间里的混合气体的压强大大提高，以便增加它燃烧后的做功能力。

当活塞处于下死点时，气缸内的容积最大，在上死点时容积最小（后者也是燃烧室的容积）。混合气体被压缩的程度，可以用这两个容积的比值，即"压缩比"来衡量。活塞航空发动机的压缩比为 5~8，压缩比越大，气体被压缩得越厉害，发动机产生的功率也就越大。

（3）膨胀冲程。

压缩冲程之后是工作冲程，也是第三个冲程。在压缩冲程快结束，活塞接近上死点时，气缸头上的火花塞通过高压电产生电火花，将混合气体点燃，燃烧时间很短，大约为 0.015 s。气体猛烈膨胀，压强急剧增高。活塞在燃气的强大压力作用下，向下死点迅速运动，推动连杆也向下运动，连杆便带动曲轴转起来。这个冲程是使发动机能够工作而获得动力的唯一冲程。其余三个冲程都是为这个冲程做准备的。

（4）排气冲程。

第四个冲程是排气冲程。工作冲程结束后，由于惯性，曲轴继续旋转，使活塞由下死点向上运动。这时进气门仍旧关闭，而排气门打开，燃烧后的废气便通过排气门向外排出。 当活塞到达上死点时，绝大部分的废气已被排出。然后排气门关闭，进气门打开，活塞又由上死点下行，开始了新的一次循环。

从进气冲程吸入新鲜混合气体起，到排气冲程排出废气止，汽油的热能通过燃烧转化为推动活塞运动的机械能，带动螺旋桨旋转而做功，这一总的过程叫作一个"循环"。这是一 种周而复始的运动。由于其中包含着热能到机械能的转化，所以又叫作"热循环"。

发动机除主要部件外，还须有若干辅助系统与之配合才能工作，主要有进气系统、燃油系统、点火系统、冷却系统、启动系统、定时系统、散热系统等。活塞式发动机只能为无人机提供轴功率，还要通过空气螺旋桨将发动机的轴功率转化为推进力，一起组成油动系统。而螺旋桨在飞行速度高时推进效率急剧下降，因此活塞式发动机不能作为高速无人机，特别是超音速航空器的动力，当今高速无人机多采用燃气涡轮发动机。

2. 燃气涡轮发动机

燃气涡轮发动机（Gas turbine engine）或称燃气轮机，是属于热机的一种发动机。燃气轮机可以是一个广泛的称呼，基本原理大同小异，包括燃气涡轮喷气发动机等都包含在内。燃气涡轮发动机是目前应用最广泛的航空发动机，是 20 世纪 50 年代以来主要的航空动力形式。

航空发动机的整机重要指标包括：推力型的侧重推重比、耗油率、比功、单位迎风面积推力等；功率型的侧重功重比、耗油率、比功等。而一般所指的燃气涡轮发动机，多用于电力、工业、舰船和国防等领域作为动力装置，通常是由航空发动机衍生出来的，而后独立发展的高技术产品。其能量输出方式只有功率输出。

航空燃气涡轮喷气发动机主要由进气道（intake）、压气机（compressor）、燃烧室（combustion chamber）、涡轮（turbine）、喷管（exhaust）等部分构成。新鲜空气由进气道进入燃气轮机后，首先由压气机加压成高压气体，接着由喷油嘴喷出燃油与空气混合后在燃烧室进行燃烧成为高温高压燃气，然后进入涡轮段推动涡轮，将燃气的焓和动能转换成机械能输出，最后的废气由尾喷管排出。而由涡轮输出的机械能中，一部分会用来驱动压气机，另一部分则经传动轴输出（涡轮轴发动机），用以驱动我们希望驱动的机构如发电机、传动系统或飞行器螺旋桨等。

（1）涡轮喷气发动机。

组成：进气道、压气机、燃烧室、涡轮、尾喷管等。

工作原理：进气道进气→压气机增压→燃烧室加热→涡轮膨胀做功带动压气机→尾喷管膨胀加速→排气到体外。

（2）涡轮风扇发动机。

组成：进气道、风扇、压气机、燃烧室、涡轮、外涵道、内外涵尾喷管等。

工作原理：进气道进气→风扇增压→气流分为两股。内涵气流→压气机增压→燃烧室加热→涡轮膨胀做功带动风扇和压气机→内涵尾喷管膨胀加速→排气到体外；外涵气流→外涵道→外含尾喷管膨胀加速→排气到体外。

（3）涡轮螺桨发动机。

组成：进气道、压气机、燃烧室、涡轮、尾喷管、减速器、螺旋桨等。

工作原理：进气道进气→压气机增压→燃烧室加热→涡轮膨胀做功带动压气机和螺旋桨→尾喷管膨胀加速→排气到体外。

（4）涡轮轴发动机。

组成：进气道、压气机、燃烧室、涡轮、尾喷管、功率输出轴、主减速器等。

工作原理：进气道进气→压气机增压→燃烧室加热→涡轮膨胀做功带动压气机和旋翼→尾喷管膨胀加速→排气到体外。

3. 电动系统

目前，大型、中型、小型、轻型无人机广泛采用的动力装置为活塞式发动机；而出于成本和使用便利的考虑，微型无人机系统普遍使用电动动力系统，电动系统主要由动力电机、动力电源、调速系统三部分组成。

无人机电动动力系统包括电池、电调、无刷电机、螺旋桨等，如图2.8所示。

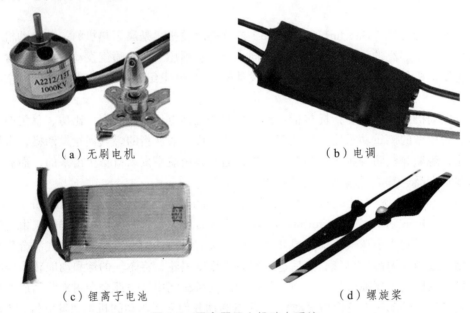

（a）无刷电机　　　　　　　　　　　（b）电调

（c）锂离子电池　　　　　　　　　　（d）螺旋桨

图2.8　固定翼无人机动力系统

电池为无人机动力提供能源，有镍铬电池、镍氢电池、锂离子电池、锂聚合物电池等。锂离子电池能量密度大，可承受高放电率，故常用于无人机。

锂电池的6个主要参数：

（1）电池容量。电池的容量由电池内活性物质的数量决定，通常用毫安时（mA·h）或者安时（A·h）表示。例如，1 000 mA·h就是能以1 A的电流放电1 h换算为所含电荷量大约为3 600 C。

（2）标称电压。电池正负极之间的电势差称为电池的标称电压。标称电压由极板材料的电极电位和内部电解液的浓度决定。由于锂电池放电图是呈抛物线的，因此锂电池的标称电压是指维持放电时间最长的那段电压。

（3）充电终止电压。可充电电池充足电时，极板上的活性物质已达到饱和状态，再继续充电，电池的电压也不会上升，此时的电压称为充电终止电压。锂电池的标称电压如果为 3.7 V，则充电终止电压为 4.2 V，如果为 3.8 V，则充电终止电压为 4.35 V。

（4）放电终止电压。放电终止电压是指蓄电池放电时允许的最低电压。放电终止电压和放电率有关。一般来讲单元锂离子电池的放电终止电压为 2.7 V。

（5）电池内阻。电池的内阻由极板的电阻和离子流的阻抗决定，实际内阻是指电池在工作时，电流流过电池内部所受到的阻力。电池内阻大小的精确计算相当复杂，而且在电池使用过程中会不断变化。根据经验表明，锂离子电池的体积越大，内阻越小；反之亦然。电池内阻大，在电池正常使用过程中会产生大量焦耳热，引起电池温度升高，导致电池放电工作电压降低，放电时间缩短，对电池性能、寿命等造成严重影响。锂离子电池在充放电过程中，极板的电阻是不变的，但离子流的阻抗将随电解液浓度和带电离子的增减而变化。当锂电池的开路电压（Open Circuit Voltage，OCV）降低时，阻抗会增大，因此在低电（小于 3 V）充电时，要先进行预充电，防止电流太大引起电池发热量过大。

（6）自放电率。是指在一段时间内，电池在没有使用的情况下，自动损失的电量占总容量的百分比。一般在常温下锂离子电池的自放电率为 5%~8%。

电调的主要功能是将飞控板的控制信号进行功率放大，并输送驱动信号控制电动机的转速。同时，电调也将电池输出的直流电转换为三相交流电，以供无刷电机运行。电调也可以为接收机和舵机提供低压电流。

螺旋桨通过旋转为无人机提供推力（安装在机尾）或拉力（安装在机头）。螺旋桨安装在电动机上，通过电动机选择带动螺旋桨旋转。多旋翼无人机多采用定距螺旋桨，桨叶安装角从桨毂到桨尖逐渐减小，为了使桨叶各处产生一致的升力。螺旋桨有正反桨之分，顺时针方向旋转的是反桨，逆时针方向旋转的是正桨。

无刷电机 KV 值定义为无人机电机输入电压增加 1 V，无刷电机空转转速每分钟增加的转速值。绕线匝数多的，KV 值低，最高输出电流小，但扭力大；绕线匝数少的，KV 值高，最高输出电流大，但扭力小。

单从 KV 值，不可以评价电机的好坏，因为不同 KV 值有不同的适用场合：KV 值小，达到同样的推力，要比高 KV 值的省电，所以四轴飞行器多使用小 KV 的电机。KV 值大，同样的设备重量（电机、电调、电池），得到的最大推力要高过低 KV 值的电机。

电动机与螺旋桨的配型原则：高 KV 电动机配小桨，低 KV 电动机配大桨。因为电动机 KV 值越小转动惯量越大，电动机 KV 值越大转动惯量越小，所以螺旋桨尺寸越大，无人机产生的升力就越大，需要更大力量来驱动螺旋桨旋转，采用低 KV 电动机；反之，螺旋桨尺寸越小，需要转速更快才能达到最够升力，采用高 KV 电动机。

电动机选择带动桨叶使无人机产生升力或推力，通过对电动机转速控制，产生所需升力或所需推力。目前，在无人机领域多数采用无刷电动机。

在结构上，无刷电机和有刷电机有相似之处，也有转子和定子，只不过和有刷电机的结构相反。有刷电机的转子是线圈绕组，和动力输出轴相连，定子是永磁磁钢，由于电刷会产生摩擦力，噪声大，目前无人机领域已经很少使用；无刷电机的转子是永磁磁钢，连同外壳一起和输出轴相连，定子是绕组线圈，去掉了有刷电机用来交替变换电磁场的换向电刷，故称之为无刷电机（Brushless motor）。

无刷电机属于交流电机，它是三相交流永磁电机的一种，从无刷电机控制器（俗称无刷电调）调制出来的三相交变矩形波，频率比 50 Hz 高很多。无刷直流电动机由永磁体转子、多极绕组定子、位置传感器等组成。位置传感按转子位置的变化，沿着一定次序对定子绕组的电流进行换流。定子绕组的工作电压由位置传感器输出控制的电子开关电路提供。位置传感器有磁敏式、光电式和电磁式三种类型。无刷直流电动机是采用半导体开关器件来实现电子换向的，即用电子开关器件代替传统的接触式换向器和电刷。

无刷电机运行原理。简单而言，依靠改变输入到无刷电机定子线圈上的电流波交变频率和波形，在绕组线圈周围形成一个绕电机几何轴心旋转的磁场，这个磁场驱动转子上的永磁磁钢转动，电机就转起来了。电机的性能与磁钢数量、磁钢磁通强度、电机输入电压大小等因素有关，更与无刷电机的控制性能有很大关系，因为输入的是直流电，电流需要电子调速器将其变成三相交流电，还需要从遥控器接收机那里接收控制信号，控制电机的转速，以满足无人机使用需要。

总的来说，无刷电机的结构是比较简单的，真正决定其使用性能的还是无刷电子调速器，好的电子调速器需要有单片机控制程序设计、电路设计、复杂加工工艺等过程的总体控制，所以无刷电调的价格要比无刷电机高出很多。无刷电调的工作过程如图 2.9 所示。

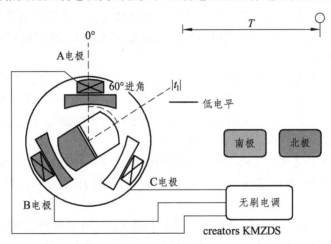

图 2.9　无刷电子调速器工作示意图

2.1.6　地面设施

地面设施中最重要的是作为无人机操控中心和任务规划中心的地面控制站。地面站系统专为高端的商用及工业级无人机进行超视距（BVR）全自动飞行作业而设计，会配备可靠的远程无线通信设备（Data Link）和人性化设计的地面站控制软件（GCS）。地面控制站的主要功能包括任务规划、飞机状态监控、飞机和任务设备的操控、信息处理等。

地面控制站的部件包括实施控制的遥控器、接收飞行状态参数的装置以及计算机设备，如图 2.10 所示。

遥控器（Remote Control），意思是无线电控制，通过

图 2.10　地面控制站

它可以对设备、电器等进行远距离控制。遥控器须至少包含八通道，才可以保证基本的飞行控制和任务载荷操作。通道越多，可实现的操作越细致，无人机也就越专业。遥控器主要分为工业级和遥控模型用两大类，如图 2.11 所示。

（a）工业用遥控器　　　　　　　　　　（b）遥控模型用遥控器

图 2.11　无人机用遥控器分类

常用遥控器有 FUTABA、JR、Spektrum、Hitec、WFLY。

飞行状态接收装置可以将无人机回传的飞行数据及实时视频显示在计算机屏幕或视频头盔、眼镜上，使飞行操纵更加直观。计算机设备可用作无人机的驾驶台和分析台。

有的无人机系统的地面设施还包括发射和回收装置。无人机发射可通过手持抛射、弹射起飞和滑跑起飞等方式，分别需要人、弹射器和跑道辅助完成。无人机的回收则可通过在跑道滑跑降落、打开降落伞降落、用绳或网拦截降落，以及通过预先设定的程序解体降落等方式。

使用者可以在地面站控制软件（图 2.12）中预先规划整个飞行航线，以及预设拍照、空投等作业动作。通过软件的航线自检功能和 3D 化的地理信息显示，飞行任务的合理性和准确性一目了然。整套系统不仅能确保飞行器稳定的飞行状态和安全，精确的航线飞行，辅以全自动起飞/降落，自适应转弯调整，遇险自动返航等高级功能，实现整个飞行任务在无人干预的情况下全自动执行，大大降低了无人机专业应用的复杂程度。

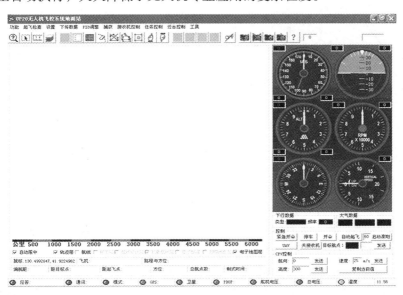

图 2.12　地面控制站界面

2.2 固定翼无人机机翼

2.2.1 机翼的几何参数

对于固定翼飞机构造而言，机翼是固定翼飞机的重要部件，了解机翼的几何参数，目前流行的平面形状，以及气动优缺点，对翼型选择和机翼设计至关重要。

将翼剖面沿展向布置组合，就形成了机翼、水平尾翼、垂直尾翼、鸭翼和其他升力面。机翼的平面形状是指基本机翼在机翼基本平面上的投影，典型的有矩形翼、梯形翼、后掠翼和三角翼等，如图 2.13 所示。机翼基本平面是指垂直于飞机参考面，且包含中心弦线的平面。基本机翼是指包括穿越机身部分但是不包含边条等辅助部件的机翼，其穿越机身的部分通常是由左右机翼的前缘和后缘的延长线构成，也可以由左右外露机翼根弦的前缘点连线和后缘点的连线构成。

为了完整描述机翼的平面形状，需要先了解机翼平面几何参数。机翼平面几何参数主要有机翼面积（S）、展弦比（AR）、尖削比和后掠角等。其中，机翼面积作为飞机设计的主要参数之一是在飞机概念设计阶段确定的，通常与飞机重量归为一个相对参数 ——翼载；机翼展弦比、梢根比和后掠角的选择则是机翼气动布局设计的重要内容。这 4 个参数的合理选择对机翼的气动特性有重要影响，并进一步影响到全机性能。

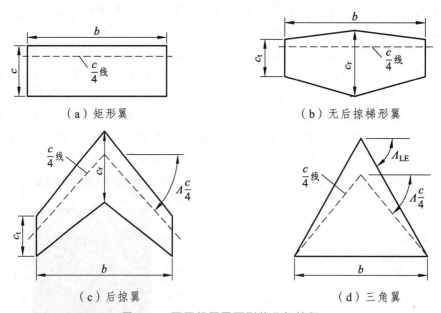

（a）矩形翼　　　　　　　　　　（b）无后掠梯形翼

（c）后掠翼　　　　　　　　　　（d）三角翼

图 2.13　不同机翼平面形状几何特征

1. 机翼面积

机翼是提供升力的部件，而升力是飞机在飞行中受到的主要外力。机翼面积是整个飞机气动力数据的参考物，而气动力数据则是飞机进行详细设计的基础。在高速巡航状态下，机翼面积影响着巡航升力系数，进而影响着巡航效率；在低速状态下，机翼面积影响着飞机的翼载，进而影响着飞机低速性能；同时，机翼面积的大小，还影响着机翼的内部布置和机翼的结构重量。机翼的设计水平决定了飞机 80%以上的性能。能够设计机翼的国家比能够设计飞机的还要少。

　　机翼面积是单纯机翼的投影面积，一般不包括机身（图 2.14）。机翼的投影形状一般不是很复杂，按照梯形来计算就可以了。由于在同一技术水平下机翼的升力系数差别不大，因此机翼面积就成了衡量飞机产生升力的能力的重要指标。

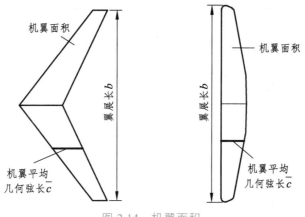

图 2.14　机翼面积

　　机翼作为飞行中提供升力的主要结构，其面积的大小直接影响飞机所能产生升力的大小，进而影响飞机的起飞重量，其结构重量与机翼面积密切相关，机翼面积越大，其结构重量越大，从而飞机的空机重量也就越大。

2. 翼　展

　　翼展（b）指固定翼飞行器的机翼左右翼尖之间的距离（左右机翼翼梢最外端点之间的距离，见图 2.13 和图 2.14）。翼展也是机翼的平面形状的展长。

　　要注意，对于有上反角或下反角的机翼而言，机翼的翼展并不是两个机翼的长度之和。

3. 机翼平均弦长

　　常用的机翼平均弦长包括平均几何弦长和平均气动弦长。平均几何弦长（$\bar{c}$），以翼展长和平均弦长的乘积为机翼面积（$b \times \bar{c}$）$= S$ 来确定（见图 2.14）。

　　如果机翼的外形不是矩形，是任意的平面形状，它的弦长从翼根到翼尖是变化的，则要利用"平均气动弦长"的概念。平均气动弦长是指虚拟的与该机翼面积相等，在同一迎角下有相同空气动力合力和压力中心位置的矩形机翼的弦长，也称之为"平均空气动力弦"（Mean Aerodynamic Chord，MAC）。平均空气动力弦是固定翼无人机的纵向特征长度，是一个特别重要的几何参数。换言之，平均空气动力弦就是一个假想的矩形机翼的翼弦，这个假想的矩形机翼的面积、空气动力和俯仰力矩等特性都与原机翼相同，如图 2.15 所示。

　　平均空气动力弦是机翼上一条特定弦线。固定翼无人机的重心和焦点位置都是相对于平均气动弦长而言的。例如，重心位置为 0%MAC 则表

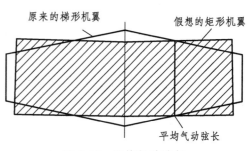

图 2.15　平均气动弦长

示重心位于 MAC 前缘；而 100%MAC 表示重心位置位于 MAC 的后缘。

机翼气动中心和固定翼无人机重心的距离直接关系到固定翼无人机的俯仰平衡。翼型在亚音速流中的俯仰力矩通常相对于 25%MAC 给出。翼型绕该点的俯仰力矩随着迎角的变化为一常数（即"气动中心"，焦点）。由于在低速和亚音速情况下，焦点位于 22% ~ 25%MAC，重心与焦点的位置关系是飞机纵向静稳定性的决定因素，这时重心必须在焦点前能保持稳定性。

机翼的平均气动弦的计算公式为

$$b_{\mathrm{A}} = \frac{2}{S} \int_0^{\frac{l}{2}} b^2 \mathrm{d}z \qquad (2.1)$$

式中　S——机翼面积；

　　　$l/2$——半个翼展；

　　　z——翼展方向；

　　　b——弦长。

对于梯形翼，平均空气动力弦的计算公式为

$$b_{\mathrm{A}} = \frac{2(b_{\mathrm{r}}^2 + b_{\mathrm{r}}b_{\mathrm{t}} + b_{\mathrm{t}}^2)}{3(b_{\mathrm{r}} + b_{\mathrm{t}})} \qquad (2.2)$$

式中　b_{t}——翼根弦长；

　　　b_{r}——翼尖弦长。

对于不同机翼的平均空气动力弦的确定方法，可以采用画图方式确定（图 2.16）。

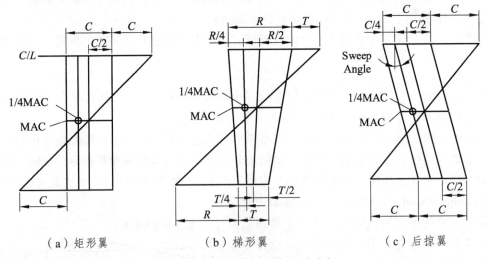

（a）矩形翼　　　　　　（b）梯形翼　　　　　　（c）后掠翼

图 2.16　不同机翼的平均气动弦长

平均空气动力弦 MAC 与机翼面积 S 一起可以用来无量纲化俯仰力矩，当其乘以平均剖面力矩系数、动压和机翼面积时，便给出了整个机翼的力矩。

4. 展弦比

展弦比（AR）是机翼的一个关键参数，用以表现机翼相对的展张程度。早期的机翼是矩形的，展弦比就简单地定义为翼展除以弦长。对于类似尖削的非矩形机翼，则展弦比定义为展长的平方除以翼面积。对于圆形机翼，展弦比就是直径的平方除以圆面积。

对于单翼飞机和双翼飞机，展弦比可定义如下：

单翼飞机展弦比：

$$AR = b/S^2 \tag{2.3}$$

双翼飞机展弦比：

$$AR = 2b/S^2 \tag{2.4}$$

展弦比还影响机翼产生的升力，如果机翼面积相同，那么只要飞机没有接近失速状态，在相同条件下展弦比大的机翼产生的升力也大，因而能减小飞机的起飞和降落滑跑的距离和提高机动性。展弦比还影响着升力系数斜率。正因为如此，展弦比也能直接影响飞机性能和稳操性。表 2.1 中给出了不同类型飞行器展弦比的典型值。

表 2.1　不同类型飞行器展弦比的典型值

飞行器类型	展弦比	飞行器类型	展弦比
导弹	0.5～1	双发通勤飞机	10～14
战斗机	2.5～4.0	商用飞机	7～10
通航飞机	6～11	滑翔机	10～51
特技飞机	5～6		

图 2.17 中给出了两种不同的机翼平面形状，其面积相等，但展弦比不同。与细长形外形（AR=16）相比，短粗形外形（AR=4）的升力系数斜率（C_L^α）和最大升力系数（$C_{L\max}$）均较小，但其失速迎角较大。短粗形外形的滚转阻尼更小，因此更适用于需要做滚转机动的飞机（如特技飞机）。此外，其升力诱导阻力大于细长外形的。大展弦比机翼更适合用于滑翔机和需要长航时飞行的飞机。大展弦比机翼的滚转阻尼很大，此外其翼根弯矩大，使得结构重量也较大。

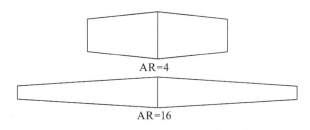

图 2.17　面积相等而 AR 不同的两种机翼

展弦比的大小对固定翼无人机飞行性能有明显的影响（见表 2.2）。展弦比增大时，机翼的诱导阻力会降低，从而可以提高无人机的机动性和增加亚音速航程，但波阻就会增加，这会影响无人机的超音速飞行性能，所以亚音速无人机一般选用大展弦比机翼。例如，"全球鹰"无人机展弦比达到了 25。

表 2.2　展弦比对气动特性的影响

展弦比 AR	优点	缺点
1.0	失速迎角大；颤振速度大； 滚动阻尼小；结构重量小； 抗阵风干扰能力强（C_L^α 小）	诱导阻力大，飞行效率低； C_L^α 小，空速变化时，需要 α 做较大变化； $C_{L\max}$ 小（失速速度大）；$(L/D)_{\max}$ 小
5~7	滚转响应强；颤振速度相对较大； 反向偏航能力有限； 抗阵风干扰能力一般	航程较大时，飞行效率低或一般； 诱导阻力相对较大
7~12	诱导阻力和滚转响应协调性好； 带动力飞机滑翔时性能好	AR 在上边界时，有一定的反向偏航能力； 抗阵风干扰能力强（C_L^α 大）
>20	诱导阻力小；滑翔性能好； C_L^α 大，升降舵控制灵敏	结构重量大；颤振速度小； 滚动阻尼大；反向偏航严重； C_L^α 大，使得阵风荷载较大

5. 梢根比

梢根比（λ）为翼尖弦长与翼根弦长之比，也称为尖梢比。梢根比对升力沿翼展的分布有很大影响。例如，图 2.18 给出了梢根比对翼展截面升力系数和单位长度升力的影响。

从图 2.18（a）可以看到，梢根比较小的机翼，其载荷特征（截面升力系数分布）为翼梢处较大，而平直机翼则是翼根处较大。在考虑失速特性和机翼操纵效率时，这个特征是非常重要的。由图 2.18（b）可见，梢根比越小，机翼升力分布越向内侧移动。这一趋势有助于减小弯矩，从而减轻结构重量。

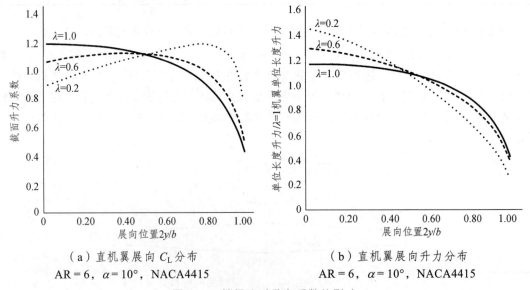

（a）直机翼展向 C_L 分布　　　　　　　　（b）直机翼展向升力分布

AR = 6，$\alpha = 10°$，NACA4415　　　　　　AR = 6，$\alpha = 10°$，NACA4415

图 2.18　梢根比对升力系数的影响

若机翼梢部载荷过大，则会使失速特性严重恶化。对于 $\lambda = 0.2$ 的机翼，从展向 C_L 的形状可明显看出，在接近翼梢处会发生失速，该位置即对应 C_L 的峰值。这将导致机翼失速时，在滚转方向上非常容易发散，可能导致不利后果。平直机翼则与之相反，其 C_L 的峰值在机翼内侧的翼根附近，即使失速仍能保持滚转方向的静稳定性，在失速特性上较为良好。

此外，图2.18（a）显示，梢根比在0.5~0.6时，可取得气动效率和失速特性之间的平衡，尽管有时需要引入机翼扭转改善失速特性，以保证滚转静稳定性。图 2.18（b）显示，梢根比小的机翼，其外侧翼型虽然也产生升力，但由于其弦长较小，该部分的升力小于平直机翼的。从结构的观点看，这是非常适宜的，因为它可将受力中心内移，减小了翼根弯矩，但机翼外侧的扭转刚度会增大。

表2.3给出了展弦比对机翼气动特性的影响。

表2.3　梢根比对机翼气动特性的影响

梢根比λ	优点	缺点
0.3	诱导阻力接近椭圆机翼的，但更易于制造	失速特性较差，翼梢加载较大，需要较大的机翼扭转角以缓和翼梢失速
0.5	在减小诱导阻力和提高失速特性方面达到了较好的平衡	失速由展向中间位置处发展到翼梢和翼根。一般要求机翼有中等扭转角
1.0	失速特性较好，机翼不需要扭转，易于制造	诱导阻力较大

6. 后掠角

目前，很多固定翼无人机的机翼带有后掠，其主要目的是减缓跨音速和超音速流的不利影响。后掠角（Λ）是指机翼与机身轴线的垂线之间的夹角，如图2.19所示。

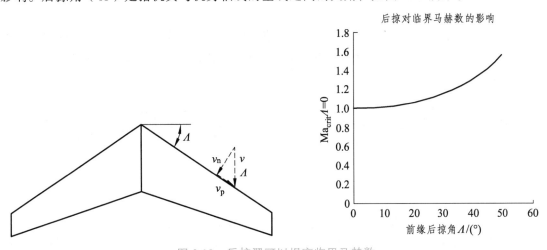

图 2.19　后掠翼可以提高临界马赫数

后掠角又包括前缘后掠角（机翼前缘与机身轴线的垂线之间的夹角，一般用Λ_0表示）、后缘后掠角（机翼后缘与机身轴线的垂线之间的夹角，一般用$\Lambda_{1.0}$表示）及1/4弦线后掠角（机翼1/4弦线与机身轴线的垂线之间的夹角，一般用$\Lambda_{0.25}$表示）。如果飞机的机翼向前掠，则后掠角就为负值，变成了前掠角。

从理论上讲，激波在后掠机翼上的形成，并不取决于流过机翼的空气的实际速度，而取决于垂直于机翼前缘方向上的空气速度。这个结果首先由德国人在二次世界大战中加以应用，机翼后掠可增加临界马赫数。后掠翼可将来流速度分解为平行于前缘和垂直于前缘两部分。基于最简单的机翼后掠理论，垂直于机翼前缘的来流速度分量是激波的来源。

机翼后掠的最大好处是可以延迟激波的产生并降低其强度，一般把机翼前缘后掠到马赫锥角以后。激波不仅会带来阻力的迅速增加，还会改变机翼展向剖面的压力分布，使升力中心由翼型 1/4 弦长位置处移到弦长中点处。随之而来的是马赫数下俯，会引起很大的低头力矩。机翼后掠可以在机翼上配置较厚的翼型，以提高结构效率。

如果机翼是后掠的，由于升力中心向后移动较大，将会产生较大的俯仰力矩。后掠机翼具有自然的上反效应，可以改善稳定性。相应地，在相同的飞行条件下，后掠机翼的结构重量就会比平直机翼的更大。

机翼后掠和前掠在理论上没有什么区别。过去，机翼之所以后掠不前掠，是因为前掠易引起结构发散问题，但采用复合材料，只要付出很少的重量代价就可以避免。与后掠翼类似，前掠翼也会引起较大的抬头力矩，尽管机翼上翼型的固有扭转可以缓解这一趋势，但如果前掠角足够大，其影响就不能被忽略。

另外，也没有理由不能将机翼一边后掠另一边前掠，从而形成一个"斜掠机翼"。这种布局会引起异常的操纵响应，但使用电子计算机的飞行控制系统很容易提供正常的飞行品质。斜掠机翼还具有波阻低的特点。

机翼后掠角和展弦比综合在一起，对单独机翼的上仰特性有很大影响。"上仰"是某些飞机上很不希望的趋势。具有这种特性的机翼，在接近失速的迎角下飞会突然而又不可控制地增加迎角，使飞机继续上仰，直到失速，完全失去控制。

7. 机翼反角

机翼反角包括上反角和下反角。上反角（或下反角）是指从飞机前视图或后视图上，机翼与地面或 XOY 平面的夹角。上反是指翼梢位置较翼根更高（相对地面），反之则为下反，如图 2.20 所示。

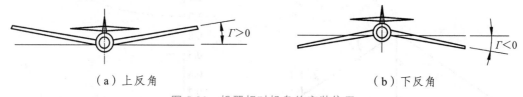

（a）上反角　　　　　　　　　　　　　　（b）下反角

图 2.20　机翼相对机身的安装位置

上反对飞机升力的影响有两方面：① 使升力方向发生倾斜；② 改变机翼迎角。

若机翼迎角为 α，其上反角为 Γ，从飞机几何看，以 α_N 表示翼型相对来流的迎角，则 α 减小了，且实际值与因子 $\cos\Gamma$ 有关（例如，不论 α 的大小如何，若 $\Gamma=0°$，则 $\alpha_N=\alpha$；若 $\Gamma=90°$，则 $\alpha_N=0°$）。因此，可以得到上反角对迎角的影响为

$$\alpha_N = \alpha \cdot \cos\Gamma \tag{2.5}$$

与此类似，飞机对称面上产生的升力可用垂直于机翼平面的力 L_N 和因子 $\cos\Gamma$ 一起表示为

$$L = L_N \cdot \cos\Gamma \tag{2.6}$$

进一步，具有上反角的机翼升力为

$$L = qSC_{L\alpha}\alpha\cos^2\Gamma \qquad (2.7)$$

式中 $C_{L\alpha}$ ——当无反角时的机翼升力线斜率;

q ——动压;

S ——参考机翼面积。

典型飞机机翼特性参数见表 2.4。

表 2.4 典型飞机机翼特性参数

飞机型号	展弦比	梢根比	上反角	扭转角	安装角	前缘后掠角
A300-600	7.7	—	—	—	—	28(1/4 弦线)
A310	8.8	0.260	11.13(内侧) 4.05(外侧)	—	5.05	28(1/4 弦线)
A320-200	9.4	—	5.2	—	—	25(1/4 弦线)
波音 707	7.056	0.275	7	—	2	35(1/4 弦线)
波音 727	7.2	0.304	3	—	2	32(1/4 弦线)

8. 机翼扭转

机翼扭转分为几何扭转和气动扭转。

几何扭转一般指翼根和翼梢翼型安装角存在一定差值,这个差值称为扭转角,可用 ϕ_G 表示,如图 2.21 所示。沿机翼展向各剖面(翼型)翼弦不在同一平面内,而相互间有一定扭转角分布的机翼也称之为几何扭转机翼。

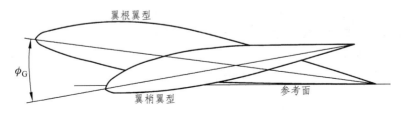

图 2.21 机翼的几何扭转

通常,机翼的扭转角为 $-4° \sim 0°$ 时称为"负扭转"或"外洗",负值表示翼梢前缘低于翼根前缘;相反,称为"正扭转"或"内洗"。如果机翼"负扭转 3°"是指 $\phi_G = -3°$,且翼梢前缘低于翼根前缘。如果机翼"正扭转 3°"是指 $\phi_G = +3°$,且翼梢前缘高于翼根前缘。

通过几何扭转,可以改变沿展向各剖面的有效迎角,调整气动载荷的展向分布,从而减小机翼诱导阻力以及改善机翼升力、纵向力矩特性等。例如,加大机翼的梢根比,增大机翼的后掠角都有促使机翼外翼部分翼面(剖面)有效迎角增加的作用,容易造成翼梢部分翼面发生气流分离。为此,可采用适量的"外洗"扭转,来减小该部分的有效迎角,避免过早出现气流分离。

气动扭转是机翼失速时保证其滚转稳定性的另一种途径。气动扭转是指机翼沿展向各剖面配置不同系列翼型或不同弯度的同一系列翼型。这种机翼就是虽无几何扭转,但有气动扭转的机翼。一般选择两种不同的翼型配置在翼根和翼梢上，翼梢处采用临界迎角大的翼型。这样，也可以改善机翼的空气动力性能，因为，外洗气动扭转具有外洗几何扭转同样的气动效果。

任何通过扭转使机翼升力分布成为最佳目标，都只能在某一升力系数下是正确的，而在其他升力系数下，扭转机翼并不能得到所谓最佳扭转的全部好处。在设计升力系数下，为产生好的升力分布需要较大的扭转，在其他升力系数下，该机翼特性将变得更坏。这就是为什么要避免大的扭转量（远大于5°）的原因。对于初步设计，可采用经验数据，一般3°的扭转即可提供足够的失速特性。

9. 机翼安装角

机翼安装角是机翼相对于机身的偏角（图 2.22）。如果机翼无扭转，安装角就是机身轴线与机翼弦线之间的夹角，这里指的是翼根处的翼弦。如果机翼有扭转，则安装角应由任一选定的机翼展向位置的翼型来定义，通常选用与机身对接的外露机翼翼根处的翼型。工程上常常给出翼根和翼尖处的安装角，并将两者之间的差值定义为扭转角。

图 2.22　机翼安装角

安装角是影响机翼气动特性的参数之一，对升力系数、零升力角、失速迎角和巡航阻力均有所影响，并且影响飞机的起飞滑跑距离和机舱内的地板在巡航时的姿态及货物底盘装上货卸下的难易。

机翼安装角的大小可以根据飞机巡航时的升力系数来确定。具体条件是，机翼在选定的设计状态所对应的迎角时，机身处在最小阻力的迎角下。

机翼安装角最终要用风洞试验数据来确定。对于多数初始设计，可以假定通用航空飞机和自制飞机的安装角大约为2°，运输机大约为1°，军用飞机大约为0°。在以后的设计阶段，可通过气动计算来检查设计状态所需要的机翼实际的安装角。

上述这些值都是针对无扭转机翼而言的，如果机翼是有扭转的，则平均安装角必须等于这些值。

10. 机翼位置

固定翼无人机机翼的安装位置，按照与机身的相对位置，分为上单翼、中单翼和下单翼，如图 2.23 所示。机翼位置的选择通常根据无人机实际的使用环境来决定，如所有大型民用运输机大多采用下单翼，而军用运输机大多采用上单翼。

（a）上单翼　　　　　　　（b）中单翼　　　　　　　（c）下单翼

图 2.23　机翼位置

从气动设计来说，上单翼飞机升力大，稳定性好，但机动性较差；下单翼稳定性较差，低空抗侧风能力弱，但机动性较好。由于流经机翼的气流会严重影响平尾工作，所以上单翼飞机一般都将平尾放至垂尾顶部，形成T形布局，而下单翼飞机一般都是低平尾布局。

（1）下单翼的特点。

下单翼布局是为了获得适当的飞行品质需要机翼带有上反角，这并不是空气动力方面的要求，而是为了避免在着陆过程中横滚引起翼尖擦地。为了防止由于过度的上反角所引起的荷兰滚，可能需要增加垂尾的尺寸。

同时，为了保证发动机和螺旋桨有足够的离地空隙。机身必须放在比上单翼飞机的机身离地面更远的位置上，这需要增加起落架长度，增加了起落架的重量；又减小了为达到希望的起飞迎角所需要的后机身上翘。后机身上翘小可以减小阻力，距地面的空隙还影响螺旋桨。为了将起落架的尺寸减至最小，许多下单翼飞机将螺旋桨放在机翼上面。这样会增大机翼和螺旋桨之间的干扰，并导致巡航过程中耗油量的增加。

下单翼的机翼翼梁穿过机舱，机翼强度高，阻力小，升力大。下单翼飞机的起落架一般都安装在机翼上，主起落架布置在机翼根部强度较高，起落架舱又可以设置在机翼根部的整流罩中，翼吊发动机距离地面较近，从而方便维护，但容易吸入异物。

（2）上单翼的特点。

上单翼飞机的机翼一般都带下反角，以保证有较好的低空稳定性，而且对侧风不敏感，适合执行低空空投等任务。上单翼飞机的另一个优点是机翼安装不会中断机身整个内部空间的连续性，因此可以采用较低的货舱地板和尾部大舱门，装载大型物资。

上单翼飞机的最大优点是机场适应性好。上单翼飞机是将机身放置得离地面更近，例如，军用运输机C-5和C-141，便于装卸货物。由于机翼离地高度高，上单翼飞机的起落架一般不安装在机翼上，而装在机身上。恰恰就是因为这一点，缩短了起落架支柱的长度，降低了飞机的重心，有利于飞机在未修整过的场地上起降。

同时，采用上单翼，可以保证喷气发动机或螺旋桨距离地面有足够间隙。高的机翼位置为高升力系数所需要的非常大的襟翼提供了空间。另外，在飞机上仰与滚转状态下，后掠上单翼的翼尖也不会碰地。

当然，上单翼布局也有一些缺点。虽然比起其他布局，起落架的重量有所降低，但机身重量通常要增加，这是因为，为承担起落架载荷机身必须加强。许多情况下，在起落架收起的位置，采用一个外部的局部鼓包放置起落架，这样带来附加重量和阻力。通常，机身底部平整，以使货舱地板距地面达到需要的高度。这种平的底部比优化的圆弧机身要重。如果机身顶部是圆弧形的，则在机翼机身结合处需要整流。

（3）中单翼的特点。

中单翼和下单翼相比，把机翼的位置提高，可以让飞机的重心比机翼平面只稍低一点，让飞机的横向稳定性变得可以任由设计师来控制，中单翼的飞机往往能兼顾机动灵活和飞行稳定这两方面的需求，对操作系统或者飞行员的要求较低。提高了机翼高度，让飞机可以拥有较好的外挂条件。

结构贯穿是中单翼面临的主要问题。中单翼丧失了下单翼设计那些对结构简化的优点，对起落架的设计要求大大提高。

新一代飞机的设计机体的升力体结构让中单翼和上单翼的界限很模糊，中单翼飞机也有机会象上单翼飞机那样获得一个平滑的上表面，不仅获得小的气动干扰，也让主要受力结构可以合理地贯通机身。新一代战斗机的武器内置化降低了飞机对外挂物的依赖，因此，外挂物在设计时的重要性下降了，这是中单翼重新获得采用的一个重要原因。

2.2.2 机翼的平面形状

机翼平面形状是指基本机翼在机翼基本平面上的投影形状。机翼基本平面是指垂直于固定翼无人机参考面，且包含中心弦线（位于固定翼无人机参考面上的局部弦线）的平面。所谓固定翼无人机参考面就是机体的左右对称面，固定翼无人机的主要部件对于此面是左右对称布置的。

按照俯视形状的不同，机翼可分为平直翼（包括矩形翼、椭圆翼和梯形翼）、后掠/前掠翼和三角翼等。

1. 等弦长机翼

等弦长机翼的特征是沿流向机翼各个截面的长度相等，该外形被广泛使用在各种大小的飞机上。轻型飞机包括比奇 77 "船长"、派珀 PA-28 "切诺基" 以及派珀 J-3 "幼兽" 等。大型飞机包括加拿大 DHC-6、德·哈维兰的 "双水獭" 和肖特 360。

图 2.24 给出了等弦长机翼截面升力系数沿展向的分布，对应迎角分别为 0° 和 10°。

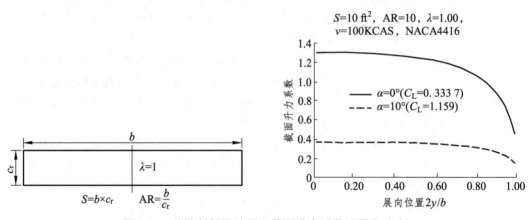

图 2.24　等弦长机翼外形及截面升力系数沿展向分布

优点：失速特性良好，由于翼梢附近截面升力系数有所减小，导致其失速过程由根部开始，向外侧到梢部，发展较为缓和（延缓了流动分离），翼梢最后失速。这种特性非常有利，使飞机在失速时仍具有良好的滚转稳定性。因此，该外形适用于教练机，或对制造成本较低的飞机。

缺点：由于翼梢对升力的贡献小于翼根，该结构的气动效率较低。不适合需要较高气动效率的飞机（如滑翔机和长航程飞机）。这一缺点不仅针对机翼，对尾翼的安定面也同样适用。

2. 椭圆机翼

椭圆形机翼，机翼弦长从翼根向翼梢逐渐变小，其平面形状呈椭圆的机翼，如图 2.25 所示。

椭圆机翼常见于二战中的战斗机，英国的超级马林 "喷火" 战斗机是其典型代表，因此被世人所熟知。设计成椭圆形机翼的原因主要有两方面：第一，椭圆形的机翼所产生的阻力是最小的，这能提升战斗机的机动性；第二，由于翼根弦长大，便于容纳起落架，安装油箱，常在低速轻型飞机上采用。

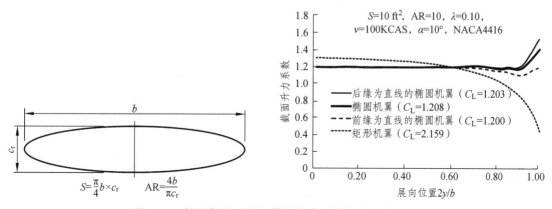

图 2.25　椭圆机翼外形及截面升力系数沿展向的分布

图 2.26 所示的是纯粹的椭圆机翼，其最大弦长在 50%翼展处。但并不要求所有椭圆机翼都遵循这种形状。例如，从结构出发，为简化设计，可在 1/4 弦线处使用直线形式的主翼梁（尽管翼梁在高度方向并不是直线）。无线电遥控飞机或滑翔机上常使用前缘或后缘后掠角为零的椭圆机翼，有时被称为月牙形机翼，如图 2.26 所示。对于这 3 种椭圆机翼形状，除翼梢外，截面升力系数沿展向的分布基本一致。3 种机翼在 10°迎角时的总升力系数近似相等，前缘为直线的机翼在翼梢处的截面升力系数较小，其需要的机翼扭转角也较小。

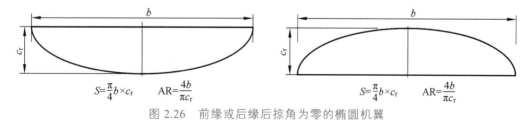

图 2.26　前缘或后缘后掠角为零的椭圆机翼

优点：截面升力系数分布一致，这种分布特性使得机翼气动效率很高，相对其他外形其诱导阻力也最小。

缺点：该外形最大的缺点是不易制造。机翼表面构型复杂，制造难度大大增加。使用铝材制造非常困难，需要液压成型（或类似工艺）进行拉伸。若使用复合材料制造，则加工难度会降低很多。

另外一个严重的问题是，截面升力系数沿展向的一致性分布使得机翼各部分会同时失速（假设翼型一致，且机翼无扭转）。这对于低速（或者大迎角）飞行非常不利，需要通过机翼扭转或翼型配置来弥补。

3. 梯形机翼

梯形机翼的翼根弦长与翼梢不一样，翼梢处弦长较短，且与对称面平行，对称面由翼根处前缘和后缘连接得到。

梯形机翼平面形状及截面升力系数沿展向的分布如图 2.27 所示。

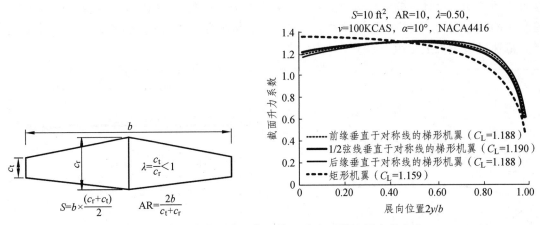

图 2.27　梯形机翼平面形状及截面升力系数沿展向的分布

优点：梯形机翼的主要优点是可以减小翼根弯矩和诱导阻力。与等弦长机翼相比，梯形机翼的气动效率更高，因为翼梢附近截面的升力系数更大，翼梢对总升力的贡献更大。再考虑到梯形相对简单的几何特点，使其更容易被制造出来。对于大多数飞机，梯形机翼是一种理想的布局。

缺点：翼梢弦长减小的同时，还需考虑失速特性，一般会引入几何或气动扭转，或两者兼有。另外一个方案是，翼梢处选用失速迎角较大的翼型。一般在翼梢和翼根处配置翼型，并使它们的 1/4 弦线与对称面垂直。这就可以使主翼梁为直线，且放置在机翼的 1/4 弦线处。这样布置不仅可获得良好的结构特性，也为翼梁后面的燃油箱提供了较大空间。但是，由于每个肋条的形状各不相同，导致制造复杂度增大。

4. 后掠机翼

与梯形机翼类似，后掠翼也是航空界最常用的机翼形式之一。基本上所有的商用飞机均采用后掠翼，即便是在低亚声速下飞行的飞机，其安定面也常使用后掠翼。

后掠翼外形及截面升力系数沿展向的分布如图 2.28 所示。

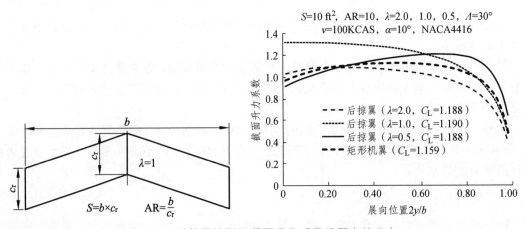

图 2.28　后掠翼外形及截面升力系数沿展向的分布

优点：后掠翼的主要优点是在高速飞行时延缓激波的产生，增大临界马赫数。与平直机翼或前掠翼相比，后掠翼较难发生颤振。这是由于翼梢在翼根之后，翼梢相对翼根产生的扭转变形使翼梢处的局部迎角减小。

对于给定的外形，如果希望重心尽量靠后或靠前，则也可选择后掠翼（或前掠翼）形式。梅塞施米特公司的 Me-262 "飞燕" 是第一架使用后掠翼布局的飞机。该飞机原计划使用平直翼，后来由于其搭载的容克斯·朱莫发动机比预想的要重，为此将平直翼改为 18.5° 中等后掠角的后掠翼，以解决重心位置问题。

缺点：最主要的缺点是翼梢处气流的迎角较大。大迎角失速时，会带来很大的抬头力矩；同时降低了滚转稳定性和副翼效率。由于升力中心在翼根与机身连接处之后，会使机翼扭矩显著增大，进而也增大了机身重量。

后掠翼布局较易出现操纵反效，这是因为气动弹性效应使翼梢局部迎角减小。对于弹性机翼，相同的效应也会使升力中心随迎角增大而前移，而当机翼失速时，不论是否为弹性，也存在这一趋势。因此后掠翼飞机失速时会产生很大的抬头力矩，将严重影响到飞行安全。

后掠翼飞机经常会遇到机翼油箱问题。例如，飞机抬前轮并准备爬升时，燃油将会向机翼外侧后缘处流动，这会使得飞机重心后移。可通过所谓的挡板单向阀门来解决，该阀门是单向的，只允许燃油向机翼内侧流动。大型运输机携带的燃油可达最大起飞总重的 40%，在燃油的消耗过程中，重心位置会发生很大的变化。通常需要计算机控制的燃油管理系统监视和控制机翼内部燃油的使用。

5. 三角翼

三角翼一般用于高亚声速或超声速飞机，很少用于低亚声速飞机。尽管如此，低速飞机上也可以使用三角翼，主要是为了追求飞行乐趣，而非其他技术原因。三角翼内部存储空间小（翼展小）也是一个缺点。与平直无后掠机翼相比，三角翼失速迎角大，其最大升力系数较小（图 2.29）。

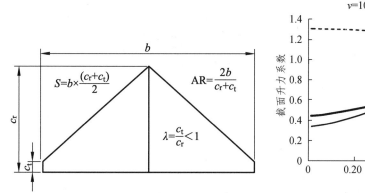

图 2.29　三角翼外形及截面升力系数沿展向的分布

双三角翼（图 2.30）也称为组合三角翼。与一般的三角翼相比，其优势在于每侧机翼上都可以产生涡对，涡对之间有相互干扰作用。相对单一的三角翼，其增大了升力系数，使得超声速战斗机的机动能力更强。对于亚声速飞机，与单一三角翼相似，双三角翼也存在一定的限制。

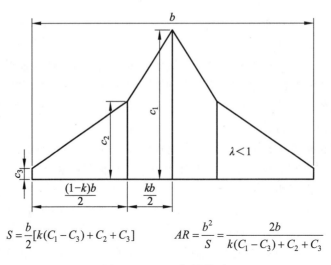

$$S = \frac{b}{2}[k(C_1 - C_3) + C_2 + C_3] \qquad AR = \frac{b^2}{S} = \frac{2b}{k(C_1 - C_3) + C_2 + C_3}$$

图 2.30 双三角翼外形

优点：超音速飞行阻力小，翼面积大。水平机动性能三角翼飞机好，而且后掠角大，阻力小。跨音速飞行及从亚声速过渡到超声速时机翼重心向后移动量小，这对于舵面平衡能力较差的飞机尤为重要。所以无尾飞机和鸭式飞机基本上都采用三角翼。

缺点：低速巡航，三角翼飞机展弦比较小，亚声速飞行时的升阻比低，故亚声速巡航特性不好，着陆时操纵性差。小展弦比的三角翼只有在大迎角下有足够的升力系数，因飞机着陆前迎角不能很大，而且在降落时需要机头上扬，飞行员难以观察地面情况，故其着陆性能较差。低速机动性差，翼尖会产生气体分流，造成机翼颤动。

6. 其他布局形式

图 2.31 给出了其他布局形式的机翼，如尖拱外形、翼身融合外形、联翼外形和菱形外形。由于这些外形的例子很少，故不再给出升力分布曲线。

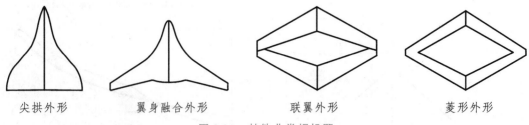

尖拱外形　　　　翼身融合外形　　　　联翼外形　　　　菱形外形

图 2.31 其他非常规机翼

2.2.3 翼梢小翼

翼梢小翼（Winglet），类似机翼翼面的装在机翼梢部的小机翼，近似垂直于机翼翼面，由美国国家航空航天局（NASA）艾姆斯研究中心的 R.T.惠特科姆（R.T.Whitcomb）于 20 世纪 80 年代发明。风洞实验和飞行试验结果表明,翼梢小翼能使全机诱导阻力减小 20% ~ 35%，相当于升阻比提高 7%。翼梢小翼作为提高飞行经济性、节省燃油的一种先进空气动力设计措施，已在很多飞机上得到采用。

1. 翼梢小翼的定义

翼梢小翼的英文名为 winglet，也就是"机翼"（wing）与"小"（-let）的组合。美国航空航天局（NASA）资料对小翼的定义：winglet 是翼梢的垂直延伸部分，可以改善飞机的燃油效率和增加巡航航程。

2. 翼梢小翼发展历程

小翼的概念最早可以上溯到 19 世纪初一位英国空气动力学家的构想，但这一概念一直停留在图纸上，直到 20 世纪 70 年代初油价开始高涨时，NASA 的 R.T. Whitcomb 博士首次将其与真正的飞机联系在一起。通过对小翼概念进行进一步研究，并进行了风洞测试和计算机研究，Whitcomb 得出结论：安装小翼的运输飞机可以实现 6%～9%的巡航效率改进。随后NASA 于 1979—1980 年在一架 KC-135 上安装了小翼并进行了试飞，如图 2.32 所示（左图中翼梢小翼外表面安装了很多一端固定的丝线，用来观察气流情况）。

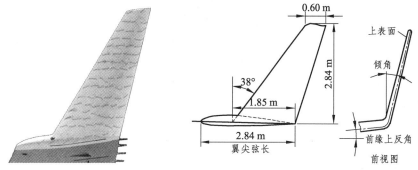

图 2.32　KC-135 试飞中安装翼梢小翼

第一种安装小翼的大型民用飞机是波音 747-400。20 世纪 80 年代中期，波音公司进行了被称为融合式翼梢小翼（Blended Winglet）的概念研究，在新一代波音 737 机型得到使用，并与机翼融合为一体。为了满足客户对更高效率的追求，波音推出了波音 737 家族的最新改进型——波音 737 MAX，采取双羽状"先进技术"翼梢小翼。

波音的空气动力学专家使用先进的计算机流体力学方法将斜削式翼梢技术与双羽状翼梢小翼概念相结合，为波音 737 MAX 的机翼带来了这种先进的改进。这种概念比单通道飞机市场中的任何其他翼梢设备都要更高效，因为机翼上下两面的有效翼展实现了均衡增加。这一改动使系统的重心下移，从而使重量代价变得最小同时确保最佳的气动效率。波音 737MAX 的风洞实验验证了这一新概念。

3. 翼梢小翼的典型形式

翼梢小翼的设计受诸多因素的制约，翼梢小翼参数的确定就是其中之一。主要包括小翼的翼展（即高度）、展弦比、安装角、扭转角、外倾角、根梢比、前缘后掠角、后缘前掠角，这些参数对机翼阻力系数的影响程度大小不一。各种典型形式的翼梢小翼如图 2.33 所示。

（a）　　　　　　（b）　　　　　　（c）　　　　　　（d）

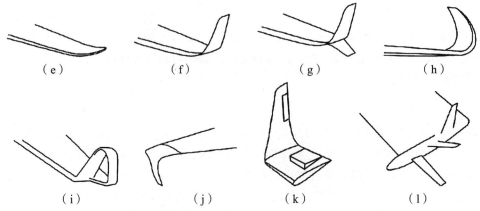

(e)　　　　　(f)　　　　　(g)　　　　　(h)

(i)　　　　　　(j)　　　　(k)　　　　　(l)

图 2.33　各种典型形式的翼梢小翼

根据相关参考资料的研究发现，翼展、倾斜角和载荷等是影响诱导阻力的重要因素；翼梢小翼的平面形状（翼梢小翼的弦向位置、前缘后掠角、根梢比和面积的变化）和翼型形状对诱导阻力只有较小的影响，是影响黏性阻力和可压缩性阻力的重要参数。

翼梢小翼的安装，势必增加翼根的弯矩，严重影响机翼的结构强度。由于过高的翼梢小翼会产生较大的翼根弯矩，需要付出较大的结构重量代价，一般取半翼展的 10% 左右。后掠角的取值等于或大于机翼的后掠角。为使机翼翼尖和小翼根部交界处，在超临界状态流动干扰较小，要求翼梢小翼外倾，倾斜角为 15°～20°。

4. 翼梢小翼增升减阻效果

固定翼无人机在飞行中，机翼下翼面的高压区气流会绕过翼梢流向上翼面，形成强烈的旋涡气流，并从机翼向后延伸很长一段距离，即翼尖涡流，它们带走了能量，增加了诱导阻力。目前，在翼尖安装翼梢小翼可以减小诱导阻力。

由于翼梢小翼对减少诱导阻力的明显贡献。在上下气流交汇处的小翼首先起到端板作用，增大了机翼的有效展弦比；其次由于翼梢小翼也产生很强的尾涡，它与机翼翼尖尾涡反交，削弱耗散翼尖涡，利用机翼翼梢气流的偏斜而产生的"拉力效应"，改变了机翼的环量分布，从而减小诱导阻力。

机翼翼尖产生翼尖涡，在翼尖的上表面有向内的洗流，下表面有向外的洗流，飞机前方来流与洗流合成了翼梢小翼的来流。一般翼梢小翼都有一定的倾斜角，这样，翼梢小翼的升力在机翼升力方向的分量即为翼梢小翼所提供的升力，其对来流方向的分量实为推力分量（图 2.34）。升力分量对机翼翼根产生附加弯矩，不可忽视。

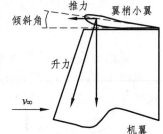

图 2.34　翼梢小翼产生的推力和升力

翼梢小翼的安装会使固定翼无人机的颤振速度减小，一方面由于翼梢小翼使机翼弹性轴后的重量增加，所以小翼的重量会使机翼的颤振速度减小；另一方面翼梢小翼的气动力也可使机翼的颤振速度减小。

安装翼梢小翼后，固定翼无人机的稳定性可能会受到影响，同时也影响无人机的起落性能和爬升性能，无人机的侧风能力稍有下降。因此，必须综合考虑对固定翼无人机各种飞行性能的影响。

5. 翼梢小翼减阻估算

（1）诱导阻力系数公式。

安装翼梢小翼后，机翼的展向载荷特别在翼尖处发生了变化，使诱导阻力减小，其减阻方法从式（2.6）可见。

$$D_i = \frac{1}{q\pi}\frac{L^2}{b_2}\frac{1}{e} \tag{2.8}$$

式中　e——效率因子，$e = \dfrac{1}{\dfrac{\pi\lambda}{\dfrac{\partial C_D}{\partial C_L^2}}}$。

（2）减阻效果。

从表 2.5 中可看到几种飞机装翼梢小翼后的减阻效果。

表 2.5　几种飞机装翼梢小翼的减阻效果

机　型	减阻效果/%
KC-135	6.2
DC-10	3.0
MD-11	3.0
波音 747-400	3.0
图-204	5.0

（3）翼梢小翼的翼型选择应满足以下两个条件：

① 在机翼的设计升力系数和 M 数下，它能高效地提供向内的法向力，且能避免在超临界气流条件下其表面出现强激波。

② 翼梢小翼翼型的弯度应大于机翼翼型的弯度。相对厚度也应比机翼的小，这样既可提高低速升力特性，也具有满意的超临界特性。建议翼梢小翼翼型取上表面平坦而在后缘有大弯度的相对厚度为 7% ~ 8%的超临界翼型，以及 NASA 兰利研究中心的惠特科姆设计的 GA（W）-2 翼型。

MQ-1 捕食者（Predator）无人机是美国"中高空长时程"（MALE）无人机系统，机长 8.27 m，翼展 14.87 m，最大活动半径 3 700 km，最大飞行速度 240 km/h，在目标上空留空时间 24 h，最大续航时间 60 h。它也采用了翼梢小翼，如图 2.35 所示。

总而言之，翼梢小翼的特点包括：

（1）端板作用。阻挡机翼下表面绕到上表面的绕流，削弱翼尖涡强度，从而有效增大机翼有效展弦比。

（2）耗散翼尖涡。因为翼梢小翼本身也是个小机翼，也能产生翼尖涡，方向与主翼翼尖涡相反，且与其距离很近。在黏性耗散的作用下，两股涡相互缠绕，互相对抗抵消，同样达到减少诱导阻力的目的。强翼尖涡不仅产生很大的诱导阻力，而且将机翼的尾涡卷入，形成

图 2.35　MQ-1 捕食者无人机（带有翼梢小翼）

很强的集中涡，这种强集中涡在空中可以持续 2~3 min 而不耗散，对尾随飞行的航空器是个极大的威胁。

（3）增加机翼升力及向前推力。上翼梢小翼可利用三元畸变流场产生小翼升力和推力分量。

（4）推迟机翼翼尖气流的过早分离，提高失速迎角。一般来说，后掠机翼翼尖是三元效应区，流管收缩，气流流过时先是急剧加速，压力降低，后是剧烈的压力恢复，进入很陡的逆压梯度区，过早引起翼尖边界层分离，造成失速。然而安装在翼尖处的翼梢小翼可用其顺压场去对应翼尖逆压场，减小逆压梯度。如果设计得当就可延迟机翼翼尖处的气流分离，提高飞机失速迎角及抖振升力系数。

2.3 无人机载重控制

对于一般无人机，通常按各部件功能对其进行重量分类，这样更便于对结构重量进行分析并可促进更轻、更有效的结构形式的出现。典型的无人机系统重量可分为结构重量、固定设备重量、动力装置重量、燃油重量、任务载荷重量和其他重量。各部分重力的合力作用点为重心，重心作用点所在的位置叫作重心位置。

无人机系统的机体结构、动力装置、航电系统、机械系统和云台总和为空机重量，前面提及装备到无人机上的与侦察、武器投射、通信、遥感或物流有关的任务载荷，其尺寸大小和重量也是无人机设计和安全运行重要考虑因素。有些无人机可携带多种任务载荷，有些无人机采用可快速拆卸和替换的任务载荷。

一般来说，无人机的任务载荷大多需要安装在各种平台上面以实现在水平和竖直方向进行转动，以达到使任务载荷充分发挥其功能目的。将用于连接摄像机与摄像机支撑架，承载摄像机进行水平和垂直两个方向转动的伺服装置叫作云台（图 2.36）。云台可分为固定和电动两种。通常，可以把云台理解为它是一种可以在水平和垂直两个方向上转动装置，在它上面可以安装需要在这两个方向进行转动的其他设备，如摄像机等。

无人机上的各种任务载荷，如光电/红外传感器、合成孔径雷达、激光雷达、激光测距机和各种武器设备等都需要这样的云台。另外，云台还需要能够接收遥控指令并根据指令进行调整或保持一个特定角度等功能，其他可选的特性还有防爆、防水、耐高温、抗风等。云台的这些功能特性保证无人机在飞行过程中，使其上的任务载荷能进行有效的作业。

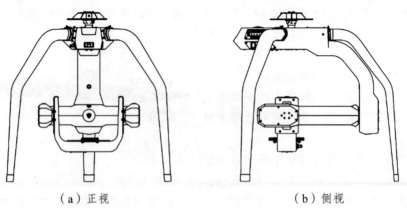

（a）正视　　　　　　　　　　（b）侧视

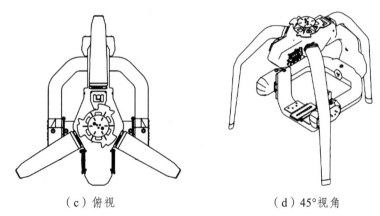

（c）俯视　　　　　　　　（d）45°视角

图 2.36　某种云台的各个视角

2.3.1　基本概念

1. 空机重量（empty weight）

航空器为满足基本使用要求而设计的机体、动力装置（不含动力能源）及各机载系统重量，以及为满足特殊使用要求而预留的不可拆卸部分重量的总和。空机重量就是无人机机体、电池、燃料容器等固态装置重量总和，不含填充燃料和任务载荷的重量。

2. 起飞重量（take-off weight）

航空器在起飞前的重量（这时发动机尚未启动）。

3. 最大起飞重量（maximum take-off weight）

依据航空器的设计或运行限制，航空器起飞时所能容许的最大重量。

4. 设计起飞重量（flight design weight）

用于设计航空器机体、考核其强度的飞行重量。

5. 最大着陆重量（maximum landing weight）

所允许的航空器着陆时机轮接地瞬间的最大重量。

6. 有效载荷

有效载荷是指无人机飞行可搭载的最大任务载荷重量，不包括动力（能源）重量，燃料动力无人机最大起飞重量按设计燃料重量计算；电动力无人机最大起飞重量采用最大续航时间所需电池重量计算。

有效载荷系数=有效载荷/最大起飞重量。

不同无人机的有效载荷系数见表 2.6。

表 2.6　不同无人机有效载荷系数

机型	有效载荷系数
同定翼无人机	≥0.18
无人直升机	≥0.30
多旋翼无人机	≥0.20

警用无人直升机系统的有效载荷系统要求见表2.7。

表 2.7　警用无人直升机系统分类

最大起飞重量类型	最大起飞重量 W/kg	有效载荷系数
Ⅰ 类	$1.5<W\leqslant7$	$\geqslant0.30$
Ⅱ 类	$7<W\leqslant25$	$\geqslant0.30$
Ⅲ 类	$25<W\leqslant150$	$\geqslant0.40$
Ⅳ 类	$W>150$	$\geqslant0.50$

行业内会依据无人机系统重量进行分级，在平台构型分类下，可按照起飞/空机重量对固定翼、直升机、多旋翼分级，如图2.37所示。

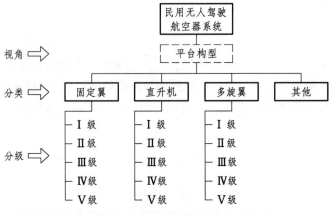

图 2.37　无人机系统按重量分级

当空机重量分级与最大起飞重量分级不一致时，应归入编号较大的级别，具体见表2.8。

表 2.8　按空机重量（质量）或最大起飞重量（质量）分级　　　　单位：kg

级别	空机重量（质量）	最大起飞重量（质量）
Ⅰ 级	0<空机重量≤0.25	O<最大起飞重量≤0.25
Ⅱ 级	0.25<空机重量≤4	0.25<最大起飞重量≤7
Ⅲ 级	4<空机重量≤15	7<最大起飞重量≤25
Ⅳ 级	15<空机重量≤116	20<最大起飞重量≤150
Ⅴ 级	116<空机重量	150<最大起飞重量

2.3.2　无人机重量估算

在无人机的总体方案设计阶段中必须进行分类重量估算，进而落实起飞重量，为方案设计提出重量控制指标，这里重点了解燃油固定翼无人机的重量估算。这里，无人机重量分为5类：结构重量、动力重量、设备重量、燃油重量和有效载重。

无人机分类部件的重量估算，工程上大多采用统计分析法，也就是以世界上现有无人机的总体参数的统计数据为依据，选取与无人机各部分结构重量有关的总体参数，利用数学回归分析方法，并结合工程实践，得到分类重量估算公式的方法。这些估算经验公式是根据以往某组件或部件的实际重量统计分析得来的，具有较高的可信度。

无人机的结构重量主要包括机翼、机身、尾翼、起落架等，统计数据显示：无人机的结构重量约占起飞重量的 28% ~ 32%。

1. 机翼重量

无人机机翼主要由承力蒙皮、梁、桁条、翼肋、接头、操纵面及紧固件等部件构成。机翼重量与展弦比、翼型相对厚度、后掠角等几何参数以及最大使用过载、翼载的大小有关，同时还与机翼的形式有关。根据统计数据，无人机机翼重量一般占起飞总重的 7% ~ 12%，占结构重量的 30% ~ 40%。对于常规机翼，该部分结构重量估算公式为

$$W_W = 1.1 \times 10^{-4} (n_{dz})(W_{TO})(A_W)(S_W)^{0.5}(\cos \Lambda)^{-1.5}(t/C)^{-0.5}\left(\frac{\eta + 4}{\eta + 1}\right) \tag{2.9}$$

式中　t/C ——机翼根部相对厚度，%；

　　　η ——机翼根梢比 = 机翼根弦/尖弦。

机翼各构件重量组成的典型值是，承力蒙皮为 35% ~ 40%，翼梁为 23% ~ 28%，桁条为 4% ~ 8%，翼肋为 8% ~ 10%，接头为 3% ~ 4%，操纵面为 10% ~ 15%，紧固件及其他为 4% ~ 6%。

机翼重量可通过以下措施来降低：提高机翼薄壁承力构件的应力级（主要是失稳临界应力）和刚度，采用复合材料、蜂窝结构、泡沫塑料填充结构、胶接结构可以达到这一点。这些措施可使机翼重量降低 10% ~ 15%。

2. 机身重量

无人机机身主要由蒙皮、框和长桁等主要结构件通过铆接、螺接、胶接等方式构成。无人机机身重量一般占起飞重量的 8% ~ 10%，占结构重量的 30% ~ 40%。无人机机身结构的重量估算公式为

$$W_F = 0.08 \left(\frac{n_{dz}}{3.5}\right)^{0.268} \left(\frac{W_{TO}}{500}\right)^{0.25} \left(\frac{L_F}{5}\right)^{1.5} (W_{TO}) \tag{2.10}$$

机身各构件重量组成的典型值是，承力蒙皮为 26% ~ 30%，桁条和梁为 12% ~ 15%，隔框为 20% ~ 22%，地板为 6% ~ 9%，口盖为 19% ~ 25%，其他为 7% ~ 9%。

在机身结构中采用新材料可使其重量降低 15% ~ 20%。

机体结构重量可以采用采用了 Stender 模型进行初步估算：

$$W_{af} = 8.763 S^{0.778} AR^{0.467} \tag{2.11}$$

式中　W_{af} ——机体结构重量（N）；

　　　S ——机翼参考面积（m²）；

　　　AR ——机翼展弦比。

3. 尾翼重量

无人机尾翼的结构组成和机翼类似，尾翼一般可分为垂直尾翼和水平尾翼，无人机的尾

翼重量一般占起飞重量的 1.5% ~ 3.5%。其重量估算公式为

水平尾翼：

$$W_{\text{H}} = 6.2(S_{\text{H}})^{1.2} \qquad (2.12)$$

垂直尾翼：

$$W_{\text{V}} = 5.8(S_{\text{V}})^{1.2} \qquad (2.13)$$

尾翼各构件重量组成的典型值是，承力蒙皮为 40% ~ 44%，梁和桁条为 35% ~ 38%，翼肋为 7% ~ 9%，接头为 4% ~ 6%，操纵面、紧固件及其他为 10% ~ 12%。

在尾翼结构中采用复合材料，可使其重量降低 20% ~ 25%。

4. 起落架重量

起落架就是无人机在地面停放、起落滑跑时用于支持无人机重量、承受相应载荷、吸收和消耗着陆撞击能量的起飞着陆装置。起落架重量一般占起飞重量的 4% ~ 5%，并随无人机起飞重量的增加略有减小。起落架的重量统计估算公式为

$$W_{\text{lg}} = 0.04(W_{\text{TO}})^{0.995}\left(\frac{n_{\text{Lz}}}{3.5}\right)^{1.05} \qquad (2.14)$$

5. 固定设备重量

无人机的固定设备重量主要包括飞控系统、电气系统、电子系统等。统计数据显示：无人机固定设备重量约占起飞重量的 10% ~ 14%，其各组成部分重量统计估算公式如下：

$$\begin{aligned}&\text{飞控系统：} W_{\text{fc}} = 0.027W_{\text{TO}}\\&\text{电气系统：} W_{\text{el}} = 7.46 + 0.008W_{\text{TO}}\\&\text{电子系统：} W_{\text{av}} = 2.117W_{\text{uav}}^{0.933}\end{aligned} \qquad (2.15)$$

式中　W_{uav}——未装机的电子设备重量，一般为起飞重量的 1% ~ 2%。

6. 动力系统重量

无人机的动力系统重量主要包括发动机、发动机安装系统、操纵系统、排气系统、冷却系统、供油装置等。统计数据显示：无人机动力系统重量一般占起飞重量的 19% ~ 21%。

发动机重量一般取自发动机制造厂手册。对螺旋桨发动机可按 0.68 ~ 2.04 kg/kW 来估算发动机重量；对喷气式发动机可按每牛顿 0.015 ~ 0.035 kg 来估算发动机重量。无人机动力系统重量统计估算公式为

$$W_{\text{pw}} = 0.19W_{\text{TO}} \qquad (2.16)$$

针对锂电池无人机而言，其携带的锂电池重量可根据设计容量 $E_{\text{bat}}(\text{W} \cdot \text{h})$ 及比容量 $\bar{m}_{\text{bat}}(\text{W} \cdot \text{h/kg})$ 求出

$$W_{\text{bat}} = \frac{E_{\text{bat}}}{\bar{m}_{\text{bat}}} \qquad (2.17)$$

对于仅采用蓄电池作为能源的电动无人机，E_{bat} 可根据飞机飞行中电池提供的平均功率 $\bar{P}$ 及飞行时间 t 求出

$$E_{bat} = \bar{P} \cdot t \tag{2.18}$$

设计过程需要建立动力系统质量与总功率之间的关系。由于动力系统包含的部件数量、种类较多，造成质量估算模型精度较低。根据有关文献得到推进系统的质量-功率比约为 $k_{prop} = 0.008 \ \text{kg/W}$。由此得到估算模型：

$$W_{prop} = k_{prop} \cdot P_{elec \ lev}$$

式中　$P_{elec \ lev}$——平飞需用电功率（W）。

该质量估算框精度较低，但动力系统占整机总重的比例较小，因此对概论设计结果的影响不大。

7. 燃油重量

无人机燃油重量主要包括任务燃油、备用燃油及死油。无人机上的燃油只有一部分可在执行任务时使用，称为任务燃油。其他燃油，包括各种设计规范所要求的储备燃油，以及不能抽出油箱的"死油"，不能在执行任务时使用。统计显示：无人机燃油重量约占起飞重量的 25% ~ 30%。无人机燃油重量估算公式如下：

$$
\begin{aligned}
&\text{任务燃油：} W_{fuela} = 0.772 c_e \frac{W_{TO}}{75K} vt \\
&\text{备用燃油：} W_{fuelr} = 0.015 W_{TO} \\
&\text{死油：} W_{fuelt} = 0.008 W_{TO}
\end{aligned}
\tag{2.19}
$$

式中　c_e——无人机单位耗油率，kg/(kW·h)；
$\quad\quad v$——无人机最大设计速度，m/s；
$\quad\quad t$——航时，h；
$\quad\quad K$——升阻比。

8. 有效载荷重量

有效载荷重量一般在无人机设计任务书中给出，并根据其类型及重量来确定无人机的设计参数。统计显示，无人机有效载荷一般占起飞重量的 4% ~ 17%。

随着科学技术的发展和新材料的研制，无人机的机身机翼等结构部件越来越多采用复合材料制造，以达到减轻空机重量的目的，复合材料减重参考曲线如图 2.38 所示。复合材料等新技术对无人机的减重，可能会使上述结构重量估算公式产生较大误差。为了减小重量估算误差，可引入"软糖系数"来修正统计公式估算的结果（"软糖系数"是一个可改变的常数，用它乘以经验公式估算值，可得到正确的结果）。

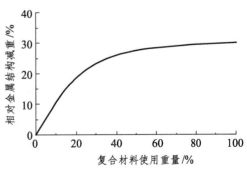

图 2.38　复合材料减重参考曲线

例如，多用途无人机起飞重量取为 265 kg，求出无人机各分类部件重量，所求得的各分类部件重量及其所占重量系数见表 2.9。

表 2.9　无人机部件重量及重量系数表

部件名称		重量/kg	重量系数/%	
结构系统	机身	27.882	10.5	30.1
	机翼	30.152	11.4	
	尾翼	9.561	3.6	
	起落架	12.234	4.6	
固定设备	飞控系统	7.018	2.7	10.1
	电气系统	9.58	3.6	
	电子系统	5.304	2.0	
	军械系统	4.770	1.8	
动力装置		50.310	19.0	19.0
燃油	任务燃油	62.094	23.4	25.7
	备用燃油	3.975	1.5	
	死油	2.120	0.8	
任务载荷		40.0	15.1	15.1

无人机各部件重量的最终确定是基于无人机起飞重量，而无人机起飞重量是利用迭代法进行计算。

无人机常用材料密度表见表 2.10。

表 2.10　无人机常用材料密度

材料	密度/(g/cm^3)	材料	密度/(g/cm^3)	材科	密度/(g/cm^3)
Q235	7 85	ZMS	1.81	桐木	0.23
20	7.85	IA6	4.4	松木	0.45
45	7.82	TC3	4.45	椴木	0.48
30CrMnSiA	7.75	H62	8.43	桦木	0.66
1Cr18N19T1	7.90	HSn62-1	8.45	航空层板	0.77
碳素弹簧钢丝 lla	7.80	QSn6.5-0.1	8.65	环氧玻璃钢	1.6～1.8
LYt0	2.8	Qal9-4	7.50	酚醛玻璃纤维增强塑料	1.65～1.78
LY12	2.8	硬质聚氨酯泡沫塑料（55#，76#）	0.03～0.04	耐油石棉橡胶板（t：0.4～3.0）	16～2.0
LC5	2.85	航空玻璃	2.5	锦丝斜纹绸(511)	45 g/m^2
LC9	2.8	橡胶 4170	1.40	锦丝平纹绸(507)	105 g/m^2
ZLlO1	2.66	橡胶 8360	1.08	锦丝斜纹绸(501)	180 g/m^2
ZL102	2.65	橡胶 7270	1.8	锦丝绳-200 kg	10 g/m
ZL104	2.65	海绵胶板（HM101.915）	0.3	锦丝绳-100 kg	5 g/m
ZL105	2.68	海绵胶板 HM103	0.6		

9. 参考面积质量法估算重量

通过参考面积质量法获得特定结构复合材料无人机各部件质量。

机翼重量 W_{wing} 通过下式求出：

$$\begin{aligned} W_{wing} &= \bar{m}_{wing} \cdot S_{wing} \\ W_{fuselage} &= \bar{m}_{fuselage} \cdot S_{wet\_fuselage} \\ W_{H\_tail} &= \bar{m}_{H\_tail} \cdot S_{H\_tail} \\ W_{V\_tail} &= \bar{m}_{V\_tail} \cdot S_{V\_tail} \end{aligned}$$ （2.20）

式中　$\bar{m}_{wing}$ ——单位面积机翼重量；

　　　S_{wing} ——机翼参考面积；

　　　$\bar{m}_{fuselage}$ ——单位面积机身重量；

　　　$S_{wet\_fuselage}$ ——机身浸润面积；

　　　$\bar{m}_{H\_tail}$ ——水平尾翼单位面积重量；

　　　S_{H_tail} ——水平尾翼参考面积；

　　　$\bar{m}_{V\_tail}$ ——垂直尾翼单位面积重量；

　　　S_{V_tail} ——垂直尾翼参考面积。

10. 数据统计法估算重量

通过对现有的国内外几十种常规布局的螺旋桨小型无人机数据进行统计分析，并根据统计数据给出了无人机空机起飞重量的估算公式：

$$W_e = 0.6979W_0 + 1.1069$$ （2.21）

式中　W_e ——空机重量，$W_e = W_{struc} + W_{propu} + W_{power}$；

　　　W_0 ——无人机起飞重量。

机翼重量估算公式

$$W_{wing} = 0.0128W_0 + 0.9306$$ （2.22）

11. 重量系数法估算重量

通过结构重量系数方法可以给出了结构重量估算公式：

$$W_{struc} = f_{struc} \cdot W_0$$ （2.23）

式中　f_{struc} ——结构重量系数；

　　　W_0 ——无人机起飞重量。

文中指出在几千克范围内，小型无人机结构重量系数在 0.25 ~ 0.35 内。

2.3.3　无人机重量测量

1. 重心和转动惯量

无人机的重心是指全机重心的作用点在机体上的位置，通常主要是指纵向位置，即沿机体纵向轴线的位置。这个位置用重心处于机翼平均气动力弦的百分比位置表示，它与无人机气动力焦点的相对位置表示纵向静稳定裕度。无人机重心位置的配置要求是由其操稳特性决定的。对于静稳定的固定翼无人机,其重心都设计在焦点之前;而对于静不稳定的固定翼无人机,则允许重心在焦点之后。

重心位置的变化直接影响无人机的飞行品质和飞行安全。但由于无人机装载的更换和消耗性载荷的变化会引起重心位置的移动,所以,无人机都允许重心位置有一个安全变化的范围,即重心的前限和后限。这个允许变化的范围是2%~8%平均气动力弦。

燃油是无人机主要的消耗性装载,因此要将燃油安排在重心后限之前,当燃油耗尽时重心的变化不超过其后极限位置。一般燃油重心变化范围控制在5%平均气动力弦。

无人机转动惯量是飞机做转动运动时惯性大小的度量参数,其大小取决于飞机及其装载的质量、质量分布和转动运动时所对应的转轴的位置。对惯量计算来说,计算单元划分得越小,则惯量计算的结果越精确,但在实际计算过程中,特别是方案阶段的初步计算,无限小的单元划分将带来过大的计算工作量,也是不现实的。因此,常采用一些惯量估算方法。在方案设计阶段,飞机的惯量估算以部件作为单元,而在详细设计完成后,飞机惯量计算单元可到零件或组件级。

2. 空重和重心的测量

(1)空重与相应的重心必须用无人机称重的方法确定,称重时无人机上装有下列各项:

① 固定配重。

② 按第 HY.959 条确定的不可用燃油。

③ 全部工作液体,包括下列各项:

a.滑油;

b.液压油;

c.机上系统正常工作所需的其他液体。

(2)确定空重时的无人机状态必须是明确定义的,并易于再现。

可卸配重,需要使用配重的载重情况适当安放可卸配重。

针对不同大小、不同重量级的无人机,重量重心有不同的测量方法。对于重量不超过800 kg的无人机,可采用轴向两点式悬吊测量法或平台三点测量重心三坐标的解析法。而对于重量超过800 kg的大型无人机的重量重心测量可参照《飞机设计手册》第8册中的第8章进行。

两点式悬吊测量法只能单纯测量轴向重心坐标。

轴向两点式悬吊测量法的称重原理是杠杆原理,如图2.39所示。

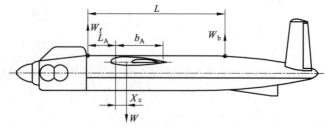

W_f—前吊点称重读数,N;W_b—后吊点称重计数,N;L—前后吊点之间的距离,mm;
L_A—前吊点距飞机平均气动力弦前缘点的距离,mm;b_A—飞机平均气动力弦长,mm;
x_c—飞机重心在平均气动力弦长上的位置,mm。

图 2.39　两点式吊法称重示意

飞机的重量和重心位置按式（2.15）计算：

$$W = W_f + W_b$$

$$x_c = \frac{\dfrac{W_b L}{(W_f + W_b)} - L_A}{b_A} \times 100\% \qquad (2.24)$$

称重注意事项：

（1）前后悬吊索必须保证等距平行。

（2）在称重读数时要用水准仪控制飞机轴线基本处于水平位置。

2.3.4 无人机载重控制

无人机载重控制的目的在于实现整机重量设计指标和重心控制要求，从而确保无人机飞行平台的飞行性能、操稳品质等，满足其任务技术要求和使用要求，同时为无人机的飞行任务提供相应的技术支持。

无人机载重控制主要采用手册法和软件法。手册法是一种传统的重量与平衡控制方法，主要是依据手册中的指数表、载荷表以及系列装载平衡图进行控制和调整。软件法是借助于飞速发展的计算机实现飞机重量重心计算及平衡控制。软件法在无人机上应用较多。

在理论上，一款无人机一定是在足够轻的情况下兼顾结实，因为机身太重一定会影响续航时间。无人机的重量构成通常包括电池、电机、机身三个部分。以某款航拍无人机为例，其整体重量为 1 266 g，电池（5 400 mA·h 锂聚合物电池）和电机重量占据一半以上。

电池技术突破是目前无人机系统所面对的难题，事实上即便该无人机把整机做到 1 kg，其飞行时间也只在 15 ~ 23 min。因此，针对消费级无人机而言，在电池、电机、云台重量几乎没有下降空间的前提下，从减重角度，机身基本成了唯一可以发挥的地方。高端专业级无人机性能要求除了考虑续航外，还必须考虑载重量，因为只有载重量上去了，才能有效率地实现各种功能。

在机身重量做"减法"包括两个途径：首先是材料选择。消费级无人机通用的材料多为一种高强度复合型的工程塑料，兼顾韧性和强度。而业界公认制造无人机非常理想的材料是碳纤维的复合材料：更轻、更坚固，燃点也更低。碳纤维目前在国内很难机械量产，只能依靠人工完成，手工把"碳布"（碳纤维制造材料的业内俗称）贴合，效率低下。此外，工艺和设计上的改进也能帮助机身降低重量。

无人机载重控制要检测无人机系统及部件的重量，以及无人机的质心位置（重心）是否在无人机允许的最大质心范围内。检测方法一般包括：

（1）使用测量工具测量无人机系统及部件重量，包括挂载不同任务载荷情况下的重量。

（2）使用悬垂法等方法测量无人机质心位置，并核对是否与设计尺寸一致。

（3）对于任务载荷为在飞行过程中存在质量变化的液体的情况，应测量整个过程中的质心变化范围。

针对无人机载重要求，要限制无人机重量，包括最大重量和最小重量，具体如下：

（1）最大重量是指无人机在符合各项法规要求时的最重的重量。所制定的最大重量必须符合下列条件：

① 最大重量不超过下列值：

a. 申请人选定的最重的重量；

b. 最大设计重量，即表明符合本部每项适用的结构载荷情况（除了那些符合设计着陆重量的以外）的最重的重量；

c. 表明符合每项适用的飞行要求的最重的重量。

② 最大重量不小于下列情况时的重量：

a. 滑油箱装满，且燃油量至少足以供给发动机在最大连续功率下工作 30 min；

b. 燃油箱及滑油箱装满。

（2）必须制定最小重量（表明符合本部每项适用的要求的最轻重量），使之不大于下列重量之和：

① 不大于空机重量；

② 不小于设计最小重量，即符合结构载荷和飞行要求的最轻重量。

航空思政讲坛

"飞豹"横空叩天阙 ——记"飞豹"战机总设计师陈一坚

2020 年 11 月 18 日，耄耋之年的中国工程院院士、"飞豹"战机总设计师陈一坚，荣获第十四届航空航天月桂奖终身奉献奖。

……1988 年 12 月，"飞豹"一飞冲天、首飞成功。自此，我国有了国产歼击轰炸机，也是拥有完全自主研制、比肩世界先进水平的战机。十年制成，十年试飞，陈一坚将自己的人生与"飞豹"融为一体。……陈一坚带领团队成员白手起家，顽强拼搏，艰苦攻关，自主创新造出具有世界先进水平的战机，书写了新中国航空工业史上的奇迹。

"他带着大家白手起家，搅拌水泥、砌筑砖墙的全是飞机设计师"

20 世纪 70 年代末，世界各军事强国纷纷推出新型歼击轰炸机，中国"飞豹"战机项目也在这一时期上马。1981 年，由于国家财政紧缩、军费削减，"飞豹"战机由重点型号降为"量力而行"项目，几乎处于停滞状态。

为保住"飞豹"战机项目，总设计师陈一坚全力以赴："我理解国家的难处，但部队期盼到这个地步，我们干不出来太丢脸了！"

"他在'量力而行'后面加上了'有所作为'四个字，大家的信心一下子就上来了。""飞豹"副总设计师高忠社回忆说，陈一坚鼓励身边工作人员，艰苦奋斗照样可以设计飞机。

在国家停拨研制经费后，其他配套单位也停止研制，"飞豹"设计团队绝大多数是刚毕业的大学生。参与过飞机设计全过程的，仅有陈一坚等几个人。当时，不少人质疑："这能设计先进战机吗？"

面对外界的流言蜚语，陈一坚毫不动摇，带领"飞豹"设计团队继续开展攻关。他们靠手摇计算机和计算尺处理成千上万组数据，用铅笔和尺子在图板上一点点画出了数万张图纸。

1982 年，"飞豹"战机项目的命运出现转机 ——"飞豹"战机重新列入国家重点型号，转入全面详细设计阶段。

这也许是世界上最简陋的"航空试验室"之一 ——临时搭建的芦席棚、露天的运动场。夜晚，设计人员借着路灯完成当时国内最庞大、最复杂的飞机地面模拟试验。不远处，是设计院职工自己动手建成的强度试验室。时任航空工业集团某所所长任长松回忆说："试验室建成后没有院墙，他带着大家白手起家，搅拌水泥、砌筑砖墙的全是飞机设计师。"

为了破解地面试验中出现的技术问题，陈一坚牵头成立机头、气动布局、动力路线等 6 个攻关组。最初全机设计超重，他提出"为减轻一克重量而奋斗"的口号，梳理 150 多个减重办法，超额减重 10 多公斤；挂架与武器不匹配，他带领强度设计师通过计算确定载荷范围，研究改进挂架，首创翼尖侧向挂弹、投放副油箱设计；年轻技术人员提出伺服颤振问题，他坚持"宁信其有，再麻烦也要改"，扩展模拟台、反复试验、修改设计，成功排除重大技术隐患……

"凡涉及关键问题，他都要亲自赶赴现场。"环控救生专家莫文炜回忆说，火箭弹发射试验有一定危险性，可陈一坚总是等到红色信号弹发射后才撤离现场。

殚精竭虑、呕心沥血，只为"飞豹"一飞冲天。1988 年 12 月 14 日，寒风凛冽的西北某机场，"飞豹"战机迎来首次试飞。……10 多分钟的试验飞行……放伞，滑跑，白色减速伞似一朵盛开的雪莲从"战鹰"尾部绽出。他悬着的心终于放下了 ——"飞豹"首飞成功！

"如果不去尝试，就永远是穿新鞋、走老路"

在国外航空界，有这样一条"铁律"：如果一架飞机运用新技术突破 40%，研制成功概率不足 50%。而"飞豹"战机运用新技术的比例正是 40%。

明知山有虎，偏向虎山行。在飞机设计阶段，他对同事们动情地说："不能让'飞豹'一服役就落后，这个风险需要我们这一代人承担起来。"

当时，他们只听说过歼击轰炸机的概念，没有样机，没有参考型号，甚至没有可用的设计规范。我国航空工业用的还是二十世纪五六十年代的老规范，与"飞豹"设计要求有很大差距。

一次偶然机会，陈一坚发现了国外更先进飞机的设计规范。他暗下决心，"飞豹"战机的设计规范要与国际接轨。

改变沿用几十年的老规范，谈何容易。面对"后果自负"的质疑，陈一坚说："如果不去尝试，就会永远穿新鞋、走老路，花了那么多的钱，制造不出来先进飞机，技术上没有进步，是对国家和人民不负责任。"

新规范确立了，困难与考验接踵而来。选择新规范，意味着运算量呈现几何级增长，非用计算机不可。当时，全国最先进的计算机仅有 3 台。陈一坚和设计人员在北京苦等了 40 多天，终于拿到了计算机。

"勒紧裤腰带"买来的先进计算机，一开始无人会用。陈一坚买来书籍、资料，白天在研发现场指挥，到了夜深人静的时候，他又开始从头学习计算机知识。50 多岁的陈一坚靠自学，编写出简单的飞机设计运算程序。

那段时间，他既是"飞豹"总设计师，又是航空工业部计算机辅助飞机设计、制造及管理系统的主任工程师。与 40 多位高校教授和科研人员联手，用了 5 年时间研制出当时集成度最高的计算机辅助飞机设计系统，该成果荣获国家科技进步二等奖。

他带领团队兼顾先进性和可行性，尽可能地把最先进的技术用在"飞豹"上，再把运用新技术的风险降到最低。飞机惯导系统研制成功后，飞机设计状态已经冻结。原设计中并没有惯导系统，改装意味着技术风险，还要重新设计总线、接口。

"惯导系统对于长距离飞行十分重要，现在赶上了不装岂不可惜，出了问题我负责。"陈一坚下定决心，组织设计团队重新设计系统。在"飞豹"服役后，先进的惯导系统便于飞机控制，受到部队飞行员的普遍好评。

今天，我国军用飞机设计依旧在采用陈一坚探索出的设计规范，计算机辅助设计系统成为战机设计不可或缺的手段，惯导系统成为现代国产战机的标配……可以说，"飞豹"战机身上，实现了当时中国军机设计的多个创新。

"飞机研制是团队工作，我的背后是一个团队，是一个国家"

从1988年首飞到1998年正式定型，"飞豹"战机又经历了一段漫长的"煎熬期"，仅试飞就有1600多次。

……陈一坚与飞机结缘，始于年少。那时候，他经常和家人跑到山上躲避空袭。日机肆无忌惮地在中国领空飞行轰炸，他第一次感受到有空无防的切肤之痛。"狼烟四起曾相识，泪如倾，气填膺。"陈一坚将这种情感用一阕《江城子》道尽。

1948年，厦门大学开始招生，陈一坚将3个志愿全填上了新设置的航空专业。"我就是认准了要学航空、造飞机——如果我们没有飞机，将来还会受人欺侮。"3年后，陈一坚又转入清华大学学习。

……航空报国，是他一生的执着追求。他至今难忘，"飞豹"项目启动不久，随队前往德国"狂风"战机制造总部，外方展示歼击轰炸机时用一道玻璃遮挡在前面。

1998年，"飞豹"正式定型，前后花费不到10亿人民币。研制费用如此之低，国外媒体评价"不可理解，无法想象！"陈一坚自豪地说："我们是用落后世界30年的技术手段，研制出超前30年的飞机。"

1999年，"飞豹"项目获国家科技进步特等奖，陈一坚当选中国工程院院士。面对赞誉，他淡然地说："飞机研制是团队工作，我的背后是一个团队，是一个国家。"

退休后，他仍然关心祖国的航空事业，将大部分时间用来培养年轻人。

2003年，陈一坚受邀回到阔别40多年的清华园。面对年轻的学子，该讲些什么呢？看到校园里恩师徐舜寿的塑像，他若有所思……

"你们既然投身航空事业，就必须有思想准备，把毕生精力献给这项伟大事业。"时隔多年，陈一坚的话一直激励着年轻航空人不断奋力前行。

如今，在广大中国航空科研人员的接力奋斗下，歼-20、运-20等一系列国产新型战机飞向蓝天。"献身航空的报国精神、百折不挠的拼搏精神、科学严谨的求实精神、敢为人先的创新精神、激情和谐的团队精神"，"飞豹"精神在赓续传承中熠熠生辉、永放光芒。

一分好奇，一腔热血，倾注着对祖国、对航空的热爱，从此选定一条路，用一生走下去。这便是陈老求学时的选择。陈老为航空奉献九十载，不忘初心与使命，在国家危亡时立志航空，在技术瓶颈时攻坚克难，陈老从艰苦年代走过，但航空报国初心不变。作为新时代为中华民族伟大复兴而奋斗的我们，也更应坚定航空报国的初心，以陈老为榜样，秉承着"艰苦奋斗、勇于创新、航空报国、敢为人先。"的精神，努力打好基础，不畏困难，积极探索，为中国的航空事业发展做出自己的贡献，矢志成为新时代的红色工程师。从老一辈手中接过的火炬，会在新时代继续燃烧。

https://baijiahao.baidu.com/s? id=1690210391738401186&wfr=spider&for=pc

杨元超，解放军报，2021-01-29

3 固定翼无人机升力与阻力

无人机空气动力理论大部分可参考有人机的空气动力学理论，对于小尺度的固定翼无人机，其空气动力学特性有一定的特殊性。如果对飞行速度低于 0.3 Ma 的无人机进行气动分析，可仍然采用低速空气动力学理论。对于高速及超音速无人机，其空气动力学理论，可以参照超音速飞机和导弹的理论成果，这里不展开介绍。

无人机要在空气中受到外力包括重力、升力、阻力和推力，其中，重力由地心引力产生，升力由相对空气运动的机翼产生，阻力由空气产生，推力由动力系统产生，如图 3.1 所示。无人机的空气动力特性将影响着无人机飞行姿态，所以无人机设计、运行等必须考虑空中受力情况，其中翼型空气动力学特性是最基础理论。

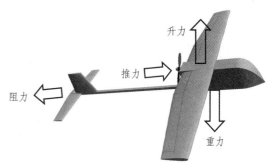

图 3.1　无人机的空中受力情况

升力和阻力都是由于无人机相对空气运动而产生的，研制和运行无人机时，总是希望升力尽可能大而阻力尽可能小。当升力与重力大小相等方向相反时，在竖直方向上无人机受力为零，无人机不会上升或下降，当推力与阻力大小相等方向相反时，无人机则在水平方向上做匀速直线飞行。如果无人机上的合力矩不为零，则无人机会做旋转运动，包括绕横轴的俯仰运动、绕立轴的偏航运动以及绕纵轴的滚转运动。

3.1　固定翼无人机的升力

固定翼无人机机翼之所以能够产生升力，是因为当气流与机翼呈一定迎角相对运动时，由于机翼上下表面的压力差，产生向上的升力，克服自身重力。由于空气的黏性产生废阻力，以及翼尖涡产生诱导阻力，高速飞行会产生激波阻力，这些阻力组成飞机飞行阻力，影响飞机性能和稳操性。

固定翼无人机产生的升力主要来源于机翼，但实际中升力的产生是非常复杂的，它与飞机整体的气动外形、飞机姿态和飞机附近气流相关。不仅机翼会产生升力，水平尾翼和机身也会产生升力。但是，同机翼上的升力相比，飞机其他部位产生的升力是微不足道的。所以，通常用机翼的升力来代表整个飞机的升力，飞机升力的产生与翼型密不可分。

3.1.1 翼型

第 2 章提及作为无人机的一个重要部件 —— 机翼，其主要功用是提供升力，与尾翼一起保证飞机具有良好的稳定性。翼型是机翼的重要几何参数。飞机机翼、尾翼，直升机旋翼叶片和螺旋桨叶的剖面形状就是翼型（翼剖面）或桨型（叶剖面）。在空气动力学中，翼型通常理解为二维机翼，即剖面形状不变的无限翼展机翼。

翼型的发展历程就是空气动力学和航空工程实践的结果，从最初观测和研究鸟的飞行，到关注升力的莱特兄弟时代的传统翼型，再到关注速度的亚音速翼型，以及关注速度和机动性的超音速翼型和翼身融合设计，充分体现人类对飞行器发展需求的多元化。

翼型的发展离不开风洞实验，凭借经验和耐心，采用试误法，反复进行迭代计算及结果比较。通常采用两种方法进行翼型研究，一种是天平直接测量翼型的气动力；另一种是通过测量翼型表面压力分布及尾迹流场推导出气动升力、阻力和力矩。第一种方法比较麻烦，且不易得到高精度的实验结果，故广泛采用测量翼型压力分布，同时测量尾流流场的方法来得到翼型的气动特性。

典型的低速和亚声速翼型前端圆滑，后端成尖角形；后尖点称为后缘；翼型上距后缘最远的点称为前缘；连接前后缘的直线称为翼弦，其长度称为弦长，如图 3.2 所示。在翼型内部作一系列与上下翼面相切的内切圆，诸圆心的连线称为翼型的中弧线，其中最大内切圆的直径称为翼型的厚度，中弧线和翼弦之间的最大距离称为弯度；前缘的曲率半径称为前缘半径。超声速翼型的前缘也可能是尖的。翼型的相对厚度和相对弯度分别定义为厚度和弯度对弦长之比，弯度为零的翼型称为对称翼型，其中弧线与翼弦重合。

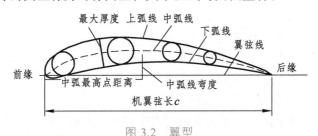

图 3.2　翼型

随着航空科学的发展，世界各主要航空发达的国家建立了各种翼型系列。美国有 NACA 系列，德国有 DVL 系列，英国有 RAF 系列，苏联有 ЦАГИ 系列等。这些翼型的资料包括几何特性和气动特性，可供气动设计人员选取合适的翼型。

在现有的翼型资料中，NACA 翼型系列的资料比较丰富，飞行器上采用这一系列的翼型也比较多。NACA 翼型系列主要包括下列一些翼型族：

（1）4 位数翼型族：这是最早建立的一个低速翼型族。例如，NACA2415 翼型，其含义第一位数值 2 表示最大相对弯度为 2%；第二位数 4 表示最大弯度位于翼弦前缘的 40%处；末两位数 15 表示相对厚度为 15%。这一族翼型的中线由前后两段抛物线组成，厚度分布函数由经验的解析公式确定。

（2）5 位数翼型族：这是在 4 位数翼型族的基础上发展的。这一族翼型的中线有两种类型，一类是简单中线，它的前段为三次曲线，后段为直线；另一类是 S 形中线，前后两段都是三次曲线，后段上翘的形状能使零升力矩系数为零，这个特性通过第三位数来表征，如

NACA24015 中 0 表示后段为直线。这族翼型的厚度分布与 4 位数翼型族相同。

（3）6 族翼型：适用于较高速度的一些翼型族，被广泛应用。这种翼型又称层流翼型，它的前缘半径较小，最大厚度位置靠后，能使翼型表面上尽可能保持层流流动，以便减小摩擦阻力。

（4）1 族、7 族、8 族等翼型族及各种修改翼型。

对于不同的飞行速度，无人机机翼的翼型形状是不同的。对于低亚音速无人机，为了提高升力系数，翼型形状为圆头尖尾。对于高亚音速无人机，为了提高阻力发散马赫数，采用超临界翼型，其特点是前缘丰满、上翼面平坦、后缘向下凹。对于超音速飞机，为了减小激波阻力，采用尖头、尖尾形翼型。

由于风洞实验受到模型尺寸、流场流动、测量精度的限制，有时可能很难通过试验的方法得到满意的结果。计算流体力学（Computational Fluid Dynamics，CFD）恰好克服了风洞实验的弱点，在 20 世纪 60 年代到 70 年代，采用 CFD 方法和风洞实验开发了层流翼型、高升力翼型、超临界翼型等。这些翼型是固定翼无人机常用的翼型。

1. 层流翼型

层流翼型是翼型发展最著名的一种翼型，是翼型发展的里程碑。这是一种为使翼表面保持大范围的层流，以减小阻力而设计的翼型。与普通翼型相比，层流翼型的最大厚度位置更靠后缘，前缘半径较小，上表面比较平坦，能使翼表面尽可能保持层流流动，从而可减少摩擦阻力。层流翼型基本原理是在气流达到接近机翼后缘升压区之前，尽可能在更长的距离上继续加速，就可以推迟由层流向湍流的转捩。最著名的层流翼型有 NACA 6 族翼型，其压力分布如图 3.3 所示。

美国"全球鹰"无人机也采用了层流翼型，相对厚度为 16.3%，翼型压力分布如图 3.4 所示，选择这种翼型不算理想，可能还有其他考虑，是综合平衡的结果。

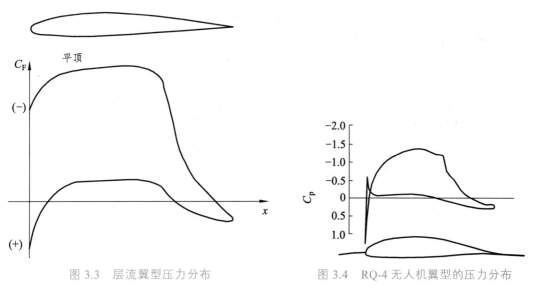

图 3.3　层流翼型压力分布　　　　　图 3.4　RQ-4 无人机翼型的压力分布

NACA 6 族翼型一般用 6 个数字和中弧线来标记。如图 3.5 所示，第一个数字表示族号；第二个数字表示在零升力时基本厚度翼型最小压力点相对横坐标的十倍数值；第三个数表示低阻的升力系数范围，即高于或低于设计升力系数的十倍数值；第四个数字表示设计升力系数的十倍数值，最后两个数字表示相对厚度的百倍数值。a 是说明中弧线载荷特性的，从前缘起到某个弦向位置 a 载荷是常值，此后载荷线性下降，到后缘处降为零。

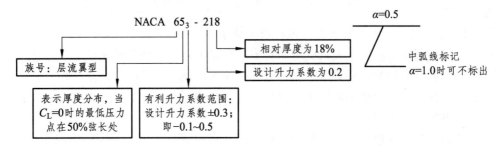

图 3.5　NACA 6 族翼型标记示例

注：用"A"代替"-"的六位数字翼型，表示翼型上下弧线从 0.8 位置至后缘都是直线。

对于相对厚度小于 12% 的 6 族翼型，低阻升力系数范围小于 0.1，这时表示低阻范围的第三个数字可以不标出，如 NACA 65-210 翼型。NACA 6A 族翼型是修改了 6 族翼型后缘外形而得到的一族层流翼型，其数字标记与 6 族相似，6 族标记中的"-"改为"A"。NACA 6A 族翼型的气动特性与 NACA6 族翼型基本相同，但其后缘加厚，便于制造加工，特别是在非设计条件下也有比较满意的气动特性，所以 NACA6A 族翼型应用较为广泛。

2. 高升力翼型

高升力翼型是指具有高升力、低阻力（高升阻比）的翼型。高升力翼型的气动特性是具有较低的巡航阻力，爬升升阻比较大，翼型最大升力系数较高，失速特性比较缓和。但这类翼型也存在因低头力矩较大而导致配平阻力较大的缺点。

其外形特点如下：

（1）具有较大的前缘半径，以减小大迎角情况下负压峰值并因此推迟翼型失速。

（2）翼型的上表面比较平坦，使得升力系数较小时翼型上表面有比较均匀的载荷分布。

（3）下表面后缘有较大的弯度，并具有上、下表面斜率近似相等的钝后缘。

典型代表如美国的 GAW-1、GAW-2 翼型（见图 3.6），主要用于通用航空的先进翼型，还有用于低速通用航空的五位数字系列翼型：NACA 44 族、NACA 24 族和 NACA 230 族。美国的早期翼型 Clark Y 和英国的 RAF6 翼型也是高升力翼型，在短程支线飞机、农业飞机及其他低速通航飞机上得到广泛使用。由于现有的无人机较多地应用在低速范围，在要求具有较高的升力特性时，可采用上述的高升力翼型。

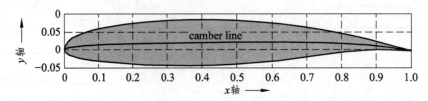

图 3.6　GAW-2 高升力翼型

中高空长航时固定翼无人机要求翼型具有较高的升阻比，以维持较长的巡航或巡逻飞行时间，高升力翼型满足这种无人机的要求，该类无人机也要求机翼采用大展弦比、小后掠或平直翼。例如，美国的"捕食者"（中空）、"全球鹰"（高空），以色列的"苍鹭"等。

3. 超临界翼型

超临界翼型的特点是头部比较丰满，上表面中部比较平坦，后缘弯度较大，下表面有反凹。超临界翼型与普通翼型的压力分布比较见图 3.7 所示，前者压强分布也比较平坦，没有显著的高峰，并能比较和缓地减速到亚音速（或仅出现较弱激波），提高了临界马赫数，也有利于减小激波强度。有时，为了提高升力，使翼型下表面的后部向内凹，使后部的压强增高，上下翼面的压差（载荷）增大，这种翼型称为有后加载的翼型，后部升力增加，弥补了上表面平坦而引起的升力不足，但也带来较大的低头力矩，有可能引起配平阻力的增加。类似地，还有所谓有前加载的翼型。

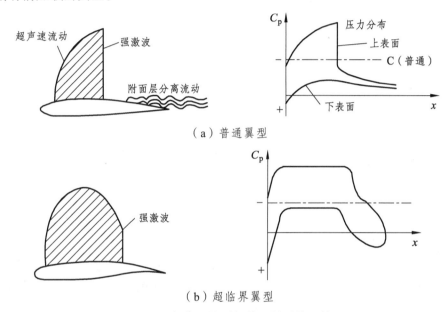

（a）普通翼型

（b）超临界翼型

图 3.7 超临界翼型与普通翼型的比较

正是由于超临界翼型的优势，采用超临界翼型的现代飞机可以实现减小机翼后掠角和增加机翼相对厚度，增加展弦比的目的。大展弦比机翼可以降低诱导阻力和增加升力，提高飞机的气动效率。

航空史上随着飞行器速度的不断提高，流过翼面的流速有可能超过当地音速，这时流动中会出现激波，还可能引起流动分离，这都使阻力增大。因此，过去都致力于研究避免翼面流动超过音速的翼型。但到了 20 世纪 60 年代，英国的 H.H.皮尔赛和美国的 R.T.惠特科姆发现有可能找到不产生激波或产生较弱激波的跨音速翼型。他们和荷兰的 G.Y.纽兰德分别设计了"尖峰翼型""超临界翼型""拟椭圆翼型"等跨音速翼型。

对于高速飞行的固定翼无人机而言，使用超临界翼型可以在同样的相对厚度下，得到更高的阻力发散马赫数，或在同样的阻力发散马赫数下，可以提高相对厚度。所以，在不加大重量的情况下，提高强度和刚度以及增大展弦比，提高升阻比。

以上层流翼型、高升力翼型和超临界翼型是按照气动特性进行分类，除此之外还有尖峰翼型、超音速翼型、低力矩翼型等。如果将翼型按照用途分类，则包括飞机机翼翼型、尾翼翼型、直升机旋翼翼型、尾桨翼型、螺旋桨翼型等。还可以按照使用雷诺数分类，包括低雷诺数翼型和高雷诺数翼型。

3.1.2　升力的产生

由于翼型的空气动力特性决定机翼和飞机的空气动力特性，所以这里以翼型为例说明飞机升力的产生原因及变化规律。

升力来源于机翼上下表面气流的速度差导致的气压差。但机翼上下表面速度差的成因解释较为复杂，通常科普用的等时间论和流体连续性理论均不能完整解释速度差的成因。航空界常用二维机翼理论，主要依靠库塔条件、绕翼环量、库塔-茹可夫斯基定理和伯努利定理来解释。所以，升力的原理就是因为绕翼环量（附着涡）的存在导致机翼上下表面流速不同压力不同，方向垂直于相对气流（图3.8）。

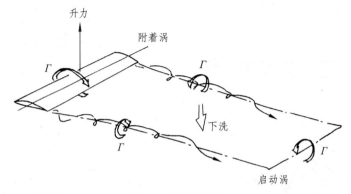

图 3.8　升力原理

当空气接近机翼前缘时，气流开始折转，一部分空气向上绕过机翼前缘流过机翼上表面，另一部分空气仍然由机翼下表面通过，这两部分空气最后在机翼后缘的后方汇合，恢复到与机翼前方未受扰动的气流相同的均匀流动状态。

在气流被机翼分割为上下两部分时，由于翼型上表面凸起较多而下表面凸起较少，加上机翼有一定的迎角，使流过机翼上表面的流管面积减小，流速增大。翼型下表面气流受阻而使流管面积增大，流速减小。由伯努利定理可知，机翼上表面的压力降低，机翼下表面的压力增大，翼型上下表面压力分布如图3.9所示。

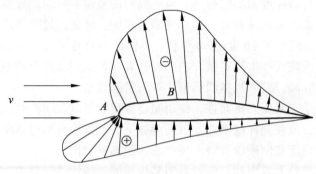

图 3.9　机翼压力分布

这样上下翼面之间产生压力差，从而产生了翼型表面的空气动力，将表面各处的空气动力合成到一处就成了翼型的总空气动力，用 R 表示，总空气动力的方向向上并向后倾斜（图3.10）。根据它所起的作用，可将它分解为垂直于相对气流方向和平行于相对气流方向的两个分力。垂直于相对气流方向上的分量就是机翼的升力，用 L 表示。升力通常起支撑飞机的作用，平行方向阻碍飞机前进的力叫阻力，用 D 表示。升力和阻力的作用点叫压力中心。

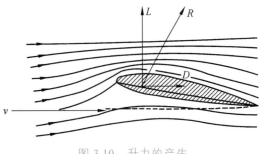

图 3.10　升力的产生

升力与相对气流垂直，而不是与地面垂直。升力的方向取决于飞机的飞行方向，也就是取决于相对流速的方向。它可以向上倾斜，也可以向下倾斜。如果认为升力与地面垂直，那么它总是向上的，这样的认识是错误的。事实上，只有当飞机水平飞行时，迎面气流的流速与地面平行，升力才是垂直向上的。如果飞机处于上升或者向下滑行状态，则升力对于地面来说是倾斜的。

为了确定翼型升力，德国数学家库塔和俄国物理学家儒可夫斯基分别于 1902 年和 1906年，将有环量圆柱绕流升力计算公式推广到任意形状物体的绕流（图 3.11）。由满足库塔条件所产生的绕翼环量导致了机翼上表面气流向后加速，由伯努利定理可推导出压力差并计算出升力，这一环量最终产生的升力大小亦可由库塔-茹可夫斯基方程计算（适用于不可压缩流体），所以升力公式可以表示为

$$L = \rho \cdot v \cdot \Gamma \tag{3.1}$$

上式表示升力等于空气密度与气流流速 v 和环量值 Γ 的乘积。其中，环量是流体的速度沿着一条闭曲线的路径积分，即 $\Gamma = \oint_C v \cdot \mathrm{d}s$，环量的量纲是长度的平方除以时间。这一方程同样可以计算马格努斯效应的气动力。

$$w(y) = -\frac{\Gamma}{4\pi} - \frac{b}{(b/2)^2 - y^2}$$

$$w(y_0) = -\frac{1}{4\pi} \int_{-b/2}^{b/2} \frac{(\mathrm{d}\Gamma/\mathrm{d}y)\mathrm{d}y}{y_0 - y}$$

$$L = \rho_\infty v_\infty \int_{-b/2}^{b/2} \Gamma(y)\mathrm{d}y$$

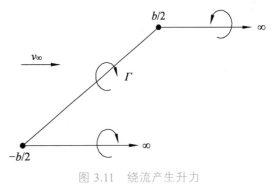

图 3.11　绕流产生升力

不过以上理论仅适用于亚音速（更准确地说是马赫数小于 0.3 时），在超声速飞行时由于空气是可压缩的，伯努利定理不成立，此时无环流运动，升力主要靠机翼上下表面的激波所导致的压力差。当飞机以一定迎角在超声速流中飞行时上表面前端处与来流成一个凸面，形成膨胀波，气流流过膨胀波时压力下降，而下表面与来流形成一个凹面，导致激波，气流流过激波时压力增加。因此上表面压强小，下表面压强大，产生升力。

固定翼无人机的升力绝大部分是由机翼产生，尾翼通常产生负升力，飞机其他部分产生的升力很小，一般不考虑。

机翼升力的产生主要靠上表面吸力的作用，而不是靠下表面正压力的作用，一般机翼上表面形成的吸力占总升力的 60% ~ 80%，下表面的正压形成的升力只占总升力的 20% ~ 40%。所以不能认为飞机被支托在空中，主要是空气从机翼下面冲击机翼的结果。

3.1.3 升力特性

经过理论和实验证明，可以得到以下升力公式：

$$L = C_{\mathrm{L}} \cdot \frac{1}{2} \rho v^2 \cdot S \qquad (3.2)$$

式中　C_{L}——升力系数，表明了机翼迎角、翼型等因素对飞机升力的影响；

　　$\frac{1}{2} \rho v^2$——飞机的飞行动压；

　　S——机翼面积。

由式（3.2）可知机翼升力与升力系数、飞行动压和机翼面积成正比。

升力公式是分析飞行问题和飞行性能的重要公式。通过升力公式可知，升力的大小与机翼面积、相对气流速度、空气密度及升力系数有关，而升力系数又与迎角和翼型有关。

无人机低速飞行时，机翼的压力分布主要随机翼形状和迎角变化。升力系数综合地表达了机翼形状、迎角等对飞机升力的影响。升力系数仅仅是影响升力的一个因素，系数本身并不是升力。升力系数可以表示为

$$C_{\mathrm{L}} = \frac{2L}{\rho v^2 \cdot S} \qquad (3.3)$$

如果固定翼无人机巡航时，此时升力 L 等于重力 W，则升力系数为

$$C_{\mathrm{L}} = \frac{2W}{\rho v^2 \cdot S} \qquad (3.4)$$

固定翼无人机的升力特性是指整机的升力系数的变化，与翼型的升力系数变化有一定的差异性。具体来说，二维翼型的升力系数特性与三维的机翼升力特性、整机生理特性的变化规律相近，只在某些气动特性参数上有别，如升力系数斜率、零升迎角等。

固定翼无人机升力系数表示无人机的迎角、机翼形状对无人机升力的影响。这里重点讨论迎角对升力系数的影响。图 3.12 所示为升力特性曲线，表达了升力系数随迎角变化的规律。可以看出，当 $\alpha < \alpha_{\mathrm{cr}}$，升力系数随迎角增大而增大。在中小迎角时，呈线性变化，从 O 点到 A 点；在较大迎角时，呈非线性变化，从 A 点到 B 点。当 $\alpha = \alpha_{\mathrm{cr}}$，升力系数为最大，即 B 处。当 $\alpha > \alpha_{\mathrm{cr}}$，升力系数随迎角的增大而减小，进入失速区，从 B 到 C 处，包括更大迎角。

1. 零升迎角

飞机升力系数为零时的迎角是零升迎角，用 α_0 表示。

对于对称翼型，零升迎角 $\alpha_0 = 0$，这是因为当迎角为零时，机翼上下翼面的流线形状完全对称，压力差为零，所以升力系数为零。

对于非对称翼型，在迎角为零时，机翼上翼面的流线向上弯曲，与下翼面流线形状不同，

存在一定压力差，所以此时 $C_L > 0$ ，所以非对称翼型的零升迎角为较小的负值。

相对厚度增加，零升迎角减小。零升迎角还与增升装置有关，放襟翼或有地面效应，零升迎角减小。

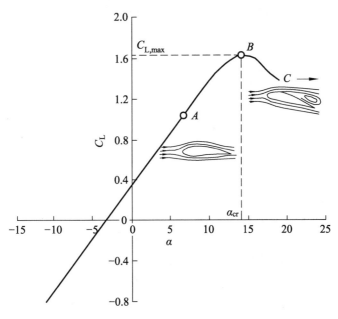

图 3.12　升力特性曲线

2. 临界迎角和最大升力系数

升力系数曲线最高点对应的升力系数为最大升力系数，用 C_{Lmax} 表示，所对应的迎角为临界迎角，用 α_{cr} 表示。最大升力系数是决定飞机起飞和着陆性能的重要参数。对于相同的重量，C_L 越大，所对应的速度就越小，这样可以缩短飞机的起飞滑跑距离和着陆滑跑距离，提高飞机的起飞和着陆性能。同时，飞机在临界迎角处获得最大升力系数，再增加迎角，升力系数突然下降，飞机的升力就不足以平衡重力，从而进入失速，不能保持正常的飞行状态。

3. 升力系数斜率

升力系数曲线斜率是影响飞机操纵性和稳定性的重要参数。升力系数曲线斜率与翼型、雷诺数等参数有关。雷诺数大于临界值时，在小迎角范围内 C_L 与 α 呈线性关系，即单位迎角升力系数（ $dC_L / d\alpha$ ，升力系数斜率）为常数。当小雷诺数固定翼无人机机翼的升力系数曲线很可能没有直线段，即升力系数斜率（ $C_L^\alpha = dC_L / d\alpha$ ）根本没有常数段。由于翼尖涡的影响，二维翼型的升力系数曲线斜率大于三维机翼或整机的升力系数斜率。

升力系数斜率可以由实验确定，也可以由式（3.5）估算：

$$C_L = C_L^\alpha \cdot (\alpha - \alpha_0) \Rightarrow C_L^\alpha = \frac{C_L}{\alpha - \alpha_0} \tag{3.5}$$

如果已知二维翼型的升力系数 C_l ，可以表示为无限长机翼，则有限长三维机翼的升力系数为

$$C_L = \frac{C_1}{\left(1 + \dfrac{2}{AR}\right)} \quad\quad\quad (3.6)$$

任意平面形状机翼的升力系数斜率可以通过对椭圆翼升力系数斜率修正得到。有限椭圆翼的升力系数斜率表示为

$$C_L = \frac{2\pi}{\left(1 + \dfrac{2}{AR}\right)} \quad\quad\quad (3.7)$$

可以看出，展弦比越大，升力系数斜率越大，当 AR→∞ 时，机翼为无限长机翼时，升力系数斜率接近 2π。

3.1.4 影响升力的因素

1. 机翼面积对升力的影响

在其他因素不变的条件下，机翼面积的变化虽然不会引起流线谱和压力分布的改变，但它使产生机翼上下表面压力差的面积发生变化，从而影响升力。机翼面积越大，上下翼面产生的压力差越大，升力越大，同时机翼与气流的接触面积增大，阻力也会增大。升力、阻力同机翼面积成正比。

2. 翼型对升力的影响

翼型不同，机翼流线谱与压力分布也不同，因而升力大小也不一样。翼型相对厚度越大，升力和阻力越大，最大位置越靠前，升力和阻力也越大。翼型相对厚度相同的情况下，弯度越大，升力和阻力越大。

图 3.13 给出不同翼型的升力特性曲线。

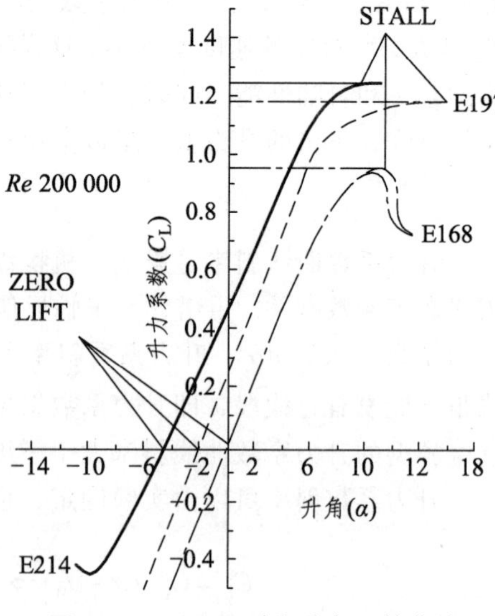

3. 空气密度对升力的影响

空气密度和飞行速度不同，即相对气流的动压不同时，在低速的条件下，虽然流线谱基本上不改变，但它直接影响机翼各处压力分布，从而影响升力。

空气密度大时，说明空气比较稠密，作用在机翼上表面的吸力和下表面的正压力都增大，机翼上下压力差增大，则升力增大。升力与空气密度成正比。空气密度的大小与飞行高度和气温两个因素有关。飞行高度低或气温低，空气密度大，升力也就大；反之，升力减小。

4. 相对气流速度对升力的影响

相对气流速度取决于飞行速度。飞行速度增大，即相对气流速度增大，机翼上表面的表面流管气流速度比下表面的气流速度增大得更多。于是，上表面压力比下表面压力减小得更多。上、下压力差增大，升力随之增大。实验证明，

图 3.13　不同翼型的升力系数曲线

升力与飞行速度的平方成正比。

空气密度和飞行速度对升力的影响，综合起来，就是气流动压对升力的影响，气流的动压越大，产生的升力也越大，即升力与相对气流中的动压成正比。

5. 迎角对升力的影响

迎角不同，机翼流线谱也不同，从而对升力的影响也发生变化。在一定迎角范围内，增大迎角，升力增大。这是因为，随着迎角的增大，机翼上表面前部，流线更为弯曲，流管更为收缩，于是流速加快，压力降低，吸力增大。与此同时，气流受下表面的阻挡作用更强，流速减慢，压力提高，机翼上、下表面压力差增大，所以升力增大。当迎角增大到某一迎角时，机翼上表面前部流管变得最细，流速最快，吸力最大，下表面流管变得更粗，流速更慢，正压力更大，上下压力差增加到最大，所以升力最大。超过这一迎角，迎角再继续增加，升力反而减小，其原因主要是机翼上表面的涡流区扩大，以致在上表面前部流管扩张，吸力降低所致。

6. 雷诺数的影响

雷诺数（Reynolds number，Re）一种可用来表征流体流动情况的无量纲数。雷诺数物理上表示惯性力和黏性力量级的比。雷诺数的公式表示为

$$Re=\rho vL/\mu \tag{3.8}$$

式中　ρ，μ——流体密度和动力黏性系数；

v，L——流场的特征速度和特征长度，对外流问题，v、L一般取远前方来流速度和物体主要尺寸（如机翼弦长）。

表3.1列出了不同尺度飞机类型的雷诺数值。

表3.1　平均雷诺数

飞机类型	雷诺数
商务机	10 000 000 以上
轻型飞机	1 000 000 以上
滑翔机在最大速度时，翼根部位	5 000 000
滑翔机在最小速度时，翼尖部位	500 000
标杆竞赛模型飞机	1 000 000（翼根）
最大速度	500 000（翼尖）
悬挂滑翔机，超轻型飞机	200 000（翼尖）
	600 000（翼根）
多任务 R/C 滑翔机	
速度任务	400 000
翱翔时	100 000
大型模型滑翔机	
热气流翱翔	100 000
穿越	250 000
A-1，A-2 滑翔机，韦克菲尔德 Coupe d'Hiver	80 000 最大
	30 000 最小

由于雷诺数决定流体的流态，即层流或紊流。如果雷诺数越小，表示黏性作用越大；而雷诺数越大，则惯性作用越大。边界层内的流动状态，在低雷诺数时是层流，在高雷诺数时是紊流。所以，雷诺数也影响着气动特性，图3.14 给出雷诺数对升力系数的影响。

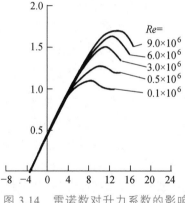

图 3.14　雷诺数对升力系数的影响

3.1.5　失速特性

固定翼无人机的飞行性能好坏与最大升力系数有很大关系，最大升力系数越大，无人机性能越好。所以如何设法延迟机翼失速，增加临界迎角，相应增加最大升力系数，对改进固定翼无人机性能有直接关系。

失速（Stall）是指固定翼无人机或机翼在迎角大于临界迎角时，不能保持正常飞行的状态。固定翼无人机失速后，除机体会产生气动抖动外，由于升力的大量丧失和阻力的急剧增大，无人机会产生飞行速度迅速降低、掉高度、机头下沉等现象。失速产生的根本原因是无人机的迎角超过临界迎角，并非指飞行速度不足。

固定翼无人机失速可以出现在任何空速、姿态和功率设置下。失速多发生在以下情况：① 速度过低；② 盘旋坡度过大；③ 载荷因数过大；④ 带杆过猛。

前面提及的失速是指翼型失速，机翼的失速性能与翼型、机翼平面形状等因素有关。翼型的失速特性同样适应于有限翼展机翼的失速特性，但也有不同之处，因为有限翼展机翼会产生翼尖涡引起的下洗流。机翼的平面形状不同，下洗速度沿翼展的分布不同，即使机翼没有扭转，各剖面的有效迎角也不相同。当迎角增加时，机翼上有些剖面可能已经达到临界迎角，而另一些剖面还没有达到，继续增加迎角会造成机翼出现局部的严重气流分离，导致固定翼无人机失速。

机翼不同平面形状的失速特性有差异，如图 3.15 所示。椭圆形机翼，由于下洗角和有效迎角沿翼展均匀分布，在机翼后缘同时出现分离，随着迎角增加，分离区逐渐向前推移发展。矩形机翼，翼根的下洗角小，有效迎角大，翼根先失速，随着迎角增加，分离区逐渐向前缘和翼尖发展。后掠翼，由于翼根效应和翼尖效应，翼尖处下洗角小，有效迎角大，先在翼尖附近分离，随着迎角增加，分离区逐渐向前缘和翼根处发展。

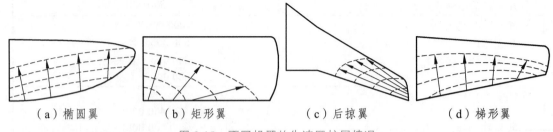

（a）椭圆翼　　　　　（b）矩形翼　　　　　（c）后掠翼　　　　　（d）梯形翼

图 3.15　不同机翼的失速区扩展情况

机翼的失速性能除与机翼平面形状有关外，与翼型的关系也很大。这些不同的失速性能与固定翼无人机的设计有密切关系。

机翼失速的原因可以用气流分离来解释，气流是否容易分离与临界雷诺数有关。雷诺数越大，湍流边界层可使机翼气流分离越晚，则机翼越不容易失速。因为雷诺数越大，附面层空气的惯性力增大,抵抗逆压梯度能力增强,从而延缓气流分离,故越不易失速。如果雷诺数小的机翼,其上表面尚未从层流过渡到湍流,就已经产生气流分离,造成失速。

其实也可以这样理解,机翼迎角超过临界迎角(大多数为16°左右),流经翼面的气流由于逆压梯度与黏性作用发生分离,即发生严重的附面层分离,造成上翼面分离处压力上升,因而致使升力骤然下降,机翼产生失速。

在气动研究中,习惯把 $Re<1.1 \times 10^6$ 归于低雷诺数范围。在低雷诺数时,即使小迎角,机翼上翼面也会产生气流分离,称为气泡分离。研究表明,翼型有三种失速形式:后缘分离、前缘长气泡分离和前缘短气泡分离。

1. 后缘分离(湍流分离)

对于较厚的翼型(如厚度在 12%以上),上翼面前段负压不是特别大,分离从上翼面后缘开始,随着迎角增加,分离点前移,同时升力系数增加,到达一定位置后,升力系数到达最大值,然后开始下降。后缘分离发展缓慢,流线谱变化连续,失速区变化缓慢,升力系数在临界迎角附近变化平缓,失速特性好,如图3.16(a)所示。

这种气流分离一般对应的是厚翼型。

2. 前缘短泡分离(前缘分离)

对于中等厚度的翼型(6%~9%),前缘半径小,上翼面前段负压很大,从而产生很大的逆压梯度。当迎角不大时,就发生附面层分离。因为前缘较尖,吸力峰特别高,峰后逆压梯度过强,层流附面层很快转换为紊流,产生分离气泡重新附着在翼面上。这种气泡很短,只有弦长的 0.5%~1%,随着迎角增加,气泡扩展拉长。拉长一定程度,气泡突然破裂,脱离翼面,升力系数突然下降。这种气泡出现,相当于换了翼型,升力系数斜率变小,随着气泡拉长升力系数斜率更小,如图3.16(b)所示。

这种气流分离一般对应的是前缘半径小的翼型(这种翼型的最大升力系数小)。

3. 前缘长气泡分离(薄翼分离,层流分离)

对于前缘半径很小的薄翼型,当迎角不很大时,在翼型前缘形成分离气泡。视翼型和雷诺数不同,前缘气泡有长泡和短泡之分,长泡只发生在很薄的翼型上,在雷诺数很大时,发生短泡分离的可能性很小。长泡开始时约占弦长的 2%~3%。超过临界迎角后失速时,升力系数随迎角的变化也较平缓,如图3.16(c)所示。这种气流对应的翼型是较薄翼型。

例如,在雷诺数 Re=250 000、马赫数 Ma=0.1,对一种高空固定翼无人机上翼面确实会产生分离气泡,但一般不会形成机翼失速状态。当雷诺数增加到 Re=620 000、马赫数 Ma=0.6时,上翼面甚至会产生激波。当迎角比较小时,虽然马赫数不大,但上翼面会产生激波,激波与边界层相互干扰导致气流局部分离,产生激波分离,甚至激波失速。

固定翼无人机失速意味着机翼上产生的升力突然减少,从而导致飞行高度快速降低。注意失速并不意味着引擎停止了工作或是无人机失去了前进的速度。因此,了解容易产生失速的基本条件和时机非常重要,以便及时进行失速防范与应对。

固定翼无人机低速飞行阶段,机动能力弱,很容易产生由姿态改变而引发迎角的急剧增加。由于速度的减小导致向心力的不足,使得轨迹的改变不能跟随姿态的变化,导致迎角的急剧增加,从而超越失速迎角引发失速。特别是在起降阶段,一方面处于低速飞行状态,容易产生失速；另一方面由于改变了构型和气动外形，使得无人机的操纵性和稳定性降低，驾驶员操控频繁且复杂，容易产生状态的突然变化，即人机耦合震荡，从而引发失速。

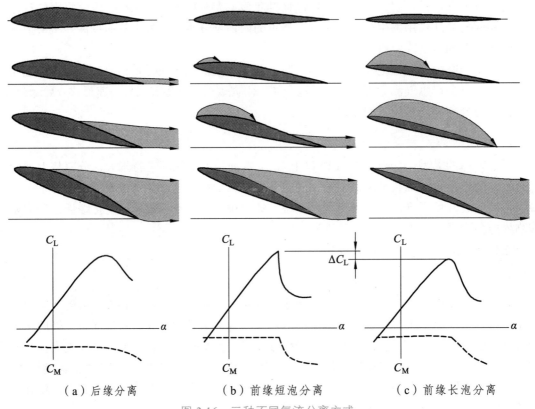

（a）后缘分离　　　　　（b）前缘短泡分离　　　　　（c）前缘长泡分离

图 3.16　三种不同气流分离方式

在危险天气条件下（侧风、强对流、风切变等）的飞行，会使无人机的气动力发生显著的变化，如果在操控上出现重大失误，是引发的失速事故的一个重要原因。

动力不足是导致飞机失速的重要原因，一方面由于动力不足速度难以增加，固定翼无人机的机动能力较弱，容易产生由于操作失误引发的失速；另一方面，弱动力飞行时很容易产生速度的急剧衰减和能量的急剧损耗，无人机容易进入低速飞行状态。

不论在什么飞行状态，只要判明无人机进入了失速，都要及时减小迎角，当迎角减小到小于临界迎角后，增加发动机功率，同时修正飞行姿态防止进入螺旋，待飞机获得速度后，即可转入正常飞行。在失速改出过程中，绝不可以通过无人机俯仰姿态作为失速是否改出的依据。特别是在减小无人机迎角时，此时机头会下俯，但由于无人机飞行轨迹向下弯曲，此刻迎角仍会大于临界迎角，若驾驶员误认为已经改出，过早地把无人机从不大的俯冲姿态中拉起，无人机势必重新增大迎角，而陷入二次失速，以致很难改出甚至改不出。所以掌握从俯冲中改出时机很重要，一方面要防止高度损失很多，速度太大；另一方面要避免改出动作过快，以致陷入二次失速。

20 世纪 70 年代，随着先进飞行控制技术的引入，如何在技术上对失速进行防范和自动改出，成为飞机技术研发的一个重点。迎角监控、迎角限制、反尾旋（螺旋）控制技术的出现，使飞行控制技术进入到"无忧虑"操控的先进水平。然而，飞行控制技术的发展，并不能一劳永逸地解决失速问题，飞行毕竟不是飞行器独立的活动，环境的因素、人的因素依然是影响飞行安全的关键因素。

3.2　固定翼无人机的阻力

阻力是阻碍飞机前进的空气动力，是空气作用于飞机上的空气动力在相对气流方向的分力，是飞机各部分阻力的总和。方向与升力垂直，与相对气流的方向相同。

无人机飞行时产生的阻力主要有（一般情况 Ma<1）摩擦阻力、压差阻力、干扰阻力和诱导阻力。当飞机高速飞行时（Ma>1），由于激波的出现，飞机阻力会急剧增大，这种由于出现激波而产生的阻力，叫作激波阻力（简称波阻）。下面重点了解无人机低速飞行中的飞行阻力。

3.2.1　摩擦阻力

摩擦阻力是在附面层内产生的，由于空气是具有黏性的，所以当它流过机翼时，就会有一层很薄的气流被"黏"在机翼表面上。这是由于流动的空气受到机翼表面给它的向前的阻滞力的结果。根据牛顿第三定律，作用力与反作用力总是大小相等方向相反，同时作用在两个物体上的。因此，受阻滞的空气必然会给机翼一个大小相等的向后作用力，这个向后的力阻滞飞机飞行的力，就是摩擦阻力。

摩擦阻力的大小同附面层的流动情况有很大关系。层流附面层的摩擦阻力小，而紊流附面层的摩擦阻力大。在附面层的底部，紊流附面层横向速度梯度比层流附面层大得多，飞机表面随气流的阻滞作用大，在普通的机翼表面，既有层流附面层，又有紊流附面层。所以为了减少摩擦阻力，人们就千方百计地使物体表面的流动保持层流状态，所谓层流翼型就是这样设计的。

摩擦阻力的大小除了与附面层内空气流动状态有关之外，还取决于飞机表面的粗糙程度和飞机同空气接触的表面积大小等因素。为了减小摩擦阻力，应在这些方面采取必要的措施。在飞机设计和制造过程中，应尽可能把飞机表面做得光滑些。另外，在飞机设计和安装过程中，尽可能缩小飞机暴露在气流中的表面面积，也有助于减小摩擦阻力。

3.2.2　压差阻力

空气流过机翼时，在机翼前后由于压力差形成的阻力叫压差阻力。飞机的机身、尾翼等部件都会产生压差阻力。空气流过机翼后缘的过程中，特别是在较大迎角下，会产生附面层分离而形成涡流区，压强减小。这样，机翼前后便产生压强差，形成压差阻力。飞机其他部分产生的压差阻力原理与此相同。

总的说来，压差阻力与迎风面积、物体的形状和迎角有关系。所谓迎风面积，就是假设用刀把一个物体从当中剖开，正对着风吹来气流的那块面积，如图3.17所示。从经验得知物体的迎风面积越大，压差阻力也就越大。因此，在保证装载所需容积的情况下，为了减小机身的迎风面积，机身横截面的形状应采用

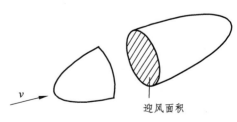

图 3.17　迎风面积示意

圆形或近似圆形，因为相同体积下圆形的面积最小。

物体形状对压差阻力也有很大的影响。把一块圆形的平板垂直地放在气流中，在平板前面气流被阻滞，压力升高；平板后面会产生大量的涡流，造成气流分离而形成低压区，这样它的前后会形成很大的压差阻力。如果在圆形平板前面加上圆锥体，它的迎风面积并没有改变，但形状却变了。这是因为平板前面的高压区被圆锥体填满了，气流可以平滑地流过，压强不会急剧升高。显然这时平板后面有气流分流，低压区仍然存在，但是前后的压强差却大为减少，因而压差阻力降低到原来平板压差阻力的 1/5 左右。如果在平板后面再加上一个细长的圆锥，把充满漩涡的低压区也填满，使得物体后面只出现很少的漩涡，实验证明压差阻力将会进一步降低到原来平板的 1/25～1/20。像这样前端圆钝，后端尖细像水滴或雨点似的物体，叫作流线型物体，简称"流线体"。在迎风面积相同的条件下，将物体做成流线型可以大大减少压差阻力。暴露在空气中的飞机部件都要加以整形成流线体形状。物体形状相对压差阻力的影响如图 3.18 所示。

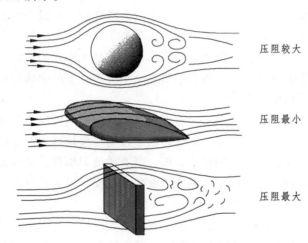

压阻较大

压阻最小

压阻最大

图 3.18　物体形状对压差阻力的影响

除了物体的迎风面积和形状外，迎角也影响到压差阻力的大小。根据实验的结果，涡流区的压力与分离点处气流的压力，其大小相差不多。也就是说，分离点靠近机翼后缘，涡流区的压力比较大，压差阻力减小，分离点靠近机翼前缘，涡流区的压力就越小，压差阻力会增大。可见，分离点在机翼表面的前后位置，可以表明压差阻力的大小，而分离点的位置主要取决于迎角的大小，机翼迎角越大，分离点越靠近机翼前缘，涡流区压强越低，压差阻力越大。

由上面的分析可知，摩擦阻力和压差阻力都是由于空气的黏性引起的，如果空气没有黏性，那么上述两种阻力都不会存在。

3.2.3　干扰阻力

所谓干扰阻力就是飞机各个部分之间由于气流相互干扰而产生的一种额外阻力。飞机的各个部件，如机翼、机身、尾翼等，单独放在气流中所产生的阻力的总和，小于把它们组成一架飞机放在气流中所产生的阻力，多出来的量就是由于气流流过各个部件时，在它们的结合处相互干扰产生的干扰阻力。以机翼的机身为例，研究这种额外阻力是怎样产生的。

机翼与机身的结合部分，如图 3.19 所示。气流流过机翼和机身的连接处，在机翼和机身结合的中部，由于机翼表面和机身表面都向外凸出，流管收缩。而在后部由于机翼表面和机身表面都向内弯曲，流管扩张，在这里面形成了一个截面面积先收缩后扩张的气流通道。根据连续性定理和伯努利方程，气流在流动过程中，压强先变小，后变大，这样就使结合部逆压梯度增大，使附面层分离点前移，翼身结合处后部的涡流区扩大，出现额外增加的压差阻力，即干扰阻力。

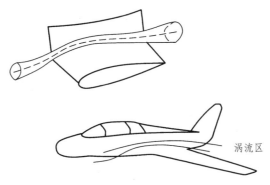

图 3.19 机翼与机身结合部气流的相互干扰

不仅在机翼和机身之间可以产生干扰阻力，在机身和尾翼连接处，机翼和发动机短舱连接处也都可能产生干扰阻力。

从干扰阻力产生的原因来看，它显然和飞机不同部位之间的相对位置有关。因此，为了减少干扰阻力，在飞机设计时应仔细考虑它们的相对位置，使得气流流过它们之间时，压强增大得不多也不快，就可使干扰阻力降低。例如，对于机翼和机身之间的干扰阻力来说，中单翼干扰阻力最小，下单翼最大，上单翼居中。

另外，在不同部位的连接处加装流线型的整流片，使连接处圆滑过渡，尽可能减少涡流的产生，也可有效地降低干扰阻力。

3.2.4 诱导阻力

由以上分析可知，黏性阻力、压差阻力和空气的黏性有关，而诱导阻力和升力的产生有关，是伴随着升力而产生的，如果没有升力，诱导阻力也就不存在。

1. 涡流和下洗

当机翼产生升力时，机翼下表面的压强比上表面的大，由于机翼的翼展是有限的，在上下翼面压力差的作用下，下翼面的高压气流还会绕过翼尖流向上翼面，如图 3.20 所示。同时，气流沿机翼表面向后流动，这样就使下翼面的流线由机翼的翼根向翼尖倾斜，而上翼面的流线则由翼尖向翼根倾斜。当上下翼而气流在机翼后缘流过而混合时，这一上下相反的展向流动将形成旋涡，并在翼尖处形成翼尖涡，这种旋涡不断产生并向后流去形成了翼尖涡流，见图 3.21 所示。左翼尖涡流顺时针旋转，右翼尖涡流逆时针旋转。

飞行中，有时通过飞机翼尖的凝结云也可看到翼尖涡流。因为在翼尖涡流的范围内压力很低，如果空气中所含的水蒸气膨胀冷却而凝结成水珠，便会看到由翼尖向后的两道白雾状的涡流索。

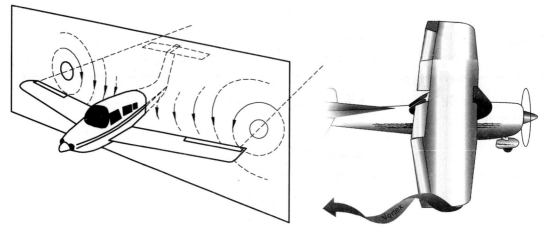

| 图 3.20　翼尖涡的流向 | 图 3.21　翼尖涡流 |

翼尖涡流在机翼附近会产生诱导速度场，在整个机翼展长范围内方向都是向下的，称为下洗速度，用 ω 表示。由翼尖涡流产生的下洗速度，在两翼尖处最大，向中心逐渐减少，在中心处最小。这是因为空气有黏性，翼尖旋涡会带动它周围的空气一起旋转，越靠内圈，旋转越快，越靠外圈，旋转越慢。因此离翼尖越远，气流下洗速度越小。下洗速度的存在，改变了翼型的气流方向，使流过机翼的气流向下倾斜而形成下洗流，流速用 v' 表示。下洗流与来流之间的角叫下洗角，如图 3.22 所示。

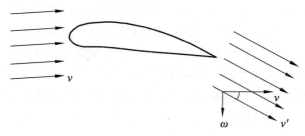

图 3.22　下洗流和下洗角

2. 诱导阻力的产生

当气流流过机翼时，机翼上的升力垂直于相对气流，由于下洗速度的存在，气流流过机翼后向下倾斜了一个角度 ε，即下洗角，升力也应随之向后倾斜，与下洗流速 v' 相垂直。即实际升力 L' 是和下洗流方向垂直的。把实际升力分解成垂直于飞行速度方向和平行于飞行速度方向，垂直于飞行速度方向的分力 L_i，仍起着升力的作用，克服航空器重力；平行于飞行速度方向的分力 D_i，则起着阻碍飞机前进的作用，成为一部分附加阻力，这部分附加阻力称为诱导阻力，如图 3.23 所示。

诱导阻力是出现在三维流中的，而不是二维流。所以，诱导阻力与机翼平面形状、展弦比、升力和飞行速度有关。

机翼的平面形状不同，诱导阻力也不同。在其他因素相同的条件（比如速度和升力）下，椭圆形机翼的诱导阻力最小，矩形机翼的诱导阻力最大，梯形机翼的诱导阻力介于其中。椭圆形机翼虽然诱导阻力最小，但加工制造复杂，常见无人机机翼多为梯形机翼。

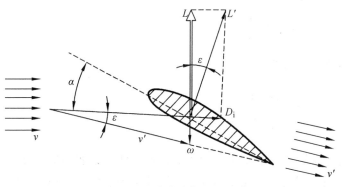

图 3.23　下洗速度与诱导阻力

机翼面积相同,而展弦比不同的机翼在升力相同的情况下,其诱导阻力的大小也不同,展弦比大,则诱导阻力小;展弦比小,则诱导阻力大。如图 3.24 所示,展弦比小的机翼产生的下洗流大,产生的诱导阻力大;而展销比大的机翼产生的下洗流小,进而产生诱导阻力小。

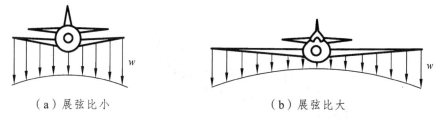

（a）展弦比小　　　　　　　　　　（b）展弦比大

图 3.24　展弦比不同机翼的下洗速度

展弦比大的机翼狭而长,展弦比小的机翼则短而宽,如果机翼短而宽,则在翼尖部分升力比较大,形成的翼尖涡流较强,下洗速度也较大,从而带来较大的诱导阻力;对于狭而长的机翼,由于在翼尖部分升力比较小,翼尖涡流比较弱,所以诱导阻力也较小。

展弦比对气动特性影响的另一个效果是失速迎角的变化。由于翼尖处的有效迎角减小,因此,大展弦比机翼要比小展弦比机翼更容易失速,如图 3.25 所示。这正是尾翼的展弦比倾向较小的原因。为了保证适当的操纵性,把尾翼失速推迟到机翼失速以后很久才出现。相反地,鸭式布局航空器中把鸭翼做成很大展弦比的翼面,可使其在机翼之前失速,避免机翼先失速。

固定翼无人机大迎角飞行时,翼尖涡强度大,产生更大的诱导阻力,差不多占总阻力的 1/3 以上。在小迎角飞行时,机翼产生的升力系数一般与绝对迎角呈线性关系。所以绝对迎角就是零升迎角与迎角数值之和,即绝对迎角等于迎角减去零升迎角,因为零升迎角一般为负值。

理论上诱导迎角的大小正好等于下洗角的一半。当展弦比变小时,升力系数斜率减小,如图 3.25 所示,对于相同升力系数,两者迎角相差 $\Delta\alpha$,进而将翼型的升力系数转变为符合要求的展弦比,则

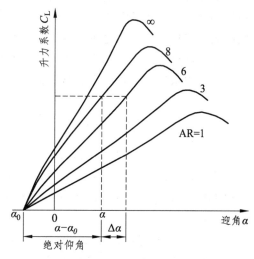

图 3.25　展弦比对升力特性的影响

$$\Delta\alpha(°) = 18.2 \times \frac{C_L}{AR} \tag{3.9}$$

进而，机翼的升力系数为

$$C_L = \frac{C_L^\alpha \cdot (\alpha - \alpha_0)}{1 + 18.2 \times \dfrac{C_L^\alpha}{AR}} \tag{3.10}$$

此外，在翼尖加装翼梢小翼会阻挡翼尖涡流的翻转，削弱涡流强度，减小外翼气流的下洗速度，从而减小诱导阻力。风洞试验和飞行试验结果表明，翼梢小翼能使全机的诱导阻力减小 20% ~ 35%。例如，带有翼梢小翼的祥龙无人机（图 3.26），低速飞行时诱导阻力最大，诱导阻力与速度的平方成反比，在得到相同升力的情况下，固定翼无人机飞行速度越小，所需要的迎角越大，迎角的增加会使上下翼面压力差增大，翼尖涡流随之增大，诱导阻力也就增大了。

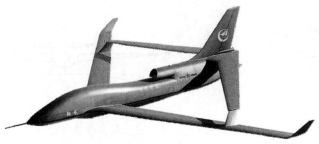

图 3.26　带有翼梢小翼的翔龙无人机

综上所述，为了减小固定翼无人机上的诱导阻力，可以采取增大机翼的展弦比、选择适当的平面形状（如椭圆形机翼），增加翼梢小翼等方法。

3.2.5　总阻力

低速飞机上的 4 种阻力，只有诱导阻力与升力有关，也称为升致阻力，是产生升力必须付出的代价；而摩擦阻力、压差阻力和干扰阻力都与升力的大小无关，通常称为零升阻力或废阻力。飞机的总阻力是诱导阻力和零升阻力之和。

微型固定翼无人机的飞行雷诺数一般较小，选用的层流翼型只要不在翼型临界雷诺数附近，其阻力系数将随着雷诺数减少而增加，即

$$C_{D0} = \frac{k}{Re^{1/3}} \tag{3.11}$$

式中　　k ——翼型阻力修正系数，与翼型本身特点有关。

应用此公式可以修正不同雷诺数时同一翼型的废阻力系数。例如，Selig S1091 翼型在 Re = 60 000 时 $C_{D0} = 0.016\,5$，在 Re = 40 000 时的阻力系数为 $C_{D0} = 0.016\,5 \times (60\,000/40\,000)^{1/3}$ = 0.018 9。

图 3.27 为低速时总阻力随速度变化的曲线，这 4 种阻力对飞行总阻力的影响随着飞行速度和迎角的不同而变化。在低速飞行时，为了得到足够的升力，飞机要以较大的迎角飞行，

这样才能保证机翼上下表面的压力差较大，形成的翼尖涡流的强度较大，则诱导阻力大；反之，飞行速度高时，则诱导阻力小，所以诱导阻力是随着飞行速度的增大而降低的。

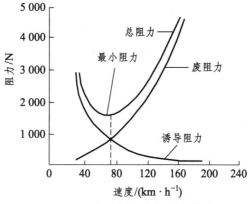

图 3.27　总阻力随速度变化曲线

废阻力是由于空气的黏性而产生的，飞行速度越高，飞机表面对气流的阻滞力越大，废阻力也越大，所以废阻力是随着速度的增大而增大的。在低速（起飞和着陆）时，诱导阻力大于废阻力，诱导阻力占支配位置；在高速（巡航）时，废阻力占主导地位，诱导阻力和废阻力相等时，总阻力最小，此时升阻比最大。废阻力的大小随速度的增大而增大，与速度的平方成正比。诱导阻力的大小随速度的增大而减小，与速度的平方成反比。

3.2.6　阻力特性

可以通过阻力公式对阻力的大小进行计算。

$$D = C_D \cdot \frac{1}{2}\rho v^2 \cdot S \tag{3.12}$$

式中　C_D——阻力系数，综合地表达了机翼迎角、机翼形状和表面质量对阻力大小的影响。

所以，飞机阻力与阻力系数、飞行动压和机翼面积成正比。

阻力特性曲线反映了阻力系数随迎角的变化趋势，横坐标为迎角 α，纵坐标为阻力系数 C_D，如图 3.28 所示。

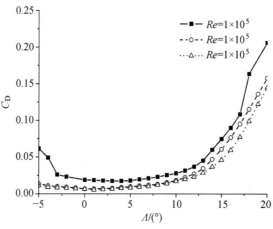

图 3.28　阻力特性曲线

从图 3.28 可以看出，阻力系数随迎角的增加而增大，变化规律如下：

（1）在中小迎角处，飞机的阻力主要表现为摩擦阻力，受迎角的影响较小，所以在中小迎角处，阻力系数随迎角变大而增加较慢。

（2）在迎角较大时，飞机的阻力主要表现为压差阻力和诱导阻力，随着迎角增加，这两种阻力均变大，所以在较大迎角处，阻力系数随迎角变大而增加较快。

（3）在迎角接近或超过临界迎角时，由于机翼上翼面气流分离变得更为严重，导致压差阻力急剧增加，使飞机总阻力增速更快。

只要飞机运动，就一定会产生阻力，所以阻力系数永远不能等于零。但阻力系数有一个最小值，即最小阻力系数，用 C_{Dmin} 表示，就是阻力特性曲线上纵坐标最小的点。飞机零升迎角所对应的阻力系数为零升阻力系数，用 C_{D0} 表示。在数值上，最小阻力系数和零升阻力系数比较接近，所以一般可以认为零升阻力系数 C_{D0} 就是最小阻力系数 C_{Dmin}。

在中小迎角处，阻力公式可以用下式进行表示：

$$C_{\mathrm{D}} = C_{\mathrm{Dmin}} + A C_{\mathrm{L}}^2 \tag{3.13}$$

式中　A ——诱导阻力因子，大小与机翼形状相关。

光洁构型下，常用的阻力系数公式为

$$C_{\mathrm{D}} = C_{\mathrm{D0}} + \frac{C_{\mathrm{L}}^2}{\pi \cdot \mathrm{AR} \cdot e} \tag{3.14}$$

式中　AR ——展弦比；

　　　e ——Oswald 因子，经验公式为

$$e = 4.61(1 - 0.045 \mathrm{AR}^{0.68})(\cos \Lambda_{\mathrm{LE}})^{0.15} - 3.1 \tag{3.15}$$

式中　Λ_{LE} ——前缘后掠角。

如果起落架和襟翼在放下位，则总阻力会增加，此时总阻力系数变为

$$C_{\mathrm{D}} = C_{\mathrm{D0}} + \frac{C_{\mathrm{L}}^2}{\pi \cdot \mathrm{AR} \cdot e} + \Delta C_{\mathrm{D_{gear}}} + \Delta C_{\mathrm{D_{flap}}} \tag{3.16}$$

3.2.7　影响阻力的因素

阻力和升力都是空气动力，影响升力变化的因素也同样影响着阻力的变化。具体如下：

1. 雷诺数

雷诺数对翼型性能有重要影响（图 3.28和图 3.29）。雷诺数越小意味着黏性力影响越显著，越大意味着惯性影响越显著。所以，随着雷诺数增加，飞行阻力系数减小。

2. 空气动压

空气动压与飞行速度和空气密度有关，当

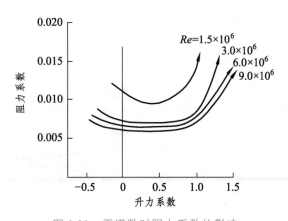

图 3.29　雷诺数对阻力系数的影响

飞行速度或空气密度引起空气动压增大，都会引起阻力增加，这和它们对升力的影响是一样的。

3. 机翼面积

机翼面积大，产生阻力的地方就多，根据阻力公式可知，飞行阻力就越大。

4. 迎角

迎角增加，机翼和飞机其他部分后部的涡流增多，这会导致阻力增加，特别是超过临界迎角以后，机翼后部的涡流显著增多，压差阻力将迅速变大。

5. 其他影响

阻力的大小还与飞机的外形和表面光洁度有关。表面光洁度越好，阻力越小，如果飞机的表面变得不光洁了，空气与飞机的摩擦就会加剧，摩擦阻力也就增大。如果飞机外形改变了，空气不能顺利地流过，产生的涡流就会增多，压差阻力随之加大，如图 3.30 所示。

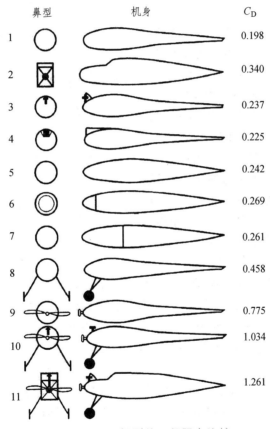

图 3.30　不同机型的飞行阻力比较

3.3　无人机的综合气动性能

3.3.1　升阻比曲线

研究固定翼无人机的综合空气动力性能时，不能单从升力或阻力一个方面来看，必须把两者结合起来。以较小的阻力获得所需要的升力，才能提高无人机的飞行效率，为此引入了升阻比的概念。升阻比是在相同迎角下，升力与阻力之比，即升力系数与阻力系数之比，用 K 表示。

$$K = \frac{L}{D} = \frac{C_{\mathrm{L}} \cdot \frac{1}{2} \rho v^2 \cdot S}{C_{\mathrm{D}} \cdot \frac{1}{2} \rho v^2 \cdot S} = \frac{C_{\mathrm{L}}}{C_{\mathrm{D}}} \tag{3.17}$$

升力系数和阻力系数主要随迎角而变化，所以升阻比的大小也主要随迎角变化，与空气密度、飞行速度、机翼面积的大小无关。在低速飞行时，升阻比 K 是飞行的气动效率参数，升阻比越大，说明相同迎角下的升力系数比阻力系数大的倍数越多，固定翼无人机的空气动力性能越好。

升阻比曲线表达了升阻比随迎角变化的规律，如图 3.31 所示。

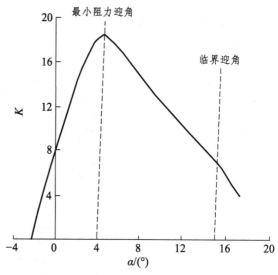

图 3.31　升阻比曲线

从升阻比曲线可以看出，迎角由小逐渐增大，升阻比也逐渐增大，当迎角增至最小阻力迎角时，升阻比增至最大。迎角继续增大，升阻比反而减小。因为，在最小阻力迎角之前，随迎角增大，升力系数成线性增大，而阻力系数增加缓慢，升力系数比阻力系数增大的幅度大，因此升阻比增大。达到最小阻力迎角时，升阻比达到最大值。在最小阻力迎角后，随迎角增大，升力系数比阻力系数增大得少，因此升阻比减小。迎角超过临界迎角后，由于压差阻力的急剧增大，升阻比急剧减低。在最小阻力迎角下飞行是最有利的，因为这时产生相同的升力，阻力最小，空气动力效率最高，飞行的迎角都不大。

从图 3.31 中看出，升阻比曲线存在一个升阻比最大值，即最大升阻比。最大升阻比对应的迎角叫最小阻力迎角（有利迎角）。当 $K = K_{\max}$，零升阻力系数等于诱导阻力系数，即 $C_{\mathrm{D}0} = A \cdot C_{\mathrm{L}}^2 = C_{\mathrm{D}i}$。对应的迎角为最小阻力迎角。此时，总阻力为 2 倍零升阻力系数，即，$C_{\mathrm{D}} = 2C_{\mathrm{D}0}$。

这里给出 NACA 四位数字、五位数字和六位数字翼型的气动性能，分别是常用的 NACA 4412、NACA 23015 和 NACA 64_2-415 三种翼型的气动特性，如图 3.32 所示。其中，NACA 23015 的最大升力系数比其他的大，临界迎角大，且失速区的失速特性不平缓，非常适合应用到通用航空飞机上；而 NACA 64_2-415 的最小阻力系数小，且失速区的失速特性平缓，力矩系数小。可以看出，最大弯度前移可以得到更高的最大升力系数和更低的最小阻力系数。

层流翼型与普通翼型比较，由于层流翼型的阻力特性存在一个阻力凹泡，从升阻力特性曲线可以看出，层流翼型的最大升阻比要比普通翼型的要大，如图 3.33 所示。

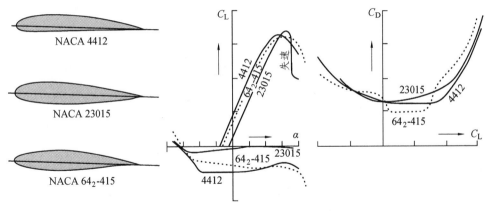

图 3.32　不同翼型的气动特性比较

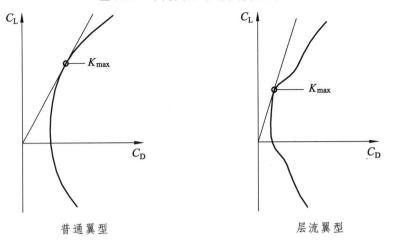

图 3.33　不同翼型的升阻比

大展弦比平直翼低速飞行时，升力系数斜率随着机翼翼展的增加而增加，诱导阻力系数随着机翼翼展增加而减小。展弦比越大，气动效率越高，如图 3.34 所示。因此，在低亚音速飞行时，为了获得较好的升阻比，最好采用大的展弦比机翼。

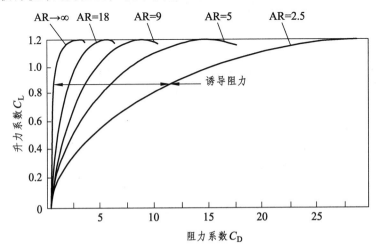

图 3.34　展弦比对升阻比的影响

3.3.2　极曲线

在每一个迎角下，都有一个升力系数和阻力系数。把固定翼无人机的升力系数和阻力系数随迎角变化的关系综合地用一条曲线画出来，这条曲线就是无人机的极曲线。

图 3.35 所示是固定翼无人机的极曲线，横坐标为阻力系数，纵坐标为升力系数，曲线上的每一点代表一个与升力系数、阻力系数对应的迎角。从极曲线图上，可以看出 C_L 和 C_D 的对应值及所对应的迎角 α ，从图中亦可找出零升迎角 α_0，临界迎角 α_{cr}，最大升力系数 C_{Lmax} 和最小阻力系数 C_{Dmin} 等参数。

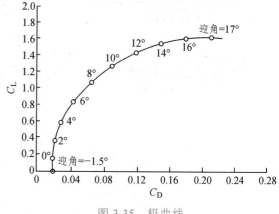

图 3.35　极曲线

从极曲线上可以查出各迎角下的升力系数和阻力系数。由曲线上的某点向两坐标轴作垂线，其纵坐标为该点对应的升力系数，横坐标为所对应的阻力系数值。

在极曲线上，曲线与阻力系数轴交点为零升迎角和零升阻力系数。曲线最高点对应的升力系数为最大升力系数，此点对应迎角为临界迎角。纵坐标的平行线与曲线最左端切点的阻力系数为最小阻力系数。

从极曲线上还可以得到各迎角下的升阻比，以及最大升阻比和有利迎角。各迎角下的升阻比，可以由极曲线上查出的升力系数和阻力系数计算出来，也可以从极曲线上量取性质角计算出来。所谓性质角就是总空气动力与升力之间的夹角。性质角的大小，表明总空气动力向后倾斜的程度。升阻比等于性质角的余切值。性质角越小，说明总空气动力向后倾斜得越少，升力越大，阻力越小，因此升阻比大。可见，性质角的大小，表明了升阻比的大小。性质角越小，升阻比越大，反之，则升阻比越小。

例如，螺旋桨无人机，在同样的飞行速度下，由于螺旋桨无人机的机翼受螺旋桨滑流的影响较大，使受影响的机翼部分实际相对气流速度增大，因而无人机的升力和阻力都要增大。但因受影响的机翼部分一般都位于机翼中段，尽管升力因上下压力差的增大而增大，而由翼尖涡流引起的诱导阻力却增加不多，所以阻力增加较少，其结果是性质角减小，升阻比增大。极曲线向右上方移动，最大升阻比提高，最小阻力迎角变小。

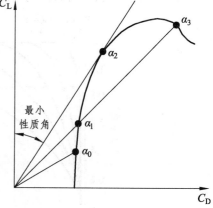

图 3.36　性质角随迎角的变化

由坐标原点作极曲线的切线，则切点处对应的升阻比即为机翼的最大升阻比。在最大升阻比状态下，机翼的气动效率最高。因为，从零升迎角 α_0 开始，随迎角增大，性质角逐渐减小，升阻比逐渐增大，当从坐标原点向曲线引的射线与曲线相切时，性质角最小，升阻比最大，对应的迎角为最小阻力迎角，当迎角大于最小阻力迎角时，随迎角增大，性质角减小，升阻比降低，如图 3.36 所示。

3.3.3 翼型的选择

中小型固定翼无人机雷诺数较大，与有人固定翼飞机在气动力上差别不大，翼型的选择可以参照有人机进行，但也要考虑固定翼无人机特点，如用途、大小、重量、飞行速度、升限、最大航时和航程，以及任务负载、雷诺数等，了解翼型特性与固定翼无人机性能的关系，以便选择出合适的翼型。

1. 翼型选择的总体考虑

（1）双凸翼型比对称翼型的升阻比大；平凸翼型比双凸翼型的升阻比大；而凹凸翼型的下弧线内凹，虽可以获得较大升力，但阻力增加造成升阻比没有那么大。S 形翼型的中弧线是一条横放的字母 S，其力矩特性是稳定的。对于低速或亚音速翼型而言，常常选择小弯度层流翼型以减少阻力，主要是摩擦阻力。

（2）适当增加翼型弯度是提高最大升力系数的有效手段，一般为 2% ~ 6%，4% 最为常见。适当前移最大弯度位置，可以提高最大升力系数，失速类型为前缘失速。相反，如果适当后移最大厚度位置，可以获得比较平缓的失速特性。

（3）适当增加翼型的厚度可以提高升力系数斜率，使最大升力系数增加。研究发现，翼型每减小 1% 的相对厚度，可以增加 0.015 的临界马赫数。对于常规的 NACA 翼型，相对厚度一般在 12% ~ 15% 可以达到最大升力系数。低速翼型相对厚度可以在 12% ~ 15% 选择；亚音速翼型则在 10% ~ 15% 选择；超音速翼型则只能在 4% ~ 8% 选择薄翼型。

（4）适当增加翼型前缘半径可以提高升力系数斜率。前缘半径越小，气流越容易分离，最大升力系数小，波阻也小。亚音速翼型前缘较钝；而超音速翼型前缘是尖的。

（5）考虑到无人机气动性能，为了有利于起降和机动性能，会选择大的 C_{Lmax} 和升力系数斜率；临界迎角限制了无人机的擦尾角和大迎角飞行性能；翼型零升迎角标志气动扭转量的大小；零升力矩越大，需要较大配平力矩，会导致大配平阻力；最小阻力系数与最大飞行速度有关；最大升阻比决定低速性能，而升阻比与飞行马赫数乘积的最大值决定高速性能，越大代表巡航效率高。

2. 微型固定翼无人机的翼型选择

微型固定翼无人机的飞行雷诺数都很小，一般选用层流翼型，只要不在翼型临界雷诺数附近，其阻力系数将随着雷诺数减少而增加。

微型固定翼无人机的翼型只能选择很低雷诺数的翼型。理论上，此类无人机适合使用弯曲平板翼型，但从结构设计和实用性衡量很难使用，故而采用高升力系数翼型，由于翼型厚，实用性要好些。

另外，人力飞机（雷诺数约为 700 000），如飞越英伦海峡的"秃鹰"号所用 Lissaman 7769 翼型，也适用于微型固定翼无人机。

3. 高空长航时固定翼无人机的翼型选择

一般而言，高空长航时固定翼无人机（HALE UAV）采用高升力翼型，原因在于巡航高度的空气密度小，空气稀薄，并且无人机留空时间长，就要求机翼升阻比要大，机翼展弦比也要大。所以，高空长航时固定翼无人机的重要特征是采用高升力翼型。

图 3.37 给出美国"全球鹰"RQ 无人机与波音 737 客机的翼展比较，其中 RQ-1 翼展为 48.4 ft，RQ-4 翼展为 116 ft，超过波音 737 客机翼展的 95 ft，多出 21 ft。

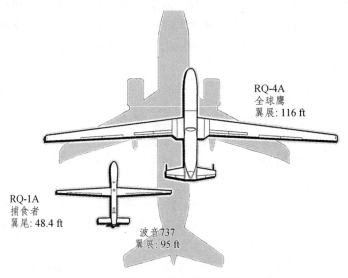

图 3.37　固定无人机与客机翼展的比较

4. 从整机性能角度考虑翼型选择

根据空气动力学理论，最好的方法就是通过翼型或整机极曲线进行气动性能分析。对于螺旋桨飞机而言，螺旋桨飞机的航程与升阻比 C_L/C_D 成正比，升阻比越大，航程越长，最大升阻比 $K_{\max}$ 对应的航程最长；而螺旋桨飞机的航时与 $C_L^{3/2}/C_D$ 成正比。对于喷气式飞机而言，航程与 $C_L^{1/2}/C_D$ 成正比；航时与升阻比 C_L/C_D 成正比。

对于中高空固定翼无人机而言，高空长航时无人机（HALE UAV）考虑最大航程时，则要求翼型的（$C_L^{1.5}/C_D$）值最大，而不是升阻比最大，飞行速度为远航速度。中高空长航时无人机（MALE UAV）要求最大航时，则要求翼型的（$C_L^{3/2}/C_D$）值最大，也不是升阻比最大。飞行速度要比远航速度略小，称为久航速度。

决定无人机飞行性能的是整机的升阻比，而翼型阻力只占整机阻力的 1/3 左右。有些翼型升力系数不大，虽然阻力系数也不大，但考虑整机阻力系数后，总的升阻比便会大为降低；而升力系数和阻力系数都较大的翼型，反而影响较小。

一般来说，翼型的阻力系数愈小愈好，也就是说极曲线越向纵轴靠近越好。选择翼型时可以先把升阻比大的选出来。图 3.38 给出几种翼型的极曲线，可以看出，L1003M 翼型的阻力系数较小。不过还不能认为应选用这种翼型，对于长航时固定翼无人机来说，阻力小还不够，因为主要要求对应飞行时的升阻比要越大越好。在

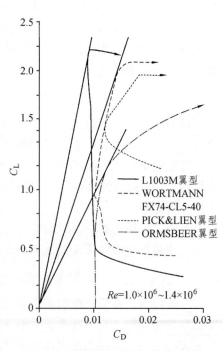

图 3.38　几种翼型的极曲线比较

极曲线图上，通过原点画与极曲线相切的切线决定最大升阻比及对应的升力系数，切线越陡越好，与横轴所构成的夹角越大，表示升阻比越大。例如，图中的 L1003M 翼型的最大升阻比其他的都大，故对要求长航时的无人喷气飞机来说，选择这种翼型比较好。

当两种翼型的最大升阻比相当，则选用对应最大升阻比的升力系数较大的翼型。从图 3.38 中可以看出 L1003M 翼型对应升力最大，所以它是这些翼型中最好的翼型。

此外，极曲线当中部分愈垂直愈好（图中的 L1003M 和 WORTMANN 翼型比其他两种好）。这样的极曲线表示机翼在很大迎角范围内阻力系数增加很小，固定翼无人机选用这样的翼型将会容易调整。图中的 PICK&LIEN 翼型则很难控制到正好在合适的迎角下飞行，升力系数有一点小小的变化便会引起升阻比较大的改变。这就是通常所说的"过分灵敏"。

如果翼型的气动参数是采用表格形式给出，见表 3.2，可以确定最大升阻比、最大升力系数、最大失速迎角等关键气动参数对应的翼型，然后根据任务需求确定最佳翼型。

表 3.2 几种备选翼型的气动参数列表

翼型	最大升阻比时					C_{Imax}	C_{Imin}	失速迎角/(°)	厚度相对 $t/\%$
	C_L/C_D	C_l	C_d	C_m	at $\alpha\approx$				
LA2573A	102	1.247	0.012 2	0.011 7	10	1.33	− 0.6	12	13.7
EPPLER 339	100	1.35	0.013 5	− 0.045	9	1.50	− 0.3	13	13.5
EPPLER 231	95	0.845	0.009	− 0.052	5	1.2	− 0.35	13	12.33
MH 83	95	1.35	0.014 2	− 0.064	8	1.9	0.4	15	13.29
EPPLER 344	94	1.41	0.015	− 0.032	1 0	1.55	− 0.29	14	14.7
EH 3.0/l2	93.9	1.15	0.012 3	− 0.005	9	1.25	− 0.6	12	12
FAUVEL 14	89.3	1.15	0.012 8	0.012	9	1.3	− 0.74	11	14
EPPLER 342	89.3	1.39	0.015 6	0.013	1 1	1.484	− 0.35	13	14.3
EH 2.0/12	89.2	1.01	0.011 2	− 0.011	8	1.2	− 0.8	12	12
S5010	85.85	0.79	0.009 2	− 0.002 2	6	1.316	− 0.5	12	9.8
MH 81	85.2	1.4	0.016 4	− 0.001	11	1.65	− 0.5	15	13
MH 61	84.5	0.65	0.007 5	− 0.006	5	1.03	− 0.62	11	10.28
HS 520	84.37	0.78	0.009 3	− 0.002 2	6	1.283	− 0.584	13	9.8
MH91	78.9	1.07	0.013 6	0.012	9	1.38	− 0.87	16	14.98
MH95	63.8	0.826	0.013	− 0.007	7	1.34	− 0.7	17	15.86

从表中可以看出，在这些翼型中 EPPLER 339 和 LA2573A 两种翼型的升阻比最大，且相对厚度适中，再考虑到 K_{max} 对应的有利迎角最接近失速迎角，则翼型 LA2573A 是最佳选择。但是，LA2573A 翼型的俯仰力矩系数为正值，在采用此翼型进行机翼设计时要考虑进行特殊处理，如以及采用后掠或扭转方式。翼型 EPPLER 339 的俯仰力矩系数小于翼型 LA2573A，符合机翼设计选取翼型的要求。

中高空长航时固定翼无人机都是亚音速航空器，由于高空飞行时空气稀薄，雷诺数降低，机翼要产生足够升力，则升力系数要大，考虑选用层流翼型来满足这个要求。例如，美国"全球鹰"固定翼无人机活动高度在19 000 m左右，为了能飞很长时间，长达34 h，则要减少诱导阻力，机翼展弦比大，即翼弦较短，如果飞行马赫数达到0.63，则雷诺数为1 543 000，如不用新的层流翼型很难满足飞机性能要求。

3.3.4 地面效应

地面效应是指固定翼无人机贴近地面或水面进行低空飞行时，由于地面或水面对无人机表面气流的干扰，使无人机阻力减小，同时能获得比空中飞行更高升阻比的一种空气动力特性。

无人机在地面效应区中产生的空气动力和力矩的变化包括升力增加、阻力减小和出现额外的下附力矩。

固定翼无人机贴近地面飞行时，由于受到地面阻滞，机翼下表面的气流流速减慢，压力升高，机翼上下压力差增大，升力会陡然增加，形成所谓的气垫现象；由于地面作用，机翼的下洗作用受到阻挡，使流过机翼的气流下洗减弱，下洗角和诱导阻力减小，使无人机阻力减小。同时，由于地面效应使下洗角减小，水平尾翼的有效迎角增大，平尾上产生向上的附加升力，对无人机重心产生附加的下俯力矩。

地面效应对无人机的影响与无人机距地面的高度有关。当机翼距地面的高度等于1个翼展时，诱导阻力仅降低1.4%；当机翼距地面高度等于1/10个翼展时，诱导阻力大约降低48%。因此，通常无人机距地面高度小于1个翼展时，地面效应才起作用，这种影响随离地面高度的增加而迅速减小。

无人机在起飞和着陆阶段是贴近地面飞行的，在此阶段，地面效应对无人机有一定的影响。由于在地面效应中，诱导阻力减小，升力系数增大。因此，机翼只要较小的迎角就能产生相同的升力系数，或者维持迎角不变，升力系数会增大，同时诱导阻力的降低，也导致了所需推力的降低，如图3.39所示。

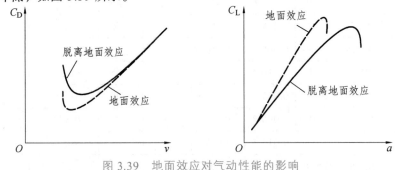

图 3.39 地面效应对气动性能的影响

固定翼无人机起飞后脱离地面效应影响开始爬升时，由于机翼周围气流恢复正常且诱导阻力急剧增大，升力系数降低，维持飞行所需的拉力和速度也大大增加。如果无人机低于正常起飞速度起飞时，由于地面效应的影响，无人机可以飞起来，但是一旦离开地面效应区，诱导阻力增大，所需推力也增大，无人机速度可能会低于正常爬升速度，这样无人机就会重新回到跑道上。所以无人机不能低于正常爬升速度起飞，不然飞机可能栽到跑道上。

在着陆阶段，也必须重视地面效应的影响。在降落时，尤其是接地前，固定翼无人机的升力系数会增大，诱导阻力会减小，无人机好像浮在一个气垫上，产生"漂浮"现象。因此，在无人机接近地面的最后进近阶段，需要减小油门，防止发生"漂浮"。

3.3.5 增升装置

固定翼无人机在飞行过程中、升力的大小主要随飞行速度和迎角的变化而变化。无人机高速飞行或巡航飞行时，即便迎角很小，由于速度很大，机翼仍能产生足够的升力，以克服重力而维持飞行。无人机低速飞行时，特别是在飞机起飞和着陆时，由于飞行速度较小只能通过增大迎角来增大升力。但是机翼迎角的增加是有一定限度的，因为当迎角增大到临界迎角时，再增大迎角，就会发生失速现象，升力反而会降低。如果不采取其他措施，就只能增大起飞和着陆速度，这样就会造成起飞和着陆滑跑距离增大，危及飞行安全。

因此，为了保证飞机起飞和着陆时仍然能产生足够的升力，有必要在机翼上安装增加升力的装置，称之为增升装置。增升装置主要有前缘缝翼、后缘襟翼、开缝襟翼等。

1. 前缘缝翼

前缘缝翼位于机翼前缘的一个小翼面，能在大迎角下自动张开，而在小迎角下自动关闭。前缘缝翼打开时与机翼表面形成一条缝隙，下翼面的高压气流流过缝隙，得到加速流向上翼面，增大上翼面附面层中气流速度，延缓气流分离的产生，使临界迎角增大，最大升力系数提高，而阻力系数增大得并不多，如图 3.40 所示。

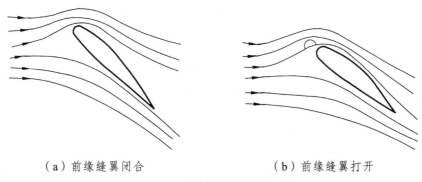

（a）前缘缝翼闭合　　　　（b）前缘缝翼打开

图 3.40　前缘缝翼的增升原理

前缘缝翼在大迎角下，特别是在迎角接近临界迎角或超过临界迎角时才使用，因为在这时才会发生气流分离。迎角较小时，上翼面气流分离很弱，此时打开前缘缝翼，空气会从压力较大的下翼面通过前缘缝隙流向上翼面，减小上下表面的压力差，升力系数反而会降低，如图 3.41 所示。

从构造上看，前缘缝翼有固定式和自动式两种。

固定式前缘缝翼，其缝隙是固定的，不能随迎角的改变而开闭。它的优点是构造简单，但在大速度时，阻力增加较多，所以目前应用不多，只在个别的低速飞机上使用。

自动式前缘缝翼，有专门机构与机翼相连。依

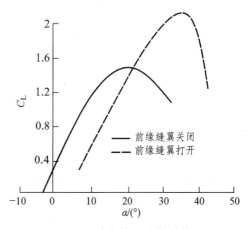

图 3.41　前缘缝翼的增升作用

靠空气的压力或吸力来使缝翼闭合和张开。飞机在小迎角下飞行时，机翼前缘承受空气压力，前缘缝翼被紧压于机翼前缘而处于闭合状态。飞机在大迎角下飞行时，机翼前缘承受很大吸力，将前缘缝翼吸开。这种前缘缝翼能充分发挥大迎角下提高升力的作用，而又不至在小迎角（大速度）下增加很大阻力，故常被某些飞机采用。

目前，只在靠近机翼翼尖，副翼之前设有缝翼，叫翼尖前缘缝翼。前缘缝翼的作用相当于附面层控制，一是延缓机翼上的气流分离，提高临界迎角；二是增大升力系数。所以，前缘缝翼能大大改善固定翼无人机的失速特性。

2. 后缘襟翼

后缘襟翼位于机翼后缘。放下襟翼可以提高升力系数，同时也可以提高阻力系数。通常用于起飞和着陆，以缩短滑跑距离。起飞放下的角度较小，着陆时放下的角度较大。后缘襟翼常见的有简单襟翼、分裂襟翼、开缝襟翼、后退襟翼等多种形式。

（1）简单襟翼。

简单襟翼是装在机翼后缘可绕转轴转动的
小翼面，如图 3.42 所示。

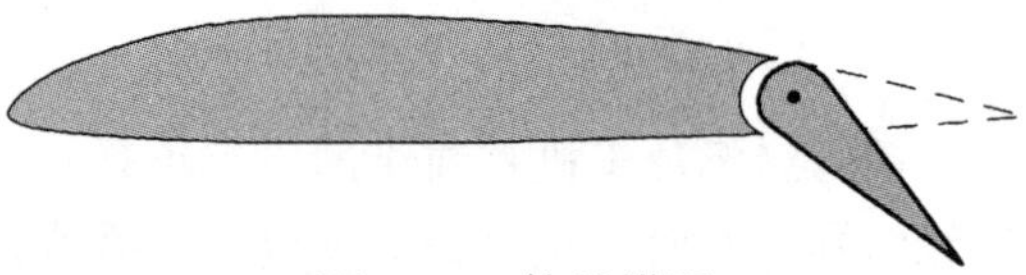

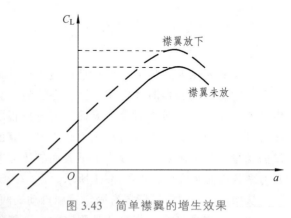

图 3.42　简单襟翼

放下简单襟翼相当于改变了机翼的剖面形状，增大了翼型弯度。这样，空气流过机翼上表面时，流速加快，压力降低；而流过机翼下表面时，流速减慢，压力提高。因而机翼上下压力差增大，升力系数提高。放下襟翼后，由于机翼后缘涡流区扩大，机翼前后压力差增大，所以阻力系数也同时增大。襟翼放下的角度越大，升力系数和阻力系数增大得越多，但在一般情况下阻力增大的百分比要比升力增大的百分比更大些，所以升阻比是降低的，对缩短着陆滑跑距离有利。在大迎角下放下襟翼时，气流分离提前，涡流区扩大，临界迎角减小。

简单襟翼的增升效果如图 3.43 所示。由于这种襟翼的增升效果不是很好，故一般多用于低速飞机，高速飞机很少单独使用。

（2）分裂襟翼。

分裂襟翼是从机翼后缘下表面分裂出来的一部分翼面。这种襟翼放下后，一方面在襟翼和机翼下表面后部之间形成涡流，机翼后缘附近压强降低，对机翼上表面气流有吸引作用，使机翼上表面气流速度加快，延迟气流分离，提高升力系数。另一方面，放下襟翼，机翼剖面变得更弯曲，则上下表面压力差增大，升力增大。增升效果比简单襟翼好，如图 3.44 所示。但是，也由于在机翼后产生了紊乱的气流模式，所以产生的阻

图 3.43　简单襟翼的增生效果

力更大，当完全伸出时，简单襟翼和分裂襟翼都产生很大的阻力，而升力却增加不多。

（3）开缝襟翼。

开缝襟翼是由简单襟翼改进而来的，如图 3.45 所示。放下开缝襟翼，在向下偏转而增大翼型相对弯度的同时，襟翼前缘与机翼后缘之间形成缝隙，空气从下表面通过缝隙流向上表

面，增大上表面附面层气流速度，延迟气流分离，提高升力系数；另一方面，放下开缝襟翼，使机翼更加弯曲，也有提高升力的作用。所以开缝襟翼的增升效果比较好，最大升力系数一般可增大 85%～95%，而临界迎角降低不多，因此增升效果较好。它是中小型飞机主要采用的类型。

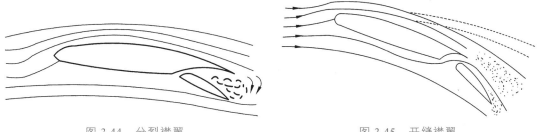

图 3.44　分裂襟翼　　　　　　　　　　图 3.45　开缝襟翼

开缝襟翼有不同的类型，大飞机通常有双开缝襟翼、三开缝襟翼。开缝襟翼利用气流通过缝隙来延缓气流的分离，有一定的限度。当偏转角增大到某一程度时，气流仍会发生分离，而且襟翼还可能发生振动。这时如果采用双缝襟翼可以消除这些缺点。用双开缝襟翼，将有更多高速气流从下翼面通过两道缝隙流向上翼面后缘，吹除涡流，促使气流仍能贴着弯曲的翼面流动。这样，即使襟翼偏转到相当大的角度，也不至于发生气流分离，因而能提高增升效果。双开缝后缘襟翼与单开缝后缘襟翼结构相似，只是有两个缝。在襟翼之前还有一小块翼面，因此放下时与机翼后缘构成两个缝。若采用三缝和多缝襟翼，增升效果会更好，但构造复杂，故目前双开缝襟翼较为普遍。

（4）后退襟翼。

放下后退襟翼，襟翼不仅向下偏转以增大机翼剖面的相对弯度，同时还向后滑动，增大机翼面积，如图 3.46 所示。这种襟翼增升效果较好，且临界迎角降低较少，其最大升力系数可增大到原来的 85%～95%。

（5）后退开缝襟翼。

后退开缝式襟翼又称为"富勒"襟翼。位于机翼后缘的下表面，打开时向后滑动一段距离，同时又向下偏转，并与机翼后缘形成一条缝隙，如图 3.47 所示。

图 3.46　后退襟翼

图 3.47　后退开缝襟翼

后退开缝襟翼兼有后退襟翼和开缝襟翼的优点，不仅增大翼型弯度，还增大机翼面积，同时防止气流分离，增升效果很好。最大升力系数可增大到原来的 110%～140%。现在大型、高速飞机大都采用这种襟翼。

在前面介绍到的几个类型的襟翼当中，富勒襟翼增加升力的效果最为明显，开缝襟翼和分裂襟翼次之，简单襟翼增升效果相对最弱，如图 3.48 所示。

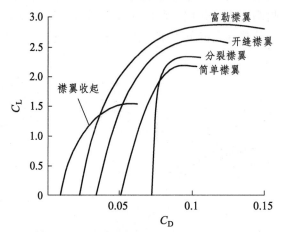

图 3.48　不同类型的后缘襟翼的极曲线对比

总的来看，增升装置的结构有很多种，就其增升原理来看，主要是通过以下三个方面对升力实现提升：

（1）增加翼型的弯度，提高上下翼面的压力差，从而增加升力系数。

（2）延缓上翼面气流分离，增加临界迎角和最大升力系数。

（3）增加机翼面积，从而使升力系数提高。

航空思政讲坛

神奇的中国风洞

1980 年 5 月 18 日，我国向南太平洋海域成功发射了一枚远程运载火箭，在西方引起一片震惊。某些军事和航空航天专家们惊诧之余迅速做出判断：中国"已经建成高水平的飞行器空气动力试验机构"。

这的确是一个准确的判断，也是一个令西方某些大国意想不到又不得不接受的事实。此后，随着中国研制的火箭、新型飞机不断升空和出现，那个被国外军事观察家称为"高水平的飞行器空气动力试验机构"也渐渐浮出水面。它就是为卫星火箭等飞行器提供模拟试验的中国风洞群。

昨天的秘密今天的奇迹。

古老的中国西部蜀道留下几多古代豪杰鞠躬尽瘁难成伟业的悲叹。20 世纪 60 年代，一群来自北京、沈阳、哈尔滨的知识精英循着当年诸葛孔明征战的蜀道，来到"天府之国"一个鲜为人知的地方。经几十年艰苦奋斗，大山中崛起了一座座寄托中国人强国希望的神奇宫殿——亚洲最大的风洞群。

风洞试验简单讲，就是依据运动的相对性原理，将模型或实物固定在地面人工环境里，使气流流过来模拟空中各种复杂飞行状态，获取宝贵参数。因此风洞试验是飞机、火箭等研制定型和生产的"绿色通道"。

对于新中国国防科技领域这一惊人成果，当年曾出现一个戏剧性的"国际误会"——当国际上确认中国已拥有标志着一个国家具备相当航空航天器研制能力的风洞后，美国空气动力学专家一口咬定是苏联帮着干的。直到若干年后，这个风洞正式挂牌对外开放之后，他们才真正发现并确认，在中国西部不但出现了一个自力更生的奇迹，还早已形成了一支庞大的中国自己的空气动力专家队伍。

日前，循着当年创造者的足迹，笔者来到川西北一座大山深处，找到这些引导中国科技进步的"隐形巨人"。风洞专家告诉我们，这里是目前中国也是亚洲最大的风洞群，拥有低速、高速、超高速风洞和激波、电弧等各种风洞，具备各类飞机、卫星、运载火箭及飞船等航空航天器空气动力研究试验能力。

风洞主要分为高速风洞群、低速风洞群与超高速风洞群，分别应用于不同的研究试验范围。风洞周围群山环抱，植被茂密。当年出于形势的需要，风洞主要安置在巨大的人工山洞里。山洞绵延数公里，都是人工开凿的，其难度可想而知。现在我们仍能在裸露的洞壁上看到大拇指粗的稳固性钢筋条。据说人工山洞坚固性能抗 8 级以上地震。洞口掩映在绿树丛中，毫不起眼。只有试验时那一阵阵巨大的轰鸣声告诉前来参观的人们，这里是航天航空"巨人"出生的"摇篮"。不过，如今新修建的风洞已不需要山洞掩蔽，而是昂然矗立地面。

航空航天圣殿应有自己的"监察官"，发展尖端科技需有自己的"度量衡"。在这座刚挂牌的青少年国防教育基地里，让人自然产生一种强烈的民族自豪感 —— 我们自行研制的先进的"飞天利器"均在这里经过风洞测试。共和国创造的许多"科技奇迹"使世界诸强不敢小觑。

空气动力学是航空航天工业的基础学科，风洞试验作为它的主要研究手段，水平高低和一个国家的尖端科技包括国防军事的强弱有着紧密联系。

世界发达国家非常重视发展空气动力试验研究机构。德国早在 1907 年就成立了哥廷根空气动力试验院，并在 1955—1975 年的 20 年间，不惜巨资修建了 71 座低速、高速、超高速和特种风洞，在世界上率先研制出喷气式飞机、弹道导弹；美国于 1915 年就成立了国家空气动力研究机构，20 世纪 80 年代推出的"星球大战"计划，技术上也是以世界上最先进和庞大的风洞群为保障的，并牢牢占据了世界航空航天领域的"霸主"地位。

新中国成立后，我们从零开始发展航空航天事业。当发达国家有了强大的空军和不断升天的飞机、导弹、卫星时，中国还在为买来的飞机苦苦思索：它到底能飞多高？作战半径有多大？爬行极限是多少？买来的飞机性能只有靠试飞员冒着生命危险去摸索；设计的运载火箭只能作实际试验；自己研制的飞机只能花大把外汇，拿到别人的风洞里去做试验，一个数据、一个试验都要花很多外汇，还要看别人的脸色行事。往往试验人家给做，但风洞不能进，数据出来，对不对，能不能用，自己看着办。可以说，没有自己的风洞，已成为当年制约我国航空航天业以及其他国防工业发展的瓶颈。

这里能圆"飞天梦"这里通往强国路。

在人类实现航空航天飞行的道路上，"音障"曾是一座险峻的高峰，飞行器很难达到超音速，而且容易造成机毁人亡。要战胜它，必须事先借助风洞的准确试验，找出应对办法。

我国于 20 世纪 60 年代中期开始建造 1.2 米跨超声速风洞。因众所周知的原因，我们现在看见的这座风洞竟是建在 200 多米深的花岗石山洞中，这在世界风洞建设史上都是罕见的。1.2 米风洞在建成后的 14 年时间里，共完成 500 余项课题和型号研究试验，吹风 10 万余次，为我国国防工业的迅速崛起立下汗马功劳，被誉为"功勋风洞"。

毫无疑问，风洞越大，模型越大，试验误差就越小。另外，随着飞行器速度、机动性、越来越多的外挂物等功能的增加，小型风洞已无法满足试验，只有求助于大型和特种风洞。我国于 1994 年开始建造亚洲最大的 2.4 米跨声速风洞，1998 年底正式投入型号试验。它的建成使我国高速风洞综合试验能力跻身世界先进行列。

风洞不仅适用于国防军事工业，还更多地应用于民用。随着国家经济建设的发展，低速风洞在民用航空、风能利用、建筑、环保等方面也起着巨大的作用。雄踞于此的 8 米×6 米风洞无疑是亚洲低速风洞中的"大哥大"。该风洞自 1977 年建成以来，先后进行了多枚通信卫星、上海东方明珠电视塔、杨浦大桥等近千项地面风载试验。一大批国家重点建设项目相继在风洞里获得合格与专利证书。

风洞陈列室里，"长征"火箭、"东风"导弹、各种新型飞机、"神舟"号飞船……一个个令国人骄傲的神秘模型诉说着一个个激动人心的风洞故事。

4 固定翼无人机飞行原理与性能

固定翼无人机能飞多快、飞多远，以及爬升和滑翔能力，是衡量无人机性能好坏的重要指标。本章主要从平飞、爬升、下降和转弯等基本飞行状态理解和掌握固定翼无人机的飞行性能，以及每个飞行状态下的飞行原理。固定翼无人机飞行性能也是衡量一架无人机的重要指标，主要从速度性能、高度性能、起降性能等角度进行考虑。其中，速度性能包括平飞最大速度、平飞最小速度、巡航速度等；高度性能包括：最大爬升角、最大上升率、升限等；起降性能包括最大爬升角、最大爬升率、最小下降角、最大下降距离等。

固定翼无人机的飞行性能主要由动力装置特性和无人机的空气动力特性所决定的。前面提到固定翼无人机的动力装置主要采用电动和油动两类。电动机是将电能转换为机械功的动力装置，工作原理是转子作为带电导体处在定子产生的磁场中，转子因此受到电磁力的作用而旋转。航空发动机是将燃油燃烧的热能转换为机械功的动力装置，属于热机范畴。航空发动机包括活塞式发动机和喷气式发动机两类。

评定航空发动机的主要指标有推力、耗油率和推重比。推力是衡量发动机效率的主要指标。一般希望发动机的推力大、推重比高而耗油率低。推力和耗油率随飞行速度、高度和发动机工作状态（即油门位置）的变化规律，统称为发动机特性，又可分为转速特性、高度特性和速度特性。耗油率是衡量发动机经济性的重要指标。推重比是发动机推力与自身重力之比，是评定发动机性能的又一个重要指标。

4.1 平 飞

平飞是指固定翼无人机做等高、等速不带倾斜和侧滑的直线飞行。这是一种稳态或类稳态飞行力学问题。平飞是固定翼无人机的一种最基本的飞行状态，如无人机巡航过程就属于平飞状态。

4.1.1 保持平飞的条件

固定翼无人机在平飞时，作用于飞机的外力有升力 L、重力 W、拉力 P[①]和阻力 D，如图4.1 所示。平飞时，飞机没有转动，各力对重心的力矩相互平衡，且上述各力均通过飞机重心。

---

① 对发动机产生作用力的称谓有不同的说法，这里进行统一，如果发动机安装在飞机重心的前侧，产生的作用力称为拉力（Power）；如果发动机安装在飞机重心的后侧，则称之为推力（Thrust）。

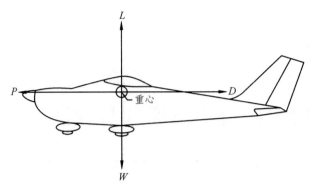

图 4.1　飞机平飞时的作用力

如图 4.1 所示，飞机为了保持平飞，升力等于重力，拉力（或推力）等于飞机阻力。飞机的阻力确定了维持稳定的水平飞行需要的拉力。平飞运动方程为

$$\begin{cases} W = L = C_{\mathrm{L}} \cdot \dfrac{1}{2}\rho v_{平飞}^2 \cdot S \\ P = D = C_{\mathrm{D}} \cdot \dfrac{1}{2}\rho v_{平飞}^2 \cdot S \end{cases} \qquad (4.1)$$

当升力等于重力时，飞机的飞行高度不变；当拉力等于阻力时，飞机的飞行速度不变。只有当两者都满足，飞机才能实现平飞。当飞机的升力大于重力，飞行轨迹会向上弯曲，在重力的作用下，飞机的飞行速度会减小；当飞机的拉力大于飞机的阻力，飞行速度会增大，升力也会增大，飞行轨迹会向上弯曲，在重力的作用下，飞机的飞行速度也会减小。当拉力大于阻力，多余的拉力会使飞机加速；当拉力小于阻力，多余的阻力会使飞机减速。

4.1.2　平飞所需速度

为保持固定翼无人机平飞，需要有足够的升力来平衡飞机的重量，为了产生这一升力所需要的飞行速度，即平飞所需速度，以 $v_{平飞}$ 表示。由平飞条件式（4.1），可以得到平飞所需速度计算公式：

$$v_{平飞} = \sqrt{\frac{2W}{C_{\mathrm{L}} \cdot \rho \cdot S}} \qquad (4.2)$$

从上式可以看出，影响平飞所需速度的因素主要有飞机的重量、机翼面积、空气密度、升力系数。

（1）飞机重量（W）：在其他因素都不变的条件下，飞机重量越大，为保持平飞所需的升力就越大，故平飞所需速度也越大；飞机重量越小，平飞所需速度就越小。

（2）机翼面积（S）：机翼面积大，升力也大，为了获得同样大的升力以平衡飞机重量，平飞所需速度就小；机翼面积小，平飞所需速度就大。

（3）空气密度（ρ）：空气密度小，升力也小，为了获得同样大的升力来平衡飞机重量，平飞所需速度就大；空气密度大，平飞所需速度就小。空气密度的大小是随飞行高度以及该高度下的气温气压而变化的，飞行高度升高，或在同一高度上，气温升高或气压降低，空气密度都会减小。

（4）升力系数（C_L）。升力系数大，平飞所需速度就小。因为，升力系数大，升力大，只需较小的速度就能获得平衡飞机重量的升力；升力系数小，平飞所需速度就大。升力系数的大小决定于飞机迎角的大小和增升装置的使用情况。迎角不同，升力系数不同，平飞所需速度也就不同。在小于临界迎角的范围内，用大迎角平飞，升力系数小，平飞所需速度就小；用小迎角平飞，升力系数小，平飞所需速度就大。

4.1.3 平飞所需拉力与功率

1. 平飞所需拉力

在平飞中，要保持速度不变，拉力应等于阻力，为克服阻力所需的拉力称为平飞所需拉力，以 $P_{平飞}$ 表示。由平飞等速条件：

$$\begin{cases} L = W \\ P_{平飞} = D \end{cases} \tag{4.3}$$

可得

$$P_{平飞} = \frac{W}{L/D} \tag{4.4}$$

上式表明，飞机的平飞所需拉力与平飞重量成正比，与飞机的升阻比成反比。即飞机重量越大，平飞所需拉力越大，升阻比越小，平飞所需拉力越大。

2. 平飞所需拉力曲线

平飞所需的拉力随迎角变化，而平飞时每一个迎角对应一个速度。所以，当飞行重量一定时，平飞所需拉力随速度的变化而变化，这种关系，可用平飞所需拉力曲线表示出来，如图 4.2 所示。

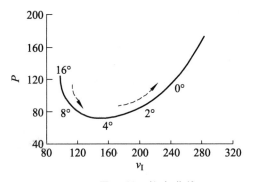

图 4.2　平飞所需拉力曲线

由图 4.2 可以看出，随着平飞速度增大，平飞所需拉力先减小，随后又增大，这是因为平飞速度增大，其对应的迎角减小。在临界迎角到有利迎角的范围内，随着迎角的减小，升阻比减小，则平飞所需拉力增大；以有利迎角平飞，升阻比最大，则平飞所需拉力最小。

3. 平飞拉力曲线和剩余拉力

将平飞所需拉力曲线和螺旋桨可用拉力曲线绘制在统一坐标系上，统称为平飞拉力曲线，通过平飞拉力曲线可用看出飞机的平飞性能。

随着油门的增加，可用拉力曲线上移，速度增大，可用拉力减小。

剩余拉力是指同一速度下，飞机的可用拉力和平飞拉力差。以 ΔP 表示。计算公式为

$$\Delta P = P_{可用} - P_{平飞} \tag{4.5}$$

由图 4.3 可知，随着飞行速度增大，剩余拉力先增大后减小；同一油门下，最大剩余拉力对应平飞所需功率最小的速度。

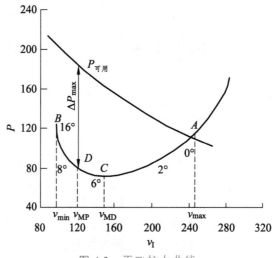

图 4.3　平飞拉力曲线

4. 平飞所需功率

平飞时，需要一定的拉力克服阻力做功，拉力每秒钟所做的功，就是平飞所需功率，一般用 $N_{平飞}$ 表示。计算公式：

$$N_{平飞} = P_{平飞} \cdot v_{平飞} \tag{4.6}$$

由上式可以看出，平飞所需功率的大小，决定于平飞所需拉力和平飞所需速度的大小。其中任何一个因素的变化，都会引起平飞所需功率的变化。利用此公式，可以计算出每一平飞速度所对应的所需功率，以平飞所需功率为纵坐标，以平飞速度为横坐标，即可绘出平飞所需功率曲线（图 4.4）。

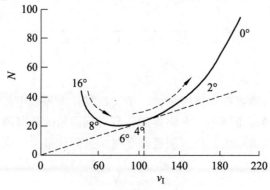

图 4.4　平飞所需功率曲线

由图 4.4 可以看出，随着平飞速度的增大，平飞所需功率先减小后增大，这是因为从临界迎角开始，随着平飞速度增大，起初由于平飞所需拉力的急剧减小，导致平飞所需功率减小；当平飞速度增大到一定程度后，随着平飞速度继续增大，虽然平飞拉力依旧减小，但其减小的变化量小于速度增大的变化量，故平飞所需功率增大。当飞行速度大于最小阻力速度后，随着平飞速度增大，平飞所需拉力也增大，所以平飞所需功率显著增大。

5. 平飞功率曲线与剩余功率

将平飞功率曲线和螺旋桨的可用功率曲线画在同一坐标系上，统称为平飞功率曲线，如图 4.5 所示。

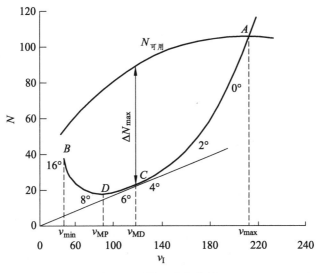

图 4.5　平飞功率曲线

随着油门增加，可用功率曲线上移。

剩余功率是指在同一速度下，飞机的可用功率与平飞所需功率之差，用 ΔN 表示。计算公式：

$$\Delta N = N_{可用} - N_{平飞} \tag{4.7}$$

由图 4.5 可知，随着飞行速度的增大，剩余功率先增大后减小；同一油门下，最大剩余功率对于平飞所需拉力最小的速度。

4.1.4　平飞性能

1. 平飞最大速度

在一定的高度和重量下，发动机满油门时，飞机所能达到的稳定平飞速度，就是飞机在该高度上的平飞最大速度，以 v_{max} 表示。影响飞机平飞最大速度的主要因素是发动机的拉力和飞机的阻力（图 4.3）。

平飞最大速度是衡量飞机性能的一个重要指标。当飞行速度增大时，飞机的阻力也增大，发动机拉力也将增大以克服阻力；在飞行速度增大到一定程度时，发动机拉力达到最大可用拉力，这时的速度就是飞机平飞最大速度。发动机的拉力和空气阻力都随着高度的变化而变化。所以在不同高度上飞机的平飞最大速度也不相同。所以在说明平飞最大速度时，要明确是在什么高度上达到的平飞最大速度。

由图 4.3 可用看出，在 A 点，满油门下的可用拉力（或可用功率）与所需拉力（或所需功率）相等，该点对应的速度就是平飞最大速度，它是飞机做定常直线飞行时飞机所能达到的极限速度。通常飞机不用平飞最大速度长时间飞行，因为耗油太多，而且发动机容易损坏。由于发动机不能长时间在最大功率下工作，所以通常也将发动机在额定功率状态下工作所能达到的稳定平飞速度称为平飞最大速度。

用平飞最大速度飞行时，飞机的所需拉力等于满油门的螺旋桨可用拉力 $P_{可用满}$，即

$$P_{可用满} = D = C_D \frac{1}{2} \rho v_{max}^2 S \tag{4.8}$$

由此可推导出平飞最大拉力计算式：

$$v_{max} = \sqrt{\frac{2P_{可用满}}{C_D \rho S}} \tag{4.9}$$

由上式可知，影响飞机平飞最大速度的因素为满油门时螺旋桨的可用拉力、飞机的阻力系数、空气密度和机翼面积。满油门的可用拉力越大，平飞最大速度越大；阻力系数、机翼面积、空气密度中任何一个因素增大，都会引起平飞最大速度减小。

2. 平飞最小速度

平飞最小速度，是飞机做等速平飞所能保持的最小稳定速度，指飞机不至于失速的最小飞行速度，以 v_{min} 表示。如果有足够的可用拉力或可用功率，那么平飞最小速度的大小受最大升力系数的限制。因为临界迎角相对应的平飞速度（失速速度），就是平飞最小速度。

平飞最小速度不但受到最大升力系数的限制，也和发动机的可用拉力有关。在发动机功率不足的情况下（接近升限），平飞最小速度大于失速速度，如图 4.6 所示。飞机平飞所需拉力和发动机可用拉力两条曲线的左方交点 B 对应的速度，就是在这个高度上受发动机限制所确定的平飞最小速度，因此平飞最小速度同时受到临界迎角和发动机功率的限制。

对于飞机的要求来说，平飞最小速度越小越好。因为平飞最小速度越小，飞机就可用更小的速度接地，着陆距离就会大大缩短，以改善飞机的着陆性能。临界迎角对应的平飞速度，就是平飞的最小理论速度。实际上当飞机接近临界迎角时，由于机翼上气流严重分离，飞机出现强烈抖动，不仅容易失速，而且稳定性、操纵性都差，所以实际上要以该速度平飞是不可能的。为保证安全，对飞行迎角的使用应留有一定的余量，不允许在临界迎角状态下飞行。所以一般 $v_{min使用} = (1.1{\sim}1.25)v_{min}$。

由于发动机的性能和飞行高度有很大关系，所以在考虑飞机的飞行性能时，必须注意它的飞行高度。在中高空时，平飞最小速度受发动机拉力限制，在低空时主

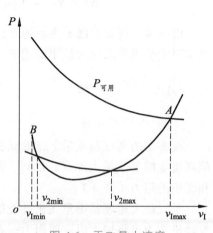

图 4.6 平飞最小速度

要受飞机临界迎角的限制。为了在低速情况下提供飞机飞行所需要的升力，就必须尽可能增大飞机的迎角，但是迎角的增大受到飞机最大迎角的限制，所以这个速度对于飞机的起降性能以及在空气中做低速飞行时的安全性有重要的影响。

3. 最小阻力速度

平飞最小阻力速度就是平飞所需拉力最小的飞行速度，用 v_{MD} 表示。平飞最小阻力速度在平飞所需拉力曲线的最低点，也称为有利速度，对应的迎角称为最小阻力迎角，也称为有利迎角。此时，升阻比最大，平飞所需拉力最小。

由图 4.4 所示的坐标原点向平飞所需功率曲线作切线，切点 C 所对应的速度即为平飞有利速度。有利速度下，剩余功率最大。平飞有利速度虽然所需拉力最小，但其速度较大，所以平飞有利速度所需功率并不是最小的。以有利速度平飞，升阻比最大，平飞阻力最小，航程最远。

4. 最小功率速度

最小功率速度指平时所需功率最小的速度，用 v_{MP} 表示，也称平飞经济速度，在平飞所需功率曲线的最低点，即图 4.5 中对应的 D 点速度。

螺旋桨可用拉力曲线向下平移时，与平飞所需拉力曲线相切的切点 D 所对应的速度就是平飞经济速度，与经济速度相对应的迎角，叫经济迎角。在经济速度下，剩余拉力最大，用经济速度平飞所需功率最小，即所用发动机的功率最小，比较省油，航时最长。

5. 巡航速度

巡航速度是指发动机在每千米消耗燃油量最小的情况下飞机的飞行速度。巡航速度显然要大于平飞最小速度，小于平飞最大速度，这个速度一般为飞机平飞最大速度的 70% ~ 80%。在巡航速度下的飞行最经济而且飞机的航程最大，这是衡量飞机性能的一个重要指标，它主要取决于飞机的最大升阻比以及所装发动机的高度特性和速度特性（拉力和耗油率）随高度和速度而变化的特性。

6. 平飞速度范围

平飞最大速度到最小速度，称为平飞速度范围（图 4.7）。理论上在此范围内的任一速度，都可以保持平飞。但实际飞行中使用的平飞速度范围要小。平飞的速度范围越大，飞机的平飞性能越好。以经济速度为界，从经济速度到最大速度，叫平飞第一速度范围；从经济速度到最小速度，叫平飞第二速度。

在平飞第一速度范围内，加大油门时拉力增加，飞机的速度增大，此时还要推杆以相应地减小迎角，保持平飞。

在第二速度范围内平飞时，操纵复杂，容易超过临界迎角，造成飞机失速，所以，一般不允许在第二速度范围内做平飞。

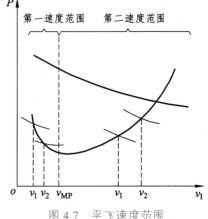

图 4.7　平飞速度范围

4.1.5 平飞的影响因素

1. 平飞最大速度的变化

（1）平飞最大速度随飞行高度的变化（图 4.8）。

随着飞行高度的增加，空气密度会减小，发动机有效功率降低，可用拉力曲线下移，可用拉力减小；高度增加，飞机保持同一表速飞行时，动压不变，阻力不变，飞机平飞所需拉力曲线不动，所需拉力不变。这样，随着飞行高度的增高，平飞最大速度将减小，平飞最大真速也将减小。

（2）平飞最大速度随飞行重量的变化（图 4.9）。

飞机重量增加，同一迎角只能增速，才能产生更大的升力。飞行速度增大，阻力增大，平飞所需拉力和所需功率增大。因此，所需拉力曲线上的每一点（对应的迎角）均向上（阻力大）、向右（速度大）移动，同时，飞行重量增大，可用拉力和可用功率不变。因此，重量增加，平飞最大速度减小。

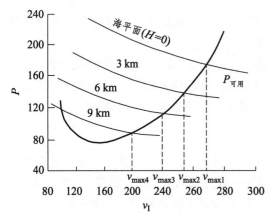

图 4.8　飞行高度对平飞最大速度的影响　　图 4.9　平飞最大速度随飞行重量的变化

（3）平飞最大速度随气温的变化（图 4.10）。

气温变化将引起空气密度发生变化，从而导致发动机功率发生变化。气温增加，空气密度降低，发动机功率降低，可用拉力曲线下移，可用拉力减小。因此，温度增加，平飞最大速度减小。

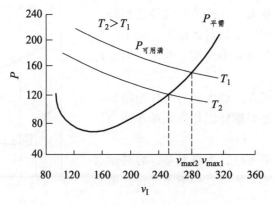

图 4.10　平飞最大速度随气温的变化

2. 平飞最小速度随高度的变化

飞机在低空飞行时，发动机功率足够，平飞最小速度受临界迎角限制，故随飞行高度增加，对应临界迎角的最小平飞速度不随高度变化，为失速速度。当高度上升到某一值时，由于满油门可用拉力曲线降低到与所需拉力曲线左端点相交，超过这一高度后，平飞最小速度随高度的增加而增大，如图4.11所示。

3. 飞行包线

将平飞最小速度与平飞最大速度随高度的变化绘在同一坐标系下，得到的曲线称飞行包线，如图4.12所示。飞行包线面积越大，飞机的飞行范围就越广。

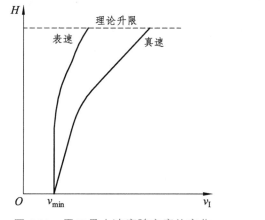

图 4.11　平飞最小速度随高度的变化

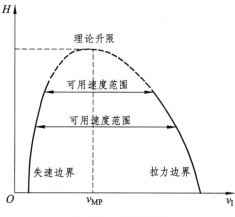

图 4.12　飞行包线

从飞行包线上可以看出，随着飞行高度的增高，飞机的平飞速度范围逐渐减小，当达到一定高度时（理论升限），飞机只能以一个速度（最小功率速度）平飞。在实际飞行中，考虑到飞机强度、稳定性、操纵性等因素的影响，实际使用的飞行包线比理论飞行包线要小。在飞机速度包线的范围内，根据飞机的平衡特性和操纵规律，把飞行范围化为两个区域：平飞最小速度到经济速度称为第二速度范围，经济速度到平飞最大速度范围称为第一速度范围。

4.1.6　航程和航时

巡航性能主要研究飞机的航程和航时。航时是指飞机耗尽其可用燃油（或电能）在空中所能持续飞行的时间。航程是指飞机耗尽其可用燃油（或电能）沿预定方向所飞过的水平距离。

能获得平飞航时最长的平飞状态称为久航状态，对应的速度称久航速度。久航的飞行时间虽然最长，但航程不是最远。能获得平飞航程最长的平飞状态称为远航状态，对应的速度速度称远航速度。远航的航程最远，但飞行时间不是最长。

无人飞机出航的方式一般来说有四种：

（1）等高巡航，规定飞行高度，选用对应于这个高度最有利的速度。如果单位耗油率基本保持不变，则定高巡航所对应的远航速度约为最小阻力速度的1.32倍，此时的升阻比最大。在实际飞行中，远航速度大于最小阻力速度。随着飞行重量减轻，应该逐渐收油门。活塞螺旋桨飞机的远航高度在低空获得。喷气式飞机的远航高度一般在高空获得。

（2）等速巡航，高度可选用对应这个马赫数和当时无人飞机重量最有利值。

（3）等高等速巡航，在一定的飞行高度按照一定的巡航速度也可以获得最大航程，称之为等高等速巡航。

（4）固定油门巡航，以上几种巡航方式，随着飞行重量的减轻，不得不相应收油门，减小速度。在油门不变条件下获得最远航程，此刻的迎角约为最小阻力迎角的 0.7 倍。而远航速度约为最小阻力迎角速度的 1.19 倍，比定高巡航的远航速度小，得到的航程最远。

视任务需要无人飞机可采用以上其中任一种出航、返航或执行任务。

1. 航程计算方法

第一种情况：活塞式固定翼无人机。

早期计算活塞式飞机航程采用布雷盖（Brequet）公式，也可用于现代固定翼无人机。

$$L = 173(\eta / C_e)K \lg(W_0 / W_{fi}) \qquad (4.10)$$

式中　L——活塞式固定翼无人机航程（km）；

　　　η——螺旋桨效率；

　　　C_e——平均耗油率，[kg/(hp·h)]；

　　　K——巡航升阻比；

　　　W_0——初始固定翼无人机质量（kg）；

　　　W_{fi}——消耗一定油量后飞机质量，$W_{fi} = W_0 - W_{fu}$（kg）；

　　　W_{fu}——巡航可用油量质量（kg）。

一般情况只能知道发动机额定功率或起飞功率时的 C_{e0}，故 C_e 在没有试飞前难以确定。根据当年统计数据（参照 NACA TR234），航程也可用下式估算：

$$L = 120(\eta / C_{e0})K[1 - (W_{fi}/W_0)^{0.60}] \qquad (4.11)$$

案例："捕食者"固定翼无人机遂行任务时，W_0=1 020 kg，$W_{fu} = 295$ kg，W_{fi}=725 kg，巡航升阻比 13，螺旋桨效率 0.8，C_e 约 0.30 kg/(hp·h)，$C_{e0} = 0.25$ kg/(hp·h)，巡航高度约 7 000 m，巡航速度 130 km/h。用式（4.10）计算：

$$L = 173 \times (0.8/0.30) \times 13\lg(1\ 020/725) \approx 890\ （km）$$

用式（4.11）计算，C_{e0}=0.25 kg/(hp·h)：

$$L = 120 \times (0.8/0.25) \times 13[1 - (725/1\ 020)0.60] \approx 925\ （km）$$

"捕食者"资料给出应用航程为 740 km，因为要扣除起飞、上升等用油。

第二种情况：喷气式固定翼无人机。

设喷气式固定翼无人机质量为 W，巡航时速度 v，升阻比 K，发动机单位耗油率 C_e[(kg/(N·h))]。因为平飞需要的发动机推力为 9.8 W/K(N)，每飞行 1 小时需要的油量为 $C_e(9.8W/K)$(kg/h)。巡航可用油量 W_{fu}(kg)，飞行距离为

$$L = vW_{fu}/C_e(9.8W/K) = (9.8Kv/C_e)(W_{fu}/W) \qquad (4.12)$$

较准确计算航程可以用开始巡航时固定翼无人机重量 W_0 和使用小量燃油飞一段距离后

固定翼无人机重量 W_{fi}，逐步积分求得。$W_{\mathrm{fi}} = W_0 - W_{\mathrm{fu}}$，有

$$L = \int_{-W_0}^{-W_{\mathrm{fi}}} (9.8Kv/C_e)(\mathrm{d}W/W) \tag{4.13}$$

式中　Kv/C_e——巡航系数（RL）。

这是衡量一架固定翼无人机巡航效能好坏，包括固定翼无人机空气动力性能和发动机耗油效能两方面的因素在内的一个参数。计算这个参数的单位是 km。巡航高度对巡航参数有影响，高度升高，巡航参数增加。但高度太高时，由于固定翼无人机要用大迎角飞行，阻力增加很多，K 值下降，巡航参数反而下降。巡航参数最大时所对应的高度就是固定翼无人机的最有利巡航高度。对应的速度称为有利巡航速度 v_{cru}(km/h)。

固定翼无人机燃油重量与固定翼无人机起飞重量之比称载油因数，从式（4.12）可看到，固定翼无人机航程主要与载油因数成比例，而不是只与油量成比例。但一般固定翼无人机数据给出的载油因数是用起飞重量为准，而式（4.12）计算航程时各参数用平均值，不宜直接用起飞载油因数（W_{fu}/W_0），因为有相当一部分油要用来起动、起飞、上升、战区执行任务和返航回收等。所以，W_{fu} 应为可用于平飞的油量。此外，固定翼无人机重量平均值为($W_0 - W_{\mathrm{fu}}/2$)。这样估算航程的公式可改写为

$$L = (9.8vK/C_e)W_{\mathrm{fu}}/(W_0 - W_{\mathrm{fu}}/2) \tag{4.14}$$

案例："全球鹰"固定翼无人机遂行任务时，$W_0 = 11\,620$ kg，$W_{\mathrm{fu}} = 6\,580$ kg，巡航可用油 5 500 kg，最大升阻比 28，C_e 约等于 0.067 kq/(N·h)，巡航高度 18 000 m，巡航速度 650 km/h，平均巡航重量 8 330 kg。用式（4.14）计算：

$$L = (650 \times 28/0.067 \times 9.8) \times 5\,500/8\,330 \approx 18\,300 \text{（km）}$$

"全球鹰"固定翼无人机资料给出应用航程为 17 000 km。

2. 航时计算方法

第一种情况：活塞式固定翼无人机。

根据布雷盖公式：

$$t = 10K(W_{\mathrm{av}}/v_{\mathrm{me}})(\eta/C_e)[(1/W_{\mathrm{fi}}^{0.5}) - (1/W_0^{0.5})] \tag{4.15}$$

式中　W_{av}——固定翼无人机的平均质量，$W_{\mathrm{av}} = (W_0 - W_{\mathrm{fu}})/2$。

若用统计估算法，留空时间为

$$t = 1\,550(K/v_{\mathrm{me}})(\eta/C_e)[1 - (W_{\mathrm{fi}}/W_0)^{0.10}] \tag{4.16}$$

式中　C_e——空中平均值。

理论分析表明如用有利速度飞行，活塞式固定翼无人机可得到最大航程。但长航时（久航）飞行则要用经济迎角。经济迎角是对应（$C_L^{1.5}/C_D$）最大时的迎角，参数（$C_L^{1.5}/C_D$）亦称为功率因数，这个迎角比有利迎角大。理论上功率因数最大时，$C_L = 1.73C_{\mathrm{Lopt}}$，$C_D = 4C_{x0}$，$K_{\mathrm{me}} = 0.865K_{\mathrm{max}}$，经济巡航速度 $v_{\mathrm{eco}} = 0.76v_{\mathrm{opt}}$。

案例："捕食者"固定翼无人机遂行任务时，已知其 $W_{\mathrm{av}} = 870$ kg，$v_{\mathrm{me}} = 100$ km/h，$K_{\mathrm{me}} = 11.5$，$W_0 = 1\,020$ kg，$W_{\mathrm{fi}} = 725$ kg，螺旋桨效率 0.8，空中 C_e 约 0.30 kg/(hp·h)，用式（4.15）

计算得

$$t_{me} = (10 \times 11.5) \times (870/100) \times (0.8/0.30) \times (1/725^{0.5} - 1/1\,020^{0.5}) \approx 15.5 \ (\text{h})$$

用式（4.16）计算得

$$t = 1\,550 \times (11.5/100) \times (0.8/0.3) \times [1 - (725/1\,020)^{0.10}] \approx 16 \ (\text{h})$$

第二种情况：喷气式固定翼无人机。

要使飞行时间最长，必须小时耗油量最小。喷气式固定翼无人机小时耗油量 Q 等于所需要推力乘以单位推力耗油率 $C_e[(\text{kg} \cdot (\text{N} \cdot \text{h})^{-1})]$，即 $W_g C_e / K$。为此必须保持最大升阻比状态飞行。升力系数要为有利升力系数 C_{Lopt}。用这个升力系数和对应的迎角（有利迎角）飞行时的速度称为有利飞行速度 v_{opt}

$$v_{opt} = 14.4[(W/S)/\Delta C_{Lopt}]^{0.5} \tag{4.17}$$

不改变飞机构型或增加外挂，每种固定翼无人机的有利迎角和有利升力系数是不变的，但有利飞行速度与固定翼无人机翼载（W/S）及飞行高度有关。喷气固定翼无人机的久航（最长飞行时间）速度即它的有利速度。理论上最适宜久航的高度是 11 000 m。高度再增加，对增加留空时间没有好处，因为喷气发动机单位推力耗油率大于 11 000 m 以后不再减小了。设在高度 11 000 m 时发动机单位推力耗油率为 C_{e11}，计算固定翼无人机的久航时间可用下式：

$$t_{me} = W_{fu}/Q = (K_{max}/(9.8C_{e11}))(W_{fu}/W_{av}) \tag{4.18}$$

式中　Q —— 固定翼无人机小时耗油量(kg/h)；

　　　　W_{av} —— 固定翼无人机的平均重量，$W_0 - W_{fu}/2$。

案例："全球鹰"固定翼无人机遂行任务时，长航时叮用油量 6 000 kg，W_{av} 为 8 370 kg，久航升阻比 25，$C_{e0} = 0.045\,8 \ \text{kg}/(\text{N} \cdot \text{h})$，$C_{e11}$ 约 0.06 kg/(N·h)。用式（4.18）计算得

$$t_{me} = [25/(0.06 \times 9.8)] \times (6\,000/8\,370) \approx 30 \ (\text{h})$$

4.2　爬　升

飞机沿向上倾斜的轨迹所做的等速直线飞行就叫爬升，爬升是固定翼无人机升高高度的基本方式。

4.2.1　保持稳定爬升的条件

爬升中作用于飞机的外力和平飞相同，有升力 L、重力 W、拉力 P 和阻力 D。与平飞不同的是，爬升时重力与飞行轨迹不垂直，为便于分析问题，把重力分解成垂直于飞行轨迹的分力 W_1（重力第一分力）和平行飞行轨迹的分力 W_2（重力的第二分力），如图 4.13 所示。

爬升时，飞机各力矩平衡，作用于固定翼无人机上的各力均通过重力，且作用于无人机上的各力也平衡，即可得到无人机爬升的运动方程或上升条件：

$$\begin{cases} P = D + W_2 = D + W\sin\theta_\perp \\ L = W_1 = W\cos\theta_\perp \end{cases} \tag{4.19}$$

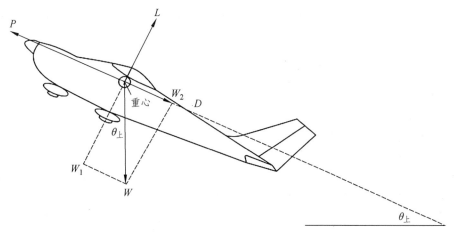

图 4.13　无人机上升时的作用力

其中任何一个条件不满足，无人机都不能做等速直线爬升。同速度爬升时，爬升拉力大于平飞拉力，爬升升力小于平飞升力，爬升升力小于飞机重力，而所需要的拉力却大于飞行的阻力。由此可知，发动机的可用拉力大于固定翼无人机的所需拉力时，无人机才能做爬升。

由式（4.19）：

$$W\cos\theta_{上} = L = C_{L}\cdot\frac{1}{2}\rho v_{上}^{2}\cdot S \tag{4.20}$$

可以得到飞机爬升速度：

$$v_{上} = \sqrt{\frac{2W}{C_{L}\rho S}}\cdot\sqrt{\cos\theta_{上}} = v_{平飞}\cdot\sqrt{\cos\theta_{上}} \tag{4.21}$$

即相同重量下，以相同的迎角飞行，爬升速度小于平飞速度。但是由于爬升时，爬升角较小，$\cos\theta_{上}\approx1$，可以认为 $v_{上}$ 与 $v_{平飞}$ 近似相等，从而可用平飞拉力曲线分析爬升性能。

4.2.2　爬升性能

固定翼无人机的爬升性能是指无人机在气动力和发动机拉力等外力的作用下所表现出来的上升运动能力，通常通过下面几个方面来进行理论分析。

1. 上升角和陡升速度

（1）上升角。

上升角是固定翼无人机上升轨迹与水平线之间的夹角，用 $\theta_{上}$ 表示。上升角越大说明通过同样的水平距离，无人机上升的高度越高，无人机的越障能力越强。上升梯度是上升高度与前进的水平距离的比值，等于上升角的正切值，上升角与上升梯度成正比。

由式（4.19）可以得到

$$\sin\theta_{上} = \frac{P-D}{W} = \frac{\Delta P}{W} \tag{4.22}$$

由上式可得，固定翼无人机的剩余拉力越大或重量越轻，上升角和上升梯度越大。爬升角性能最直接影响的是障碍物间隙,最明显的目的是可以用于在短跑道机场或受限机场爬升时越过障碍物。当上升角不大时,$\sin\theta_{\perp} \approx \tan\theta_{\perp}$,由此可得

$$\tan\theta_{\perp} = \frac{P-D}{W} = \frac{\Delta P}{W} \tag{4.23}$$

（2）陡升速度。

能获得最大上升角和最大上升梯度的速度叫陡升速度,用 $v_{陡升}$ 表示。

在固定翼无人机重量不变的情况下,无人机的上升角和上升梯度取决于拉力的大小,而剩余拉力的大小取决于油门的大小和飞行速度的大小。同一表速下,油门越大,剩余拉力越大,上升角和上升梯度越大。在加满油门时,速度不同剩余拉力不同。螺旋桨飞机以最小的功率速度飞行时,剩余拉力最大,飞机的上升角和上升梯度最大,因此螺旋桨飞机陡升速度为最小功率速度。

影响上升角和上升梯度的主要因素有重量、飞行高度、气温。

① 重量。当飞行重量变化时,会引起飞机阻力变化,导致剩余拉力变化,从而影响上升角和上升梯度的大小。飞行重量增加,即阻力增大,平飞所需拉力曲线上移,使剩余拉力减小,上升角和上升梯度减小;飞行重量减小时,则使得上升角和上升梯度增大。

② 飞行高度。以同一指示空速上升,固定翼无人机的阻力不变,但随着高度增加,发动机的有效功率降低使可用拉力减小,导致剩余拉力减小,上升角和上升梯度减小;当无人机上升到一定高度时,剩余拉力会减小到 0,飞机的上升角和上升梯度也减小到 0。

③ 气温。气温增加,空气密度减小。发动机的有效功率减小,可用拉力曲线下移,需用拉力曲线不动,固定翼无人机的剩余拉力减小,导致无人机的上升角和上升梯度减小;气温降低,使无人机的上升角和上升梯度增大。

2. 上升率和快升速度

在上升过程中,固定翼无人机单位时间所上升的高度,叫上升率,也叫上升垂直速度,以 $v_{Y\perp}$（m/s）表示（图 4.14）,上升率越大,说明无人机爬升越快,表明无人机上升到一定高度需要的时间越短,上升性能越好。由此,要尽快到某一高度时,应该选用最大上升率方式爬升。

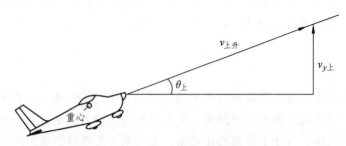

图 4.14　上升率、上升角与上升速度

上升率和上升角、上升速度的关系为

$$v_{Y\perp} = v_{\perp} \cdot \sin\theta_{\perp} = v_{\perp} \cdot \frac{\Delta P}{W} = \frac{\Delta N}{W} \tag{4.24}$$

由式（4.24）可得出，上升率的大小取决于剩余功率和飞行重量，固定翼无人机的剩余功率越大，或飞行重量越轻，飞机的上升率越大。

快升速度是指能获取最大上升率的速度，用 $v_{快升}$ 或 v_Y 表示。在飞行重量一定的情况下，上升率的大小主要决定于剩余功率的大小，而剩余功率的大小又决定于油门位置和上升速度。在油门位置一定的情况下，用不同速度上升，由于剩余功率大小不同，上升率大小也就不同。对低速螺旋桨飞机，加满油门，在有利速度附近，剩余功率最大，所以用近似有利速度的速度上升，可以得到最大的上升率。因此对于活塞螺旋桨飞机，快升速度 v_Y 为最大速度。飞机的最大上升率是飞机重要的飞行性能之一。

影响上升率和快升速度的主要因素有飞行重量、飞行高度、温度。

① 飞行重量。飞行重量增加，则上升所需功率增大，平飞所需功率曲线上移，剩余功率减小，上升率减小；飞行重量减小则上升率增大。

② 飞行高度上升率与飞行高度有关。随着飞行高度增加，使得空气密度减少，从而导致发动机拉力、发动机有效功率、可用功率降低，而固定翼无人机在同一指示空速的所需功率因真速的增大而增大，导致剩余功率随高度增大而减小，上升率减小。所以一般在海平面时，最大爬升率随着高度的增加而减小。当无人机上升到一定高度时，剩余功率减小到 0，最大上升率减小到 0，快升速度减小到最小功率速度。

③ 温度。温度增加，空气密度减小，上升所需功率增大，平飞所需功率曲线上移，发动机有效功率减小，可用功率曲线下移，剩余功率减小，上升率减小；气温降低，上升率增大。

3. 风对上升性能的影响

如图 4.15 所示，在有风的情况下，固定翼无人机的上升率、空速、迎角、上升角和无风一样，但是无人机的地速却发生了变化，无人机相对地面的上升轨迹发生了变化。顺风上升，上升角和上升梯度都减小；逆风上升，上升角和上升梯度都增大。在垂直气流中上升，上升角和上升率都要改变。在上升气流中上升，上升角和上升率增大；在下降气流中上升，上升角和上升率减小。水平气流不影响飞机的上升率。顺风使地速增加，上升角减小；逆风使地速减小，上升角增大。

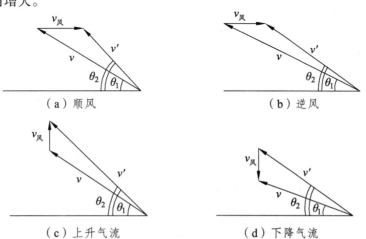

图 4.15　风对上升性能的影响

表 4.1 列出了部分主要因素对上升性能的影响。

表 4.1　主要因素对上升性能的影响

影响因素	变化（增加或减小）	影响结果	
		上升梯度	上升率
重量	增加	减小	减小
构型（襟翼位置）	增加	减小	减小
飞行高度	增加	减小	减小
气温	增加	减小	减小
风	逆风	增加	不变
飞行速度	增加	减小	减小

4.2.3　升限的计算方法

飞机上升时，随着高度的增高，空气密度减小，剩余功率随之减小，最大上升率也随之减小。当飞机上升到某一极限高度时，最大上升率势必要减小到 0，此时飞机仅能以这一速度做水平直线飞行，这时的飞机极限高度为理论升限。在理论升限位置时，飞机只能以最小功率速度平飞。

由于高度增加，上升率减小，上升单位高度的时间越长，即越接近理论升限，上升率越小，飞机上升越缓慢，理论升限上的最大上升率为 0，飞机要稳定上升到理论升限的上升时间趋于无穷。也就是说，实际上，飞机是不可能稳定上升到理论升限的。

无人飞机升限一般不作重点要求，但高空长航时的例外。常用的几种"升限"定义如下：绝对升限爬升率为零，实用升限爬升率是 5 m/s。美国还有两个标准，战斗升限爬升率是 2.5 m/s，巡航升限爬升率是 1.5 m/s。

决定升限有两个基本关系：在升限平飞状态即升力等于重力，推力等于阻力。根据此关系可以确定出固定翼无人机升限。

1. 喷气式固定翼无人机升限

在升限高度，发动机最大推力 P 或 T 等于无人机阻力 W/K。在亚音速升限时的升力系数为 $C_{Lce}=0.55 \sim 0.60$；在超音速升限时升力系数是 $C_{Lce}=0.15 \sim 0.20$。马赫数分别为亚音速飞机 Ma=0.8 ~ 0.85，超音速飞机 Ma=1.2 ~ 1.6。这些统计数字可粗略估算出喷气式固定翼无人机的升限。

（1）按升力系数。根据 C_{Lce} 和 Ma 估算得到 Δ_{ce}，然后通过国际标准大气表，可以确定出升限：

$$\Delta_{ce} = (W/S)/(5\ 439 \text{Ma}^2 C_{Lce})$$

例如，某固定翼无人机翼载为 274 kg/m²，飞行马赫数 Ma 为 0.65，升力系数估计为 0.80，所以升限的相对密度为 $\Delta_{ce} = 274/(5\ 439 \times 0.65^2 \times 0.80) = 0.149$。查国际标准大气表，可知升限约为 15 400 m。

（2）按发动机推力估算。根据推力等于阻力 $P = W/K$ ，可以确定出升限：

$$\Delta_{ce} = [(W/K)T_0(1 - 0.46\text{Ma} + 0.44\text{Ma}^2)]^{1/\xi}, \qquad H \leqslant 11\,000\text{m}$$

$$\Delta_{ce} = 0.297^{(1-\xi)}(W/K)T_0(1 - 0.46\text{Ma} + 0.44\text{Ma}^2), \quad H > 11\,000\text{m}$$

在升限处，亚音速飞机升阻比一般为最大升阻比的 70% ~ 80%或更小一些。其中，ξ 值与发动机类型有关。

以上两种估算方法得到结果的最小值就是实际升限。

2. 活塞式固定翼无人机升限

活塞式固定翼无人机爬升应满足以下关系：

$$75\eta P - (W/K)(v/3.6) = Wv_y \tag{4.25}$$

式中　v_y ——爬升率（m/s）；

　　　W ——重力（N）；

　　　P ——发动机功率（hp）；

　　　η ——螺旋桨效率；

　　　v ——无人机上升速度（km/h）；

　　　K ——无人机升阻比。

所以，爬升率为

$$v_y = 75\eta P / \left[W - v/(3.6K) \right] \tag{4.26}$$

（1）用经验公式求升限大气相对密度。

定距螺旋桨发动机的功率与高度关系可近似地用下式表达

$$(\eta P)_H = (k_a\Delta_H - k_b)(\eta P_0) \tag{4.27}$$

飞机实用升限 $[v_y(m/s)]$ 的大气相对密度 Δ_{SC} 为

$$\Delta_{SC} = [(v_y/75 + v/270K)(W_g/\eta P_0) + k_b)]/k_a \tag{4.28}$$

例如，"捕食者" B 无人飞机发动机地面功率 720 hp，螺旋桨效率 0.88，升限高度重量 1 200 kg，巡航速度 270 km/h，升阻比 16，k_a 用 1.088，k_b 为 0.088。实用升限高度大气相对密度为

$$\Delta_{SC} = \{[5/75 + 270/(270 \times 16)][1\,200/(0.88 \times 720)] + 0.088\}/1.088 = 0.306$$

查标准大气表知，应用升限约为 10 750 m。

（2）用另一经验公式求升限大气相对密度。

发动机功率随高度变化如下：

$$(\eta P)_H = K_{He}\eta P_0 \tag{4.29}$$

式中　K_{He} ——修正系数，见表 4.2。

根据升限的定义取 v_y 值，如要求实用升限，则 v_{yH} 为 5 m/s。然后根据升限高度飞机的重

量 W_{ce} ，和已知 η 、v 、K 值用式（4.27）求出需要功率 $(\eta P)_H$ 。

$$(\eta P)_H = (v_{yH} + v/3.6K)W_{ce}/75$$

再根据已知海平面功率 P_0 ，螺旋桨效率 η ，用式（4.29）可求得 K_{He} 。参照表 4.2 中相应数值即可估计出升限高度。

例如，"捕食者" A 无人飞机发动机地面功率 250 hp，螺旋桨效率 η 约 0.85，升限高度重量 800 kg，巡航速度 130 km/h，升阻比 14。升限高度需要功率 81 hp。所以 K_{He} = 81/(0.85 × 250) = 0.38。对应一般常用桨叶角 30°查表 4.2，实用升限约为 7 900 m。

表 4.2 不同高度活塞式发动机功率修正系数（K_{He}）

高度/m	0.75R 桨叶角 20°	0.75R 桨叶角 30°	0.75R 桨叶角 40°
0	1.000	1.000	1.000
1 220	0.872	0.880	0.892
2 450	0.752	0.772	0.788
3 660	0.645	0.668	0.688
4 880	0.546	0.573	0.596
6 030	0.459	0.487	0.508
7 320	0.376	0.410	0.430
8 525	0.309	0.338	0.358
9 745	0.245	0.268	0.288
11 000	0.183	0.201	0.220
12 180	0.121	0.135	0.152

此外飞机爬升率与高度基本呈线性关系，如已知该无人飞机两个不同高度的实际爬升率即可推算出各种升限近似值。

4.3 下降和下滑

固定翼无人机沿向下倾斜的轨迹所做的等速直线飞行就叫下降。下降是无人机降低高度的基本方法。

固定翼无人机沿小角度向下的轨迹所做的等速直线飞行，叫作下滑。下滑通常是指等速地稳定下滑，也指下滑着陆中的减速下滑。无人机着陆前，都要经过一段下滑飞行，以便逐渐降低高度，接近机场。下滑是固定翼无人机降低高度的基本方法。

4.3.1 保持稳定下降的条件

下降中作用于固定翼无人机的外力和平飞时相同，有升力 L 、重力 W 、拉力（或推力）P 和阻力 D 。飞机的下降根据需要可用正拉力、零拉力或负拉力进行。拉力近似于 0（闭油门）的下降叫下滑（glide）。下降的作用力如（图 4.16）所示。与上升的平衡条件一样，即垂直

于运动方向的各力和平行于运动方向的各力应分别取得平衡，即

$$L = W_1 = W \cos \theta_{\text{下}} \qquad (4.30)$$

$$D = W_2 = W \sin \theta_{\text{下}} \qquad (4.31)$$

下降时，固定翼无人机的升力小于飞机的重量，小于平飞时的升力。

由 $L = W \cos \theta_{\text{下}}$ 与 $W = \cos \theta_{\text{下}} = L = C_L \cdot \dfrac{1}{2} \rho v_{\text{下}}^2 \cdot S$ 可以得到下降速度：

$$v_{\text{下}} = \sqrt{\frac{2W}{C_L \rho S}} \cdot \sqrt{\cos \theta_{\text{下}}} = v_{\text{平飞}} \cdot \sqrt{\cos \theta_{\text{下}}} \qquad (4.32)$$

即相同重量下，以同迎角飞行时，下降速度小于平飞速度。但是由于下降时，下降角很小，$\cos \theta_{\text{上}} \approx 1$，可以认为 $v_{\text{下}}$ 与 $v_{\text{平飞}}$ 近似相等，从而可以用平飞拉力曲线分析飞机的下降性能。

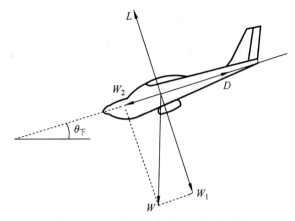

图 4.16　飞机零拉力下降时的作用力

4.3.2　下降和下滑性能

1. 下降角与下降距离

下降轨迹与水平线之间的夹角叫下降角，以 $\theta_{\text{下}}$ 表示，下降距离是指飞机下降一定高度所前进的水平距离，以 $l_{\text{下}}$ 表示。

由零拉力下降的平衡条件得

$$\tan \theta_{\text{下}} = \frac{D}{L} = \frac{1}{K} \qquad (4.33)$$

又从 $\theta_{\text{下}}$ 和 $l_{\text{下}}$ 的关系得

$$l_{\text{下}} = \frac{H}{\tan \theta_{\text{下}}} = H \cdot K \qquad (4.34)$$

从式（4.33）和（4.34）可知，零拉力下降时，飞机的下降角仅取决于升阻比的大小（和重量无关），下降距离的长短，取决于下降高度和下降角。下降高度越高，下降角越小，下降距离就越长。而下降角的大小是由升阻比所决定的，升阻比越大下降角越小，所以下降距离

的长短取决于下降高度和升阻比。在下降高度一定时，下降距离只取决于升阻比的大小，当升阻比增大时，下降角减小，下降距离增长。以最大升阻比下降，即以最小阻力速度（有利速度）下降，下降角最小，飞机的下降距离最大，如图4.17所示。

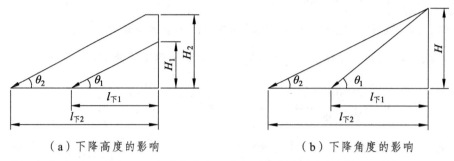

（a）下降高度的影响　　　　　　　　　（b）下降角度的影响

图4.17　下降高度和下降角对下滑距离的影响

凡是使升阻比减小、下降角增大的因素都将使下降距离缩短。例如，在放起落架、襟翼及飞机结冰等情况下，升阻比减小，下降角增大，下降距离缩短。

飞行中还常用滑翔比的大小来估计下降距离的长短，滑翔比是飞机下降距离与下降高度之比，也就是飞机每降低1 m所前进的距离，以η表示，即

$$\eta = \frac{l_{下}}{H} = \frac{1}{\tan\theta_{下}} = K \tag{4.35}$$

式（4.35）表明，在一定高度时，滑翔比越大，飞机下降距离越长。在无风和零拉力条件下，飞机的滑翔比等于升阻比。

2. 下降率

下降率是指飞机在单位时间里下降的高度，以$v_{y下}$表示，单位符号为m/s。下降率越大，飞机降低高度越快，下降到一定高度的时间就越短。

由式（4.30）与（4.31）得

$$v_{y下} = v_{下} \cdot \sin\theta_{下} \approx \frac{v_{下}}{K} \tag{4.36}$$

或

$$v_{y下} = v_{下} \cdot \sin\theta_{下} \approx v_{下} \cdot \frac{D}{W} = \frac{N_{平飞}}{W} \tag{4.37}$$

从式（4.37）可知，飞机的下降率取决于平飞所需功率和重量。当$N_{平飞}$最小时，下降率最小，即以最小功率速度下降，可以获得最小的下降率。

3. 下降性能主要影响因素

（1）飞行重量。飞行重量增大，零拉力下降时同迎角下的升阻比不变，下降角不变，下降距离不变，但由于下降速度增大使下降率增大。飞行重量减轻则相反。

（2）温度。温度增高，同迎角对应的升阻比不变，故零拉力下降的下降角不变，但气温增高使空气密度减小，同指示空速的真速增大，下降率增大。气温下降则相反。

（3）风。风对下降性能的影响同风对上升性能的影响相同。顺风下降时，下降角减小，下降距离增长，下降率不变;逆风下降时，下降角增大，下降距离缩短，下降率不变。在上升气流中下降时，下降角和下降率都减小，下降距离增大；在下降气流中下降时，下降角和下降率都增大，下降距离缩短，如图 4.18 所示。

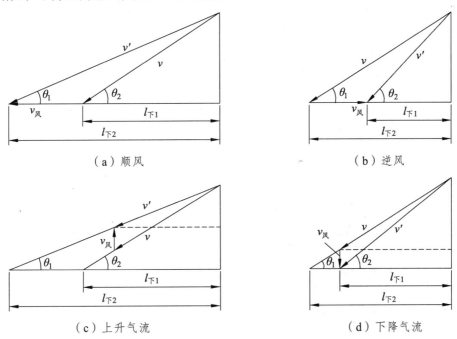

（a）顺风　　　　　　　　　　　　（b）逆风

（c）上升气流　　　　　　　　　　（d）下降气流

图 4.18　顺风、逆风，上升、下降气流对下降性能的影响

有风时，最大下降距离将不在最小阻力速度时获得。顺风下降，适当减小速度，增长下降时间，风的影响增大，可以增长下降距离；逆风下降，适当增大速度则可以增长下降距离。

4.4　转弯和盘旋

水平转弯是固定翼无人机在水平面内连续改变飞行方向的曲线运动。若航向改变大于 360°则称为水平盘旋，改变角度小于 360°，称作水平转弯。正常的水平转弯是一种无侧滑的匀速的圆周运动，并且飞机的飞行高度也不发生变化。

盘旋是固定翼无人机在水平面的一种典型的机动飞行动作，即飞机连续转弯不小于 360°的飞行。盘旋分定常和非定常盘旋两种。如果盘旋中，飞机不带侧滑，飞行高度、飞行速度、盘旋半径等参数都不随时间而改变，这种盘旋叫正常盘旋或定常盘旋。

正常盘旋常用来衡量飞机的方向机动性。盘旋一周所需的时间越短，盘旋半径越小，方向机动性就越好。飞机非定常盘旋时，速度、滚转角等都随时间而变，又称加力盘旋。通常情况下，飞行高度、速度等参数不可能保持完全不变，如果盘旋时上述参数变化不大，可以将这种盘旋当成是正常盘旋。不带侧滑的转弯是盘旋的一部分，受力情况与盘旋相同，只是转弯角度小于 360°，它们的操纵原理完全相同。

4.4.1 正常盘旋的条件

1. 水平转弯的受力

飞机在平飞过程中为了改变航向，常常采用连续操纵方向舵和副翼的方法，使飞机连续改变飞行方向，并沿着曲线运动的过程。在这一过程中，飞机受到的力主要有升力、重力、推力（拉力）、阻力以及向心力与离心力等。

飞机在进行水平转弯时，运动的轨迹由直线变为曲线，虽然飞行速度的大小没有改变，但运动的方向却在不断地发生变化。速度方向的变化，说明飞机运动有向心加速度 a_n，向心加速度的大小可表示为

$$a_n = \frac{v^2}{R} \tag{4.38}$$

式中　v ——飞机飞行速度；

　　　R ——转弯航迹半径。

加速度方向垂直于航迹的切线，指向航迹的中心。

使飞机产生向心加速度的向心力 F_n，等于飞机的质量和向心加速度的乘积：

$$F_n = m \times a_n = \frac{W}{g} \times \frac{v^2}{R} \tag{4.39}$$

式中　m ——飞机的质量；

　　　W ——飞机的重力；

　　　g ——重力加速度。

飞机正常水平转弯时，作用在飞机上的力可以用公式表示为

$$P = D \tag{4.40}$$

$$L\cos\gamma = W \tag{4.41}$$

$$L\sin\gamma = m\frac{v^2}{R} = \frac{W}{g} \cdot \frac{v^2}{R} \tag{4.42}$$

式中　P ——发动机推力；

　　　D ——飞机的阻力；

　　　L ——飞机的升力；

　　　γ ——操纵副翼使飞机产生的倾斜角，也叫坡度。

可以得出，飞机水平转弯时，升力在垂直方向分量与飞机的重力平衡，在水平方向的分量提供了使飞机做曲线运动的向心力。所以，在操纵飞机进行水平转弯时，首先要操纵副翼，使飞机倾斜产生滚转角，升力才能在水平方向产生分量，为飞机转弯提供向心力。在保持飞行速度不变的情况下，同时，还应向后拉驾驶杆，使飞机抬头，增大迎角，增加升力，使升力在垂直方向分量与飞机的重力平衡，防止飞机在水平转弯时掉高度。另外，迎角的增大，不但使升力增加，也会使阻力加大，为了保持飞行速度大小不变，还应加大发动机推力，平衡增大的阻力，达到推力等于阻力的要求。

同时，由上述公式可以得出飞机水平转弯时载荷系数的数值：

$$n_y = \frac{L}{W} = \frac{1}{\cos\gamma} \qquad (4.43)$$

因为 $\cos\gamma$ 总是小于 1，所以，飞机水平转弯时，载荷系数 n_y 总是大于 1，也就是升力总是大于飞机的重量。转弯时，飞机的倾斜角 γ 越大，所需要升力 L 越大。在实际飞行中，飞机能够产生的升力受到飞机结构强度、发动机推力和飞机临界迎角的限制，所以飞机转弯时，最大倾斜角也是有限制的。

2. 盘旋的受力

飞机盘旋时，必须形成坡度，使升力随飞机对称面倾斜，飞行盘旋时所受的力如图 4.19 所示，有升力 L、重力 W，拉力 P 和阻力 D。飞机有了坡度，升力倾斜，可将升力分解成垂直方向和水平方向的分力。飞机升力的水平分力提供转弯的向心力。

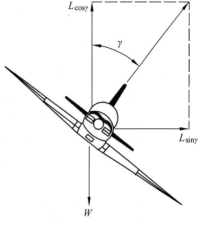

飞机做好正常盘旋的要求是保持盘旋的坡度、高度、速度和半径不变，根据力学原理，要保持正常盘旋，必须满足以下条件：

$$L\cos\gamma = W \qquad (4.44)$$

$$L\sin\gamma = m\frac{v^2}{r} \qquad (4.45)$$

$$P = D \qquad (4.46)$$

式中 m —— 飞机质量；

      γ —— 盘旋坡度。

图 4.19 盘旋时的受力情况

从上式可知，保持飞机的飞行高度，其升力的竖直分量与飞机重力平衡。对同一架飞机来说，重力可认为不变，升力垂直分量则随着升力方向的改变而改变。升力大小不变而坡度增大时，升力垂直分量则减小，坡度不变而升力增大时，升力垂直分量增大。因此要保持盘旋中的高度不变，就必须用推油门增大速度或拉杆增加迎角的方法增加升力。盘旋坡度越大，油门和迎角增量也越大。

升力的水平分量提供做圆周运动所需的向心力，使飞机转弯。它就像用手拽着东西画圈甩动样，画一道弧拉拽飞机转向。因此，侧倾角度越大，升力的水平分力越大，转弯的速度也会越快。要保持盘旋半径不变，只要盘旋速度和向心力不变即可。同时为保持盘旋速度不变，应当使拉力和阻力平衡。拉力大小由油门位置决定，阻力大小主要由速度、迎角决定。

4.4.2 盘旋的性能

1. 盘旋速度

保持盘旋高度不变，使升力垂直分量平衡飞机重力所需要的速度，叫盘旋所需速度。根据盘旋运动方程，已知 $L\cos\gamma = W$ 与 $L = C_L \cdot \frac{1}{2}\rho v_{平飞}^2 \cdot S$，所以，盘旋所需速度 v 为

$$v = \sqrt{\frac{2W}{C_L \rho S \cos\gamma}} = v_{平飞}\frac{1}{\sqrt{\cos\gamma}} = v_{平飞}\sqrt{n_y} \qquad (4.47)$$

从式（4.47）可以看出，盘旋所需速度，除取决于飞机重量、空气密度、升力系数外，还取决于盘旋坡度的大小，是平飞所需速度的 $\sqrt{n_y}$ 倍。盘旋中的载荷因数始终大于 1，因此盘旋所需速度大于同一迎角下的平飞所需速度。盘旋坡度越大，同样迎角下，盘旋所需速度也越大。

2. 盘旋所需拉力和功率

保持盘旋速度不变所需的拉力叫盘旋所需拉力。盘旋时所需拉力应等于盘旋时的阻力，即

$$P = D = C_D \frac{1}{2} \rho v^2 S \tag{4.48}$$

而盘旋所需速度 $v = v_{平飞} \sqrt{n_y}$ ，故

$$P = C_D \frac{1}{2} \rho v_{平飞}^2 n_y = P n_y \tag{4.49}$$

同一架飞机，在高度和迎角不变的情况下，盘旋所需拉力是平飞所需拉力的 n_y 倍。盘旋中的载荷因数始终大于 1，因此盘旋所需拉力大于同一迎角下的平飞所需拉力。同一迎角下，盘旋坡度越大，盘旋所需拉力也越大。盘旋所需功率就是盘旋所需拉力与盘旋所需速度的乘积。既进行盘旋所需拉力每秒所做的功，用式子表示为

$$N = Pv = P_{平飞} \sqrt{n_y^3} \tag{4.50}$$

同一架飞机，在高度和迎角不变的情况下，盘旋所需功率是平飞所需功率的 $\sqrt{n_y^3}$ 倍，比平飞所需功率大得多。总之，盘旋坡度越大，载荷因数越大，盘旋所需速度、拉力和功率也越大。所以，飞机的可用拉力或功率和飞机允许的载荷因数就限制了飞机盘旋的最大坡度。

3. 盘旋半径、盘旋时间和盘旋角速度

飞机完成转弯所需要半径长度为转弯半径，从转弯运动受力方程可知，转弯半径为

$$r = m \frac{v^2}{L \sin\gamma} = \frac{W}{g} \cdot \frac{v^2}{L \sin\gamma} \tag{4.51}$$

而 $L\cos\gamma = W$ ，则

$$r = \frac{v^2}{g \tan\gamma} \tag{4.52}$$

盘旋一周的时间等于盘旋一周的周长与盘旋速度之比，即

$$t = \frac{2\pi r}{v} = \frac{2\pi}{g} \cdot \frac{v}{\tan\gamma} \tag{4.53}$$

转弯速度就是单位时间内转过的角度，表示飞机的快慢，即

$$\omega = \frac{2\pi}{T} = \frac{g \cdot tg\gamma}{v} \tag{4.54}$$

从式（4.52）和（4.54）可知，当速度一定时，坡度越大，盘旋半径越小，盘旋时间越短，盘旋角速度越大。高转弯速率和小转弯半径可以得到最好的转弯特性，但同时载荷因数增大。

当盘旋坡度一定时，盘旋速度越大，盘旋半径越大，盘旋时间越长，盘旋角速度越小。若要降低空速，可以减小盘旋半径和增大盘旋角速度，转弯特性提高，但是载荷因数不会增大。在给定的坡度下，低速飞机和高速飞机相比可以在很少的时间内及很小的区域内完成转弯。

对任何飞机，只要盘旋速度和坡度相同，盘旋半径、盘旋时间和盘旋角速度也相同。在进行协调转弯时，空速的增加会增加转弯半径并降低转弯角速度，由于坡度是不变的，所以飞机的载荷因数也不会变。任何空速下给定的坡度角对应的载荷因数都一样。

4. 盘旋限制

飞机的极限盘旋能力是由多方面因素所限制的，归纳起来可分为 3 类：发动机推力、飞机临界迎角、飞机结构强度和刚度。

飞机结构限制：盘旋坡度越大，盘旋半径和时间就越小，飞机的载荷因数就越大，但飞机的最大载荷因数是设计时就预定好的，最大载荷因数对应一个最大盘旋坡度，飞行中盘旋坡度不能超过这个值。对于民航客机来说，使用最大盘旋坡度盘旋不但使旅客的舒适性降低，而且在正常飞行状态下，也无此必要。

失速速度限制：转弯时的失速速度是平飞时失速速度的 n_y 倍，如果飞行员以水平飞行失速速度的两倍来进行转弯，当速度增大到原来的两倍时，在失速之前，飞机必须承受的载荷变为原来的 4 倍。这表明，最高转弯性能是在恰好避免失速的坡度角和相应的机翼过载下实现的。

发动机功率限制：飞机转弯坡度越大，飞机过载越大，诱导功率和诱导阻力与过载平方成比例。例如，飞机转弯时过载为 4，诱导功率会变为原来的 16 倍，这种情况下，发动机功率不足以完成。

即使飞机的强度再高，如果发动机功率不足，也将使极限转弯范围减小。

4.4.3 侧滑和侧滑角

侧滑是飞行中飞机纵轴与相对气流不一致的现象。侧滑角是指相对气流和飞机对称面之间的夹角，如图 4.20 所示。侧滑角与迎角、俯仰角是确定飞机飞行姿态重要的三个状态参数。当侧滑角为零时，即称为零侧滑或无侧滑，常作为理论分析的理想飞行状态。

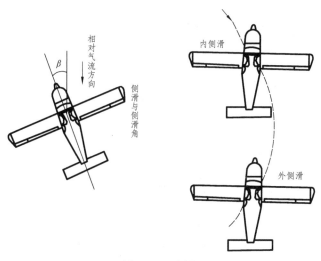

图 4.20　侧滑

侧滑分为左侧滑和右侧滑。相对气流从飞机左侧吹过来就是左侧滑；而相对气流从飞机右侧吹过来为右侧滑；相对气流与飞机的纵轴平行，代表无侧滑。

当舵量与盘量不协调时，飞机就会出现侧滑，侧滑将引起飞机上的力和力矩发生变化，使飞机偏离预定的飞行状态。

产生侧滑时，空气从飞机的侧面吹来，飞机对称面与相对来流方向不一致。气流从转弯飞机的内侧吹来叫内侧滑；从外侧吹来叫外侧滑

协调转弯（Coordinated Turn）是指飞机不带侧滑的转弯。飞机转弯时需要带坡度，而坡度出现后，若不加任何修正，飞机势必出现侧滑。飞机带有侧滑，会引起飞机空气动力性能下降，所以一般情况下应避免飞机带侧滑。

在盘旋转弯中，操纵副翼偏转为了使飞机带坡度，操纵方向舵偏转为了使飞机不产生侧滑。由于转弯外侧的机翼比内侧机翼速度更快，产生更大升力，会使坡度有增加趋势，所以需要柔和操纵让飞机保持高度协调转弯。

4.5　失速与螺旋

失速是指当飞机的迎角超过了临界迎角时，不能保持正常飞行的现象。失速发生的根本原因在于迎角超过临界迎角。

从字面上理解，失速是指失去可以保持正常飞行的最低速度，但失速并不意味飞机失去了前进的速度，低速只是引起失速现象的充分条件，失速可以出现在任何空速、姿态和功率设置下的情况，如速度过低，盘旋坡度过大，载荷因数过大，操纵不当等。

失速发生后，飞机会在一定程度上难以控制并且会大幅度地降低高度，如果处理方法不当，飞机可能就会进入更加危险的螺旋阶段，这个阶段的飞机会变得更加难以改出。

失速与螺旋关系飞行安全，驾驶员应该清楚飞机的失速性能，这样才能防止飞机进入失速和螺旋。即使飞机误进入失速与螺旋，也能正确及时地改出，以保证飞行安全。

4.5.1　失　速

迎角超过了临界迎角后固定翼无人机会失速，此时，无人机升力急剧下降，无人机阻力大幅增加。固定翼无人机失速表现为机头下沉、减速、掉高度、机体振动等。

通常，固定翼无人机飞行中，升力会随迎角的增加而增加，机翼的压力中心前移，分离点也前移，层流附面层减少，形成大的漩涡，漩涡在主流的作用下脱离机翼表面产生附面层气流分离，如图 4.21 所示。这种漩涡运动会引起无人机机翼、尾翼和其他部件产生振动。

（a）正常流经翼面的气流

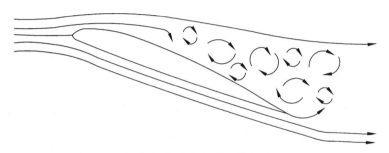

（b）失速时流经翼面的气流

图 4.21　流经翼面的气流（正常、失速）

随着迎角的逐渐增大，当迎角的增大接近临界迎角，附面层分离越发严重，气流分离区几乎覆盖整个机翼。当迎角超过临界迎角时，机翼上翼面气流分离程度最大。

飞机进入失速状态，此时压力中心快速后移，从而改变了机翼的俯仰力矩，改变了作用在水平尾翼上的下洗流。所以，大部分固定翼无人机在失速时将经历一个低头的俯仰力矩。可以看出，发生失速现象仅仅是迎角问题，而不是速度问题。

值得注意的是，前面所述的失速称为低速大迎角失速，与高速失速（马赫数失速）是有区别的。不过随着飞行高度的增加，这两种失速类型发生的速度逐步接近，最后在飞行包线的顶点（即"危角"）处重合。

失速产生的根本原因是飞机的迎角超过临界迎角，而与飞机空速、重量、载荷因素或密度高度的大小无关。飞机在刚进入失速时的速度，称为失速速度，用 v_s 表示。因为失速的产生取决于飞机迎角是否超过了临界迎角，由此，在一定飞行状态的情况下，速度和迎角之间有着一定的关系。飞机速度为失速速度时，飞机迎角为临界迎角。

飞机临界迎角对应的升力系数为最大升力系数，根据升力公式 $L = C_{L,max} \cdot \dfrac{1}{2}\rho v_s^2 \cdot S$ 失速速度可以表示为

$$v_s = \sqrt{\frac{2L}{C_{L,max}\rho S}} \tag{4.55}$$

飞行状态不同，载荷因数大小不同，失速速度也不相同。在任何飞行状态下，失速速度的大小均应根据当时的载荷因数来确定。

由载荷因数定义有

$$L = n_y W \tag{4.56}$$

带入失速速度公式得

$$v_s = \sqrt{\frac{2n_y W}{C_{L,max}\rho S}} \tag{4.57}$$

飞机平飞时，$n_Y = 1$，所以平飞时得失速速度为

$$v_{s\text{平}} = \sqrt{\frac{2W}{C_{L,max}\rho S}} \tag{4.58}$$

由此，失速速度最终可以表示为

$$v_s = \sqrt{\frac{2n_y W}{C_{L,max} \rho S}} = v_{s平} \sqrt{n_y} \qquad (4.59)$$

由此可见，飞机重量增加，失速速度增大；飞机的最大升力系数增大，失速速度相应减小。飞机在平飞转弯或者盘旋中，随着坡度的增大，对应的速度也增大。另外，遇扰动气流、飞机积冰（雪、霜）、操作不协调也会使失速速度增大，重心靠前也会使失速速度增大，不同的飞行状态下的失速速度是平飞失速的 $\sqrt{n_y}$ 倍。

按照空气动力学理论，失速包括 5 种类型：低速失速（大迎角失速）、带动力失速、加速失速、深失速、高速失速（激波失速）。如果驾驶员已经识别飞机即将进入失速状态，就要采取一定的措施进行预防和改出，如操纵飞机低头来减小迎角，防止飞机失速。其实，在飞机设计时已经采用多种预防形式，如在后掠翼构型上，采取附加的气动布局措施，如机翼扭转、设置翼刀、机翼前缘锯齿、前缘缺口和涡流发生器等。

改出失速的关键是减小飞机迎角以重新获得升力和对飞机的有效操纵。失速改出的唯一方法是及时减小迎角。失速的改出是一个连贯的动作，操纵要协调一致，总体上分为三个动作：

第一步，一旦发现失速征兆，必须立即而果断的减小俯仰姿态和飞机迎角。

第二步，应使用最大的发动机功率帮助飞机增速和减小迎角。

第三步，协调地操纵飞机，重新建立直线飞行。

当飞机迎角减小到小于临界迎角后，柔和操纵升降舵改出。在减小迎角的同时，还应注意利用方向舵消除侧滑，以防止飞机产生倾斜而进入螺旋。

4.5.2　螺　旋

螺旋是指飞机失速后，产生的一种急剧滚转和偏转的运动，是飞机机头朝下绕空中某一垂直轴沿半径很小很陡的螺旋线急剧下降的一种飞行状态，也称为尾旋。发生螺旋是非常危险的，极易造成飞机的坠毁，正常情况下应该尽量避免进入螺旋。

螺旋是由飞机失速后机翼的自转引起的。失速是协调的机动飞行，因为两个机翼失速程度几乎相同，而螺旋则是两个机翼失速不一致的不协调的机动飞行，如图 4.22 所示。在这种情况下，完全失速的机翼常常先于另一个机翼下沉，机头朝机翼较低的一边偏转从而飞机丧失横侧阻尼（如侧滑），形成机翼自转而进入螺旋。

以进入右螺旋为例，在迎角超过临界迎角的情况下，出于某种原因飞机向右滚转时，右机翼下沉，迎角增大，升力系数反而减小，产生负的附加升力。左翼上仰，迎角减小，接近临界迎角，升力系数反而增大，产生正的附加升力。左、右机翼附加升力所形成的力矩不仅不阻止飞机向右滚转，反而迫使飞机加速向右滚转，这种现象称为机翼自转。飞机进入向右的自转以后，其升力不仅减小，而且方向因飞机滚转而不断向右倾斜。这时升力在垂面内的分力小于飞机重量，飞机将迅速下降高度，运动轨迹将由水平方向逐渐转向垂面方向。升力在水平面内的分力起着向心力的作用，使飞机在下降过程中向右做小半径的圆周运动。同时由于气流方向不断改变，在稳定性的作用下，使飞机向右旋转，于是飞机便进入一面旋转，一面沿螺旋轨迹下降的右螺旋。高速后掠翼或三角翼飞机，不易形成机翼自转，飞机不易进入螺旋。除非侧滑角较大时，才可形成机翼自转而进入螺旋。但是飞机往往在失速后，会出现方向发散，且出现侧滑，则侧滑角自动增大，继而形成机翼自转，而使飞机坠入螺旋。

螺旋是一种非正常的飞行状态，它的特点是迎角大，旋转半径小，旋转角速度快和下降速度快。完全的螺旋由三个阶段组成，即初始螺旋阶段、形成阶段和改出阶段。初始螺旋阶段是指从飞机失速到螺旋全面形成的阶段。螺旋的全面形成是旋转角速度、空速和垂直速度比较稳定，而且飞行路径接近垂直的阶段。螺旋的改出阶段是从施加制止螺旋的力开始，直至从螺旋中改出的阶段。如图 4.23 所示。

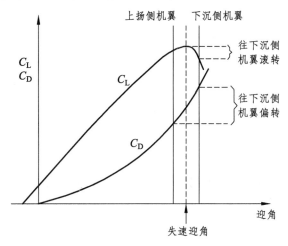

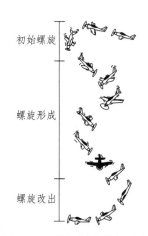

图 4.22　两侧机翼的升力和阻力系数变化　　　图 4.23　螺旋的形成与改出

4.6　起飞和着陆

飞机的每一次飞行，起飞和着陆都是两个必不可少的重要环节。同时飞行和着陆两个阶段的飞行事故频率最高，因此，首先必须掌握飞行和着陆两个技术。飞机的起飞和着陆是两个重要的飞行状态。起飞、着陆性能的好坏有时候会影响到飞机能否顺利完成飞行任务。

4.6.1　起　飞

飞机在跑道上开始滑跑到离开地面，并升到安全高度、速度达到起飞安全速度的运动过程，叫作起飞。

飞机从地面滑跑到离地升空，是由于升力不断增大，以至大于飞机重力的结果。而只有当飞机速度增大到一定数值时，才可能产生足以支持飞机重力的升力。可见飞机的起飞是一个速度不断增加的加速过程。

活塞式螺旋桨飞机的起飞过程，一般可分为起飞滑跑、抬前轮离地、小角度上升（或一段平飞）和上升 4 个阶段。对有足够剩余拉力的螺旋桨飞机，或有足够剩余推力的喷气式飞机，可使飞机加速并上升，故起飞一般只分 3 个阶段，即起飞滑跑、高地和上升，如图 4.24 所示。

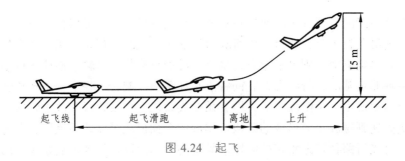

图 4.24　起飞

1. 起飞滑跑

起飞滑跑的目的是增大飞机的速度，直到获得离地速度。因此此阶段的主要问题是如何加速和保持好滑跑方向。飞机滑跑时的运动方程式为

$$\begin{cases} \dfrac{W}{g}a = P-(D+F) \\ N = W - L \end{cases} \qquad (4.60)$$

式中　a —— 加速度（m/s^2）；

　　　g —— 9.8 m/s^2。

为了使飞机滑跑距离最短，必须给飞机最大的加速力，飞机的加速力为拉力与飞机总阻力之差，即剩余拉力，剩余拉力的表示式为

$$\Delta P = P - [D + \mu(W-L)] \qquad (4.61)$$

式中　μ —— 摩擦系数。

滑跑过程中，速度不断增加，作用于飞机的各力都在不断地变化着，总的加速力随着滑跑速度的增大而减小。因为随着滑跑速度的增大，飞机的升力和阻力都增大，升力增大，飞机与地面的垂直作用力减小，导致地面摩擦力减小。

由以上分析可知，拉力或推力越大，剩余拉力或剩余推力也越大，飞机增速就越快。起飞中，为尽快地增速，应把油门推到最大位置，使用最大拉力即满油门起飞。

2. 抬前轮离地

抬前轮过程中，迎角增加，升力增加，飞机有继续上仰的趋势，因此在接近预定俯仰姿态时，应向前推杆，以使飞机保持在规定的离地姿态。离地姿态是通过机头与天地线的相对高低位置，并结合地平仪来判断的。抬起前轮后，继续保持姿态，飞机经过短暂的两点滑跑加速到离地速度，升力稍大于重力，即自动离地。机轮离地后，机轮摩擦力消失。地面效应减弱，飞机有上仰趋势，此时应向前推杆以保持俯仰姿态。

抬前轮的时机不宜过早或过晚。抬前轮过早，速度还小，升力和阻力都小，形成的上仰力矩也小。要抬起前轮，必须使水平尾翼产生较大的上仰力矩，但在小速度情况下，水平尾翼产生的附加空气动力也小，要产生足够的上仰力矩就需要多拉杆。结果，随着滑跑速度增大，上仰力矩又将迅速增大，飞行员要保持抬前轮的平衡状态，势必又要用较大的操纵量进行往复修正，给操纵带来困难。同时，抬前轮过早，使飞机阻力增大而增长起飞距离。如果抬前轮过晚，不仅使滑跑距离增长，而且还由于抬前轮到离地的时间很短，飞

行员不易修正前轮抬起的高度而保持适当的离地迎角，甚至容易使升力突增很多而造成飞机猛然离地。

前轮抬起的高度应正好保持飞机离地所需的迎角。前轮抬起过低，势必使迎角和升力系数过小，离地速度增大，滑跑距离增长；前轮抬起过高，滑跑距离虽可缩短，但因飞机阻力大，起飞距离将增长，而且迎角和升力系数过大，又势必造成大迎角小速度离地。离地后，飞机的稳定性差操纵性也不好。仰角过大，还可能造成机尾擦地。从既要保证安全又要缩短滑跑距离的要求出发，各型飞机前轮抬起的高度都有具体规定。飞行员可从飞机上的俯仰指示器或从机头与天地线的位置关系来判断前轮抬起的高度是否适当。

3. 上升

当速度增大到一定数值时，升力稍大于重力，飞机即可离地。此时升力大于重力，拉力或推力大于阻力。飞机刚离地时，不宜用较大的上升角上升。上升角过大，会影响飞机增速，甚至危及安全。

4. 起飞性能

起飞性能主要包括离地速度、起飞滑跑距离、起飞距离。

（1）离地速度。

起飞滑跑时，当升力正好等于重力时的瞬时速度，叫作离地速度。

达到离地速度时，升力等于重力，即

$$L = C_{\mathrm{L,LOF}} \frac{1}{2} \rho v_{\mathrm{LOF}}^2 S = W \tag{4.62}$$

由此可得

$$v_{\mathrm{LOF}} = \sqrt{\frac{2W}{C_{\mathrm{L,LOF}} \rho S}} \tag{4.63}$$

式中　　v_{LOF} ——离地速度（m/s）；

$C_{\mathrm{L,LOF}}$ ——离地时升力系数。

从公式中可见，起飞离地速度的大小与飞机重量成正比，与离地时的升力系数、空气密度成反比。飞机重量越大，空气密度越小或离地时的升力系数越小，则离地速度就越大。

（2）起飞滑跑距离与起飞距离。

起飞滑跑距离 l_{TOR} 指飞机从开始滑跑至离地之间的距离。影响起飞滑跑距离的具体因素有油门位置、离地迎角、襟翼反置、起飞重量、跑道表面质量、风向风速、跑道坡度等。这些因素一般都是通过影响离地速度或起飞滑跑的平均加速度来影响起飞滑跑距离的。

油门位置。油门越大，螺旋桨拉力或喷气推力越大，飞机增速越快，起飞滑跑距离越短。所以，一般应用最大功率或最大油门状态起飞。

襟翼位置。放下适当角度襟翼，可增大升力系数，减小离地速度，缩短起飞滑跑距离，所以现代飞机起飞都要放下一定角度的襟翼，如图 4.25 所示。

図 4.25 襟翼对起飞的影响

离地迎角。离地迎角的大小取决于抬前轮或抬机尾的高度。抬前轮高度高,离地迎角大,离地速度小,起飞滑跑距离短。但离地迎角又不可过大,如过大,不仅会因飞机阻力大而使飞机增速慢,延长滑跑距离,而且升空后安全裕度小,还可导致擦机尾擦地,会直接危及飞行安全。

起飞重量。起飞重量是影响起飞滑跑距离的最重要因素。如图 4.26 所示,起飞重量增大,不仅使飞机离地速度增大,加速度降低,而且会引起机轮摩擦力增加,使飞机不易加速,起飞距离增加。

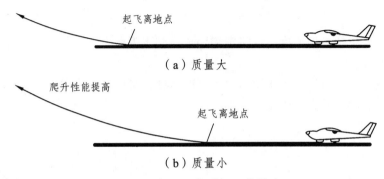

图 4.26 起飞重量对起飞的影响

跑道表面质量。跑道表面质量的摩擦系数不同,滑跑距离也就不同。跑道表面如果光滑平坦而坚实,则摩擦系数小,摩擦力小,飞机增速快,起飞滑跑距离短;跑道表面粗糙不平或松软,起飞滑跑距离就长。

风向风速。起飞滑跑时,为了产生足够的升力使飞机离地,不论有风或无风,离地空速是一定的。但滑跑距离只与地速有关。逆风滑跑时,离地地速小,所以起飞滑跑距离比无风时短;顺风滑跑时,离地地速大,起飞滑跑距离比无风时长。

跑道坡度。跑道有坡度时,由于重力沿航迹方向的分力的作用,会使飞机加速力增大或减小。上坡起飞时,重力的分力会减小飞机的加速力,飞机的起飞滑跑距离和起飞距离会增加;下坡起飞时,重力的分力会增大飞机的加速力,飞机的起飞滑跑距离和起飞距离会减小。

4.6.2 着 陆

飞机以一定的下降角,从安全高处下降,并降落到地面滑跑直至完全停止运动的整个过程,叫着陆。

与起飞相反,着陆是飞机高度不断降低、速度不断减小的运动过程。飞机从一定高度做着陆下降时,发动机处于慢车工作状态,即一般采用带小油门下降的方法下降。飞行高度降低到接近地面时,必须在一定高度上开始使飞机由下降转入平飘,这就是所谓"拉平"。飞机拉平后，速度仍然较大，不能立即接地，需要在离地一定高度上继续减小速度，这个拉平后继续减小速度的过程，就是平飘。当将飞机拉成接地所需的迎角，升力稍小于重力，飞机轻柔飘落接地。飞机接地后，还需要滑跑减速直至停止，这个滑跑减速过程就是着陆滑跑。由上可见，飞机着陆过程一般可分为 5 个阶段，包括下降段、拉平段、平飘段、接地和着陆滑跑段，如图 4.27 所示。

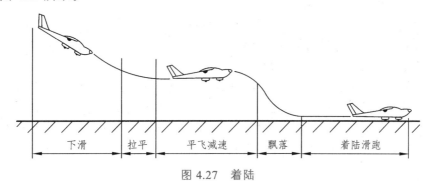

图 4.27　着陆

飞机着陆性能主要包括接地速度、着陆滑跑距离和着陆距离。

1. 接地速度

飞机接地瞬间的速度叫接地速度。飞机接地瞬间的升力大致与飞机重量相等，即

$$L = C_{L,TD} \frac{1}{2} \rho v_{TD}^2 S = W \tag{4.64}$$

得
$$v_{TD} = \sqrt{\frac{2W}{C_{L,TD} \rho S}} \tag{4.65}$$

式中　v_{TD} ——接地速度（m/s）；
　　　　$C_{L,TD}$ ——接地时的升力系数。

接地速度与飞机着陆重量、接地时的升力系数、空气密度有关。飞机重量越重，接地时的升力系数越小，接地速度越大。

接地时升力系数的大小取决于接地迎角和襟翼位置。接地迎角大，升力系数大，接地速度小，但接地迎角受飞机临界迎角和擦尾角的限制。襟翼放下角度越大，升力系数越大，接地速度就越小，所以一般飞机都放全襟翼着陆。

飞机重量增加，接地时所需升力增大，接地速度也相应增大。

空气密度减小，升力减小，为了保持一定的升力使飞机轻轻接地，须相应地增大接地速度，所以，气温升高或在高原机场着陆，接地速度都要增大。飞机的着陆接地速度越小，着陆距离越短，着陆性能就越好，飞行安全性也越高。

2. 着陆滑跑距离

飞机从接地到滑跑停止所经过的距离，叫着陆滑跑距离。着陆滑跑距离取决于接地速度的大小和滑跑减速的快慢。如果接地速度小，滑跑中减速又快，则滑跑距离就短。着陆距离的长短，不但取决于着陆滑跑距离的长短，而且还取决于空中段的距离。

4.6.3 晴空乱流的影响

固定翼无人机在高空飞行时会遇到晴空乱流，这是一种与对流无关的大气乱流，常发生在云层密集的环境以外，不伴有明显的天气现象，也叫晴空湍流。晴空乱流是由大气不规则地流动所引起的，大多是发生在不同速度、方向或温度的气流相遇之处，它使到飞机急速颠簸，严重时，飞机可能会短暂失控。

飞机遇到晴空乱流这种不稳定气流作用，使迎角、侧滑角和相对气流速度改变，进而引起作用于飞机的空气动力及其力矩发生变化，空气动力及其力矩的变化又引起飞机的平衡和载荷因数的变化，从而使飞机产生颠簸。

晴空乱流的气流方向在一般情况下与飞机运动方向不一致，为方便地分析问题，可把飞机在飞行中所遇到的各种不同方向的阵风，分解为水平阵风（水平气流）、垂直阵风（升降气流）和侧向阵风。侧向阵风会引起飞机摇晃、摆头而破坏侧向平衡，但只有大迎角时才比较明显，一般情况下不考虑，这里也就不再分析。下面只分析水平阵风和垂直阵风形成的颠簸。

1. 水平阵风的影响

飞机在平飞中若遇到速度为 u 的水平阵风，如图 4.28 所示，飞机迎角不变，而相对于飞机的气流速度由原来的 v 增大到 $v+u$，引起飞机升力增大。飞机在升力增量 ΔL 的作用下，向上做曲线运动，高度升高，飞机上仰，载荷因数增大，飞行员有压向座椅的感觉。与此相反，若水平阵风从飞机后面吹来，相对气流速度减小，飞机升力减小，飞机向下做曲线运动，高度降低，飞机下俯，载荷因数减小，飞行员有离开座椅的感觉。阵风使相对气流速度时大时小，升力也就时大时小，飞机就会忽上忽下而形成颠簸。

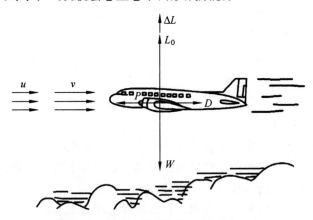

图 4.28　水平阵风引起的飞机升力变化

飞机在平飞中遇到水平阵风时，其升力（L）为

$$L = L_0 + \Delta L = C_L \cdot \frac{1}{2}\rho(v+u)^2 \cdot S \tag{4.66}$$

载荷因数 (n_y) 为

$$n_y = \frac{L}{W}\left(1+\frac{u}{v}\right)^2 \approx 1+2\frac{u}{v} \tag{4.67}$$

载荷因数变化量(Δn_y) 为

$$\Delta n_y = \frac{\Delta L}{W} = 2\frac{u}{v} \tag{4.68}$$

2. 垂直阵风的影响

飞机以速度v平飞,迎角为α,若遇到速度为u的向上垂直阵风,如图 4.29 所示,这时不仅相对气流速度由v增大到w,且相对气流速度方向也发生改变,使迎角由原来的α增大为$\alpha + \Delta\alpha$。由于迎角和相对气流速度都增大,引起飞机升力增大。与此相反,当飞机平飞中遇到向下的垂直阵风时,相对气流速度虽也增大,但因相对气流速度方向的改变而使飞机迎角减小,由迎角减小所引起飞机升力的减小远大于由相对气流速度增大所引起飞机升力的增加,结果飞机升力减小。

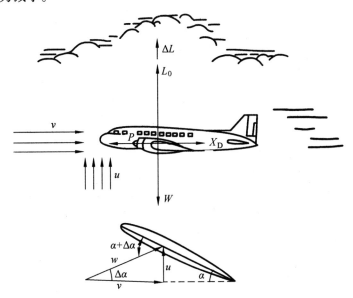

图 4.29 垂直阵风引起飞机的迎角和升力的变化

扰动气流的垂直阵风起伏不定,速度也多变,升力产生时大时小的急剧变化,也就使飞机忽升忽降形成颠簸。若作用在左右机翼上的垂直阵风的方向和大小不一致,飞机就会产生摇晃。若垂直阵风冲击飞机的时间短促且频繁,还可能引起飞机局部的抖动。

在扰动气流中,水平阵风和垂直阵风虽都能引起飞机升力的不规则变化而形成颠簸,但颠簸的强度却不一样。在空速和阵风风速都相同的情况下,垂直阵风对飞机形成的颠簸要比水平阵风对飞机形成的颠簸强得多。这是因为,水平阵风仅改变相对气流速度的大小,由于水平阵风风速比飞机空速小得多,所以对升力的影响比较小;而垂直阵风虽使飞机相对气流速度变化不大,但会使迎角发生大的变化,对升力的影响也就大多了。也就是说,垂直阵风使飞机升力的变化要比水平阵风大得多,所以形成的颠簸也就强得多。可见,飞机颠簸主要是由扰动气流中的垂直阵风所引起的。

当飞机在平飞中遇到垂直阵风时,如图 4.29 所示,其迎角的增量($\Delta\alpha$)为

$$\Delta\alpha = \frac{u}{v} \tag{4.69}$$

升力系数增量 (ΔC_L) 为

$$\Delta C_L = C_L^\alpha \cdot \Delta\alpha \tag{4.70}$$

式中 C_L^α——升力系数曲线斜率。

相对气流速度（w）为

$$w = \sqrt{v^2 + u^2} \tag{4.71}$$

此时的升力（L）为

$$L = L_0 + \Delta L = L_0 + C_L^\alpha \cdot \Delta\alpha \cdot \frac{1}{2}\rho v^2 \cdot S \tag{4.72}$$

若考虑向下的垂直阵风，则升力（L）可表示为

$$L = L_0 + \Delta L = L_0 \pm C_L^\alpha \cdot \Delta\alpha \cdot \frac{1}{2}\rho v^2 \cdot S \tag{4.73}$$

载荷因数 (n_y) 为

$$n_y = 1 \pm \frac{C_L^\alpha \cdot \Delta\alpha \cdot w^2 \cdot \rho \cdot S}{2W} \tag{4.74}$$

由于 $v \gg u$，取 $w \approx v$。再将 $\Delta\alpha = u/v$ 代入式（4.74）得

$$n_y = 1 \pm \frac{C_L^\alpha \cdot \rho \cdot u \cdot v \cdot S}{2W} \tag{4.75}$$

载荷因数变化量 (Δn_y) 为

$$\Delta n_y = \pm \frac{C_L^\alpha \cdot \rho \cdot u \cdot v \cdot S}{2W} \tag{4.76}$$

3. 扰动气流中飞行的特点

（1）平飞最小允许速度和平飞最大允许速度的变化。

低速飞行中，迎角增大到一定程度时，机翼局部翼剖面的上表面附面层气流发生明显分离，会引起飞机抖动，迎角越接近临界迎角，范围越广，气流分离越严重，抖动越明显。这种由迎角大小决定的抖动称作低速抖动。

高速飞行中，由于机翼上表面产生了局部超音速区和局部激波，使附面层分离，也会引起飞机抖动，称作高速抖动。

飞机开始抖动的迎角叫抖动迎角。为保证飞行安全，把抖动迎角作为飞行中最大允许迎角，其所对应的升力系数叫作抖动升力系数或最大允许升力系数。以抖动迎角平飞所对应的平飞抖动速度就是平飞最小允许速度。若只要求飞机不失速，而允许飞机迎角超过抖动迎角，显然，这时的最大允许迎角就是临界迎角，平飞最小允许速度就是平飞失速速度。

如前所述，在扰动气流中飞行，遇到向上的垂直阵风，飞机迎角要增大，有可能达到抖动迎角或临界迎角。为了使增大后的迎角仍不大于抖动迎角或临界迎角，飞行时使用的最大迎角就应该小于抖动迎角或临界迎角。也就是说，在扰动气流中飞行，为了避免飞机迎角超过抖动迎角或临界迎角，平飞最小允许速度应该大于平飞抖动或平飞失速速度。向上垂直阵风越强，迎角增加越多，为了飞机迎角不超过抖动迎角或临界迎角，平飞最小允许速度应该比平飞抖动速度或失速速度大得多。

（2）飞行速度选择。

由前面分析知，在扰动气流中飞行，速度小，飞机迎角增加过多，有可能超过抖动迎角或临界迎角，引起飞机抖动甚至失速；速度大，飞机的载荷因数有可能大于最大使用载荷因数，引起飞机结构损坏。即是说，在扰动气流中飞行，必须选择适当的飞行速度，飞行速度既不能过大也不能过小，一般应选择机动速度。

（3）最大飞行高度的限制。

抖动升力系数随 M 数增大而下降，因此，飞行高度升高，飞行 M 数增加，实际飞行的升力系数越接近抖动升力系数，即升力系数裕量小。这样，遇到垂直阵风，就有可能出现抖动现象。为了保持足够的升力系数裕量，就要限制飞行高度的增加。所以颠簸飞行的最大高度比平稳气流飞行的最大高度应低一些，以保证安全。

4.6.4　风切变的影响

风向和风速在特定方向上的变化叫风切变，它是指在同一高度上或在不同高度上的很短距离内，风向风速发生的变化，以及在较短距离内升降气流变化的一种现象。

风向和风速在水平方向（同一高度的短距离内）的变化叫作水平风切变；在垂直方向（不同高度的短距离内）的变化叫作垂直风切变。由于垂直风切变的影响比水平风切变的大，所以这里主要分析垂直风切变。

风切变的形式很多，有时以单一形式出现，但往往是多种形式同时出现，而以其中一种为主。一般形式有：

（1）顺风切变。指飞机从小的顺风区域进入到大的顺风区域；或者从逆风区域进入到顺风区域；或者从大逆风区域进入小逆风区域等几种情况。它使飞机空速减小，升力下降，飞机下沉，是一种较危险的风切变形式。

（2）逆风切变。指飞机从小的逆风区域进入大的逆风区域；或者从顺风区域进入逆风区域；或者从大顺风区域进入小顺风区域等几种情况。它使飞机空速增大，升力增大，飞机上升，其危害性比顺风切轻些。

（3）侧风切变。指飞机从某一方向的侧风（或无侧风）区域进入另一方向的侧风区域。它会使飞机发生明显的侧滑，形成侧力，飞机向一侧滚转和偏转。

（4）下冲气流切变。指飞机从无明显的升降气流区进入强烈的下降气流区。有的资料认为，下降气流小于 3.6 m/s 时，称升降气流；大于 3.6 m/s（相当于一般喷气飞机离地 90 m 时的起飞上升率或着陆下降率）则称为下冲气流切变。它会使飞机急剧下沉，这种切变具有猝发性，危害最大。

风切变对起飞上升和着陆下降的影响，性质上是相同的，只是起飞遇到风切变，由于飞机不断增速，高度不断增高，比着陆下降中遇到风切变更容易处理，不致严重威胁安全。

图 4.30 所示飞机着陆下降中遇到顺风切变，即在风的切变层内，从上层到下层，逆风突然转为顺风。飞机进入切变层时，空速会突然减小，升力下降，飞机向下掉。

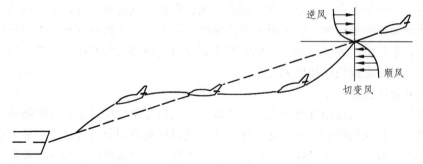

图 4.30　顺风切变对着陆下降的影响

图 4.31 所示飞机着陆下降时遇到逆风切变的情况。在风的切变层内，从上层到下层，顺风突然转为逆风（或逆风突然增大）。飞机进入切变层时，空速突然增大，升力增大，飞机突然抬起，脱离正常下降线。

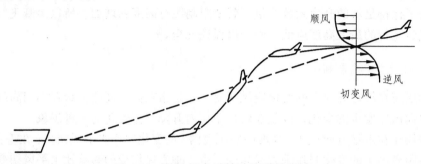

图 4.31　逆风切变对着陆下降的影响

在着陆下降中遇到侧风切变，飞机会产生侧滑，带坡度并偏离预定下降着陆方向。飞机遇到强烈的下冲气流，并伴随其他形式的风切变。下冲气流使飞机迎角减小，升力下降，并迫使飞机急剧下降。如果下冲气流速度小于飞机的上升率，飞机才有能力爬升到安全高度，脱离危险区。如果上升率不够，飞机就会被迫下沉。飞机倘若不能及时冲出下冲气流，就会撞地坠毁。可见，能否有效克服下冲气流的影响，首先取决于飞机本身的上升性能。

航空思政讲坛

永不言弃：C919 背后的故事

在上海浦东商飞公司的广场上，伫立着一个寓意深远的纪念台，叫"永不放弃"。它的造型像一个熊熊燃烧的火炬，仿佛在诉说中国人追求航空梦、中国人要制造大飞机的信心永远不会熄灭。

1. 研制大飞机的信念不可动摇

中国人其实早就有飞天梦。120 多年前，广东恩平人冯如漂洋过海到美国，开始动脑筋做飞机，回到广州后他自己亲自设计、亲自制造、亲自飞行，造出了"冯如一号""冯如二号"飞机，最后不幸因做飞机试验而罹难。但是，被誉为"中国航空之父"的冯如给我们树立了榜样，留下了宝贵的精神财富，那就是中国人一定要飞上蓝天。

1903年，当得知美国莱特兄弟发明了飞机后，冯如决心要依靠自己的力量来制造飞机。从冯如以后的这百年来，中华民族经历了苦难深重的岁月，一直到新中国成立以后，我们的航空工业才开始真正起步。

1949年开国大典的时候，新成立的中国人民解放军空军编队共17架飞机飞过天安门广场上空，那些飞机都是从国民党手里接收过来的。1951年，中国航空工业成立了专门的工作组，后来慢慢发展成航空工业部。

毛主席一直对飞机情有独钟。1956年，对那些从国民党接收过来的飞机进行修理后，我们有了第一架教练机，毛主席为此专门颁布了嘉奖令。

后来在苏联的援助下，开始全盘照搬苏联的飞机设计标准、规则、机型、制造工艺等。但是中苏关系恶化以后，逼着我们自己搞飞机。这时候毛主席说：就是穷得卖掉家当，也要搞两弹一星，也要搞航空。但是当时迫于国际形势的压力，只能全力以赴搞两弹一星，于是飞机的研制暂时搁下了。

1970年，毛主席到上海视察工作。当时毛主席说了一句：你们上海工业基础这么好，怎么不搞飞机呀？你们要搞飞机。就这么一句话，一锤定音，确定了中国要造自己的大型客机，这就是后来制造运10飞机的"708工程"。

2. 民航飞机发展的"三起两落"

中国民航飞机发展的历程可以归纳为"三起两落"。"三起"，第一起就是刚才提到的运10飞机，后来因为种种原因下马了。第二次起步是代号AD100的干线飞机，AD意味着中国要造一架在亚洲领先的飞机，100是指100座。迫于条件，当时中国只能制造一些螺旋桨的短线飞机，因此不断有一些院士、科学家给中央写信，呼吁我们一定要搞大一点的飞机。但是，AD100也是生不逢时，最后不得不下马。其中的原因是我们国家的实力太弱了，人家强国不愿意与我们合作，出尔反尔。第二次落下去以后，仍有不少有识之士不断地上书，中央非常重视，从科技部、国防科工委一直到航空工业部，不断地组织专家讨论、论证。这些论证材料足可以写成一本书，方方面面的意见很多，但有一点始终是统一的：为了国家战略、国家利益、国家发展，我们一定要造大飞机。

值得一提的是，在"三起两落"的第三起之前，中国成功研制了短航程支线飞机ARJ21-700。2002年，这个项目被列为国家重点科技项目上马，2008年11月28日ARJ21-700首飞成功。经过了严格的试航取证后，目前已经交给成都航空公司进行商业运行，也就是说，它可以载客、有航线、有航班，可以盈利了。这架飞机虽然是支线飞机，但是它标志着我们中国终于有了自己的民用客机。

3. C919大型客机

真正的第三次起步当然就是C919大型客机的研制。2006年，大型飞机重大专项被确定为16个重大科技专项之一。2008年，中国商飞公司成立，经过近十年时间，快马加鞭，一直到2017年5月5日，C919大型客机在上海浦东机场圆满首飞。

C919大型客机的研制凝聚了中国数十万科研人员的心血。据统计，国内有22个省份、200多家企业、36所高校、数十万产业人员参与了C919大型客机的研制。

从中国大飞机"三起两落"的历程中，我们得出这样一个结论：要坚信中国道路，坚信中国大飞机道路，这是不可动摇的！

4. 可以理直气壮地说：C919是中国制造

很多人问：C919到底算不算是中国制造？为什么它的发动机、内部的一些系统都是国外的？回答很明确：这架飞机是拥有中国自主知识产权的，我们可以理直气壮地说这是中国制造，而不是中国组装。

具体可以从以下几方面来看。首先，整个飞机的构思、设计全部是由中国人自己完成的。因为大飞机的设计不是一个人拍脑袋就想出来的，它是由很多系统构成的，飞机上哪怕是一个局部的小系统也可能需要一个人研究一辈子。所以，C919完全是中国人自己设计、自己构思，并完成各个系统的组合，这是非常不容易的。中国大飞机是我们自己的孩子，我们有权利自己起名字，命名权就是主权，就是自主知识产权。

为什么起名叫C919？C代表是中国人自己的飞机。919，第一个"9"的寓意是天长地久，"19"代表的是中国首型中型客机最大载客量为190座，中间的"1"也代表这是中国商飞研发的第一款大型客机，以后研发的飞机会陆续叫929、939……

其次，目前世界上的航空工业全部采用专业化生产。比如，波音飞机也是自行整体构思后组装的，它的发动机也不一定是自己生产的。如今，世界上生产飞机发动机的国际厂家共有5家，包括美国、英国、法国的工厂，发动机都是选用的。

另外，国际上制造飞机的通行惯例是主制造商加供应商的模式。主制造商是一家，供应商则有几百上千家。飞机内部的飞控系统、导航系统、通信系统、环控系统、动力系统等都由供应商提供，然后由主制造商把它们组装起来，这是国际的通行惯例。

5. 大飞机背后，那些感人的"小人物"

飞机是机械的，但是人是活生生的。大飞机的历程实际上是与人的命运紧紧联系在一起的。

大飞机的总设计师叫吴光辉，他出身于湖北的一个农民家庭，小时候就喜欢拆装收音机等小玩意儿，考大学时报考了南京航空学院。他搞飞机设计，一干就干了38年，非常扎实，兢兢业业，基本没有休息时间。

他手下的9位副总工程师，其中有一位老工程师是陕西人，非常朴实，当年被西北工业大学5系3专业录取，其实就是飞机制造的结构强度专业。他在这个专业一干就是40年，专门研究飞机在最大压力下不至于损坏的那个临界点。他家在阎良，人在上海，两边跑，后来终于有了一批进上海的指标，公司让他赶快写个申请，把家搬到上海，还给了他一套180平方米的房子，只要付一半费用就可以了。但他和老伴商量以后说不用了，因为大飞机需要他做强度试验，阎良也有很多军机的强度试验需要他做，再说在陕西天天吃肉夹馍也挺好。就这样，老两口到现在还住在西安一幢普通居民楼的三楼。一些同事说他傻，说你大上海不去，那么大的房子不要。可他说，我想开了，我就是一个农民。什么是奉献？他就是我们面前活生生的例子。

5 固定翼无人机的稳定性和操纵性

稳定性和操纵性是衡量无人机飞行品质和操纵品质的重要参数。稳定性是无人机本身具有的一种特性，表示无人机在受到扰动之后是否具有回到原始状态的能力。操纵性是指固定翼无人机在驾驶员操纵升降舵、方向舵和副翼下改变其飞行状态的特性。固定翼无人机稳定性和操纵性有着密切的关系，故而统称为"稳操性"。

无人机能否自动保持原来飞行状态，是稳定性的问题；如何改变无人机原有的平衡状态，则是操纵性的问题。保持飞机飞行状态属于平衡问题。所以，研究无人机的平衡是分析无人机稳定性和操纵性的基础。飞机的平衡、稳定性和操纵性是分析无人机在力和力矩的作用下，无人机状态的保持和改变的基本原理。

5.1 固定翼无人机的平衡

无人机所有运动都可以分解成随重心的移动与绕重心的转动。跟随重心的移动主要来源于作用在飞机上的合外力，而绕重心的转动则取决于这些力对重心的力矩。

当无人机所受合外力为零时，无人机处于"作用力平衡"状态。当无人机合外力相对重心的力矩之和为零时，飞机则处于"力矩平衡"状态。"作用力平衡"和"力矩平衡"是无人机平衡的两个方面。

当作用力不平衡时，会产生加速度，从而改变无人机重心的移动速度；当力矩不平衡时，则会产生角加速度，从而改变无人机绕重心旋转的速度。这里只分析有关力矩平衡的问题。

5.1.1 重　心

固定翼无人机的质量是由机翼、机身、尾翼、发动机、燃料、起落架、机内设备等各部件的质量组成的。无人机重力作用点所在的位置，叫作重心位置（Center of Gravity，CG）。无人机的运动、操纵与重心位置有密切的关系。重心位置应包括前后、左右和上下的位置。由于重心影响无人机的稳定性。为了确保飞机安全飞行，重心必须在制造商规定的范围内，即重心限制。重心限制是指在飞行过程中，飞机重心必须位于前、后和/或横向（左、右）范围内。极限之间的面积称为重心范围。

由于无人机左右对称，重心位于对称面上，而且重心上下位置对稳定性的影响较小，因此通常所说的重心位置是指沿纵轴方向的前后位置，即重心前限和重心后限之间的范围。一般，固定翼无人机的重心位置不超过 35%MAC。

1. 重心位置的测量方法

确定大型无人机重心一般会按常规方法，根据各部件质量及位置计算出重心位置。而微小型固定翼无人机直接测定方法有以下 3 种：

（1）直接测量法。

在机翼下表面支撑固定翼无人机，并沿机身纵轴方向前后移动，当固定翼无人机处于水平状态时，固定点支撑的位置是重心位置。

（2）吊线法。

通过两次起吊固定翼无人机，重垂线相交点就是重心位置，这种方法可以同时测得重心的前后和上下位置。

（3）称重法。

如图 5.1 所示对于大型的固定翼无人机，如果是后三点式起落架，将固定翼无人机纵轴沿水平位置放置，尾轮置于秤盘上，设指示质量是 R_2，再分别称主轮的指示质量，每个质量为 R_1。固定翼无人机的总质量是 W，有 $W = R_2 + 2R_1$。设前轮轴与尾轮轴的距离为 l_{fw}，飞机重心到主轮接地点距离为 l_{mw}，重心纵向位置可用下式决定：

$$l_{mw} = \frac{l_{fw}R_2}{W} \tag{5.1}$$

前三点式起落架计算方法也一样，只是 R_2 是前轮测得的质量。

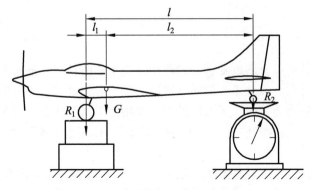

图 5.1　无人机重心位置的测定

2. 平均空气动力弦

无人机飞行中，重心位置不随姿态变化而改变，只会随着无人机装载的载重和位置的变化而变化，或者燃油的消耗而变化。考虑到无人机气动力绝大部分作用在机翼上，所以，翼面重心位置可以借助于平均空气动力弦（Mean Aerodynamic Chord，MAC）进行表示。平均空气动力弦是飞机的纵向特征长度，是一个特别重要的几何参数。

机翼的空气动力可以认为是作用在压力中心上。机翼压力中心和无人机重心的距离直接关系无人机的俯仰平衡。机翼压力中心的位置以离机翼前缘的距离来衡量，则重心位置也应换算为以机翼前缘为起点，位置距离用机翼翼弦的百分数来表示。

重心前限和重心后限可借助 MAC 表示，即从机翼前缘测量 MAC 的百分比。例如，图 5.2 中的 15%MAC 和 30%MAC 表示方式。

对于任意平面形状的实际机翼，它的弦长从翼根到翼尖是变化的。可以假想存在一个相当的矩形机翼，此矩形机翼与实际机翼的面积相同，俯仰力矩和气动力合力也相同。我们把这样的矩形机翼的弦称为机翼的平均空气动力弦。

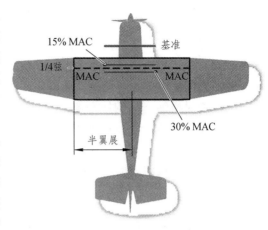

图 5.2　M4C 表示重心前后限

平均空气动力弦就是一个假想的矩形机翼的翼弦，这个假想的矩形机翼的面积、空气动力和俯仰力矩等特性都与原机翼相同,如图2.15所示。使用时取其与平均气动弦长的比值来表示，求机翼的空气气动弦长位置的几何方法与有人机相同。重心因机翼翼型、平面形状、安装角、尾翼面积等的不同而不同。

5.1.2　坐标轴

研究无人机的平衡、稳定性和操纵性原理时，为了描述固定翼无人机的空同位置、运动轨迹、气动力和力矩等向量，需要采用相应的坐标系。常用的坐标系有地面坐标轴系、机体坐标轴系、气流坐标轴系和航迹坐标轴系等。这些坐标系都是三维正交右手系，为方便研究，一般选用机体坐标轴系来研究固定翼无人机的运动规律。

机体坐标系的原点 O 取在飞机重心,以穿过重心的平行于飞机机身轴线的坐标为 X 轴（纵轴），以指向机头为正；穿过飞机重心垂直于飞机对称面 XOY 指向机身右侧的轴为 Z 轴（横轴）；垂直于 XOZ 平面经过原点指向上方的轴为 Y 轴（立轴），如图 5.3 所示。

飞机在飞行过程中，飞机沿纵轴和立轴的移动，以及绕横轴的转动，与飞机的飞行速度和迎角有关。发生在飞机对称面内的运动，通常称为俯仰运动；而飞机沿横轴的移动和绕纵轴的转动，称为横侧运动；飞机绕立轴的转动称为偏转运动。又可分为绕纵轴方向转动的"滚转运动"，绕立轴方向转动的"偏航运动"，以及绕横轴转动的"俯仰运动"，如图 5.3 所示。

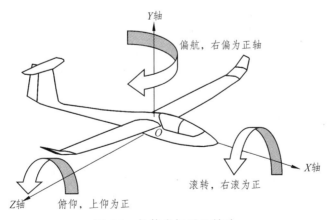

图 5.3　机体坐标系及转动

5.1.3　无人机的平衡

平衡是指作用于飞机的各力之和为零，各力重心所构成的各力矩之和也为零。飞机处于平衡状态时，飞机速度的大小和方向都保持不变，不绕重心转动。

为研究问题方便，一般相对于飞机的三个轴来研究飞机力矩的平衡：

（1）相对横轴——俯仰平衡。

（2）相对立轴——方向平衡。

（3）相对纵轴——横侧平衡。

所以，无人机的平衡问题归结为俯仰平衡、方向平衡和横侧平衡3种。

1. 俯仰平衡

无人机的俯仰平衡是指作用于无人机的各俯仰力矩之和为零。固定翼无人机取得平衡后，不绕纵轴转动，迎角为零或保持不变。

作用于固定翼无人机的俯仰力矩很多，主要有机翼力矩、水平尾翼力矩及拉力（推力）力矩。

机翼力矩就是机翼升力对飞机重心所构成的俯仰力矩。对同一架固定翼无人机，当其在一定高度上，以一定的速度飞行时，机翼力矩的大小只取决于升力系数和压力中心至重心的距离。而升力系数的大小和压力中心的位置又都是随机翼迎角的改变而变化的。所以，机翼力矩的大小，最终只取决于飞机重心位置的前后和迎角的大小。

一般情况，机翼力矩是下俯力矩。当重心后移较多而迎角又很大时，压力中心可能移至重心之前，机翼力矩变成上仰力矩。

水平尾翼力矩是水平尾翼升力对飞机重心所形成的俯仰力矩。水平尾翼升力系数主要取决于水平尾翼迎角和升降舵偏转角。水平尾翼迎角又取决于机翼迎角、气流流过机翼后的下洗角以及水平尾翼的安装角。升降舵上偏或下偏，能改变水平尾翼的切面形状，从而引起水平尾翼升力系数的变化。

流向水平尾翼的气流速度。由于机身机翼的阻滞、螺旋桨滑流等影响，流向水平尾翼的气流速度往往与无人机的飞行速度是不相同的，可能大也可能小，这与机型和飞行状态有关。水平尾翼升力着力点到飞机重心的距离。迎角改变，水平尾翼升力着力点也要改变，但其改变量同距离比较起来，却很微小，一般可以认为不变。

由上可知，对同一架固定翼无人机，在一定高度上飞行，若平尾安装角不变，而下洗角又取决于机翼迎角的大小。所以，飞行中影响水平尾翼力矩变化的主要因素，是机翼迎角、升降舵偏转角和流向水平尾翼的气流速度。

在一般飞行情况下，水平尾翼产生负升力，故水平尾翼力矩是上仰力矩。机翼迎角很大时，也可能会形成下俯力矩。

拉力力矩是螺旋桨的拉力或喷气发动机的推力，其作用线若不通过飞机重心，也就会形成围绕重心的俯仰力矩，这叫拉力或推力力矩。对同一架固定翼无人机来说，拉力或推力所形成的俯仰力矩，其大小主要受油门位置的影响。增大油门，拉力或推力增大，俯仰力矩增大。

所以，无人机取得俯仰平衡，必须是作用于无人机的上仰力矩之和等于下俯力矩之和，即作用于无人机的各俯仰力矩之和为零。

影响俯仰平衡的因素：加减油门，收放襟翼、收放起落架和重心变化等。飞行中，影响飞机俯仰的因素是经常存在的。

为了保持无人机的俯仰平衡，驾驶员操纵无人机的升降舵偏转产生操纵力矩，来保持力矩的平衡。

当无人机做等速直线运动，没有绕横轴转动时，无人机就处于俯仰平衡状态。俯仰平衡状态可以有3种：第一种是机翼升力正好在重心上；第二种是机翼升力在重心前面，这时水平尾翼要产生升力来平衡机翼升力对重心的力矩；第三种是机翼升力在重心的后面，这时水平尾翼产生负升力。固定翼无人机可以把重心放得很靠后（在50%～90%的翼弦处），以充分利用水平尾翼的升力，也可以使重心在平均气动弦长的35%以前，平飞时机翼升力与整机重心位置很接近。

2. 方向平衡

飞机的方向平衡是作用于飞机的各偏转力矩之和为零。飞机取得方向平衡后，不绕立轴转动，侧滑角为零或不变。

作用于飞机的偏转力矩，主要有两翼阻力对重心形成的力矩；垂直尾翼侧力对重心形成的力矩。垂直尾翼上侧力，可能因飞机的侧滑、螺旋桨滑流的扭转以及偏转方向舵等产生。

影响飞机方向平衡的因素：飞机一边机翼变形，左右两翼阻力不等；螺旋桨转速或桨距变化，进而螺旋桨滑流引起的垂直尾翼力矩随之改变。

飞机的方向平衡受破坏时，最有效的克服方法就是利用偏转方向舵产生的方向操纵力矩来平衡使机头偏转的力矩，从而保持飞机的方向平衡。

3. 横侧平衡

飞机的横侧平衡是作用于飞机的各滚转力矩之和为零。飞机取得横侧平衡后，不绕纵轴滚转，坡度为零或不变。

作用于飞机的滚转力矩，主要有两翼升力对重心形成的力矩；螺旋桨旋转时的反作用力矩。

影响飞机的横侧平衡：飞机一边机翼变形，两翼升力不等；螺旋桨反作用力矩随之改变；重心左右移动，两翼升力作用点至重心的力臂改变，形成附加滚转力矩。

飞机的横侧平衡受破坏时，最有效的方法就是利用偏转副翼产生的横侧操纵力矩来平衡使飞机滚转的力矩，以保持飞机的横侧平衡。

飞机的方向平衡和横侧平衡是相互联系、相互依赖的。方向平衡受到破坏，如不修正就会引起横侧平衡的破坏，反之亦然。因此这两种平衡不能截然分开，把横向平衡和方向平衡综合起来考虑时称为横侧平衡。

实际的调整方法有下列几种：使翼尖部分有扭角（外翼区翼型角度与翼根的不同）、斜装机翼、斜拉力线等。当无人机能够进行稳定的盘旋上升时，我们可说已经达到横向和方向平衡。

有些情况不平衡所引起的变化是趋向于安全方面，固定翼无人机还是可以飞得很好。例如，起飞后开始上升时无人机向左倾斜很厉害，即使没人操纵遥控，它能逐渐减少倾斜程度以后转变为稳定上升，盘旋半径不管愈转愈大或愈转愈小，只要不出现下坠倾向，我们就可以说，整个飞行稳定，但实际上无人机的力矩平衡始终没有达到。所以也没有十分必要强调无人飞机在飞行中一定要达到各种各样的平衡。

5.2 固定翼无人机的稳定性

如果无人机受到扰动（如突风）之后，在不进行任何操纵的情况下能够回到初始状态，则称无人机是稳定的，反之则称无人机是不稳定。稳定性不是一成不变的，会随着飞行条件的改变而变化。

飞机的稳定与否对飞行安全尤为重要，如果飞机是稳定的，当遇到突风等扰动时，驾驶员可以不用干预飞机，飞机会自动回到平衡状态；如果飞机是不稳定的，在遇到扰动时，哪怕是一丁点扰动，驾驶员都必须对飞机进行操纵以保持平衡状态，否则飞机就会离初始状态越来越远。不稳定的飞机不仅极大地加重了操纵负担，而且驾驶员对飞机的操纵与飞机自身运动的相互干扰还容易诱发飞机的振荡，造成飞行事故。

虽然越稳定的飞机对于提高安全性越有利，但是对于操纵性来说却越来越不利。因为越稳定的飞机，要改变它的状态就越困难，也就是说，飞机的机动性越差。所以如何协调稳定性和操纵性之间的关系，对于无人机设计来说是一个非常值得权衡的问题。

5.2.1 静稳定性和动稳定性

稳定性又称安定性，是物体受扰动后回复到原来状态的趋势。稳定性分为静稳定性和动稳定性两种。

静稳定性研究物体受扰后的最初响应问题。受扰后出现稳定力矩，具有回到原平衡状态的趋势，称物体是静稳定的。

以常见的静态稳定性为例进行分析。在凹面底部的球是静稳定的，也叫正的静稳定性，如图 5.4（a）所示；在凸面顶部的球是静不稳定的，一旦受到扰动它就离开原来的平衡位置一直加速，这叫负的静稳定性，如图 5.4（b）所示；图 5.4（c）所示是介于上面两种状态之间的情况，就是将球放置在平面上，球既无返回又无离去的趋势，因此它是中性稳定的，也叫中立静稳定性。

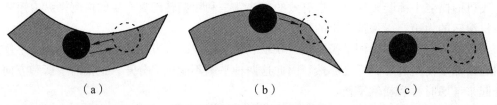

（a）　　　　　　　　（b）　　　　　　　　（c）

图 5.4　静稳定性的 3 种类型

只有静稳定性还不能完全说明问题，因为物体在恢复到原来平衡状态的过程中，并不一定很快达到原来平衡状态而可能摆动起来，摆动多少次才能平稳下来，这就是动稳定性问题。摆动次数越少，需要的时间越短，说明动稳定性越好。如果摆动越来越剧烈，说明动稳性不好。

动稳定性研究物体受扰运动的时间响应历程问题。扰动运动过程中出现阻尼力矩，最终使物体回到原平衡状态，称物体是动稳定的。

动稳定性是指处在平衡状态的物体受到扰动而偏离其平衡状态后，在由此而产生的力和力矩作用下所发生的运动性质，也分为3种形式：

第一种是动稳定，物体受扰而偏离原来平衡位置，当干扰因素消失后，其运动为单调衰减的减幅振荡，如图 5.5（a）、（b）所示。

第二种是动不稳定，物体受扰而偏离原来平衡位置，当干扰因素消失后，其运动为单调发散的增幅振荡，如图 5.5（c）、（d）所示。

第三种是中性动稳定，物体受扰而偏离原来平衡位置，当干扰因素消失后，其运动为等幅振荡（简谐振荡），如图 5.5（e）、（f）所示。

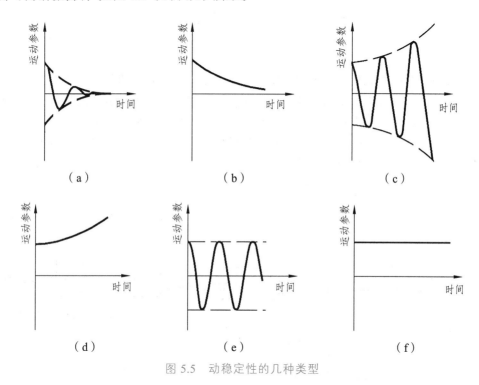

图 5.5 动稳定性的几种类型

5.2.2 焦点和中性点

焦点就是气动力中心（Aerodynamic Center，AC），当飞机的迎角发生变化时，飞机的气动力对该点的力矩始终不变，也可以理解为飞机气动力增量的作用点。焦点的位置是决定飞机稳定性的重要参数。

焦点与压力中心（Pressure Center，PC）的概念不同，用途也不同。确定压力中心位置可以计算出升力产生的力矩，将升力与压力中心与重心的距离得到力矩大小。由于压力中心位置随迎角变化而变化，迎角增加时，一般翼型的压力中心前移；迎角减少时压力中心后移，只有 S 翼型例外。采用压力中心位置计算升力对重心的力矩比较麻烦，而采用焦点比较方便了，称之为焦点力矩。

所以，只要知道焦点到重心的距离，在该迎角下升力系数与阻力系数的大小，翼型的焦点力矩系数等，便可以直接计算出力矩而不用理会压力中心位置。在分析飞机动稳定性时，由于扰动产生的附加升力可以直接考虑作用点在焦点 AC 上，对应的附加力矩为 M_0，如图5.6 所示。

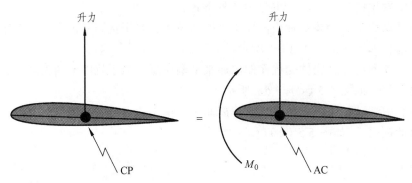

图 5.6　焦点与压力中心之间的联系

　　在飞行中，假设外界扰动造成迎角增加，压力中心会前移，机翼升力也增加，此时对重心的力臂减小了，而升力大小的变化正好与压力中心到焦点距离的变化成反比，因此机翼迎角变化时，升力对焦点的力矩不变。利用焦点的这个特性可以假设升力作用在焦点上，并且用一个力矩（焦点力矩）来修正升力移动位置的影响，这样考虑问题就十分方便了。

　　既然焦点力矩不随迎角改变而改变，所以迎角不同时，要计算升力增量的大小即可，而且这升力增量可以认为正好作用在焦点上，如图5.7 所示。

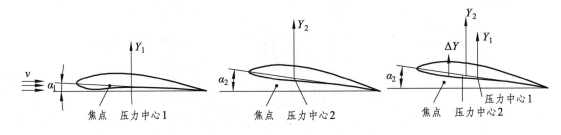

图 5.7　焦点的作用

　　另外，对于对称翼型，压力中心 CP 与焦点 AC 重合；非对称翼型，两者位置不同，随着迎角增加，压力中心 CP 前移，逐渐接近焦点 AC。不同翼型的焦点力矩系数不相同。绝大部分翼型的焦点力矩系数是负值，如 NACA6412 翼型的力矩系数为 −0.13，但 S 翼型的为正，对称翼型是 0（即压力中心就是翼型焦点）。焦点力矩系数负值越大，表示压力中心移动越厉害。

　　翼型、机翼焦点与全机焦点也是有差异，全机的焦点位置因为受到尾翼的影响，与机翼的焦点位置是不相同的。当飞机的迎角发生变化时，在机翼和尾翼上都会产生一定的附加升力，这个附加升力的合力作用点就是飞机的焦点。

　　在固定翼无人机稳定性分析中，外文文献常常提交到中性点（Neutral Point，NP），中性点位于纵轴上，飞机对于中性点是中立稳定的，类似图5.4（c）所示。中性点就是焦点 AC，此时对中性点的 $dC_m/d\alpha = 0$，如图5.8 所示。

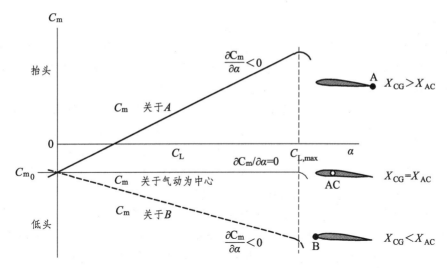

图 5.8　力矩系数特性曲线

在图 5.8 中，俯仰力矩系数可以表示为

$$C_m = C_{m0} + \frac{\partial C_m}{\partial \alpha} \cdot \alpha \qquad (5.2)$$

式中　$\dfrac{\partial C_m}{\partial \alpha}$——俯仰力矩曲线的斜率，表示迎角每变化 1°，飞机俯仰力矩系数的变化量，称

之为迎角稳定度，或者纵向静稳定度。当飞机具有俯仰静稳定性的条件为

$$\frac{\partial C_m}{\partial \alpha} < 0$$

表示俯仰力矩曲线斜率为负，且绝对值越大，稳定性越强。

5.2.3　无人机的稳定性

无人机在做定常飞行时，当遇到各种瞬态扰动（如阵风扰动、驾驶杆偶然摇动、重心移动等）时，无人机的平衡状态就会遭到破坏。

飞机的稳定性是指飞机受到小扰动（包括阵风扰动和操纵扰动）后，偏离原平衡状态，并在扰动消失后，飞行员不给予任何操纵，飞机自动恢复原平衡状态（包括最初响应-静稳定性问题和最终响应-动稳定性问题）的特性。无人机稳定性也分静稳定性和动稳定性两大类。

无人机的静稳定性是指平衡状态被破坏瞬间的无人机运动趋势，包括 3 种形式：静稳定的、静不稳定的和中性稳定的。

如果无人机受到外界瞬态扰动作用后，不经人为干预，具有自动恢复到原来平衡状态的趋势，则称为无人机是静稳定的；反之，在外界瞬态扰动后，直升机有扩大偏离平衡状态的趋势，称为无人机是静不稳定的。

无人机受到瞬态扰动后，既无扩大偏离也无恢复原来平衡状态的趋势，称无人机为中性稳定的。

研究无人机的动稳定性，不仅要判断受扰运动是否稳定，还要了解受扰运动的特征，如振动的周期、收敛（或发散）的快慢等。动稳定性是飞行品质的主要内容。

动稳定以静稳定为前提，所以静不稳定的无人机不可能是动稳定的。动不稳定的无人机，当发散程度不是很剧烈时，仍可以飞行，但需要飞行员频繁地操纵修正无人机来抵制扰动的影响，从而增加飞行员的操纵负担。而动稳定的无人机不需要如此。

具有静稳定性的无人机不一定能最终恢复到原来状态，即不一定具有动稳定性，但两者之间存在一定的内在联系。由于无人飞机在空中飞行时没有人直接操纵或只是在地面间接操纵，不能及时发觉无人飞机飞行中外界气流的影响。要使无人飞机能保持稳定的飞行状态，必须具有比有人飞机更好的稳定性，或者安装自动增稳系统。

小型无人飞机的一个特点是飞行速度不大，速度在 20 ~ 200 m/s；微型无人飞机只有 10 ~ 20 m/s。因此在飞行中，突风和上升气流对无人飞机的影响要比有人飞机大得多。例如，一架速度为 1 ~ 5 m/s 的无人飞机和一架速度为 180 km/h （相当于 50 m/s）的滑翔机，在飞行中都遇到 0.5 m/s 的上升气流，这时无人飞机迎角将增大 5°左右，而滑翔机只增加 0.5°左右。另一方面，小型无人飞机的飞行雷诺数是几万至 100 万，机翼失速迎角 10° ~ 14°。无人机迎角通常调整到 7° ~ 8°。因此，无人飞机飞行迎角已接近失速迎角，如果遇到 0.5 m/s 的上升气流再使迎角增大 5°往往会使飞机失速。

1. 俯仰稳定性

无人机稳定性是无人机的一种运动属性，通常指无人机保持固有运动状态或抵制外界扰动的能力。按照所研究的运动参数，将无人机稳定性分纵向、横向和航向稳定性。其中，飞机的纵向稳定性，又称俯仰稳定性。

在正常飞行过程中，当飞机处于平衡状态时，作用于飞机的俯仰力矩主要是机翼力矩和水平尾翼力矩，水平尾翼产生的附加升力可以产生俯仰稳定力矩。当飞机受到扰动而机头上仰时，机翼和水平尾翼的迎角增大，产生一个向上附加升力，如果飞机重心位于焦点位置的前面，则此向上的附加升力会对飞机产生一个下俯的稳定力矩，使飞机趋向于恢复原来的飞行状态，如图 5.9 所示。反之，当飞机受扰动而机头下俯时，会产生向下的附加升力，对重心形成一个上仰的稳定力矩，也使飞机趋向于恢复原来的稳定状态。相反，如果飞机的重心位于焦点之后，飞机则是纵向不稳定的。

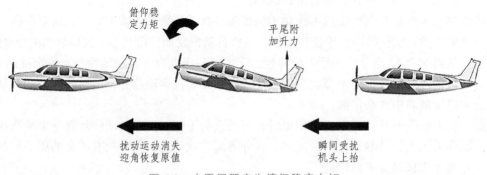

俯仰稳定力矩

平尾附加升力

扰动运动消失
迎角恢复原值

瞬间受扰
机头上抬

图 5.9　水平尾翼产生俯仰稳定力矩

可以看出，飞机当受到扰动或其他原因迎角发生改变，此时作用在飞机上的气动力会发生变化，不仅是大小的变化，作用点也会发生变化（图 5.10）。这时，可以通过力的合成原理，将气动力分解成两部分，一部分是飞机在原来的平衡位置所受到的气动力，仍然作用于压力中心；另一部分是气动力的改变量，作用点就是飞机的焦点。

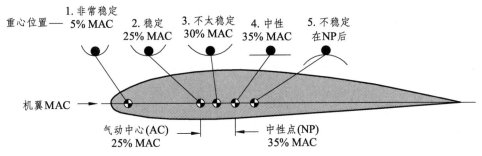

图 5.10 气动力作用点的变化

飞机的焦点位置在整个迎角的变化范围内也是变化的。引入飞机焦点后，飞机的俯仰稳定性问题，实际上就变为研究焦点与飞机重心的位置问题。焦点在机身上的前极限位置称为前焦点位置，在机身上的后极限位置称为后焦点位置，重心位置是焦点的后限。

飞机的纵向稳定性大小主要取决于飞机重心与焦点之间的距离，即俯仰静稳定度（Static Margin，SM），可以粗略用以下公式表示：

$$SM = \frac{x_{CG} - x_{AC}}{MAC} \tag{5.3}$$

式中　x_{CG} ——重心位置；
　　　x_{AC} ——焦点位置。

为了比较全面地衡量固定翼无人机的俯仰稳定性，可以用俯仰稳定度来表示，稳定度是非常重要的设计参数。所谓俯仰稳定度就是固定翼无人机的单位升力系数变化时其俯仰力矩系数的变化量。

$$m_z^{C_L} = \frac{dm_z}{dC_L} = \frac{m_z^{\alpha}}{C_L^{\alpha}} \tag{5.4}$$

近似计算公式为

$$m_z^{C_L} = \frac{-x_0 - y_0 \left(0.44C_L + \alpha_0 / 57.3 \right)}{MAC} \tag{5.5}$$

式中　x_0 ——重心到焦点的距离，重心在焦点前是正值，在焦点后是负值，（m）；
　　　y_0 ——重心与焦点垂直方向距离，重心在焦点下方为正，在焦点上方为负，（m）；
　　　MAC ——机翼平均空气动力弦，（m）；
　　　C_L ——飞行时升力系数；
　　　α_0 ——机翼翼型的零升迎角，不对称翼型通常为负值。

可以看出，当飞机的重心位于焦点前面时，稳定度为负值，则飞机才是纵向静稳定的。重心前移可以增加飞机的纵向静稳定性，重心与焦点的距离越大，稳定性也好；反之，稳定性越差。对于高机翼的无人机以大迎角飞行时，俯仰稳定性增强；翼型弯度越大，机翼的零升迎角负值越大，俯仰稳定性越差。

小型固定翼无人机的俯仰稳定度大约是 -0.4，临界值在 -0.15 左右，如果稳定度绝对值变小，无人机有可能出现严重起伏飞行，甚至完全失去俯仰稳定性。无人机最好通过风洞试验确定稳定度。

但并不是静稳定性越大越好。例如，静稳定性过大，升降舵的操纵力矩就难以使飞机抬头。因此，由于重心前移使稳定性过大，会导致飞机的操纵性变差。

案例：一架固定翼无人机，机翼采用 NACA6409 翼型（零升迎角为 $-7°$），机翼面积为 $0.295\ \mathrm{m^2}$，水平尾翼面积为 $0.08\ \mathrm{m^2}$，机翼平均空气动力弦 MAC 为 $0.18\ \mathrm{m}$，尾力臂长 $0.58\ \mathrm{m}$。此时无人机升力系数为 0.3。重心与焦点的距离为 $0.057\ 6\ \mathrm{m}$，重心在焦点上方 $0.072\ \mathrm{m}$ 处。

解：利用稳定度公式，可以求得

$$
\begin{aligned}
m_z^{C_L} &= \frac{-x_0 - y_0\left(0.44C_L + \alpha_0/57.3\right)}{\mathrm{MAC}} \\
&= \frac{-0.0576 - 0.072\left(0.44 \times 0.3 - 7/53.7\right)}{0.18} \\
&= -0.32
\end{aligned}
$$

这说明，这架固定翼无人机的俯仰稳定性很好。

低速飞行时，飞机的焦点不随着迎角改变而变化，通常焦点距翼弦前缘的距离是整个翼弦长度的 25%，即 25%MAC。飞机焦点位置的表示方法与重心位置的表示方法相同。高速飞行时，飞机的焦点约为 50%MAC。

不同构型的无人机，其焦点位置也不一样。一般，机身和机翼使焦点前移，而水平尾翼使焦点后移，鸭翼会使焦点前移。对于没有机身融合的飞翼构型，整机中性点与机翼焦点重合。大部分无人机的静稳定度为 5%～15%MAC，对于带有鸭翼的无人机而言，其俯仰力矩系数特性曲线如图 5.11 所示。

在百年飞机发展的过程中，前几十年里大家都极力将飞机的前焦点控制在飞机的重心之后，以保证飞机具有足够的稳定性，但是为此却必须付出飞机机动性下降的代价。自出现电传操纵系统以来，人们通过计算机的帮助完全可以保证飞机的稳定飞行，焦点位置也没有必要一定位于重心之后了，所以现代的高性能战斗机都是采用电传操纵的不稳定飞行。这样的飞机由于焦点的位置靠前，不仅机动性大大提高，还提高了总升力，并且减小了配平阻力。

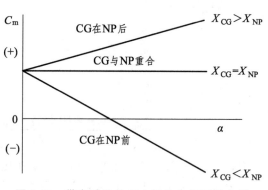

图 5.11　带有鸭翼的无人机的力矩系数曲线

有人认为，要提高固定翼无人机的俯仰稳定性，只要增大水平尾翼或加长尾力臂就行，其实这样的看法是片面的。如果无人机的重心在焦点后面，那么即使平尾加得再大，尾力臂再长，无人机在俯仰方面仍是不稳定的。只有重心在焦点前面的条件下，再增大尾翼面积或尾力臂，才能提高纵向安定性。

另外，固定翼无人机重心位置的高低也会影响俯仰稳定性。重心在机翼下面越低，稳定性越好。所以，竞时航空模型几乎都采用上单翼或高单翼，最好确定出最有利重心位置，保证足够的纵向稳定性，又能充分利用水平尾翼的气动力。

2. 侧向稳定性

由于在稳定性作用下，固定翼无人机只能保持迎角不变、侧滑角不变、坡度不变。固定翼无人机侧向稳定性包括方向稳定性和横侧稳定性，两者是密切联系，相互耦合而不能分割。其中，在偏航方向上的稳定性为方向稳定性。

无人机的方向稳定性，是指飞行中受到扰动其方向平衡状态遭到破坏，在扰动消失后，能自动恢复到原平衡状态的特性。由于方向平衡性判断对象是侧滑角，所以方向稳定性分析中要分析扰动对侧滑角的影响。

侧滑是一种飞行速度与固定翼无人机对称面不一致的飞行状态。侧滑飞行程度可以用侧滑角表示，可以将其理解为飞行速度（或相对气流）方向与飞机纵轴之间的夹角，如图 5.12 所示。

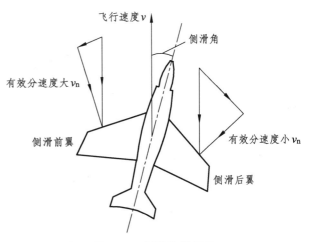

方向稳定力矩主要是在飞机出现侧滑时由垂尾产生的，对飞机的方向稳定性起重要作用，主要原因是垂直尾翼会产生方向稳定力矩以消除侧滑。只要有侧滑，垂直尾翼才能产生稳定力矩，使固定翼无人机恢复平衡状态，垂直尾翼的面积越大，产生的稳定力矩就越大。另外，机身后端、腹鳍和背鳍都可以起到与垂直尾翼相同的作用。

图 5.12 侧滑和侧滑角

如果固定翼无人机飞行中受到扰动发生侧滑，无人机会产生绕纵轴滚转运动，如图 5.13 所示。

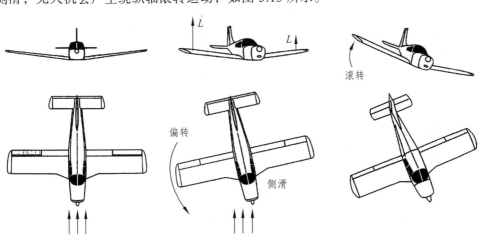

图 5.13 侧滑引起滚转运动

如果固定翼无人机构型设计有上反角或后掠角，也能使机翼产生方向稳定力矩。因为，上反角的存在，发生侧滑时会引起侧滑前翼下沉，使侧滑前翼的迎角变大，所以阻力也更大；相反，侧滑后翼的迎角减小，阻力也相应减小，如图 5.14 所示。两翼的阻力差对重心形成方向稳定力矩。

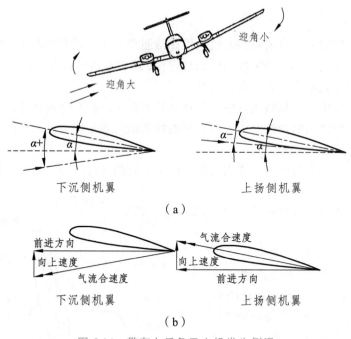

（a）

（b）

图 5.14　带有上反角无人机发生侧滑

如果固定翼无人机的上反角过大，有可能引起固定翼无人机侧滑前翼迎角超过临界迎角而"失速"，稳定力矩变成不稳定力矩，造成无人机横侧不稳定，最终无人机会发生螺旋下降现象。所以，固定翼无人机上反角不宜过大。

可以采取一些措施克服这种翼尖失速现象。例如，翼尖部分采用负扭转角，或者在翼尖部位采用不易失速的临界迎角较大的翼型等。还可以采用不同的机翼形状克服这种现象，主要考虑不同平面形状的机翼，在达到临界迎角后，机翼开始失速的部位不同。试验表明，矩形翼失速从翼根开始，梯形翼失速从靠近翼尖部位开始，而后掠翼失速从翼尖开始，因此梯形翼和后掠翼比矩形翼更容易进入螺旋飞行状态。

另外，由于后掠角的存在，使侧滑前翼的相对气流有效分速大，因而阻力更大，也可以产生方向稳定力矩。

在飞行力学和飞行品质分析中，常用方向稳定性导数 m_y^β（偏航力矩系数 m_y 对侧滑角 β 的导数）衡量方向稳定性优劣；而使用横向稳定性导数 m_x^β（滚转力矩系数 m_x 对侧滑角 β 的导数）衡量横向稳定性优劣。

固定翼无人机的方向稳定性只能保持侧滑角，而不能保持无人机的航向不变，也可以称之为风标稳定性。如此时无人机的航向发生改变，只能通过操纵进行修正航向。

固定翼无人机在滚转运动方向上的稳定性称为横侧稳定性。飞机受扰动以致横侧平衡状态遭到破坏，而在扰动消失后，飞机自身会产生一个稳定力矩，使飞机趋向于恢复原来的平衡状态，则飞机具有横侧向稳定性。反之，飞机不具备有横侧稳定性。

在飞行过程中，使飞机自动恢复原来横侧平衡状态的滚转力矩，主要是由机翼上反角、机翼后掠角和垂直尾翼的作用产生的。上反角情况下，侧滑前翼的迎角更大，升力大于侧滑后翼的升力，从而产生绕纵轴的横侧稳定力矩。后掠角的存在，使侧滑前翼的相对气流有效分速大，因而升力大于侧滑后翼升力，从而产生横侧稳定力矩。所以，飞机要具备横侧稳定性必须使侧滑前翼的升力大于侧滑后翼的升力。

机翼上下位置和垂尾也对横侧稳定力矩的产生有影响。由于机身的阻碍相对气流，使上下翼面的气流速度发生变化，所以各机翼产生的升力就不一样。上单翼飞机横侧稳定性强，下单翼飞机横侧稳定性弱，如图5.15所示。另外，侧滑中，垂尾产生的侧力对重心形成的滚转力矩也是横侧稳定力矩。

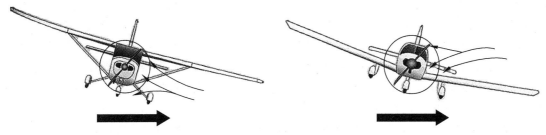

图5.15 上单翼和下单翼的横侧稳定性

固定翼无人机飞行中受扰后，方向稳定力矩和横侧稳定力矩同时产生。除了产生向侧滑一边偏转的方向稳定力矩外，还会产生向侧滑反方向滚转的横侧稳定力矩。只有飞机的方向稳定性和横侧稳定性配合恰当，才能保证飞机具有侧向稳定性。

3. 侧向不稳定性现象

大多数固定翼无人机常遇到侧向不稳定问题，主要涉及飘摆不稳定和螺旋不稳定现象。飘摆不稳定现象是由于飞机的横侧稳定性过强而方向稳定性过弱，也称为荷兰滚（Dutch roll）。而飞机的横侧稳定性过弱而方向稳定性过强，在受扰产生倾斜和侧滑后，易产生缓慢的螺旋不稳定现象（Spiral）。

荷兰滚是一种偏航和横滚的复合运动。这种飘摆运动表现为坡度与侧滑角的交替变化，如图5.16所示。其特点是模态缓慢、强度小、不明显、不容易发现。

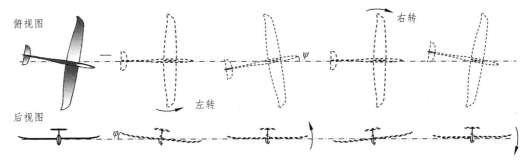

图5.16 无人机发生荷兰滚

飘摆不稳定现象对飞行是有危害性的，主要体现在飘摆震荡周期只有几秒，修正飘摆超出了人的反应能力，修正过程中极易推波助澜，加大飘摆。正常情况下，飘摆半衰期很短，但当方向稳定性和横侧稳定性不协调时，易使飘摆半衰期延长甚至不稳定，严重危及飞行安全。

如果飞机具有较大的上反角、后掠角，甚至上单翼构型和相对较小的垂直尾翼时，容易形成"荷兰滚"。无人机的上反角过大，假设由于某种干扰产生左侧滑后，上反角的作用使无人机出现右倾斜。如果垂直尾翼不够大（相对上反角而言），不能很快消除侧滑，由于右倾斜，会出现较严重的右侧滑。在过大上反角的作用下，又产生过量的恢复力矩，使无人飞机再向左倾斜。上述过程反复进行，结果无人机出现机翼左右摇摆的不稳定现象，称飘摆不稳定。要避免这种现象，可以适当减小上反角或者增加垂直尾翼面积。

另一种侧向不稳定现象是螺旋不稳定性，发生的主要原因是固定翼无人机在受扰产生倾斜和侧滑时，侧滑会立刻被修正，而坡度将不会被立刻改平，此时机头会继续偏转，导致外侧机翼速度比内侧机翼大，从而升力更大，而进一步滚转，导致飞机进入自动的螺旋下降。

进一步理解，当无人飞机受扰动发生左倾斜后，垂尾在左侧滑角的作用下产生使无人机向左偏转的力矩。左偏旋转会使左侧机翼升力减小，右侧机翼升力增加，即保持向左倾斜，而上反角的横向恢复力矩又不足，结果不但不能恢复原来的飞行状态，反而出现盘旋愈来愈急的急螺旋下降现象。这种现象要与失速尾旋现象有所区别。

螺旋不稳定运动，表现为飞机高度和运动半径的变换。其特点是模态明显，周期长，容易被发现。为了克服这两种侧向不稳定的现象，固定翼无人机的上反角与垂尾设计必须配合好。由于螺旋不稳定的周期较大，对飞行安全不构成威胁，所以飞机设计中允许出现轻度的螺旋不稳定。

4. 动不稳定波状飞行

波状飞行就是固定翼无人机在飞行时，轨迹呈波浪形，一会儿抬头上升，一会儿又低头下滑，如此反复进行，飞行高度迅速降低，最后触地为止。这是没调整好的无人飞机常见的一种动稳定性不良现象。在空气动力学上正式名称为"长周期振动"（phugoid）。靠遥控操纵克服这种摆动如操纵不当有可能产生"诱发振荡"，使问题更为严重。因此需要特别注意加以防止。

常见的波状飞行有两种：一种是尖顶波状飞行，另一种是圆顶波状飞行，如图 5.17 所示。如果无人飞机在飞行中受外界影响较小，本身俯仰动稳定性又较好，将出现圆顶波状飞行。

（a）尖顶波状飞行 　　　　　　　　　（b）圆顶波状飞行

图 5.17　两种类型的波状飞行

如果外界的影响大，引起无人飞机俯仰姿态变化剧烈，无人机的静稳定性又较差，或根本就没有平衡好，机翼失速迎角也较小，当无人机因不平衡或受干扰而抬头时，很快超过了临界迎角，使无人飞机失速下坠。这时若水平尾翼没有失速，在水平尾翼的作用下，会使无人机低头进入俯冲。以后随着速度增大和水平尾翼的作用，无人机机头又逐渐上抬直到再次失速，结果形成尖顶的波状飞行。

（1）固定翼无人机产生波状飞行的几种情况。

① 无人机没有平衡好，如机头轻。

② 无人机没调整到平衡位置，在动力飞行阶段就波状飞行，动力很足的无人机不平衡时不会出现波状飞行而是翻筋斗。

③ 本来调整好的固定翼无人机，机翼或尾翼挪动了位置，影响重心相对位置，变成了不平衡。

④ 原来调整好做稳定盘旋飞行的无人机，盘旋半径突然加大或改为直线飞行。

⑤ 无人机遇到突风或进入湍流和强烈上升气流之中。

（2）产生波状飞行的原因。

根据以上可能产生波状飞行的情况来分析，原因有 3 个：

① 无人机本身没有调整好，始终平衡不了，如上述情况①、②项。

② 由于无人机状态或本身飞行条件改变引起，如上述情况③、④项。

③ 无人机动稳定性不够好，受外界的影响后，在恢复到原来正常飞行状态过程，摆动次数太多或甚至摆动越来越大，如上述情况第⑤项。

5. 影响固定翼无人机稳定性的因素

固定翼无人机稳定性是无人机本身应具有的一种特性。无人机具有稳定性，表明无人机在平衡飞行状态具有抗外界干扰的能力，但是无人机的稳定性是相对的、有条件的。

对于同一机型，飞行速度、飞行高度、飞机迎角、重心位置等飞行条件发生了变化，固定翼无人机的稳定性也随之发生变化。例如，小速度飞行，稳定性较差；以接近临界迎角的大迎角飞行时，无人机可能会失去横侧稳定性；当飞机重心移到焦点之后时，无人机也会失去俯仰稳定性。

（1）重心位置对稳定性的影响。

前面提到，固定翼无人机的纵向稳定性主要取决于无人机重心和焦点的位置，只有无人机重心在焦点之前时，飞机是纵向静稳定的，且飞机重心位置越靠前，重心到飞机焦点的距离越远，无人机受扰动后，所产生的俯仰稳定力矩越大，无人机的俯仰稳定性越强。重心位置越靠后，所产生的稳定力矩越小，即稳定性越差，甚至有可能变成不稳定。但是重心越靠前，固定翼无人机的配平阻力越大，为维持飞机的平衡，要求机翼产生更大的升力。

重心位置越靠前，固定翼无人机的方向稳定性越强，但增强得不明显。因为重心到垂尾侧力作用点的距离比重心到飞机焦点的距离大得多，所以，重心位置移动对方向稳定性影响较小。

重心位置前后移动，横侧稳定性不受影响，因为重心位置前后移动不影响固定翼无人机滚转力矩的大小。

如果固定翼无人机重心逐渐向后移动，将削弱飞机的纵向稳定性，甚至变为不稳定。所以在配置无人机时，应当注意妥善安排各项载重的位置，不使无人机重心后移过多，以保证重心在所要求的范围之内。

有些情况下，固定翼无人机受扰动偏离平衡状态时，无人机只能恢复原来的力和力矩的平衡，而不能自动恢复原来的飞行状态。例如，平飞中，受到扰动发生倾斜和侧滑，在升力和重力合力的作用下，无人机向侧下方运动，具有横向稳定性的无人机，此时能够自动消除倾斜和侧滑，迫使无人机恢复原来的平衡状态，但却不能恢复到原来的飞行状态，因此此时无人机的高度和方向已经改变。

（2）速度变化对稳定性的影响。

固定翼无人机摆动衰减时间的长短主要取决于无人机阻尼力矩的大小，阻尼力矩越大，摆动消失得越快，飞机恢复原平衡状态越迅速。在同一高度上，固定翼无人机所产生的阻尼力矩与速度的一次方成正比，速度越大，阻尼力矩越大，迫使无人机摆动迅速消失，因而无人机稳定性增强。反之，速度越小，稳定性越弱。

高度升高，空气密度变小，无人机的阻尼力矩减小，无人机摆动的衰减时间增长，稳定性减弱。

（3）高度变化对稳定性的影响。

高度升高，空气密度变小，气流的动压减小，因此，在其他条件相同的情况下，无论是稳定力，还是操纵力，都会减小。因此，总体而言，无人机的操纵性与稳定性都将减弱。无人机受扰动后的恢复时间会更长，飞机反应迟缓。

（4）大迎角飞行对稳定性的影响。

以接近临界迎角的大迎角飞行时，因飞机的横侧阻尼力矩的方向可能发生变化，所以固定翼无人机可能失去横侧稳定性，容易发生机翼自转现象。

比如，固定翼无人机受扰动向右倾斜时，右翼下沉，迎角增大；左翼上扬，迎角减小。大迎角飞行时，右翼的迎角增大可能超过临界迎角，这样迎角大的右翼升力反而会减小，如图 5.18 所示。小于左翼两翼升力之差产生的横侧阻尼力矩就改变了方向，不仅不能阻止无人机滚转反而会使滚转加剧，而失去横侧稳定性。

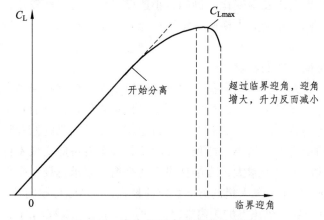

图 5.18　发生机翼自转现象的原理

5.2.4　无人机的配平

配平与稳定密切相关。固定翼无人机只有处在平衡的配平状态，才能保证无人机飞起来，虽然这时候不足以保证稳定，但是这是恢复到平衡状态的前提条件。目前，有三种配平方式（后尾式、无尾式和鸭式），如图 5.19 所示。

（a）后尾式　　　　　　（b）无尾式　　　　　　（c）鸭式

图 5.19　三种配平方式

第一种情况，对于常规构型的固定翼无人机而言，在迎角增大时机翼产生下俯力矩（即低头力矩），水平尾翼产生上仰力矩（即抬头力矩）进行平衡，如图 5.20 所示。此时，水平尾翼处在机翼的下洗流中，迎角为负迎角，产生的气动力与升力相反，故为负升力，并且负升力着力点在重心后侧，产生了可以配平机翼产生的力矩。

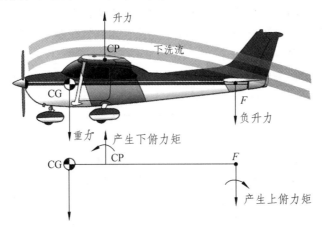

图 5.20　常规平尾配平方式

再者，带有后掠角的固定翼无人机高速飞行时，流经机翼上的气流会沿机翼后掠方向向翼梢方向流动，造成升力作用点后移，机体会有一个尾部抬高的趋势，这时候只能通过尾翼产生负升力用以配平。

以赛斯纳 172 飞机为例，如果机翼失速发生在尾翼之前，驾驶时就要通过操纵让机头下俯，改出失速。如果尾翼失速发生在机翼之前，飞机就自然地实现机头下俯，自动改出飞机失速。这 2 种情况都能做到失速改出。

第二种情况，对于鸭式布局的固定翼无人机而言，平衡力矩是由机翼前侧的鸭翼产生的附加正升力构成的。机翼前面的小翼面称为前翼或鸭翼。前翼可以像水平尾翼那样由固定部分和升降舵组成（或是全动式前翼），起俯仰操纵和平衡的作用，如图 5.21 所示。

与常规布局的配平相同，鸭翼必须产生所有配平条件下所需的平衡载荷。在大迎角飞行时，鸭翼和机翼上都会产生强大的涡流，两股涡流之间的相互耦合和增强，产生比常规布局更强的升力。所以，近距鸭式布局飞机在气动上的最大特点是它能与机翼产生有利干扰，推迟机翼的气流分离，大幅度提高大迎角的升力和减小大迎角的阻力。

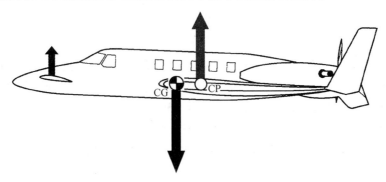

图 5.21　鸭翼布局的配平方式

鸭式布局的飞机在大迎角飞行时，鸭翼和机翼都会产生翼尖涡流。鸭翼的翼尖旋涡流经机翼的上表面，可以改善机翼的空气动力性能，大大提高飞机在大迎角下的升力系数。机翼的翼尖涡流对鸭翼的气动特性也有好处，它会吸引鸭翼的气流向下流动，避免翼尖过早失速。

但是，如果鸭翼构型飞机先发生机翼失速，机翼升力损失造成下俯力矩减小，机翼和尾翼下沉，机头仰起。这时飞机就进入严重失速状态，将无法改出。通常，鸭翼的安装角比机翼安装角大，也就是当鸭翼失速时，机翼没有失速。当鸭翼失速，鸭翼产生的升力减少，飞机自动的低头以减少迎角，防止失速。

还有，鸭翼布局的机型的稳定性要比常规布局的要差，并且飞行阻力要小（因为配平力矩要小）。

第三种情况，对于没有水平尾翼和鸭翼的布局而言，这种固定翼无人机的俯仰平衡和操纵靠机翼后缘升降副翼来完成。

由于常规尾翼就是保持飞行平衡和操纵飞机，但增加了机体重量同时又增加配平阻力，而三角翼就是将尾翼取消，将机翼向后延长，这样的航空器称之为无尾三角翼飞机。但是，这种飞机的低速飞行时性能较差，保留着飞机的垂直尾翼，无尾翼飞机实际上只是无水平尾翼的飞机。

无尾布局通常采取较大的机翼面积，将飞机重心移到气动中心之后，减少单位机翼面积上的重量载荷（翼载）。由于机翼后缘离飞机重心较远，可提高升降副翼的平衡操纵能力。如图5.22所示，通过机翼后掠以及翼尖外洗，产生负升力进行配平。

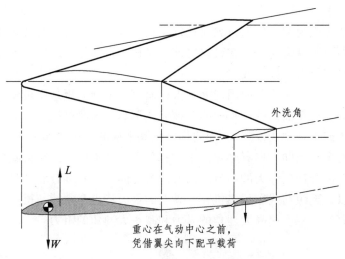

图 5.22　无平尾的配平方式

无尾飞机一般采用三角机翼，分为带有平尾的布局和不带平尾的布局。对无尾布局设计，高升阻比、小低头力矩的高升力翼型设计是其关键技术之一。在超音速飞行中，机鼻形成的冲击波到达三角翼的大后掠前缘时，会使三角翼产生非常高的气动效率。在大迎角飞行时，三角翼的前沿还能产生大量气流，附着在上翼面，能提高升力。所以，三角翼在高空超音速飞行时非常理想，在超音速飞行时气动阻力小；从亚音速过渡到超音速飞行时，机翼压力中心位置变化较小。

5.3　固定翼无人机的操纵性

固定翼无人机的操纵性是指无人机在有关舵面（升降舵、方向舵、副翼等活动面）偏转时，改变自己飞行姿态的性能。固定翼无人机不仅应有自动保持其原有平衡状态的稳定性，还要求具有良好的操纵性。

无人机操纵性包括：俯仰操纵性、方向操纵性和横侧操纵性。固定翼无人机在空中的操纵是通过三个操纵面：升降舵、方向舵和副翼来进行的。操纵这三个操纵面，在气流的作用下就会对无人机产生操纵力矩，使之绕横轴、立轴和纵轴转动，以改变飞行姿态。

操纵性应满足以下主要要求：① 固定翼无人机的舵面应有足够的效能，能满足任务要求的所有机动动作的要求。方向舵效能用不同迎角时单位舵偏角产生偏转力矩系数表示，即 $m_y^{\delta y}$，副翼效能用 $m_x^{\delta x}$ 表示，升降舵效能用 $m_z^{\delta z}$ 表示。② 无人机对舵面的偏转应有足够快的反应。③ 操纵舵面时所需要的力应适当。

固定翼无人机的操纵性与常规有人驾驶飞机无大差别。实际飞行中，如果固定翼无人机对飞控操纵指令的反应灵敏，该无人机具有良好的操纵性，操纵性的好坏与无人机稳定性的大小有密切关系，稳定性好的无人机，操纵性大多不灵敏；操纵性很灵敏的无人机，则通常不太稳定。因此，稳定性与操纵性二者需要协调统一，应综合考虑，以获得最佳的飞行性能。

5.3.1　舵面的功用

当无人机舵面偏转时，整个翼面的翼型和迎角都将发生变化。设原来的翼剖面如图 5.23 所示，飞行迎角为 α_1，中弧线弯度 f_1。当舵面下偏 δ 角度以后，飞行迎角增大为 α_2，翼剖面中弧线弯度为 f_2，且 $f_2 > f_1$，则舵面产生了向上的升力增量。

值得注意的是当舵面偏转后，不仅舵面上的空气动力发生变化，连翼面不动部分的空气动力特性也发生了变化。例如水平尾翼在升降舵偏转后，升力的增量不仅由升降舵产生，水平安定面部分也产生。所以很小的升降舵能起很大的作用。而操纵面积很小的升降舵比操纵整个平尾要轻松得多。由于升降舵要产生不同方向的气动力，以改变无人机的俯仰姿态。小型固定翼无人机的水平尾翼大都采用对称翼型。

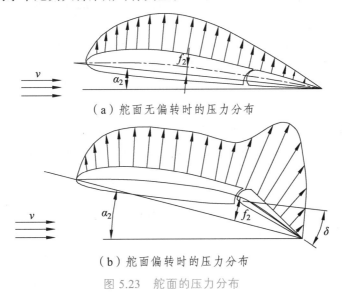

（a）舵面无偏转时的压力分布

（b）舵面偏转时的压力分布

图 5.23　舵面的压力分布

还要注意，由舵面偏转所产生的附加气动力其方向总是和偏转方向相反的。在舵面偏转后，不对称翼型升力系数和迎角关系的变化如图 5.24 所示，舵面正偏产生正升力，负偏差产生负升力。

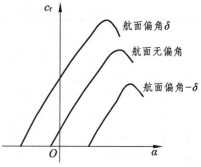

图 5.24　舵面的功用

副翼的作用原理和升降舵一样，不过由于机翼上的气动力要比平尾的大得多，所以副翼相对机翼的面积比升降舵相对平尾的面积要小得多。

襟翼的作用原理和升降舵也相同，只是它用作机翼的增升装置以增加升力，所以总是向有利于增加升力的方向偏转。

在固定翼无人机上，由于伺服系统的舵机功率 N 等于单位时间内作用在舵面操纵摇臂上的力和作用力方向行程的乘积。为了减低对舵机功率的要求以减轻重量，表面上看，似乎可以用增长操纵摇臂的方法来减小操纵力。但是这种办法将增加操纵杆行程并延长动作时间，所以往往要受到操纵性要求的限制。因此，最好的办法是减少舵面铰链力矩来减小操纵力。

舵面的铰链力矩 $M_{铰}$ 由舵面上的气动力对于舵面转轴的力矩而产生，计算公式如下：

$$M_{铰} = C_{m铰} \cdot \frac{1}{2} \rho v^2 \cdot S_{舵} \cdot c_{舵} \tag{5.6}$$

式中　$C_{m铰}$ ——舵面的铰链力矩系数，由舵面形状和偏角决定；

　　　$S_{舵}$ ——舵面的面积；

　　　$c_{舵}$ ——舵面的弦长。

由上式可见，当舵面面积、弦长和飞行速度增加时，铰链力矩将急剧增加。为了减小舵面操纵力矩，特别是针对大型及飞行速度高的无人机，需要采取特殊的办法来减小舵面的铰链力矩。

利用空气动力来减小无人机在飞行中舵面偏转所需的操纵杆力的一种方法。常用的形式包括：轴式补偿和角式补偿。

第一种是轴式补偿。这种补偿形式如图 5.25（a）所示，处在舵面铰链的旋转轴不是在最前缘，而是位于离开前缘某一定距离处。当舵面偏转时，作用在转轴之前的部分舵面上的气动力与位于转轴后的舵面部分的气动力对转轴的力矩方向相反，结果使舵面的铰链力矩减小，从而减少了操纵力。

随着转轴前面轴式补偿面积的增加，可以使舵面的操纵杆力逐步减小。但是随着补偿面积的增加，由于气流流动特性变坏，舵面效率也要降低。所以通常用轴式补偿面积不超过舵面总面积的 15% ~ 20%。

第二种是角式补偿。这种补偿形式如图 5.25（b）所示，在翼尖部分位于转轴之前加出一块翼面，其作用原理和轴式补偿相似，只是将补偿面积集中在翼尖。采用角式补偿时，舵面铰链安装比较简单。但当舵面偏角较大时，对翼面气动外形破坏较大，引起阻力也较大。另外，在"角片"上气流产生的涡流容易引起尾翼振动，所以在飞行速度高的无人机上用得较少。

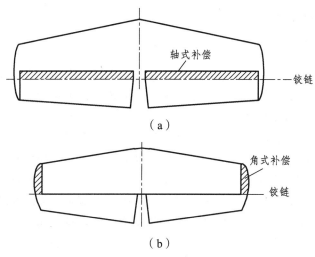

（a）

（b）

图 5.25　舵面的气动补偿

5.3.2　俯仰操纵性

1. 操纵性的基本概念

固定翼无人机的纵向操纵性是当无人机按照操纵指令偏转升降舵后，无人机绕横轴转动而改变其迎角、速度等飞行状态的特性。

固定翼无人机主要依靠升降舵进行俯仰操纵。当操纵升降舵产生上仰操纵力矩，打破原来的俯仰平衡，使飞机抬头，迎角增大。同理，操纵升降舵下偏，产生低头操纵力矩，导致迎角减小。

在固定翼无人机的俯仰操纵中，基本包括直线飞行中改变迎角和曲线飞行中改变迎角两种操纵方式。

2. 实现俯仰操纵的原理

固定翼无人机在直线飞行中，按照操纵指令让升降舵就向上偏转一个角度，于是水平尾翼上产生向下的附加升力，对飞机重心形成俯仰操纵力矩，如图 5.26 所示。

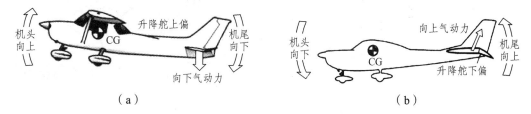

（a）　　　　　　　　　　　　　　　　（b）

图 5.26　升降舵下偏和上偏产生操纵力矩

在操纵力矩作用下，固定翼无人机原有的平衡状态即被破坏，无人机便绕横轴转动，使迎角增大。由于迎角增大，在无人机焦点上产生附加升力 ΔL，对于静稳定的固定翼无人机来说，焦点位于重心的后面，因此升力增量 ΔL 对重心形成使无人机低头的稳定力矩。随着迎角增加，形成的稳定力矩也逐渐增加，当迎角增大到一定程度时，稳定力矩与操纵力矩相等，飞机俯仰力矩重新取得平衡，飞机停止转动，并保持较大迎角飞行（图 5.27）。

此时，力矩的平衡关系为

$$俯仰操纵力矩 = 俯仰稳定力矩 \qquad (5.7)$$

如果操纵无人机增大一些上仰操纵力矩，迎角就会再增大一点，下俯的稳定力矩也相应增大一些，直至上仰操纵力矩同下俯稳定力矩重新平衡时，飞机就会保持更大的迎角飞行。相反，无人机就会保持较小的迎角飞行。

由此可见，在直线飞行中，升降舵偏转角的每一个位置对应着一个迎角。升降舵上偏角越大，对应的迎角就越大。反之，升降舵下偏角越大，对应的迎角就越小。所以，在直线飞行中，固定翼无人机的升降舵前后的每一个位置，都对应着一个迎角或飞行速度。

如图 5.28 所示，固定翼无人机做曲线飞行，轨迹向上弯曲。无人机在从 A 点转至 B 点的过程中，速度方向不断变化，具有俯仰稳定性的飞机，要保持迎角不变，机头势必不断地绕横轴做上仰转动。此时，由升降舵产生的操纵力矩，不仅要克服由于迎角增大而产生的稳定力矩，而且还要克服由于飞机绕横轴转动所产生的阻尼力矩。当转动角速度一定时，飞机俯仰力矩的平衡关系为

$$俯仰操纵力矩 = 俯仰稳定力矩 + 俯仰阻尼力矩 \qquad (5.8)$$

也就是说，操纵力矩的一部分与稳定力矩平衡，以保持飞机迎角不变，而另一部分则与阻尼力矩平衡，以保持飞机绕横轴做等角速度转动。

由此可知，曲线飞行和直线飞行相比，操纵固定翼无人机升降舵一定的偏角，改变的迎角要小些；或者说，改变同样多的迎角，需要的升降舵偏角更大些。

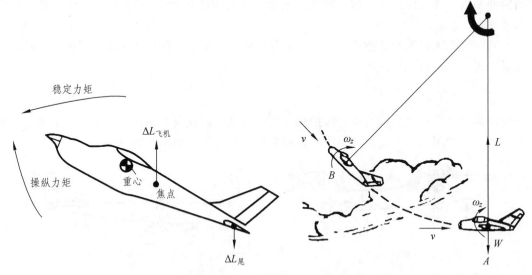

图 5.27 操纵力矩与稳定力矩的平衡关系　　　　图 5.28 在曲线飞行中的旋转角速度

5.3.3 侧向操纵性

1. 方向操纵性

固定翼无人机的方向操纵性就是操纵方向舵之后，无人机绕立轴偏转而改变其侧滑角等飞行状态的特性。偏转方向舵改变侧滑角的原理同偏转升降舵改变迎角的原理基本上是一样的。

在没有侧滑的直线飞行中，假设不考虑机体滚转情况，这时如果操纵方向舵向右偏转一定角度，在垂直尾翼上产生侧力，对重心形成一个右偏的方向操纵力矩，使机头向右偏转，如图 5.29 所示。在机头右偏过程中，出现左侧滑，在机身、垂直尾翼上产生向右的侧力，对重心形成左偏的方向稳定力矩，力图阻止侧滑角的扩大。起初，由于右偏的方向操纵力矩大于左偏的方向稳定力矩，侧滑角继续增大；但是，左偏的方向稳定力矩是随着侧滑角的增大而增大的，当方向稳定力矩增大到与方向操纵力矩取得平衡时，无人机保持一定的侧滑角不变。

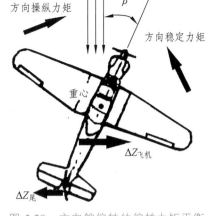

图 5.29　方向舵偏转的偏转力矩平衡

此时，力矩的平衡关系为

$$方向操纵力矩 = 方向稳定力矩 \qquad (5.9)$$

与俯仰操纵相似，对方向操纵而言，在直线飞行中，每一个方向舵位置，对应着一个侧滑角，方向舵左偏，固定翼无人机产生左侧滑；方向舵右偏，无人机产生右侧滑。

2. 横侧操纵性

固定翼无人机的横向操纵性是当无人机按照操纵指令偏转副翼后，无人机绕纵轴滚转或改变其滚转角速度和坡度等飞行状态的特性。固定翼无人机横向操纵主要通过副翼来实现。

当固定翼无人机无坡度直线飞行中，这时如果操纵无人机右副翼下偏，造成右副翼的升力增大；相反，对应的左副翼上偏，左副翼的升力减小，两翼的升力差对重心形成横侧操纵力矩，使无人机向左加速滚转，如图 5.30 所示。

无人机左滚，因有滚转角速度，而产生横侧阻尼力矩，制止飞机左滚。起初，横侧操纵力矩大于横侧阻尼力矩，滚转角速度是逐渐增大的。随着滚转角速度的增大，横侧阻尼力矩也逐渐增大。加速滚转中，无人机没有侧滑，就不会产生横侧稳定力矩。所以，滚转角速度的变化只取决于横侧操纵力矩和横侧阻尼力矩，当横侧阻尼力矩增大到与横侧操纵力矩取得平衡时，飞机保持一定的角速度滚转。这时力矩平衡关系式为

$$横侧操纵力矩 = 横侧阻尼力矩 \qquad (5.10)$$

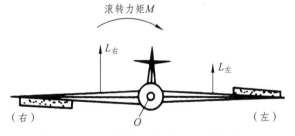

图 5.30　副翼偏转的滚转力矩平衡

如果再操纵固定翼无人机增加一点左滚的操纵力矩，左滚角速度又会增大一点，横侧阻尼力矩也随之增大一点，当横侧操纵力矩同横侧阻尼力矩再次取得平衡时，飞机保持在大一

点的角速度下做稳定滚转。

可见，在横侧操纵中，副翼偏转的每个位置，都对应着一个稳定的滚转角速度，副翼偏转的角度越大，滚转的角速度就越大。

由上面分析可知，对俯仰操纵而言，升降舵每一个偏角对应一个迎角；对方向操纵而言，方向舵每一个偏角对应一个侧滑角；对横侧操纵而言，副翼每一个偏角对应的却是一个稳定的滚转角速度，而不是一个坡度。

为什么会出现这种特殊的差别呢？这是因为在俯仰和方向操纵中，操纵力矩是由稳定力矩来平衡，而在无侧滑的滚转中，不存在稳定力矩，操纵力矩是由阻尼力矩来平衡，由于用来平衡操纵力矩的力矩不同，就构成了横侧操纵同俯仰操纵和方向操纵之间的本质差别。

如果让固定翼无人机在做盘旋和转弯时，要想保持一定的坡度，就必须在接近预定坡度时将副翼回到中立位置，消除横侧操纵力矩，飞机在横侧阻尼力矩的阻止下，使滚转角速度消失。有时，驾驶员甚至可以向无人机滚转的反方向偏转副翼，迅速制止飞机滚转，使飞机准确达到预定坡度。

由此可见，只操纵固定翼无人机方向舵，机体不仅绕立轴偏转，同时还会绕纵轴滚转；而只操纵副翼偏转，机体不仅绕纵轴滚转，同时还会绕立轴偏转，这就是"杆舵互换"现象。因此，通常驾驶员在改变飞机方向或者改变飞机坡度时，会采用既压杆又蹬舵的协调一致的操纵动作，以消除侧滑。

固定翼无人机的横向操纵和方向操纵与稳定性的情况一样，也是互相联系和互相影响的，即它们也是相互耦合的。例如，要使固定翼无人机转弯，操纵指令不但要操纵方向舵，改变无人机的航向，还要操纵副翼使固定翼无人机向转弯的一侧倾斜。即固定翼无人机的横向操纵和方向操纵二者要密切配合，才能把转弯的动作做好。

因此，应把固定翼无人机的方向操纵性和横侧操纵性结合起来研究。方向操纵性和横侧操纵性总合起来又叫侧向操纵性。

5.3.4　影响无人机操纵性的因素

1. 重心位置对操纵性的影响

为了保证固定翼无人机足够的稳定性和良好的操纵性，必须对无人机重心的变化范围加以限制。

前面提到，重心的变化范围用重心前限和重心后限来确定。重心前移，重心到焦点的距离增加，俯仰稳定力矩增大，俯仰稳定性增强，使改变飞机原来飞行状态所需要的操纵力矩增大，从而导致操纵飞机所需要的舵偏角增大，无人机反应过于迟钝，操纵性变差。

重心位置后移，俯仰稳定性变差。由于此时无人机所产生的俯仰稳定力矩很小，使改变原飞行状态所需的俯仰操纵力矩减小，所需要的舵偏角减小。一旦重心后移到飞机焦点之后，飞机会失去俯仰稳定性，飞机将呈现动不稳定性。为保证飞机具有一定的俯仰稳定性和操纵灵敏度，对重心最靠后的位置进行了限制。重心后限应在飞机焦点之前，留有一定安全裕量。

综上所述，为了保证固定翼无人机具有合适的稳定性和操纵性，飞机重心位置不应超过前限和后限，而应在前后限规定的范围之内。

重心位置的左右移动也有严格的限制以保证无人机的横侧操纵性。例如，重心位置偏左，相当于增加了一个向左的滚转力矩，要保持横侧平衡，驾驶员操纵副翼产生额外的往右的滚转力矩，这样会限制无人机的右滚转的能力。因此，固定翼无人机重心左右的移动范围，同样有严格的限制。

2. 飞行速度的影响

在俯仰操纵性和方向操纵性方面，以舵面偏角相同做比较，在飞行速度比较大的情况下，同样大的舵偏角，产生的操纵力矩大，角速度自然也大。因此，无人机达到与此舵偏角相对应的平衡迎角或侧滑角所需的时间就比较短。在横侧操纵性方面，如果副翼偏角相同，则飞行速度大，横侧操纵力矩大，角速度也大。于是，无人机达到相同坡度的时间短。

总之，飞行速度大，无人机反应快，操纵性好；无人机速度小，无人机反应慢，操纵性差。

3. 飞行高度的影响

如果在不同的高度，保持同一真速平飞，因高度升高动压减小，各平飞真速所对应的迎角普遍增大。与低空相比，高空飞行时升降舵上偏角要大些。

另外，若保持同一真速在不同高度飞行，高度升高，空气密度降低，舵面偏转同样角度，高空产生的操纵力矩小，角加速度随之减小，无人机达到对应的迎角，侧滑角或坡度所需的时间增长，也就是说无人机反应慢，出现反应迟缓的现象。

4. 大迎角的影响

飞行中迎角增大，横侧操纵性变差。特别在大迎角时更为显著，甚至出现横侧反操纵现象。比如，飞行员操纵副翼偏转，让固定翼无人机向右滚转。无人机在向右滚转时，不仅因滚转而产生右侧滑，力图减小其滚转角速度，而且还因左副翼下偏，左翼阻力大于右翼阻力而进一步加强右侧滑。由于机翼上反角和后掠角的作用，使右翼升力增大，左翼升力减小，而产生向左滚转的力矩，进一步制止无人机向右滚转，从而削弱了副翼的作用。小迎角时，两翼阻力之差很小，造成的侧滑角也不大，故横侧操纵性比较好。大迎角时，两翼阻力之差比较大，造成的侧滑角也大，故横侧操纵性变差。接近临界迎角时，机翼上出现严重的气流分离，不仅因副翼处于涡流区内，偏转副翼后两翼升力差减小，产生的操纵力矩小，而且因两翼阻力差很大，侧滑作用很强烈，产生制止无人机向右滚转的力矩很大，故横侧操纵性显著变差，甚至会出现所谓横侧反操纵的现象。

为了改善横侧操纵性，特别要消除大迎角下的横侧反操纵现象。除在固定翼无人机设计上采取措施以外，在大迎角小速度下飞行时，飞行员可利用方向舵来帮助副翼操纵。

无人机的操纵性还体现在无人机系统的自主飞行性能，自主飞行性能的等级可以分为6个等级，具体见表5.1。

表 5.1　自主飞行等级划分

等级	名称	要求	特征
1	遥控	全程遥控飞行（100%掌控时间）	遥控飞机
2	简单的自动操作	依靠自控设备辅助在操作目视下执行任务（80%掌控时间）	自动驾驶仪

等级	名称	要求	特征
3	远程操作	执行操作员预编程序任务、具有部分态势感知能力，能做出常规决策（50%掌控时间）	无人机综合管理预设航路点飞行
4	高度自动化（半自主）	可自动执行复杂任务，具有部分态势感知能力，能做出常规决策（20%掌控时间）	自动起飞/着陆链路中断后可继续任务
5	完全自主	具有广泛的态势感知能力（本体及环境），有能力和权限做全面决策（<5%掌控时间）	自动任务重规划
6	协同操作	多架无人机可团队协作	合作和协同飞行

5.3.5 无人机的机动性

无人机的运动参数随时间而变化的非定常运动，称为无人机的机动飞行。在短时间内尽快改变运动状态所实施的飞行动作称为无人机的机动动作。无人机的机动动作包括盘旋、滚转、俯冲、筋斗、战斗转弯、急跃升等。

无人机做机动飞行的能力，即改变飞行速度、飞行高度和方向的能力，称为飞行的机动能力或机动性（maneuverability），相应地称之为速度机动性、高度机动性和方向机动性。

机动性是飞机的重要性能指标，尤其是对特技无人机，更是非常重要的技术指标。显然飞机改变一定速度、高度或方向所需的时间越短，飞机的机动性就越好。

无人机做定常飞行时，机体的加速度为零，此时，作用在无人机上的除了机体重量之外的所有力之和，与重力正好相互平衡，即大小相等、方向相反，故载荷因子或过载为1g。但为了提高无人机的机动性，就必须在最短的时间内改变其运动状态，为此就要给机体尽量大的气动力以造成尽量大的加速度。因此可以说，无人机所能承受的过载越大，机动性就越好。

在机动飞行中，无人机应获得尽量大的升力，故在机动过程中应该尽量增加迎角。然而正常的极限迎角是有限的，固定翼无人机不能超过极限迎角飞行，否则就会失速。为了实现更大的机动性，人们通过不懈的努力，采用特殊技术等途径，已经能够克服失速迎角的限制，进行过失速机动了，如眼镜蛇机动、钟摆机动、钩子机动、榔头机动、赫布斯特机动。

其中，无人机跃升是一种将动能转换为位能，取得高度优势的机动飞行。为了获得最大跃升高度，无人机应在最大平飞速度的高度上进行跃升；但是，为了得到动升限，则应在最大能量高度上进行跃升。无人机通过跃升达到动升限后，只有立即减低高度才能继续进行定常平飞。

固定翼无人机的机动性能受到机体的结构强度以及其他因素的限制，无人机的设计机动性包线，或载荷系数-速度关系图，用来说明空速和载荷的设计限制。不同用途的无人机显然具有不同的机动包线，对于格斗式无人机，其机动性要求很高，必须具有很好的机动性，也就是包线范围比较宽广，具有更高的空速能力和承受更大的载荷系数。

5.3.6 飞翼无人机的操纵方案

飞翼式布局无人机的操纵问题有其特点。由于没有尾翼，所有操纵舵面都只能安装在机翼上面，而且有效力臂很短。目前，可用的方案有，后缘升降副翼、改变左右发动机推力、扰流板、开裂式副翼、机头边条和活动翼梢等。它们的应用各有特点，有时需要用综合方式和多种手段进行有效控制。

1. 后缘升降副翼

将飞翼后缘大部分改为多个活动翼面，可分别作升降舵或副翼使用。美国"太阳神"高空太阳能无人飞机后缘沿翼展分布共有 72 个活动小翼面，称为升降片。外翼的后缘升降片固定上偏 2.5°以保证飞机的俯仰稳定性。现在有了电传操纵系统，各翼面可由计算机分别视情控制，所以这个方案已得到普遍应用。缺点是力臂短，效能不高。

2. 推力控制

多发动机无人飞机可使用这个方案。"太阳神"用改变外翼段各 4 个电动机带动螺旋桨产生的推力差进行转弯操纵。全机没有方向舵。这个方案适用于多发动机无人飞机。而且在一定条件下双发飞机都可以采用这个方法。

3. 扰流板

扰流板可用于航向控制，在较大迎角时效率较高，但同时产生的滚转力矩也很大，为此，要考虑用之作何种操纵较为合适。使用这种操纵方式的飞机很多，不限于飞翼式布局。

4. 开裂式副翼

开裂式副翼能提供较大的偏航力矩和不大的滚转力矩。如用合适的左、右副翼上下偏度组合，可获得大的偏航力矩和尽量小的滚转力矩。若要求同时用于横侧操纵，具体的偏转角组合和不同情况下的偏转规律，要结合具体的飞机型号考虑。

5. 机头边条

机头边条可以用于飞翼式飞机布局的方向控制。通过偏转边条的迎风角度或改变露出高度即有可能实现飞翼式飞机的方向控制，但同时会带来一定的抬头力矩。机身上部的边条比在侧面的能提供更大偏航力矩，而且随着迎角增大效率逐渐提高。但当迎角大到一定值后则会出现明显的非线性。由于边条产生的滚转力矩很小，相对而言，这是一种较好的航向操纵方案。

6. 活动翼梢和偏转后翼梢

活动翼梢是可绕机翼的梢弦向上偏转的小翼面。梢弦轴线不是与飞机纵轴平行而是相对飞机纵轴向内偏一个角度。所以活动翼梢向上偏转时不完全相当于上反角，还会产生偏转力矩。活动翼梢的后半部也能活动。当活动翼梢向上偏转大角度时，后半部的翼面偏转可作为方向舵使用。向上偏转角度越大，方向舵的作用越强。向上偏转角度很小则偏转后翼梢也可相当于副翼。这个方案不仅能增加横向稳定性，也能提供一定量的偏航或横侧控制力矩。对一些 W 形平面形状机翼的翼身布局，还能改善纵向大迎角特性。而且无论活动翼梢或偏转后翼梢，若适当分配其偏转角度，即能提供较大的偏航力矩或滚转力矩，可满足飞翼式飞机操纵的要求，是一种具有潜力的方案。但这个方案可变参数较多，控制规律比较复杂，需要结合具体飞机进一步仔细研究。

大疆无人机 —— 科技创新启示录

在国内许多产业受困于成本快速上涨、产能过剩等问题的时候，无人机产业快速发展并占据世界领先地位，成为我国制造业一道靓丽的风景。通过深入调研发现，以深圳大疆科技为代表的无人机产业的发展对我国制造业的转型升级具有重要的启示和借鉴价值。

1. 大疆无人机和我国无人机产业的崛起

凭借便利、经济、环保、安全等优势，目前，国内无人机产业已涌现，一批明星企业。作为其中的翘楚，大疆入选《快公司》（FastCompany）杂志"2015 年全球 50 大最具创新力企业"第 22 位。

随着近年来的快速发展，我国无人机产业呈现出以下特征：第一，低成本的规模化生产。在大疆无人机投放市场之前，民用无人机的价格高企，而大疆"精灵"无人机的最低售价仅为 5999 元。第二，迎合大众市场的需求。大疆主打产品 —— 精灵无人机在很大程度上改变了行业的产品模式，实现了小型无人机的"傻瓜"式操控。第三，专注于不同的细分领域。国内无人机企业专注一个领域进行深耕，形成差异化优势。第四，建立开放型生态系统。国内民用无人机企业大都开放了二次开发平台。例如，2014 年 11 月，大疆开放了针对精灵无人机系列产品的 SDK（软件开发工具包）开发平台。

2. 我国无人机产业快速崛起的原因

1) 抓住市场的"引爆点"

2010 年，法国 Parrot 公司推出了首架市场流行的小型航拍四轴无人机 AR Drone;同年，GoPro 推出高清晰运动摄像机，销售总额达到 6400 万美元。GoPro 运动摄像机受到市场的广泛欢迎，爱好者们尝试各种用途，开始有人将其搭载在无人机上使用。但是搭载在无人机上的摄像机在飞行过程中会出现摇晃，造成拍摄画面不稳定。大疆因此产生了专门为 GoPro 爱好者设计云平台的想法，之后又产生了做一台完整航拍飞机的想法。……由于新产品在出现的早期通常存在这样或那样的问题，而且最先推出产品企业的市场地位并不牢固，技术不一定最优，商业模式也并不一定最完善，这就给后来的企业提供了赶超的契机。一旦产品成熟、市场爆发，后来者也能成为市场的领导者。

2) 基于核心技术的系统集成

我国有哈尔滨工业大学、北京航空航天大学、南京航空航天大学等一批长期关注于航天技术及相关领域的大学和科研机构，科研机构对无人机原理的长期研究加上企业的产业化探索，使我国无人机企业掌握了高端飞行控制系统技术，形成自己的核心优势。同时，我国无人机企业并不是完全依靠自己封闭式的发展，它们以核心优势为基础，将全球范围内最好的资源集中起来（如大疆利用 GoPro 的摄像系统），开发出具有市场竞争力的产品。

3) 创新能力与产业配套优势相结合

无人机的技术水平较高、产业链长，涉及材料、仪器、仪表、加工、电子飞行控制等领域。以深圳为核心的珠三角地区是我国电子信息产业的集聚地，也是世界 IT 产品制造业的主要中心。同时，香港和广州有众多著名高校和研究机构，集中了众多掌握先进技术和具有创业想法的人才。在珠三角地区设立 IT 领域的高科技企业，能够形成人才资源与产业配套优势的有机结合。

3. 建立中国制造业的创新型制造新优势

通过对以大疆为代表的我国无人机产业的分析可以发现，在低成本和低价格优势之外，我国制造业的新优势正在孕育和发展。

1) 创新投入和人才积累快速增加

近年来，我国的研发投入快速增长，2012 年研发经费达到 10 298.4 亿元，稳居世界第 3 位，占全球份额由 2000 年的 1.7% 迅速提高到 11.7%，研发人员全时当量达到 324.7 万人年，居世界首位，占全球总量 29.2%。可以说，中国完全具备了从制造大国转变为制造业创新大国的人才和物质基础，有条件将人口数量红利转变为人口质量红利。

2) 先进技术的快速规模化生产能力

作为世界制造业加工组装基地，尽管我国在核心零部件、关键装备等方面仍有所欠缺，但强大的工程化和加工制造能力是包括美国、日本、德国等工业强国难以匹敌的。这就使得我国在发现新兴领域的明确市场需求、技术路线后，能够迅速跟进，将国外复杂的设计快速转变为容易加工制造、容易规模化生产的最终产品并能够进行持续的产品改进和不断的成本削减。

3) 配套完善的现代产业体系

经过 30 多年改革开放的经济高速增长，我国制造业已经初步形成配套完善的现代产业体系。20 世纪后期以来，发达国家持续把不具备成本优势的加工制造环节离岸外包到中国等成本更低的发展中国家，但制造环节的缺失已经损害了发达国家的创新能力。相反，从国际范围来看，尽管中国的创新能力不是最强的，加工制造成本也已经不是最低的，但是把创新能力与制造能力结合起来，能够形成新的国际竞争优势。

4) 未来中国制造业转型升级的方向 —— 创新型制造

随着近年来工资的快速持续上涨、土地空间日趋紧张以及资源、环境约束加剧，中国的低成本优势正在削弱，在东部沿海地区表现得尤为明显。那么中国制造业应向哪个方向转型升级？以大疆为代表的我国无人机产业的崛起给出了一条适合中国制造业转型升级的路径：通过将传统的低成本加工制造能力、产业公地优势和不断增强的创新能力结合起来，我国制造业完全可以实现由低成本加工制造领域的价格优势向创新型制造优势的转变。

值得注意的是，以大疆为代表的一批创新型制造企业，未来的发展也存在一定的不确定性。对于无人机等新兴行业而言，如何不断拓展应用边界、形成可持续的市场空间，是整个行业走向成熟面临的最大挑战。同时，在原创技术的排他性方面，主导企业如果不能拥有足够高的技术门槛阻挡竞争对手，无人机这类行业有可能也会出现低端仿制、过度竞争乃至产能过剩的局面。

促进中国制造业向创新型制造的转型，应该加强和完善支撑创新型制造的几个要素：

第一，继续完善产业配套体系。与东部沿海地区相比，我国中西部地区的经济不发达、基础设施不完善、产业链不健全，为顺应制造业由东向西梯度转移的态势，需加强中西部地区基础设施和产业配套体系的完善。

第二，支持创新，鼓励创业。继续加强对基础科学和产业共性技术研究的支持力度，为技术成果的产业化提供支撑。通过设立创客空间和完善创业孵化器、加强创业培训、鼓励风险投资发展等方式，大力推进大众创业、万众创新，促进中小企业的活跃与繁荣。

第三，通过开放式创新利用全球创新资源。我国创新型制造能力的培育必须着眼于利用全球创新资源。一方面追踪世界技术进步的前沿、紧跟市场的"引爆点"，前沿技术和市场需求形成后快速跟进，利用中国完善的产业配套能力进行低成本、大规模制造；另一方面，充分利用国外的创新资源，在国外设立研发机构，并购具有独特技术优势的国外企业，通过互联网平台集聚全世界分散的创新能力和智慧。

第四，"稳中有进"地发展资本市场，为大疆这类创业创新企业提供更多便捷、规范的融资渠道和适用的金融服务，引导成功创业的企业借力资本市场快速发育壮大，不断提升市场影响力和参与国际市场竞争的综合实力。

第五，依托《中国制造 2025》，加大"中国制造"的正面宣传。加紧利用国内外主流媒体，加大对转型突破和创业成功典型实例的宣传，客观真实地反映"中国制造"的实力和水平，提振国内外投资者长期投入中国实体经济的信心，推动"中国制造"由大转强。

现代意义上的科技创新，已然不是前科学时代"作坊式"的个体攻关，而是包括科学家、工程师、工人等共同参与的一项"工程"，都不同程度地需要政府、企业、投资金融、法律等不同领域的支撑。"工匠精神"的内涵除了精益求精、追求极致和卓越之外，还应该具有协作和配合的内在要求。大疆无人机从最初定位航模爱好者的飞行控制模型到集成了摄像与无人机功能的航拍一体机，在全球占据了绝对竞争优势，源自自主研发的突破性技术创新以及配套性的现代产业体系。大疆地处国际化程度高、与发达国家有着广泛和密切的科技经贸往来的深港地区，第一时间捕捉到世界产业的发展潮流，及时地抓住市场的"引爆点"并跟进，在掌握高端飞行控制系统技术的核心优势后，将创新能力与产业配套优势相结合，最终实现无人机的低成本商业化量产。

产经快评，2016-07-07

第 3 篇

单旋翼无人机

本篇主要介绍单旋翼无人机的特性、基本飞行原理和飞行性能。主要知识点包括单旋翼无人机分类、基本构造和相关概念，通过了解单旋翼无人机的旋翼空气动力学，进一步理解旋翼挥舞理论和挥舞特性，为单旋翼无人机的控制和操纵方式提供理论基础，理解其稳定性和操纵性是如何实现的，突出这种特殊性。进一步掌握单旋翼无人机的飞行性能，分析其悬停性能、垂直飞行以及类似斜坡起降等机动飞行，理解旋翼失速、自转、涡环状态等特殊情况的物理机理，提高单旋翼无人机飞行安全。

旋翼无人驾驶航空器（unmanned rotorcraft）：由动力驱动，飞行时凭借一个或多个旋翼提供升力和操纵的，能够垂直起降、自由悬停的重于空气的无人驾驶航空器。（出自 GB/T 38152—2019）

无人直升机（unmanned helicopter）：由遥控设备或自备程序控制装置操纵，飞行时主要凭借一个或多个在基本垂直轴上由动力驱动的旋翼为主要升力和推进力来源，能垂直起降的重于空气的带任务载荷的无人驾驶航空器。（出自 GB/T 38152—2019）

无人直升机（unmanned helicopter）：具有一个或两个旋翼，能垂直起降、自由悬停的无人驾驶航空器。（出自 GA/T 1411.1—2017）

6 单旋翼无人机的构造

近十几年来，随着复合材料、动力系统、传感器，尤其是飞行控制等技术的研究进展，无人直升机得到了迅速的发展，正日益成为人们关注的焦点。直升机独特的飞行能力是其他一些飞行器不具备的，而无人直升机还可以执行许多有人驾驶直升机无法完成的任务。

无人直升机（Unmanned Helicopter，UMH）是一种由动力驱动，机上无人驾驶的航空器，是无人机中的重要一类。这种带旋翼无人机在构造形式上属于旋翼飞行器，在功能上属于垂直起降飞行器，可以由无线电地面遥控飞行或/和自主控制飞行的可垂直起降的飞行器。按照旋翼数量可以将无人直升机分为单旋翼无人机和多旋翼无人机。

无人直升机除了具备固定翼无人机的一般优点外，还具有垂直起飞着陆、空中定点悬停、低速飞行、低空超低空飞行、悬停回转，可以朝任意方向飞行等特点。因此，在起飞着陆场地受限、飞行空间狭小、要求执行低空低速任务的场合下，无人直升机有着广阔的应用前景。虽然无人直升机在飞行速度上与固定翼无人机无法媲美，但是由于其具有独特的飞行能力，使得无人直升机在无人机家族中发挥着不可替代的作用。

无人机直升机在军民双方都发挥着重要作用。在军用方面，无人直升机既能执行各种非杀伤性任务，又能执行各种软硬杀伤性任务，包括侦察、监视、目标截获、诱饵、攻击、通信中继等。在民用方面，无人直升机在大气监测、交通监控、资源勘探、电力线路检测、森林防火等方面具有广泛的应用前景。

无人直升机系统大体上由直升机本体、控制与导航系统、综合无线电系统和任务载荷设备等组成。直升机本体包括旋翼、尾桨、机体、操纵系统、动力装置等。控制与导航系统包括地面控制站、机载姿态传感器、飞控计算机、定位与导航设备、飞行监控及显示系统等，这部分是无人直升机系统的关键部分，也是较难实现的部分。综合无线电系统包括无线电传输与通信设备等，由机载数据终端、地面数据终端、天线、天线控制设备等组成。任务载荷设备包括光电、红外和雷达侦察设备以及电子对抗设备、通信中继设备等。

6.1 无人直升机的分类

直升机主要从平衡旋翼反扭矩的方式、驱动旋翼的方式和提供升力与推进力的不同方式来进行结构分类。直升机按平衡旋翼反扭矩的方式可分为单旋翼带尾桨式、双旋翼式、多旋翼式；按提供升力与推动力的方式可分为正常式、带翼式、倾转旋翼式、复合式等。在这些构型中，有的构型通过不断的发展，技术较成熟，已研制出实用的型号，并在军民用领域大量使用，如单旋翼带尾桨式、双旋翼共轴式、双旋翼纵列式、双旋翼交叉式、倾转旋翼式等。在无人直升机中，常见的布局形式是单旋翼直升机和共轴式双旋翼直升机。

6.1.1 单旋翼直升机

单旋翼直升机也可以称为单旋翼带尾桨式直升机，旋翼系统为一副旋翼和一副尾桨，旋翼既产生升力又产生推进力，可以使直升机垂直飞行、前飞、后飞和侧飞，如图 6.1 所示。安装在机身尾部的尾桨提供平衡旋翼反作用力矩的平衡力矩及航向操纵，但需要消耗一定的功率（通常悬停时为 8% ~ 10%，平飞时为 3% ~ 4%），改变尾桨拉力的大小，能够改变直升机的航向，进行机动飞行。

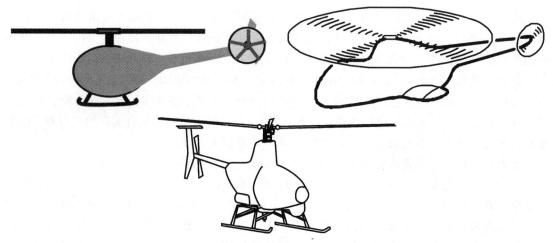

图 6.1 单旋翼带尾桨直升机

单旋翼直升机是最常见的直升机，主要优点是机械驱动，构造简单效率高，只需要一套操纵系统和减速传动系统。但这种形式的不足之处是需要一副尾桨来平衡旋翼的反扭矩。尾桨高速旋转并处于旋翼的下洗流之下，受载复杂，造成噪声和结构件的疲劳。目前，采用涵道尾桨、增加垂直尾翼（简称垂尾）面积及采用无尾桨式单旋翼等措施来解决这些问题。对于轻型单旋翼直升机，可把尾桨安装在尾梁末端的涵道内，这种尾桨称为涵道风扇尾桨。

6.1.2 双旋翼直升机

双旋翼直升机是用两副机械驱动式旋翼产生升力的直升机。两副旋翼尺寸相同而旋转方向相反，其反扭矩互相平衡，因而不需要安装尾桨。这种形式又可分为共轴式双旋翼直升机、纵列式双旋翼直升机、横列式双旋翼直升机和横列交叉式双旋翼直升机。

1. 共轴式双旋翼直升机

共轴式双旋翼直升机是在同一旋转轴线上以一定间距上下排列两副旋转方向相反的旋翼，也称为共轴反桨式直升机，如图 6.2 所示。由于两旋翼转向相反，故反扭矩可互相平衡，不需要尾桨便可抵消反扭矩，使机身不随旋翼转动。这种直升机可以通过旋翼的倾斜和转速的调整，来产生实现直升机各种飞行状态所需的力。共轴双旋翼布局是唯一能够较好克服单旋翼加尾桨布局的不足的直升机布局。

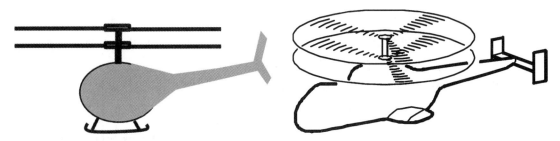

图 6.2　共轴式双旋翼直升机

轴式双旋翼直升机结构紧凑，外部尺寸小，但操纵机构复杂。共轴式双旋翼直升机与单旋翼直升机相比具有以下特点：由于取消了尾桨及其传动系统，在相同总重下，旋翼直径只有单旋翼的 70%～80%，因而该机外廓尺寸大大减小。在性能方面，由于旋翼间相互干扰，在悬停时产生的有利影响会使共轴式悬停效率高。由于没有尾桨，降低了来自尾桨的故障率，对无人驾驶情况下的安全着陆更为有利，尤其适合起降场地受到较大限制时。该机型的主要不足为操纵机构复杂、重量大，两旋翼易互相干扰，振动较大。

2. 纵列式双旋翼直升机

纵列式双旋翼直升机，其旋翼系统的两副旋翼沿机体一前一后纵向排列，如图 6.3 所示。为避免相互影响，后旋翼安装位置较高，如图

图 6.3　纵列式双旋翼直升机

6.4 所示。两旋翼转向相反，反扭矩互相平衡。通过旋翼的倾斜、转速的调整来产生各个运动方向的力，实现直升机的各种飞行运动。

图 6.4　DP-12 型无人直升机

与单旋翼直升机相比，其主要特点为：一方面，主减速器和旋翼所占重量比例较大，采用纵列式可减小全机重量，该机机身比较宽敞，且纵向重心移动的允许范围较大，对于直升机的使用极为有利，适用于重型运输直升机；另一方面，操纵机构复杂，后旋翼气动性能也较差，在最经济状态的飞行性能明显不如单旋翼直升机。因此，纵列式直升机一般只在设计吨位较大时采用。

3. 横列式双旋翼直升机

横列式双旋翼直升机,其旋翼系统的两副旋翼通过构架或短翼分别横向并排装在机身上,如图 6.5 所示,旋翼旋转相反,反作用力矩互相平衡。通过倾斜旋翼,调节旋翼转速,来实现直升机各个方向的运动。这种直升机的操纵机构也比较复杂。由于具有短翼所以平衡特性较好,但增加了结构的重量和迎面阻力。在前飞中,短翼产生的升力能减轻旋翼的负荷,因而能提高飞行速度。

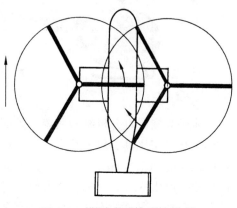

4. 横列交叉式双旋翼直升机

横列交叉式双旋翼直升机,其旋翼系统的两旋翼相距很近,且交叉成 V 形,是介于共轴式与横列式的一种中间形式。其两旋翼的反扭矩互相平衡,

图 6.5 横列式双旋翼直升机

如图 6.6 所示。这种直升机的优点是机身短,体积小;缺点是转动部分复杂,且旋翼旋转必须协调。

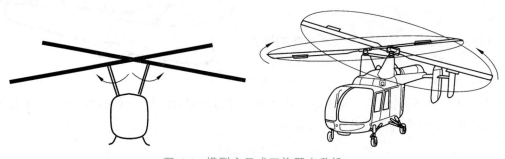

图 6.6 横列交叉式双旋翼直升机

6.1.3 倾转旋翼式直升机

倾转旋翼式直升机的旋翼系统由两副横向并列布置在机翼上的旋翼组成(图 6.7),两副旋翼的转向相反,以平衡反扭转。在垂直起飞和飞行时,依靠旋翼的升力提供垂直方向的力,因此,可像普通的直升机那样进行垂直、侧向、偏航等方向飞行。前飞时,两副旋翼向前倾斜,由升力螺旋桨转为推力螺旋桨,而由机翼提供克服飞机重量的垂直方向的力,变直升机为定翼螺旋桨式飞机。很显然,这种构型大大提高了前飞速度,直升机状态功率消耗大幅度降低,有效解决了失速问题。

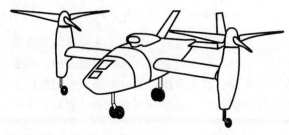

图 6.7 倾转旋翼式直升机(Eagle Eye)

6.2 直升机的组成

单旋翼带尾桨直升机是常见的直升机类型（图 6.8），单旋翼无人机属于这种类型。单旋翼无人机一般由以下主要部分组成：主旋翼和尾桨、动力装置、传动系统、操纵系统、起落装置、机身和机载设备等。其中，主旋翼和尾桨属于旋翼系统。

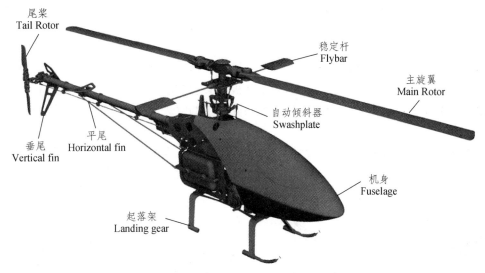

图 6.8　单旋翼无人直升机构造组成

6.2.1　旋翼系统

1. 旋翼和尾桨

直升机的旋翼系统是直升机最关键的部件，包含着多片桨叶，可以形象地认为是旋转的机翼。主旋翼与尾旋翼都属于旋翼系统，主旋翼产生的旋翼拉力主要是克服直升机重力，而尾旋翼产生的拉力主要是为了改变直升机航向。为了简单明了，也可以将主旋翼称为旋翼，将尾旋翼称为尾桨。

旋翼和尾桨由数片桨叶和桨毂构成，形状像细长机翼的桨叶连接在桨毂上。桨毂安装在旋翼轴上，旋翼旋转轴方向接近于铅垂方向，桨叶一般是靠来自发动机的扭转保持旋转运动，旋转时，桨叶与周围空气相互作用，产生气动力。

直升机的升力和推进力均由旋翼产生，即依靠发动机驱动旋翼转动产生的旋翼拉力。根据牛顿第三定律，旋翼产生拉力的同时，空气必定以大小相等、方向相反的力矩作用于旋翼，这个反作用力矩叫反扭矩（图 6.9），反扭矩会传递到机体上，使机体向旋翼旋转的反方向转

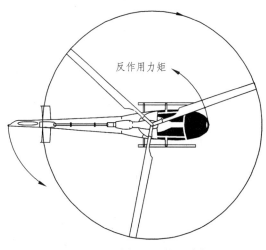

图 6.9　直升机的反作用力矩

动。为了平衡这个反作用力矩，保证直升机的航向平衡，需要采取了不同的布局形式。

直升机在空中飞行，升力、前进推力和操纵力都由旋翼产生；而固定翼飞机的升力主要是靠安装在飞机机身的机翼产生的，而前进拉力则靠另外的螺旋桨或喷气式发动机产生。所以，直升机的旋翼既起到飞机机翼的作用，又起到螺旋桨（或喷气式发动机）的作用，此外还起到副翼、升降舵和方向舵的作用。旋翼既是升力面又是操纵面，这使得直升机旋翼比固定翼飞机的机翼结构复杂。

2. 桨 毂

随着材料、工艺和旋翼理论的发展，产生了多种形式的桨毂。最早的旋翼桨毂根据它的结构设计，主要分为全铰式桨毂、半刚性跷跷板式桨毂和刚性桨毂三类。桨毂用于向旋翼桨叶传递主减速器的旋转力矩，同时承受旋翼桨叶产生的空气动力，并将旋翼的气动合力传给机身。

桨毂形式决定着旋翼的形式。到目前为止，旋翼形式大致分为全铰式、半铰式、无铰式和无轴承式 4 种，如图 6.10 所示。目前，无人直升机见到最多的旋翼是全铰式旋翼和半刚性跷跷板式旋翼。

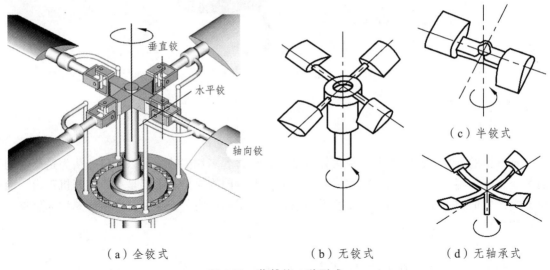

（a）全铰式   （b）无铰式   （c）半铰式   （d）无轴承式

图 6.10 桨毂的 4 种形式

自直升机诞生以来，铰接式桨毂的出现是直升机技术从理论到实践的最重要的一次飞跃。全铰式旋翼桨毂包含有轴向铰、垂直铰和水平铰，如图 6.11（a）所示。三个铰链的作用分别如下：

（1）轴向铰的作用是当操纵旋翼桨叶绕轴向铰转动时，旋翼的桨距发生变化，从而改变旋翼的拉力，因此轴向铰又称变距铰。

（2）垂直铰的功用是消除桨叶在旋转面内的摆动（摆振）引起的旋翼桨叶根部弯曲，垂直铰又称摆振铰。为了防止旋翼桨叶摆振，一般在垂直铰处设置减摆器而起阻尼作用，因此垂直铰又称阻尼铰。设置垂直铰的另外一个作用就是减小旋翼结构尺寸。

（3）水平铰的作用是让旋翼桨叶上下挥舞，消除或减小飞行中在旋翼上出现的左右倾覆力矩，因此水平铰又称挥舞铰。

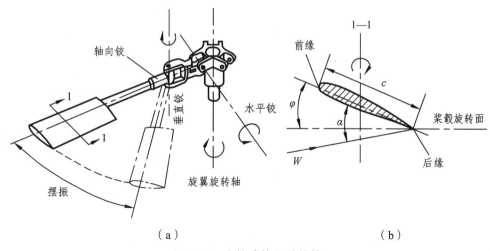

（a）   （b）

图 6.11　全铰式旋翼的铰链

直升机桨叶绕旋翼旋转轴旋转时，每个桨叶的工作都与一个机翼类似。在桨叶 1—1 处沿旋翼旋转方向剖开，其剖面形状是一个翼型，即桨叶剖面，如图 6.11（b）所示。翼型弦线与垂直于桨毂旋转轴的桨毂旋转平面之间的夹角称为桨叶的安装角（或桨距）。相对气流与翼弦之间的夹角为该剖面的迎角。

全铰式旋翼的特点是，挥舞铰可以使旋翼倾斜而不需要使旋翼主轴倾斜；挥舞铰可以减小因阵风引起的反应，通过单独的桨叶挥舞，而不会将影响传递到机身上；挥舞铰和摆振铰可以释放旋翼安装处的弯曲应力和载荷，尤其在中速到高速前飞过程中，挥舞铰和摆振铰提高了直升机的稳定性。单独的桨叶挥舞会产生科里奥利斯效应，故需要安装摆振铰。

无人机直升机桨毂的铰接方式与载人直升机很相似，虽然结构复杂，当在实际使用中常对其进行简化处理。

与全铰式旋翼相比，半刚性跷跷板式桨毂结构简单，如图 6.12 所示，其特点是去掉了垂直铰和减摆器，两片桨叶相连共用一个挥舞铰，此挥舞铰不承受离心力而只传递拉力及旋翼力矩，轴承负荷比较小。由于两片桨叶共用一个挥舞铰，则两片桨叶的挥舞角大小相等，方向相反。

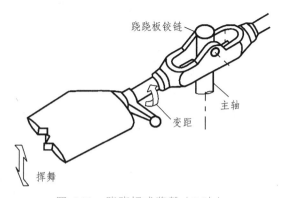

图 6.12　跷跷板式桨毂（2 叶）

对跷跷板旋翼的操纵如图 6.13 所示，包括总距操纵和周期变距操纵。

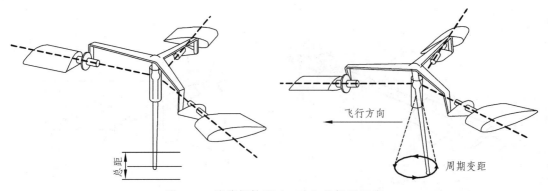

图 6.13 跷跷板旋翼（3 叶）的操纵示意

无铰式旋翼的桨叶与桨毂的连接，取消了水平铰及垂直铰而只保留轴向铰。桨叶的挥舞及摆振运动完全通过根部的弹性变形来实现。

3. 桨　叶

旋翼旋转所产生的升力和阻力的大小，不仅取决于旋翼的转速，而且取决于桨叶和桨距。调节旋翼的转速和桨距都可以达到调节升力大小的目的。旋翼转速取决于发动机的主轴转速，由于发动机转速有一个最佳的工作范围，因此，升力的改变主要靠调节桨叶桨距来实现。桨距变化又将引起阻力力矩的变化。

旋翼桨叶一般会采用新材料、改进桨叶形状和新翼型来提高其性能，一般采用矩形桨叶、梯形桨叶、混合梯形桨叶和桨尖后掠桨叶等，如图 6.14 所示。桨叶平面形状主要由空气动力学性能决定，一般低速桨叶适宜采用前三种构型，而高速桨叶采用桨尖后掠的构型。相比较而言，矩形桨叶的空气动力性能不如梯形桨叶，但其加工方便，制作简便，在轻型无人机直升机得到广泛应用。

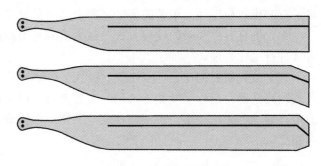

图 6.14　桨叶的平面形状

桨叶剖面形状取决于空气动力性能，不同剖面形状构型具有不同的空气动力特性。无人直升机的桨叶与固定翼无人机的机翼有较大差异，主要体现在没有剖面翼肋。对于硬质塑料或木质桨叶，其剖面结构较为简单；复合材料桨叶的剖面结构经过设计，可以具有很好的刚度和强度特性。例如，微型和轻型无人直升机常采用的 C 形梁桨叶（图 6.15），可以提供 80% 左右的挥舞弯曲刚度，还可提供 35% 左右的摆振弯曲刚度。

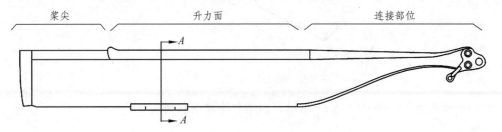

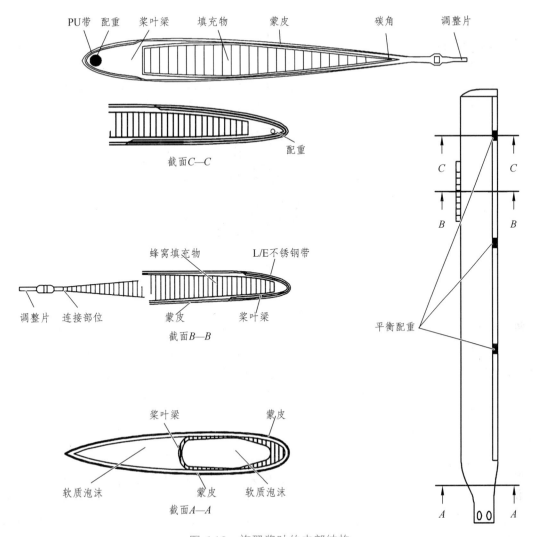

图 6.15　旋翼桨叶的内部结构

　　一般而言，直升机的起飞重量越大、机动性要求越高，桨叶数量相对就要多一些，从最少的 2 片到 6 片或 7、8 片。桨叶片数的多少要看设计上的取舍，桨叶越多直升机越平稳。一般来说，直升机载重越大，直升机为了获得足够的升力，桨叶要做得足够长。

4. 稳定杆

　　有些直升机的旋翼系统包含稳定杆（Stabilizer Bar），也称为平衡杆或飞杆（Flybar），如图 6.16 所示，主要是为旋翼桨毂提供内在稳定性。平衡杆类似陀螺仪的功能，连接着总距和周期变距装置，利用跷跷板原理进行工作。

　　飞杆是直升机旋翼系统的组成部分，它通过自动的周期变距来稳定旋翼，减少风和乱流的影响，更加容易控制直升机。飞杆有 3 种不同形式（贝尔式、希勒式、贝尔-希勒式），分别称之为贝尔稳定系统、希勒稳定系统和贝尔-希勒系统。贝尔稳定系统是通过安装阻尼器减小外力的影响，后来发展为采用小桨代替阻尼器和配重，称之为希勒稳定系统。目前，将考虑前两种稳定系统的优点设计为贝尔-希勒稳定系统。

（1）贝尔稳定系统（Bell control system）。

这是最简单的飞杆形式，飞杆两端各有配重，垂直于旋翼桨叶安装，并通过机械摇杆连接到斜盘和桨叶连杆上。如果任何外力（如阵风）试图要改变原来的旋转平面，让旋翼倾斜，飞杆的作用就是利用周期变距进行抵消外力的影响，几秒钟后飞杆也将跟随主轴旋转。由于飞杆的控制作用限制了周期变距的控制权限，所以将飞杆称为平衡杆，如图6.16所示。

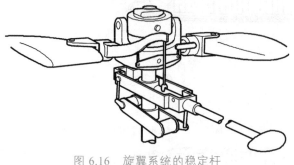

图 6.16　旋翼系统的稳定杆

（2）希勒稳定系统（Hiller control system）。

希勒控制系统是通过飞杆实现周期变距。飞杆有助于在周期伺服器产生更大的作用力，以改变旋翼桨叶桨距。飞杆两端各有一个小桨，在周期变距过程中扭转改变两个小桨的桨距，如图6.17所示。当小桨的桨距改变时，飞杆旋转到主旋翼旋转平面不同的旋转平面上，然后周期性改变旋翼桨叶的桨距，最后导致旋翼旋转平面与飞杆旋转平面平行。因为飞杆小桨受到的气动力很小，即使旋翼受到阵风的影响，也能很好地保持在旋转平面上。希勒控制系统经常出现在固定桨距的直升机上。

（3）贝尔-希勒稳定系统（Bell-Hiller control system）。

贝尔-希勒稳定系统具备了贝尔稳定系统的快速响应和希勒稳定系统的周期变距优先权的优点。贝尔-希勒稳定系统连接着飞杆、斜盘和桨叶连杆，有助于稳定和控制旋翼。其中，桨叶的桨距由斜盘直接控制，也可以由飞杆间接控制，飞杆是通过周期变距进行控制。如果没有这种稳定系统，直升机很难在阵风和前飞中控制旋翼。

安装贝尔-希勒形式飞杆的无人机直升机很容易识别，因为在飞杆两端安装了"小桨"，且飞杆安装角度偏离桨叶90°，如图6.18所示。有些小型遥控直升机将飞杆定位45°，虽然由于考虑陀螺效应，会提高稳定性，但会损失一定的速度和性能。

图 6.17　希勒形式飞杆

图 6.18　贝尔-希勒形式飞杆

一般来说，增加小桨重量会降低周期变距的响应速度，而增加飞杆长度会增加周期变距的响应速度，同时也会增加飞杆的稳定效果。

注意，这里所说的"稳定"是指主旋翼在外力存在时保持其旋转平面的能力。这并不意味着旋翼将恢复到水平状态让直升机悬停。

6.2.2 旋翼的作用

旋翼不仅是直升机的升力面，产生使直升机升空的升力，旋翼又是直升机的操纵面，提供使直升机升降、俯仰和滚转的操作力和力矩，旋翼还是直升机的推进器，拉动直升机向任何方向飞行，如图 6.19 所示。

旋翼拉力的垂直分量平衡直升机的重力，而水平分量成为直升机前飞的动力。桨尖旋转平面（TPP）往哪里倾斜，直升机就往哪个方向飞行。如果直升机发动机状态设置一定，空速保持一致，TPP 倾斜越厉害，则水平分力越大，而垂直分力越小。当然，水平分力与直升机阻力方向相反，水平分力大于阻力时，直升机水平加速；阻力增加到大于水平分力时，直升机就减速，最终直升机在水平分力和阻力相等的情况下保持匀速飞行。同样的道理，如果直升机保持高度飞行，此时需要垂直分力与直升机重力相等，否则就会使直升机爬升或下降。

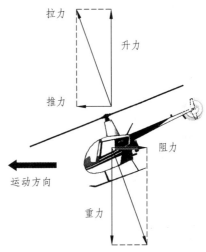

图 6.19 旋翼的作用力

总之，旋翼肩负着直升机飞行时所需推进、负重和可控性这 3 种功能，所以旋翼的作用可以概括为以下 3 点：

（1）旋翼总空气动力矢量分力产生向上的升力，用以克服直升机的重力，类似固定翼飞机机翼的作用。直升机不仅可以飞得很慢，而且可以在空中悬停和垂直起降。即使直升机的发动机空中停车，驾驶员可通过操纵旋翼使其自转，仍可产生一定升力，减缓直升机下降趋势，保证安全着陆。

（2）另一分力产生向前的水平分力克服空气阻力，类似固定翼飞机上推进器的作用（如螺旋桨或喷气发动机）。

（3）产生其他分力及力矩对直升机进行控制或机动飞行，类似飞机上各操纵面的作用。

6.2.3 尾 桨

直升机旋翼旋转是由发动机通过旋翼轴带动来实现，旋翼给空气以作用力矩，空气必然在同一时间以大小相等、方向相反的反作用力矩作用于旋翼，继而再通过旋翼将这一反作用力矩传递到机身上。如果不采用措施予以平衡，这个反作用力矩就会使直升机逆旋翼转动方向旋转。对于单旋翼带尾桨布局的直升机，这个反作用力矩主要是通过尾桨来平衡的。

尾桨是安装在直升机尾端的小旋翼，旋翼产生侧力来平衡旋翼旋转时产生的反作用力矩。旋转的尾桨相当于一个垂直安定面，能起到稳定直升机航向的作用。为了简化尾桨桨毂的构造，尾桨一般不设垂直铰，只能进行总距操纵，改变尾桨桨叶的安装角，可改变侧力，实现方向操纵，如图 6.20 所示。

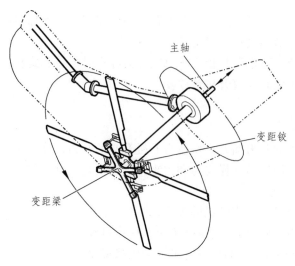

图 6.20 尾桨结构

尾桨的旋转方向可以与旋翼旋转方向不相关。由于考虑到效率问题,当代直升机尾桨一般采用的是推力桨,因为这种布局会使尾桨排出的气流不受阻挡,而是吹向远离垂尾方向,尾桨效率高。

常规尾桨由尾桨叶和尾桨毂两部分组成,技术比较成熟,应用广泛。涵道尾桨与常规尾桨相比,不仅消除了常规尾桨存在的固有缺点,还提高了安全性。涵道尾桨工作平稳,振动和噪声水平低。大垂尾面和涵道口前飞时产生的气动力对尾桨起卸载作用,故前飞时消耗的功率要比常规尾桨小得多,如图 6.21 和图 6.22 所示。由于垂尾的存在又能保证当尾桨失效而直升机被迫自转下降时的全机气动平衡要求,即在涵道尾桨完全失效的情况下,直升机仍然能以一定的速度继续飞行。

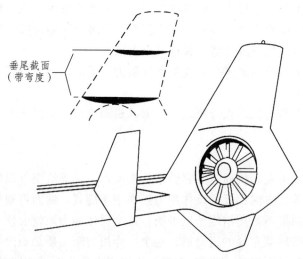

图 6.21 涵道尾桨

为了帮助尾桨抵消旋翼旋转时产生的反作用力矩,有的直升机尾梁上还装有垂直安定面,保证直升机的航向稳定性。尾桨的桨尖速度和旋翼的桨尖速度相近,如果尾桨直径是旋翼直径的 1/5 左右,则尾桨的转速约为旋翼转速的 5 倍。

图 6.22　DP-5X 无人直升机（涵道尾桨式）

6.2.4　其他系统

动力装置是直升机动力的提供者，驱动旋翼旋转的动力主要来源于电动和油动等多种方式。其中，油动方式是把燃料的化学能转化为机械能，作为驱动直升机旋翼而产生升力和推力。

有人直升机的传动系统是发动机驱动旋翼和尾桨必不可缺的部件，它与发动机、旋翼和尾桨共同构成了完整的机械传动系统，这是直升机的一个显著特点。直升机的传动系统主要采用刚性构件，利用齿轮啮合传动原理将发动机输出的功率传递给旋翼、尾桨和其他部件。

而无人驾驶直升机操纵系统，根据直升机上飞控计算机的指令进行操纵，包括旋翼操纵机构、航向操纵机构和油门操纵机构。

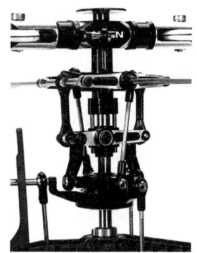

旋翼操纵机构包括自动倾斜器、三套变距舵机和拉杆组件。自动倾斜器安装在直升机主轴的下方，三套变距舵机分别和自动倾斜器相连安装在自动倾斜器的周边下方，拉杆组件的一端与自动倾斜器相连，另一端和直升机的旋翼相连，旋翼操纵机构通过三套变距舵机的协调动作驱动自动倾斜器升降或倾斜，带动拉杆组件控制旋翼的飞行姿态，如图6.23 所示。

航向操纵机构包括航向舵机、推拉钢索和摇臂，航向舵机安装在直升机的设备舱内，航向操纵机构通过航向舵机驱动推拉钢索，推拉钢索带动摇臂，驱动尾桨变距机构改变尾桨距角，实现对航向的控制。

油门操纵机构包括油门舵机和油门钢索，油门操纵机构通过油门舵机驱动油门钢索控制发动机油门的开启度，实现对发动机的控制。

图 6.23　自动倾斜器

直升机在使用中的实践证明，传动系统的好坏直接关系直升机的飞行性能、操纵品质、安全性及维修性等各个方面。

6.3 涉及的基本概念

6.3.1 桨叶工作状态参数

1. 桨叶安装角和桨距（Blade Angle）

桨叶某一剖面的翼弦与桨毂旋转平面之间的夹角，叫该切面的桨叶安装角，用 φ 表示，如图 6.24 所示。相对于桨毂旋转平面，桨叶前缘高于后缘，φ 为正。各片桨叶桨距的平均值，称为旋翼的总距。

飞行员通过直升机操作系统可以改变旋翼的总距，从而改变旋翼拉力的大小。根据不同的飞行状态。在同一飞行状态下，改变总距会相应地改变旋翼转速。桨叶安装角过大，容易发生气流分离；桨叶安装角过小，旋翼容易发生超速，惯性离心力增大，使结构载荷过大，而且会降低旋翼的效能。

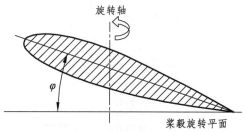

图 6.24 桨叶安装角

2. 桨叶迎角（Angle of Attack，AoA）

桨叶旋转时，桨叶剖面的相对气流合速度 w 与其桨弦之间的夹角，称为桨叶迎角，用 α 表示，如图 6.25 所示的垂直上升情况。相对气流从翼弦线的下方吹来，迎角为正。

图 6.25 桨叶安装角、迎角和入流角

桨叶迎角和旋翼迎角是有根本区别的。桨叶剖面的相对气流合速度由旋转相对气流速度（Ωr）和桨毂旋转平面的相对气流速度来确定。利用速度合成的方法，可以确定出相对气流合速度的大小和方向。

3. 入流角（Inflow angle）

相对气流合速度 w 与桨毂旋转平面一般是不平行的，它与桨毂旋转平面的夹角，称为入流角，或称为来流角，用 ε 表示。合速度 w 从上方吹向桨毂旋转平面时，ε 为正；反之，从下方吹向桨毂旋转平面时，ε 为负。

安装角 φ、桨叶迎角 α、入流角 ε 三者之间的关系为

$$\alpha = \varphi - \varepsilon \tag{6.1}$$

当安装角一定时，入流角的大小和方向直接影响桨叶迎角的大小，因此它是影响旋翼空

气动力的一个重要参数。即使在悬停状态，由于诱导速度 v_i 的存在，α 也不等于 φ。

旋翼做轴向直线运动，即直升机垂直飞行时旋翼的工作情况，相当于某些飞机上螺旋桨的工作情况。由于两者技术要求不同，旋翼的直径大且转速小，而螺旋桨的直径小而转速大，在分析和设计上就有区别。

假设某一旋翼运动，桨叶以恒定角速度 Ω 绕轴旋转，并以速度 v 沿旋转轴做直线运动，如果用一中心轴线与旋翼轴重合，而半径为 r 的圆柱面把桨叶裁开（图 6.26），并将这个圆柱面展开成平面。由于桨叶的运动包括旋转运动和直线运动，所以对桨叶剖面来说，就有周向速度（等于 Ωr）和垂直于旋转平面的速度（等于 v），而合速度是两者的矢量和。显然从图 6.26 进一步看出，用不同半径的圆柱面所截出来的各个桨叶剖面，其合速度是不同的，即大小不同，方向也不相同。如果再考虑到由于桨叶运动所激起的附加气流速度（诱导速度），那么桨叶各个剖面与空气之间的相对速度就更加不同。与机翼相比较，这就是桨叶工作条件复杂，对它进行分析比较麻烦的原因所在。

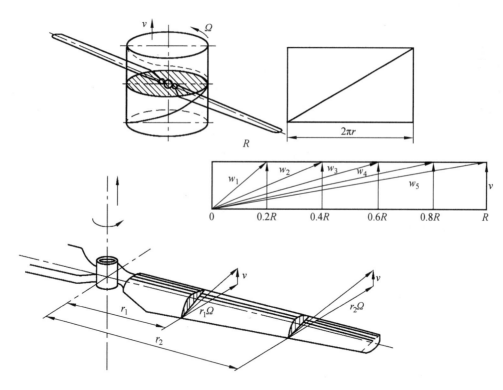

图 6.26　桨叶的运动及合速度

6.3.2　旋翼工作状态参数

1. 旋翼直径 D 和半径 R

旋翼旋转时忽略挥舞，桨尖所画圆的直径，叫作旋翼直径，用 D 表示，它是影响旋翼拉力大小的一个很重要的因素。旋翼半径 $R = D/2$，任一桨叶剖面离桨毂中心的半径为 r，铰外伸量为 e，如图 6.27 所示。

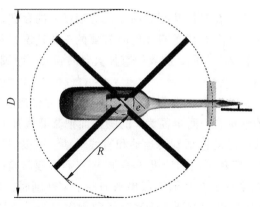

图 6.27　旋翼直径和半径

2. 桨盘面积（Disc area）

旋翼旋转时忽略挥舞，桨叶所画圆的面积叫桨盘面积，用 A 来表示

$$A = \pi R^2 \tag{6.2}$$

桨盘面积的大小关系到产生旋翼拉力的大小，旋翼拉力的大小与桨盘面积成正比。

旋翼桨毂不产生拉力。在前飞中，由于气流斜吹旋翼，桨盘中心部分不产生拉力。在 $180° \sim 360°$ 方位的桨叶靠近根部的某些部分，气流是从桨叶后缘吹来的，也不产生拉力。所以，旋翼桨盘面积的中心部分在计算有效面积时也应减去。

对旋翼产生拉力起作用的面积，叫有效面积，它比整个桨盘面积稍小。有效面积一般约为整个旋翼桨盘面积的 92% ~ 96%。

3. 桨盘载荷（Disc loading）

桨盘载荷就是直升机起飞总重与桨盘面积之比，即

$$P_d = \frac{G}{\pi R^2} \tag{6.3}$$

式中　G ——起飞重量；

　　　R ——旋翼半径。

桨盘载荷是直升机飞行性能的一个重要参数。在选择直升机桨盘载荷时，一般要符合最大速度状态、悬停状态和旋翼自转飞行状态的要求。

很显然，相同起飞重量下，旋翼直径越小，意味着直升机桨盘载荷越大。但是，桨盘载荷越大，需要的诱导功率也就增大，这对于直升机的悬停工作状态是十分不利的。特别是在沙尘、雪或松软的地面上空悬停时，由于大的诱导速度将掀起地面上的沙尘和雪，遮蔽飞行员的视界，并穿过旋翼和进入发动机进气道，给直升机使用带来严重的问题。因此，若直升机的使用是以悬停或贴近地面工作方式为主，那么选择旋翼直径小、桨盘载荷大的直升机就很不适合了。

4. 旋翼实度（Solidity Ratio）

所有桨叶面积之和同桨盘面积的比值，叫作旋翼实度，也称为桨盘固态性或填充系数，

用 σ 表示，是总桨叶面积 A_b 与桨盘面积 A 的比值。对矩形桨叶而言，旋翼实度公式为

$$\sigma = \frac{A_b}{A} = \frac{k \cdot cR}{\pi R^2} = \frac{kc}{\pi R} \tag{6.4}$$

式中　k——桨叶片数。

旋翼实度的大小，取决于桨叶的片数和每片桨叶的面积。直升机的旋翼桨盘实度一般为 0.03～0.09，尾桨的桨盘实度一般要比旋翼的大。

旋翼实度过小，表明每片桨叶面积小或桨叶片数少，为了产生足够的所需拉力，必须增大桨叶的安装角和桨叶迎角，从而在大速度飞行时会发生气流分离，使最大飞行速度受到限制。旋翼实度过大，表明每片桨叶面积大或桨叶片数多，必然使桨叶间距过小，造成后桨叶经常处于前桨叶的涡流之中，使空气动力性能变差。同时，也会因桨叶面积大和片数多造成旋翼笨重，型阻也越大，旋翼旋转会消耗更多的发动机功率，使旋翼的效率降低，这将降低直升机的航程和续航时间。

在重量不变的条件下，如果实度越大，意味着单位面积桨叶上的载荷变小了，从而桨叶迎角变小了。这将推迟旋翼的气流分离失速，提高直升机的机动性。

5. 旋翼转速 n 和角速度 Ω

旋翼的每分钟旋转的圈数，叫作旋翼转速，用 n 表示。角速度是以每秒钟所转过的弧度为单位，即弧度/秒。它与转速的关系为

$$\Omega = 2\pi \left(\frac{n}{60} \right) = \frac{\pi n}{30} \tag{6.5}$$

旋翼转动的快慢可用角速度 Ω 表示。桨尖速度为 ΩR，桨叶各切面的切向速度为 Ωr。旋翼转速越大，桨尖速度越大。

从性能角度考虑，在前飞时，桨尖速度越大，前行桨叶越容易产生激波阻力，引起需要功率的迅速增加，这便限制了桨尖速度的加大。所以，旋翼转速的增加要受到桨尖速度的限制，以避免桨尖出现大的空气压缩效应，产生激波。

6. 旋翼迎角（Rotor AoA）

直升机的相对气流同桨毂旋转平面之间的夹角，称为旋翼迎角，用 α_R 表示，如图 6.28 所示。飞行状态不同，旋翼迎角的正负和大小也不同，其范围为 $-180° \sim +180°$。如果气流自下而上吹向桨毂旋转平面，旋翼迎角为正。如果气流自上而下吹向桨毂旋转平面，则旋翼迎角为负。

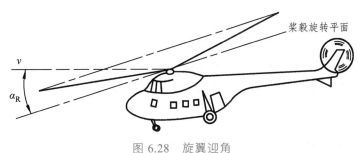

图 6.28　旋翼迎角

桨毂旋转时与桨轴垂直的旋转平面，叫桨毂旋转平面。桨毂旋转平面是研究旋翼和桨叶的重要基准面。

7. 翼锥角（Coning angle）

旋翼锥角是桨叶与桨尖轨迹平面之间的夹角，用 a_0 来表示。锥角的产生是由于桨叶承受大载荷而引起的，实际上锥角并不大，仅有 $3° \sim 5°$。旋翼锥角对桨盘面积有影响，旋翼锥角小，桨盘面积大；反之，旋翼锥角大，桨盘面积小。大型直升机起飞时旋翼锥角最为显著。

旋翼旋转时，每片桨叶上的作用力除自身重力外，还受到空气动力和惯性离心力的综合作用，使得桨叶保持在与桨毂旋转平面成某一角度的位置上，旋翼形成一个倒立的锥体，如图所示。直升机悬停状态时，桨叶从桨毂旋转平面扬起的角度也是旋翼锥角。

旋翼旋转时，桨尖划过的圆面叫桨尖轨迹平面（Tip Pach Plane，TPP），也称为桨盘，如图 6.29 所示的锥体底面。桨尖轨迹平面也是研究旋翼和桨叶的重要基准面。

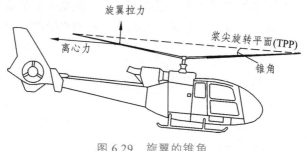

图 6.29　旋翼的锥角

8. 前进比（Advanced Ratio）

沿桨毂旋转平面的气流分速同桨尖切向速度之比，叫作前进比，也称旋翼工作状态特性系数，用 μ 表示，即

$$\mu = \frac{V \cos \alpha_R}{\Omega R} \tag{6.6}$$

水平飞行中，旋翼迎角较小，其余弦值接近 1，可近似地把飞行速度同桨尖切向速度的比值当作 μ，即

$$\mu = \frac{v}{\Omega R} \tag{6.7}$$

前进比 μ 表示流过旋翼的气流不对称的程度，所以是确定旋翼工作条件的一个重要的特征参数，也是空气动力计算的一个基本参数。

前进比 μ 的大小，随飞行速度大小的改变而改变。在垂直飞行或悬停状态中，$\mu = 0$。以最大速度平飞时，μ 可达 $0.35 \sim 0.4$。μ 值增大，就意味着飞行速度增大，或者旋翼转速减小。μ 值过大会引起旋翼拉力降低，这对旋翼的工作是不利的。

9. 旋翼入流系数 λ

沿旋转轴方向的气流分速与桨尖切向速度的比值，叫入流系数，也称流入比，用 λ 表示。

$$\lambda = \frac{v\sin\alpha_R - \overline{v_i}}{\varOmega R} \qquad (6.8)$$

式中　$\overline{v_i}$ ——桨毂旋转平面的平均诱导速度。

入流系数 λ 也是表示直升机飞行状态的一个重要的特性参数。

直升机在平飞和上升状态，旋翼迎角是负值，故 λ 总为负值。此时，轴向气流自上往下流入旋翼。如果直升机在下降状态，旋翼迎角为正，λ 可能为正，也可能为负。

6.4　基本概念小结

桨叶（Blade）：是产生升力的关键部件，具有一定的翼型结构。

桨叶前缘（Leading Edge）：是指整个桨叶中最先与气流相接触的部分。

桨叶后缘（Trailing Edge）：是指桨叶中逐渐收敛的锥形部分，能使气流流过翼型表面产生流线型效应的部位。

前行桨叶（Advancing Blade）：在 0°~180°桨叶方位角（Blade Azimuth Angle）范围内的桨叶，其旋转速度的分量指向直升机前方。

后行桨叶（Retreating Blade）：在 180°~360°桨叶方位角范围内的桨叶，其旋转速度的分量指向直升机后方。

翼型（Airfoil）：机翼或桨叶的剖面形状。翼型与机翼或桨叶是不同的概念。对某些机翼或桨叶，沿着机翼展向或桨叶径向的不同位置翼型各异。

翼弦（Chord），或桨弦（Blade Chord）：从翼型的前缘到后缘之间假想出来一条直线，用作测量翼型角度的基准线。

迎角（Angle of Incidence）：也叫攻角（Angle of Attack，AoA），是指翼型的弦与相对气流之间形成的锐角。

最大厚度位置（Location of Maximum Thickness）：翼型的最大厚度所在的位置到前缘的距离。

最大厚度的相对位置（Maximum Thickness Ratio）：最大厚度位置与弦长的百分比。有些将其等同于最大厚度位置。

相对厚度（Thickness Chord Ratio）：又称厚弦比，是翼型最大厚度与弦长的百分比。

中弧线（Mean or Camber Line）：与翼型上下翼面相切的一系列圆的圆心的连线。中弧线的曲率表示翼型的弯曲程度。中弧线是曲线或直线，对称翼型的中弧线与翼弦重合，是一条直线。

弧高（Camber）：中弧线与翼弦之间的垂直距离，表征翼型前缘到后缘之间的弯曲程度。上翼面弯度是指翼型上表面的弯曲程度。下翼面弯度是指翼型下表面的弯曲程度。

相对弯度：最大弧高（Maximum Camber）与弦长的百分比。

最大弯度的相对位置（Maximum Camber Ratio）：最大弧高所在位置与翼型前缘的距离与弦长的百分比。

桨叶角（Pitch）：是指桨弦与桨毂旋转平面之间的夹角，也称作桨距、变距角或安装角。

桨盘面积（Disc Area）：桨叶转动时叶尖形成的圆周面积。

桨尖旋转平面（Tip Path Plane，TPP）或桨尖轨迹平面：所有桨尖转动时叶尖形成的平面。

圆锥角（Coning Angle）：桨叶与桨尖旋转平面之间的夹角。

桨叶扭转（Blade Twist）：从桨根到桨尖处的安装角不一致。

桨盘负载（Disc Loading）：直升机起飞重量与桨盘面积的比值。

桨叶负载（Blade Loading）：直升机起飞重量与所有叶片面积和的比值。

桨盘固态性（Disc Solidity）：所有桨叶面积之和与桨盘面积的比值，也称旋翼实度（Solidity Ratio）。

挥舞（Flapping）：在升力的作用下，桨叶绕水平铰的垂直运动。

阻尼（Dragging）：在阻力作用下，桨叶绕垂直铰的水平运动，也称摆振。

变距（Feathering）：改变桨叶角以改变桨叶迎角。

升力不对称性（Dissymmetry of Lift）：在某些飞行姿态下桨叶产生的升力不对称。

相位滞后（Phase Lag）：是指当有一个外力（改变桨叶角）作用到桨叶上时，桨叶的挥舞效应将沿着转动方向滞后90°才出现。这种现象也叫陀螺进动性。

地面效应（Ground Effect）：直升机的地面效应是指被旋翼排向下方的气流，受地面阻挡而影响旋翼空气动力的一种现象。地面效应强弱将直接影响旋翼拉力和悬停所需功率。地面效应强悬停所需功率小，反之则大。在水上悬停，没有地面效应。

地面共振（Ground Reconnaissance，GR）：当桨叶随摆振铰的振动频率与直升机自然频率接近时发生的自激励振动。

地效悬停（In Ground Effect，IGE）：直升机在距离地面高度小于旋翼直径处悬停。

无地效悬停（Out Ground Effect，OGE）：直升机在距离地面高度大于一个旋翼直径处悬停。与地效悬停相比，诱导阻力增加，所需功率增加。

铰接式旋翼（Articulated Rotor）：是通过桨毂上设置的挥舞铰、摆振铰和变距铰，使每片桨叶自由地进行挥舞、摆动和改变桨距。

桨毂（Rotor Hub）：是连接桨叶和旋翼轴的部件，由旋翼轴带动进而驱动桨叶旋转。为了保证直升机能够正常飞行，桨毂上还包含铰链、拉杆、扭力臂和自动倾斜器等特殊部件。

铰链（Hinge）：用于满足桨叶在不同方向上的运动需求。不同结构的桨毂可能具有以下全部或部分铰链，甚至没有以下铰链，但通常在这些桨毂上应都能实现以下铰链所具有的功能。

挥舞铰（Flapping Hinge）：也称水平铰，允许桨叶绕该铰链在垂直于旋转面的方向上挥动，从而消除直升机前飞时因前行桨叶和后行桨叶的相对气流速度不一致所产生的侧向倾翻力矩。

摆振铰（Lead-lag Hinge）：也称垂直铰，允许桨叶绕该铰链在旋转面内摆动，从而减轻或消除旋转的桨叶因挥舞而产生的哥氏力所带来的影响，即桨叶根部疲劳。

变距铰（Feathering Hinge）：也称轴向铰，允许桨叶沿展向转动，改变桨距，从而控制桨叶的运动和产生的升力大小。

拉杆（Pitch Change Rod）：两端分别连接桨叶和自动倾斜器，传递周期变距和总距操纵。

扭力臂（Horn）：固定在桨毂上，带动自动倾斜器的旋转部分转动，保证与旋转部分相连的拉杆只传递桨距操纵，而不受侧向力干扰。

自动倾斜器（Rotor Control Assembly）：传递来自操纵线系的周期变距和总距操纵，由旋转和不旋转两部分构成。

旋翼轴（Rotor Mast）：传递主减速器输出的扭矩至桨毂。

航空思政讲坛

腾飞的"竹蜻蜓" ——直升机技术的百年发展

只要有一片薄薄的竹篾（miè，是指剖削成一定规格的竹皮；成条的薄竹片。可用来编制成竹篮、篱笆等工具），一根细细的把柄，用力一旋，它就会飞起来。这就是竹蜻蜓。竹蜻蜓的出现，或说始于晋朝，或说始于明朝。它的原理与桨和橹有关，而桨和橹在中国已有四千多年历史。它后来传入欧洲，对现代直升机的诞生产生了启迪作用。

现代直升机的概念，最早要追溯到中国古代的竹蜻蜓。有些学者认为，在晋朝葛洪所著的《抱朴子》一书中，就描绘了通过旋转的竹蜻蜓垂直升空的情景，和可以通过旋转的螺旋桨产生垂直的向上拉力。它被认为是世界上最早对垂直起降直升机基本原理的描述。

尽管这种说法缺乏可靠的依据，但竹蜻蜓对世界航空发展的贡献是公认的。早在热气球发明之前，竹蜻蜓就作为玩具传到了欧洲，这种奇妙的垂直升空玩具被欧洲人看作是种航空器来进行研究。西方的许多航空先驱者，都是从竹蜻蜓中悟出了一些重要的航空原理。以至于有人说，是中国的竹蜻蜓和意大利人达·芬奇的直升机草图，为现代直升机的发明提供了启示，指出了方向，它们被公认为是直升机发展史的起点。

直升机是依靠发动机带动旋翼产生上升力和推进力的航空器。直升机能垂直起落、空中悬停、原地转弯，能前飞、后飞、侧飞，能在野外场地垂直起飞和着陆，不需要专门的机场和跑道，能贴近地面飞行和长时间悬停，能吊运体积大的武器装备，不受本身容积的限制。尽管与固定翼飞机相比，直升机存在航程短、速度慢、振动大等缺点，但却因其独有的特性得到了广泛的应用。直升机虽然是西方工业国家发明的，但其基本原理却产生于古代中国的竹蜻蜓。

当孩子们用双手夹住竹棒使劲一搓，竹蜻蜓就旋转着飞向空中。随着惯性减弱，转速降低，竹蜻蜓又会旋转着稳稳地落回地面。尽管竹蜻蜓没有连续提供动力的装置，但它却给那些梦想升天的发明家们以极大的启示：如果给它装上一个适当的动力装置，使之能够连续不停地旋转，不就可以克服空气的摩擦力，在空中长时间地飞行了吗？

一个有趣的事实是，西方人称竹蜻蜓为"中国陀螺"。《简明不列颠百科全书》第九卷写道：直升机是人类最早的飞行设想之一，多年来人们一直相信最早提出这一想法的是达·芬奇。但现在都知道，中国人比中世纪的欧洲人更早做出了直升机玩具。

之所以把竹蜻蜓叫作"中国陀螺"，是因为竹蜻蜓和木陀螺有共同的原理。正式提出"陀螺"这个术语的，是19世纪的法国物理学家傅科。在英语中，陀螺就是"回转体"，竹蜻蜓也可以说是一种陀螺。静止的陀螺在地面上是立不起来的，可是当它旋转起来以后，就立得很稳了。原因是一个物体旋转起来以后，就具有一种特性：保持旋转轴方向不变。陀螺的这种特点，科学家成为"定轴性"。高速旋转下的陀螺，这个特性更明显，而且转速越高，转得越稳。

按照一般的说法，达·芬奇最早提出了直升机的设想并绘制了草图。19世纪末，在意大利的米兰图书馆发现了达·芬奇在1475年画的一张关于直升机的想象图。这是一个用上浆亚麻布制成的巨大螺旋体，看上去好像一颗巨大的螺丝钉。它以弹簧为动力旋转，当达到一定转速时，就会把机体带到空中。驾驶员站在底盘上，拉动钢丝绳，以改变飞行方向。西方人都认为，这是最早的直升机设计蓝图。实际上，现代直升机尽管比竹蜻蜓复杂千万倍，但其飞行原理却与竹蜻蜓有相通之处。

现代直升机的旋翼就好像竹蜻蜓的叶片，旋翼轴就像竹蜻蜓的那根细竹棍儿，带动旋翼的发动机就好像我们用力搓竹棍儿的双手。竹蜻蜓的叶片前面圆钝，后面尖锐，上表面比较圆拱，下表面比较平直。当气流经过圆拱的上表面时，其流速快而压力小；当气流经过平直的下表面时，其流速慢而压力大。于是上下表面之间形成了一个压力差，便产生了向上的升力。当升力大于它本身的重力时，竹蜻蜓就会腾空而起。直升机旋翼产生升力的原理与竹蜻蜓是相同的。

古代中国人也许是从蜻蜓的飞翔中得到启示，制成了会飞的竹蜻蜓。它传到欧洲后，启发了人们的思路，被誉为"航空之父"的英国人乔治·凯利一辈子都对竹蜻蜓着迷。他的第一项航空研究就是在1796年仿制和改造了竹蜻蜓，并由此悟出螺旋桨的一些工作原理。他的研究推动了飞机研制的进程，并为西方的设计师带来了研制直升机的灵感。而据清人徐赛先《香山小志》记载，公元17世纪，中国苏州的巧匠徐正明整天琢磨小孩玩的竹蜻蜓，想制造一个类似蜻蜓的直升机，并想把人也带上天空。经过十多年的钻研，他造出了一架直升机。它有一个竹蜻蜓一样的螺旋桨，驾驶座像一把圈椅，依靠脚踏板通过转动机构带动螺旋桨转动。试飞的时候，它居然飞离地面一尺多高，还飞过一条小河沟，然后降落下来。

其实，早在竹蜻蜓出现之前，人类就有飞天的梦想。女娲补天和嫦娥奔月的神话，都是人们期盼飞翔的朦胧幻想。

竹蜻蜓是中国人发明的。可惜的是，长期以来中国人只把它作为儿童的玩具而已。当中国孩子兴高采烈地在草地上放飞竹蜻蜓时，意大利、法国、德国的科学家们，都在为现代直升机的研制而奋斗。正如爱因斯坦所述：提出一个问题往往比解决一个问题更重要。解决问题也许仅是一个数学上或实验上的技能而已，而提出新的问题，却需要有创造性的想象力，对事物保持强烈的好奇心，才能提出问题。在目前的航空科研中，也需要在丰富的理论基础上，敢于质疑权威，敢于否定现有成果，跳出传统设计框架的束缚，在科研的高峰上更上一层。

韦明铧. 闲敲棋子落灯花 中国古代游戏文化[M]. 昆明：云南人民出版社，2007.

7 无人直升机飞行原理

无人直升机飞行原理涉及多种机型，这里主要讲解单旋翼直升机。此直升机旋翼系统包括旋翼和尾桨，旋翼是直升机最关键的核心部件，旋翼桨叶与空气做相对运动，产生直升机飞行所需要的空气动力，既可以产生升力，又是直升机水平运动的动力来源。尾桨主要产生一个侧向的拉力，以平衡旋翼产生的反扭矩并实现航向控制。

从原理上讲旋翼和螺旋桨没有区别，但是旋翼提供的拉力可以分解为升力和推力，而螺旋桨仅提供推力。直升机的飞行状态改变，是靠改变旋翼拉力的大小和方向来完成的。

7.1 旋翼的空气动力学

旋翼的运动方式与固定翼飞机的机翼不同，区别在于旋翼的桨叶除了随机体一起做直线或曲线运动外，还绕旋翼轴不断旋转，因此桨叶的空气动力现象比机翼复杂得多，虽然有共同点，但也有许多不同点。

从理论上分析旋翼的工作情况时，可以采用滑流理论。滑流就是流过旋翼的气流，旋翼滑流理论是牛顿定律在旋翼上的应用。直升机虽然没有机翼，但把旋翼看作作用盘，它旋转后迫使空气向下加速流动，给空气施加一个向下的作用力，与此同时，空气也给旋翼一个向上的反作用力，这就是旋翼产生的拉力，如图 7.1 所示。

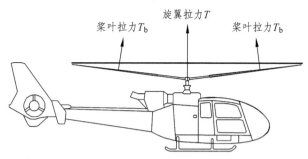

图 7.1 直升机旋翼产生的拉力

旋翼的桨叶类似于普通固定翼飞机的机翼，旋翼产生拉力与机翼产生升力的道理大致相同。旋翼旋转时，旋翼上面的空气压力小，下面的空气压力大，旋翼拉力 T 可以认为是压力差的总和。由于旋翼的桨叶不论转到哪个方位，都是向上倾斜的，所以桨叶的拉力也向内侧倾斜。可以将桨叶拉力分解为与桨盘平行和垂直的两个分力。水平分力相等，方向相反，而垂直分力与旋翼锥体轴方向一致。把每片桨叶产生的升力合成为一个力，这个力作用在桨叶叶尖旋转平面的中心，且垂直于这个平面，这个力叫作旋翼拉力。

旋翼拉力的方向近似地垂直于桨盘。在悬停时，桨盘与桨毂旋转平面相平行，锥体轴和旋转轴相一致。在其他情况出现旋翼锥体向一侧倾斜，桨盘不再与桨毂旋转平面平行，但是旋翼拉力的方向与锥体轴的方向总是大致相同。

旋翼拉力 T 的大小与桨叶数量和各桨叶的拉力 T_b 有关，而桨叶的拉力是各段微元桨叶拉力之和。从设计角度上讲，直升机的起飞重量越大所需要的桨叶数量越多。

直升机除了在垂直上升和前飞飞行状态受到旋翼拉力，而在其他飞行状态中还受到后向力、侧向力、反扭矩和桨毂力矩等，在后面章节会详细讲述。下面主要以垂直飞行和前飞的桨叶气动特性来分析旋翼拉力的产生，进而研究旋翼拉力的变化规律。

7.1.1 旋翼拉力

旋翼桨叶旋转会产生所谓的旋转相对气流，其特点是平行于桨盘，与旋翼旋转方向相反。要分析旋翼拉力，必须分析桨叶的受力情况。空气在旋翼作用下向下排压，引起气流下洗而产生诱导气流，作用在桨叶上的合成气流就是旋转相对气流和诱导气流的合成。桨叶升力的大小与合成相对气流的大小和方向有关，这直接影响着旋翼拉力。这里从垂直飞行状态和前飞状态两个层面分析旋翼拉力。

1. 直升机垂直飞行状态

从旋翼上截取一小段长度为 Δr 的桨叶（叶素）来研究桨叶上的气动特性。如果直升机以速度 v 垂直上升，桨叶以角速度 Ω 旋转，桨叶不同半径处的圆周速度为 Ωr，旋转轴处 $r=0$，则无圆周速度，桨尖处的圆周速度为 ΩR。由图 7.2 可知，在某段处桨叶剖面的相对合成气流 w 为 $v+v_i$（上升速度 v 和诱导速度 v_i 之和）与 Ωr 的矢量和，由此可见，不同 r 处合成速度 w 的大小和方向都是变化的。

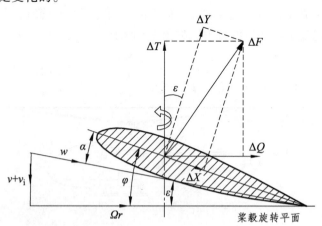

图 7.2　垂直上升时的叶素空气动力

类似机翼或翼型升力公式，则作用在叶素上的升力为

$$\Delta Y = \frac{1}{2} C_L \rho w^2 c \Delta r \qquad (7.1)$$

可以看出，当空气密度和桨叶微元的投影面积一定时，作用在叶素上的升力大小与相对气流速度的平方成正比，方向垂直于相对气流方向；同时与该段桨叶的迎角成正比（在临界迎角范围内，C_L 与 α 成正比）。根据空气动力学特点，平行于相对气流方向，且作用方向相反的气动力，就是叶素的气动阻力 ΔX。

对于旋翼具有实际意义的是空气动力在旋转轴方向的作用力，叶素的升力 ΔY 和叶素的阻力 ΔX 的合力为 ΔF，其在旋转轴上的分力 ΔT 叫桨叶微元的拉力，即叶素拉力。而各段桨叶微元的拉力方向一致，与旋转轴平行。各段桨叶微元的升力和拉力是不同的两个概念，各段桨叶微元的相对气流与桨毂旋转平面的夹角 ε 一般是不同的。则叶素升力和拉力的关系表示为

$$\Delta T = \Delta Y \cos \varepsilon - \Delta X \sin \varepsilon \tag{7.2}$$

通常，入流角 ε 较小时（一般 $\varepsilon < 10°$），可以近似认为 $\cos \varepsilon = 1$，即可以近似认为各翼型的拉力 $\Delta T = \Delta Y$。建立在叶素基础上的多段桨叶拉力的总和就是该桨叶的拉力 T_b。

必须说明，各桨叶微元所产生的拉力大小是不相等的。一般来说，越靠近桨尖，桨尖的相对气流速度越大，产生的拉力也越大。但对于带有一定扭转角的桨叶来说，因桨尖的安装角小，加之受桨尖涡流的影响，故有效迎角减小，造成桨尖产生的拉力并非最大，一般桨叶拉力的分布情况大致如图 7.3 所示。

在桨叶设计中，可以采用多种形式让作用在桨叶上的压力分布均匀。

第一种方式是通过增加从桨尖到桨根处的桨距和桨叶迎角。

第二种方式是采用不同形式的桨叶剖面，桨根采用高升力桨型，而桨尖采用低升力桨型。

第三种方式是从桨根到桨尖的桨型弦长不同，桨尖比桨根的弦长短。

然后，可以将每片桨叶的拉力视作为桨叶半径由 $0 \sim R$ 的叶素升力的定积分，同时考虑损失

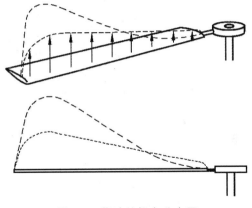

图 7.3　桨叶的拉力分布图

系数 K，则 $T_b = k \int_0^R \Delta Y = k \int_0^R \mathrm{d}Y$。旋翼所有桨叶拉力 T_b 之和就是该旋翼的总拉力 T，可用下式表示

$$T = kT_b \tag{7.3}$$

式中　T ——旋翼拉力；

　　　k ——桨叶片数；

　　　T_b ——桨叶拉力。

直升机旋翼拉力 T 与桨尖轨迹平面 TPP 基本成 90°。在悬停状态中，旋翼还受到一个近似水平方向的力 ——惯性离心力，它与旋翼拉力一起使旋翼形成倒立锥体，如图 7.4 所示。如果直升机前飞或侧飞，桨尖轨迹平面 TPP 倾斜，旋翼拉力 T 也随之倾斜。

如果直升机重量轻，就需要小的旋翼拉力来平衡重力，在旋翼转速一定的情况下，惯性离心力也保持固定，此时旋翼的锥角小，如图 7.5（a）所示；相反，如果重量大，锥角大，如图 7.5（b）所示。

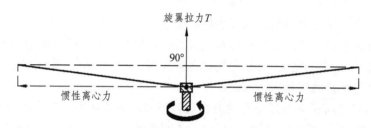

图 7.4　悬停状态下的旋翼形态

（a）　　　　　　　　　　　　（b）

图 7.5　重量对旋翼锥角的影响

2. 直升机前飞状态

当直升机前飞时，相对气流与旋转轴不平行，出现斜流，如图 7.6 所示。

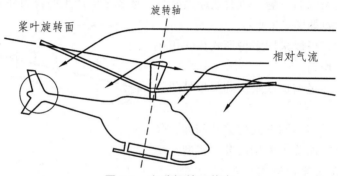

图 7.6　直升机前飞状态

为了进一步分析，这里采用旋翼构造轴系 $O_SX_SY_SZ_S$，如图 7.7 所示。斜流的方向可在旋翼构造轴系中表示，构造轴系的 O_S 取桨毂中心，Y_S 取旋转轴方向，向上为正，X_S 在旋转平面内，其方向与直升机纵轴 OX 平行，Z_S 轴垂直 $X_SO_SY_S$ 面，其方向当旋翼左旋时由左手定则决定，右旋时用右手定则决定，旋转平面用 $S—S$ 表示。

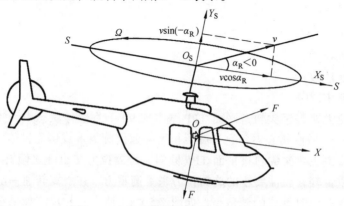

图 7.7　直升机旋翼上的外力及其分解

相对气流 v 与构造平面之间的夹角即为旋翼迎角 α_R。直升机垂直上升时 $\alpha_R = -90°$，垂直下降时 $\alpha_R = 90°$，平飞时一般 $\alpha_R = -5° \sim -10°$，即低头平飞。将 v 分解后可得沿 X_S 轴的速度分量为 $v\cos\alpha_R$，沿转轴方向在 Y_S 上的分量为 $v\sin(-\alpha_R)$。

直升机前飞时，桨叶的气动特性可采用类似于垂直飞行时的状态进行描述。图 7.8（a）描述了前飞时作用于桨叶的周向来流速度及径向来流速度。桨叶径向来流速度为 $v\cos\alpha_R\cos\psi$；周向来流速度为 $\Omega r + v\cos\alpha_R\sin\psi$。

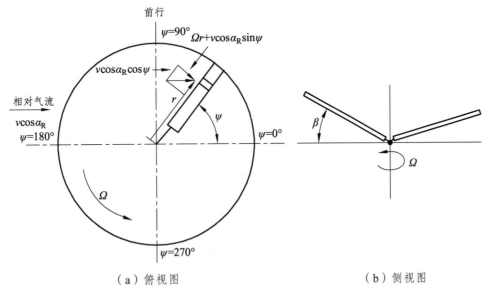

（a）俯视图　　　　　　　　　　（b）侧视图

图 7.8　桨叶的相对速度

沿旋转方向桨叶的周向来流速度是直升机空气动力的重要因素之一，这里将周向来流速度 v_x 用以下公式来表示

$$v_x = \Omega r + v\cos\alpha_R\sin\psi \tag{7.4}$$

其中，v_x 与旋转桨叶的方位角 ψ 密切相关。当方位角 $\psi = 90°$ 时，v_x 值最大；当 $\psi = 270°$ 时，v_x 值最小。

从旋转中的旋翼侧视图［图 7.8（b）］中可以确定桨叶的挥舞角 β，挥舞角随着直升机飞行状态以及桨叶方位角的变化而变化。

在理解直升机前飞时的周向来流速度分布之后，就可以分析前飞时作用于桨叶上的空气动力，如图 7.9 所示，并与垂直飞行时的桨叶空气动力进行比较分析。

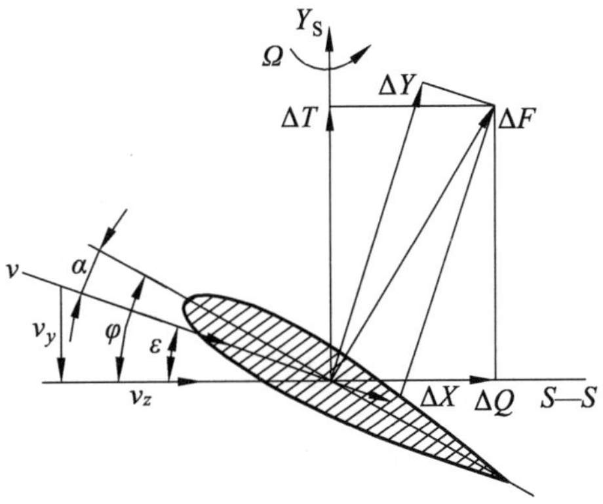

与 Y_S 方向相反的速度称桨叶轴向来流速度，采用 v_y 来表示，即

图 7.9　前飞中的叶素空气动力

$$v_y = v\sin(-\alpha_R) + v_i + v_\beta \tag{7.5}$$

式中　$v\sin(-\alpha_R)$ ——前飞速度引起的轴向来流速度；

v_i ——构造旋转平面的诱导速度；

v_β ——挥舞时相对气流速度。

可以看出，前飞时的旋翼拉力与垂直飞行状态的旋翼拉力表达式一致，只是叶素升力和阻力在旋转轴上的分量不一样而已。

前飞时桨叶的入流角可以表示为

$$\varepsilon = \arctan\left(\frac{v_y}{v_x}\right) \tag{7.6}$$

3. 旋翼拉力公式及影响因素

由于旋翼拉力与飞机机翼产生升力的道理相似，所以根据机翼升力公式，这里也可以将旋翼拉力公式写成

$$T = \frac{1}{2}C_T\rho(\Omega R)^2(\pi R^2) \tag{7.7}$$

式中　C_T ——拉力系数；

ΩR ——桨尖速度；

πR^2 ——桨盘面积。

飞机机翼升力系数只与机翼的翼型和迎角有关，而旋翼的拉力系数 C_T 不仅与桨叶的翼型和迎角有关，而且还与旋翼的实度成正比。对于一般的旋翼而言，其拉力系数可用下式近似计算

$$C_T = 0.3\sigma C_{y7} \tag{7.8}$$

式中　C_{y7} ——各桨叶的特征切面（$r = 0.7R$）处的升力系数平均值，其取决于桨叶翼型和该切面平均迎角的大小；

σ ——旋翼实度。

固定翼飞机在平飞中，为了保持足够的升力来平衡其重力，在其他飞行条件不变的情况下，飞行速度和机翼迎角成一一对应关系，迎角大升力系数大，平飞所需速度小；迎角小升力系数小，平飞所需速度大。对于直升机来说，飞行速度不论是增大还是减小，旋翼的拉力系数 C_T 应保持基本不变，才能保持旋翼的拉力与直升机的重力基本相等。由于同型直升机的旋翼实度、半径一定，旋翼转速不变时，要保持旋翼拉力，必须使拉力系数 C_T 不变，这就要求桨叶的平均迎角不随飞行速度变化。如果外界因素导致桨叶迎角发生改变时，必须改变旋翼总距，促使桨叶的平均迎角基本保持不变。

旋翼拉力的大小也由许多因素决定，主要是旋翼转速、空气密度、旋翼半径和桨叶迎角。下面逐一分析影响旋翼拉力的各个因素。

（1）旋翼转速对拉力的影响。旋翼转速 Ω 增加，桨叶微元的相对气流就加快，桨叶升力 Y_b 就增大，桨叶拉力 T_b 也增大。旋翼拉力与旋翼转速的平方成正比，即转速增大 1 倍，拉力增大到原来的 4 倍。

（2）空气密度对拉力的影响。空气密度增大，桨叶升力 Y_b 就增大，桨叶拉力 T_b 也增大。

所以旋翼拉力与空气密度成正比。

（3）桨叶迎角对拉力的影响。桨叶微元升力与其迎角成正比，因此桨叶拉力与桨叶迎角成正比。应该指出，当桨叶迎角超过临界迎角以后，桨叶拉力随迎角的增大反而减小。

（4）旋翼实度对拉力的影响。当旋翼的半径一定时，旋翼实度 σ 与桨叶的片数 k 和桨弦 c 成正比。显然，桨弦越长，各段桨叶的升力越大，整个桨叶的拉力也就越大；桨叶片数增多，旋翼拉力也增大。因此，旋翼拉力与旋翼的实度成正比。

（5）旋翼半径对拉力的影响。旋翼半径增大，一方面桨叶的投影面积增大，旋翼实度也增大，使桨叶的拉力增大；另一方面，桨尖的周向速度增大，桨叶的拉力又有所增大。旋翼拉力与旋翼半径的三次方成正比，即旋翼半径增大 1 倍，旋翼拉力增大到原来的 8 倍。

以上分析了 5 个影响旋翼拉力的因素，对于某型直升机而言，旋翼实度和旋翼半径是不变的，旋翼转速一般变化也很小，要增大旋翼转速，就必须增大发动机功率。空气密度随着气温和高度而变化，空气密度的变化也会引起发动机功率的变化。桨叶迎角取决于入流角和桨叶角的大小。桨叶角增大，桨叶迎角也增大，所需发动机的功率也增大。可见，旋翼拉力的大小，归根结底取决于发动机功率。

总而言之，旋翼转速、桨叶迎角、桨叶半径和旋翼实度等各影响因素数值增大，拉力就增大。必须指出，在实际飞行中，各个影响因素由于受到空气动力特性、结构强度和发动机功率等条件的限制，其数值不可能很大，更不能认为其数值越大越好，要综合考虑。

7.1.2 旋翼阻力

当旋翼转动时，不仅产生拉力，而且还会产生阻止旋翼旋转的阻力。为了保证旋翼作稳定旋转，必然要消耗一定的功率。因此，了解旋翼旋转阻力和所需功率产生的原因、影响因素和不同情况下旋翼所需功率的变化，对正确选择旋翼工作状态是很重要的。

阻止旋翼旋转的空气动力，叫旋翼旋转阻力，简称旋翼阻力，以 Q 表示。旋翼阻力与桨毂旋转平面平行，而方向与旋转方向相反。按产生原因的不同，旋翼阻力可分为翼型旋转阻力 Q_b、诱导旋转阻力 Q_i、上升旋转阻力 Q_c、废阻旋转阻力 Q_p。总阻力和各阻力与空速之间的关系见图 7.10 中的阻力曲线。

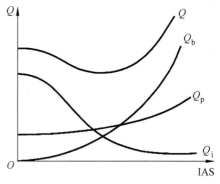

图 7.10 某飞行状态下的旋翼阻力曲线

1. 翼型旋转阻力

旋翼旋转时，空气沿着相对气流合速度的方向流过桨叶。在气流流过桨叶表面时，由于空气具有黏性，贴近桨叶表面受到挤压，而形成一层很薄的流动层，叫作附面层（或叫边界层）。附面层中气流速度由外层主流速度向内层逐渐降低为零。附面层分为层流层和紊流层，如图 7.11 所示。层流层与紊流层的过渡区域称为转捩点。

在附面层内，气流速度之所以越贴近翼面越慢，原因是流动的空气受到桨叶表面沿旋转方向给它作用力的结果。根据作用力与反作用力原理，这些被减慢的空气必然要给桨叶一个沿旋转方向相反的反作用力。这个反作用力就是桨叶表面产生的摩擦阻力，等于附面层中流体动量的损失。桨叶表面越不光滑，摩擦阻力越大。可见，摩擦阻力是在附面层内产生的，附面层的性质不同，摩擦阻力的大小也不同。紊流层的摩擦阻力要比层流层的摩擦阻力大得多。因此，注意保持旋翼桨叶表面的光滑程度，有利于延迟紊流附面层的扩大和减小摩擦阻力。

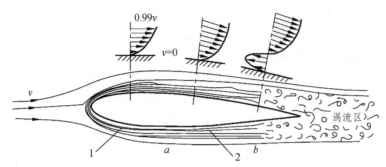

1—层流层；2—紊流层；a—转捩点；b—分离点。

图 7.11　附面层和涡流区

为什么桨叶后缘会出现气流分离呢？内因是空气具有黏性，在桨叶表面产生了附面层。附面层中气流速度不仅受到空气的黏性作用，还要受到附面层外主流压力变化的影响，所以外因是桨叶表面出现逆压梯度。

在附面层中，沿垂直于桨叶表面方向的压力变化很小，可以认为是相等的，且等于紧贴附面层外主流的压力。这是因为空气黏性使其动能转化的热能逸散到周围去了，尽管越接近桨叶表面速度越小，而压力却基本不变。如在图 7.12 中，P_1 和 P_2 点的压力相等。

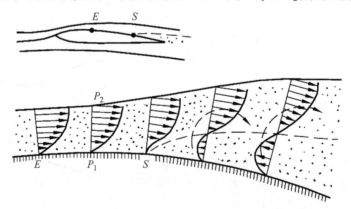

图 7.12　桨叶气流分离现象

在最低压力点 E 之前，附面层外主流是从高压区流向低压区，沿途压力逐渐降低，即形成顺压梯度，气流速度是不断增大的。附面层内的气流虽受空气黏性作用，沿途不断减速，但在顺压梯度范围内气流仍能加速向后流动，但流速增加不多。在最低压力点 E 之后，主流从低压区流向高压区，沿途压力越来越大，即形成了逆压梯度，主流速度不断减小，附面层内的气流除了克服空气的黏性作用外，还要克服逆压作用，因此气流速度迅速减小，到达某一位置（图中的 S 点），附面层底层空气完全停止，速度降低为零，这个点被称为分离点。在分离点之后附面层底层空气在逆压作用下开始向前倒流。于是附面层中逆流而上的空气与顺流而下的空气相遇，就使附面层气流脱离桨叶表面，而卷入主流，这时就产生附面层分离，即气流分离现象。这些回流和旋涡不断地被吹离，就在分离点之后形成了涡流区。

桨叶表面的气流从顺流过渡到逆流，对应的点就是分离点。分离点可能发生在层流层，也有可能发生在紊流层。分离点与转捩点有本质的区别。

为什么涡流区内压力会减小呢？这里指的涡流区压力的大小，是与桨叶前缘处的气流比较而言。因涡流区中存在旋涡，空气迅速转动，一部分动能因摩擦而消耗，即使流速可以迅速恢复到桨叶前缘处的流速，而压力却不能恢复到原来大小，而比桨叶前缘处的压力小。实验结果表明，涡流区内各处压力几乎相等，等于分离点处的压力。如高速行驶的汽车，车尾后面的尘土之所以被吸起，主要是因为车身后面的涡流区内空气压力小而产生吸力的缘故。

此外，相对气流在桨叶前缘会受到阻滞，流速减慢，压力增大；在桨叶后缘，产生气流分离。由于气流分离会形成涡流区，压力减小，桨叶前后便产生压差阻力。压差阻力的大小与分离点位置有关，分离点越靠桨叶前缘，表示压差阻力越大；反之，越靠后缘，压差阻力越小。

例如，表面带小坑的高尔夫球飞行时，自身凹坑周围产生一些小的漩涡，由于这些小漩涡的吸力，高尔夫球表面附近的流体分子被旋涡吸引，附面层的分离点就后退许多。高尔夫球后面所形成的旋涡区比光滑的球所形成的旋涡区小很多，从而使得前后压差所形成的阻力大大减小。飞行数据表明：光滑的高尔夫球，一杆最多飞行数十米，表面带小坑的高尔夫球一杆可以飞行 200 多米。

摩擦阻力和气流压差阻力所构成的桨叶空气阻力（X_b），就是各段翼型阻力之和，其方向与相对气流合速度平行。桨叶空气阻力 X_b 在桨毂旋转平面上的分力，叫翼型旋转阻力，以 Q_b 表示。叶素升力在桨毂旋转平面上的分力，通常也起到阻碍桨叶旋转的作用，这是旋翼旋转阻力形成的又一重要原因。

进一步理解，依据相对气流合速度 w 偏离桨毂旋转平面的原因不同，即入流角的形成原因不同，将桨叶升力 Y_b 在桨毂旋转平面上的分力所形成的翼型旋转阻力 Q_b 分为诱导旋转阻力 Q_i、上升旋转阻力 Q_c 和废阻旋转阻力 Q_p 3 种。

2. 诱导旋转阻力

旋翼旋转产生拉力时，桨毂旋转平面内就有诱导速度 v_i，诱导速度会使入流角 ε 增大一角度 ε_i，如图 7.13 所示。这时相对气流合速度 w 偏离桨毂旋转平面，会引起桨叶升力向桨叶后缘倾斜，由此产生的旋转阻力称为诱导旋转阻力，用 Q_i 表示。

如果桨叶的相对气流越快，入流角变化值越小，诱导旋转阻力越小，但是由于旋翼旋转速度为恒速，所以相对气流变化造成的影响可以忽略。在固定转速下，桨叶下洗程度受到桨叶迎角的影响，桨叶迎角越大，下洗程度越强，产生更大的诱导旋转阻力。

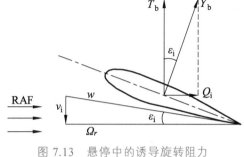

图 7.13　悬停中的诱导旋转阻力

同机翼翼尖处一样，在桨叶桨尖部位同样也会产生翼尖涡，如图 7.14 所示。桨叶产生拉力时，桨叶下翼面压力高于上翼面压力，气流从下翼面绕过桨尖流向上翼面，故而在桨尖处形成翼尖涡。翼尖涡的上行气流部分不会形成下洗气流，而翼尖涡的下行气流部分形成下洗气流，会增加诱导旋转阻力的大小。

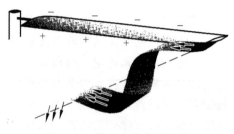

图 7.14 桨尖产生的翼尖涡

每片桨叶的翼尖涡流（尾涡）大致是一条螺旋线。翼尖涡流的偏流角是桨叶周向速度与桨尖切面气流合速度之间的夹角，悬停时较大，但也只有 3°~4°。某一桨叶的尾涡对其后随桨叶的干涉作用叫桨涡干扰。桨涡干扰的瞬间会引起桨叶升力突变。

在不同飞行状态下，旋翼的翼尖涡流轨迹如图 7.15 所示。当涡流与桨叶相交或强涡从桨叶附近通过时，由于涡流作用，将改变流过桨叶上下表面气流的流速。若涡流的旋转方向如图 7.15 所示，在桨叶上表面涡流方向与原气流方向一致时，涡流作用使流速增加，压力减小；桨叶下表面涡流方向与原气流方向相反时，涡流作用使流速减小，压力增加。涡流作用使上、下压力差增大，该桨叶切面升力增大，从而使桨叶的拉力在桨涡干涉瞬间增大。

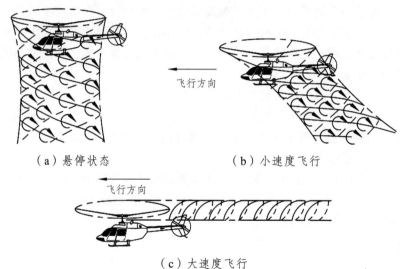

（a）悬停状态　　　　　　（b）小速度飞行

（c）大速度飞行

图 7.15 翼尖涡流轨迹

桨尖的翼尖涡强度与桨叶产生的拉力大小有关，拉力越大，翼尖涡强度越大，下洗速度越大，引起的诱导旋转阻力越大。翼尖涡引起的诱导旋转阻力占的比例最大。

要想减小诱导旋转阻力大小，可以通过减小桨尖处迎角来实现，桨叶扭转可以达到这个目的。在给定转速情况下，桨叶迎角越小，产生的升力系数小，翼尖涡强度越弱，诱导旋转阻力越小。扭转后的桨叶从桨根到桨尖的桨叶迎角减小，在桨尖处迎角最小，所以可以降低诱导旋转阻力。

3. 上升旋转阻力

直升机垂直上升时，其上升引起的相对气流与诱导速度相同，引起桨叶切面相对气流更加偏离桨毂旋转平面，使桨叶升力 L_b 向后的倾斜角增大，旋转阻力增加。由此原因所增加的旋转阻力称为上升旋转阻力，用 Q_c 表示。

4. 废阻旋转阻力

以直升机平飞为例，为了克服机身、起落架等装置所产生的空气阻力，旋翼锥体必须相应向前倾斜一个角度。这时，相对气流在旋翼锥体轴线方向的分速，其方向与旋翼的诱导速度的方向一致，使桨叶的入流角增大，桨叶的相对气流合速度更加偏离桨毂旋转平面，而引起旋转阻力增大。由此原因所产生的旋转阻力，叫废阻旋转阻力，用 Q_p 表示。

综上所述，旋翼旋转阻力为所有桨叶的翼型旋转阻力 Q_b、诱导旋转阻力 Q_i、上升旋转阻力 Q_c、废阻旋转阻力 Q_p 之和，可用下式表示

$$Q = Q_b + Q_i + Q_c + Q_p \qquad (7.9)$$

显然，式（7.9）中的第一项 Q_b 是由桨叶空气阻力 X_b 在桨毂旋转平面上的分力形成的，后 3 项是由桨叶升力 Y_b 在桨毂旋转平面上的分力形成。

由旋转桨叶产生的旋转阻力所形成的力矩称为旋转阻力矩，其大小与旋转阻力着力点到旋翼轴的距离大小有关，其方向与桨叶旋转方向相反。旋翼的旋转阻力矩是所有桨叶的旋转阻力矩之和，用 M_D 表示。

直升机的各种飞行状态中，旋翼为了克服旋转阻力矩所消耗的功率，叫旋翼所需功率。旋翼所需功率包括翼型旋转阻力功率（简称型阻功率）、诱导旋转阻力功率（简称诱阻功率）、上升旋转阻力功率（简称上升功率）和废阻旋转阻力功率（简称废阻功率）。对某些飞行状态，旋翼所需功率组成有差异：平飞状态下，上升功率为零；而在垂直飞行时，因飞行速度不大，可以认为废阻功率为零；悬停状态下，上升功率和废阻功率都为零。

7.1.3 地面效应

飞机贴地低飞时，要受到地面效应的影响；而直升机在较低的高度悬停和邻近地面飞行，即非常接近地面时，同样也有地面效应的问题。直升机的地面效应，是旋翼排向下方的气流受到地面阻挡而影响旋翼空气动力的一种现象，也叫地面气垫。

对固定翼飞机而言，相对气流流过机翼之后，虽具有一定的下洗速度，但下洗角不大，所受到的地面阻挡作用也不强，如图 7.16（a）所示，地面效应的影响也就有限。直升机则不然，被旋翼排向下方的气流，直接向地面流去，如图 7.16（b）所示，受到地面的阻挡作用大得多，所以直升机的地面效应也就比飞机的强烈得多。

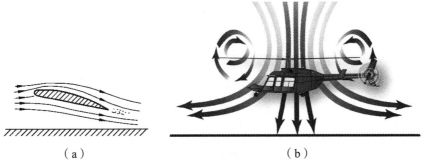

（a）   （b）

图 7.16　地面对流过固定翼和旋翼的气流的影响

地面效应产生的原因为，由于旋翼桨尖处的空气速度较大，形成一道从桨尖至地面的气

帘，旋翼转动带来的下洗气流将被挤压在桨盘和机身下方，相对增大了旋翼下部空气的密度。由旋翼拉力公式可知，密度增加，拉力增大，产生地面效应。由于地面效应的作用，旋翼拉力增大，进而保持悬停所需的功率也就减小。

另一个原因是，地面效应造成桨尖处诱导气流减弱，入流角变小，诱导旋转阻力减小，从而每片桨叶升力增加，直升机旋翼拉力变大。同时，受到地面效应的影响，穿过旋翼的气流往下和往外的模式，会抑制翼尖涡生成，这促使靠近桨尖侧的桨叶部分更为有效，旋翼有效面积增加，桨叶损失面积减小。

地面效应的强弱与以下影响因素有关。

1. 直升机距离地面高度的影响

离地高度越低，气流受到地面的阻挡作用越强，地面效应也就越显著。从图 7.17 中可以看出，横坐标为旋翼离地高度 H 与其半径 R 比值，纵坐标为在相同功率的条件下，地面效应引起的旋翼拉力与无地面效应下旋翼拉力之比，图中曲线表示地面效应引起旋翼拉力变化规律。

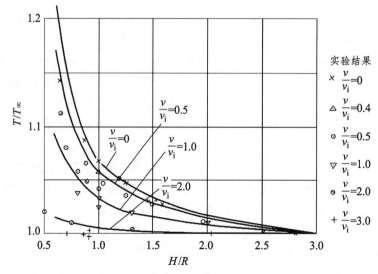

图 7.17　地面效应对旋翼拉力的影响

不管直升机在悬停状态（ $v/v_i = 0$ ）还是前飞状态（ $v/v_i > 0$ ），地面效应会引起旋翼拉力增加。当旋翼离地高度为其半径高度时，拉力约增加 5% 以上；当旋翼离地的高度超过旋翼直径的长度以后，地面效应迅速消失。所以，地面效应的最大有效高度大约等于旋翼直径的一半，随着高度逐渐增大至旋翼直径，地面效应逐渐减小直至完全消失。

直升机悬停状态比前飞状态下所受的地面效应要强，旋翼拉力会增加 5% ~ 15%。在旋翼离地高度 H 为其直径 D 时，前飞状态下的地面效应几乎为零。

2. 直升机飞行速度的影响

从图 7.18 可以看出，飞行速度越大，则地面效应越弱。因为直升机从悬停转为前飞状态时，空气不单纯是自上而下通过旋翼，而是从前上方吹来，向后下方流去。就旋翼离地同样高度而言，此时气流受到地面的阻挡作用比悬停时弱，故地面效应也就减小。在受地面效应影响的高度范围内,同一高度上,悬停飞行状态受地面效应影响最明显。

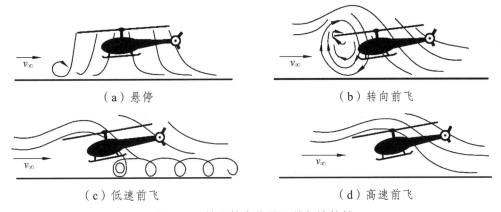

（a）悬停   （b）转向前飞

（c）低速前飞   （d）高速前飞

图 7.18　地面效应作用下的气流特性

当直升机前飞时,直升机近地飞行的需用功率比远离地面飞行时要小,直升机必须增加功率以补偿因地面效应减少而带来的升力的降低。所以,在贴近地面飞行时,地面效应的影响不容忽视。

7.2　旋翼挥舞原理

旋翼不同于机翼,机翼与飞机机体的连接可以说是刚性的,而直升机随着飞行状态的变化和飞行员的操纵,桨尖轨迹平面 TPP（桨盘）相对于机体就要发生倾斜,从而促使旋翼产生的力和力矩发生变化,旋翼桨叶发生挥舞运动、桨距改变和摆振运动。桨叶自由挥舞和摆振运动的目的就是在旋转运动中寻找平衡。为了实现此目的,直升机在结构上的明显特征就是在桨根处安装了铰链,如图 7.19 所示的全铰式旋翼。铰链的目的就是让每片桨叶独立地做挥舞和摆振运动。铰链可能是机械式结构,也可能采用半刚性或无铰链结构。

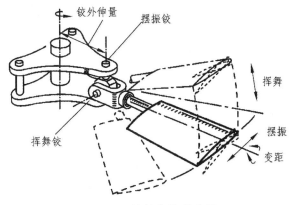

图 7.19　铰链和铰外伸量

挥舞铰可以实现桨叶挥舞运动,桨叶绕挥舞铰的起伏动作叫挥舞,挥舞包括上挥和下挥,如图 7.20 所示。挥舞铰的作用就是使桨叶绕挥舞铰产生的力矩无法传递到机身上,从而消除横侧不平衡力矩。

摆振铰除了叫垂直铰，也可以称之为阻力铰。摆振铰的作用是消除旋转过程中科氏力矩对桨叶的影响。在桨叶挥舞过程中，其旋转半径发生改变就会产生科氏力，这个大小和方向经常变化的科氏力对桨叶强度极为不利，加之桨叶旋转时又产生惯性离心力，桨叶受到的惯性力很大，特别是桨根部位，所以很有可能使旋翼结构因材料疲劳而被破坏。为了解决这个问题就在桨毂上安装摆振铰，如图 7.21 所示。

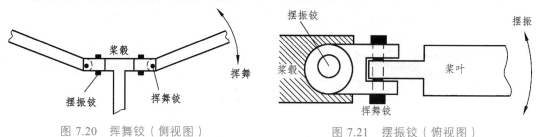

图 7.20　挥舞铰（侧视图）　　　　　　图 7.21　摆振铰（俯视图）

旋翼桨叶一边旋转一边随着直升机机体一起运动，这两种运动的合成，使桨叶的相对气流速度在旋转平面中左右两侧不对称，这就是旋翼运动的突出特点。为了避免由于气流不对称造成直升机倾覆，桨叶在旋转中自由地上下运动，化解左右不对称气流对旋翼拉力的影响，即挥舞运动。所以，桨叶挥舞是消除桨叶拉力不对称性的主要方式。桨叶挥舞运动包括自然挥舞、操纵挥舞和随动挥舞，直升机飞行中旋翼姿态是各种挥舞运动的综合体现。

7.2.1　自然挥舞

自然挥舞是由于相对气流速度引起桨叶的上下挥舞运动，与前飞速度有直接关系，是前进比 μ 的函数。当然，直升机在无风中垂直升降或悬停飞行时，旋翼流场轴对称，每片桨叶所受到的气动力相同，此时桨尖轨迹平面 TPP 垂直于旋翼轴，桨叶不会产生自然挥舞运动。

如果在旋翼桨叶上安装挥舞铰，如图 7.22 所示，桨叶在旋转的同时，又绕其作上下挥舞。如果桨叶升力大处会造成桨叶绕挥舞轴上挥；相反，桨叶升力小处会使桨叶绕挥舞轴下挥。由于旋翼的挥舞促使桨叶绕挥舞铰产生的力矩就无法传递到机身上，从而消除了横侧不平衡力矩。

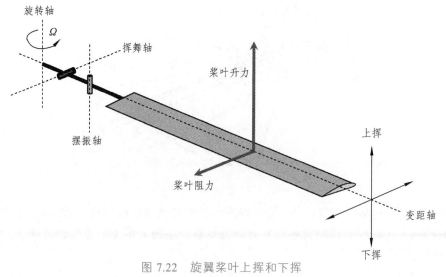

图 7.22　旋翼桨叶上挥和下挥

假设单位长度的刚性桨叶质量为 m，桨叶微元（叶素）长度为 dy，则桨叶微元质量为 mdy，则作用在桨叶微元的作用力如图 7.23 所示，包括气动力和离心力。由于桨叶受到的重力很小，所以可以忽略。桨叶的离心力远大于所受的气动力，故挥舞角很小，一般为 $3° \sim 6°$。桨叶与桨毂旋转平面的夹角，称为挥舞角，用 β 表示。图 7.23 中显示为桨叶在气动力和离心力作用下的平衡位置，其中挥舞铰的铰外伸量为 e。

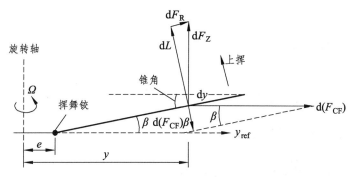

图 7.23　挥舞运动的受力状态

水平旋转面内的桨叶叶素离心力为

$$d(F_{CF}) = (mdy)y\Omega^2 = m\Omega^2 y dy \tag{7.10}$$

如果没有铰外伸量，桨叶的总离心力为

$$F_{CF} = \int_0^R m\Omega^2 y dy = \frac{m\Omega^2 R^2}{2} = \frac{m_b \Omega^2 R}{2} \tag{7.11}$$

式中　m_b——桨叶质量。

离心力大小与桨叶质量、长度以及转速平方成正比。离心力在垂直桨叶方向的作用力为

$$d(F_{CF})\sin\beta = (mdy)y\Omega^2 \sin\beta \approx my\Omega^2 \beta dy \tag{7.12}$$

则，桨叶绕挥舞铰的上挥力矩为

$$M_{CF} = \int_0^R m\Omega^2 y^2 \beta dy = m\Omega^2 \beta \int_0^R y^2 dy$$

$$= \frac{m\Omega^2 \beta R^3}{3} = \frac{m_b \Omega^2 \beta R^2}{3} = \frac{2}{3}F_{CF}R\beta \tag{7.13}$$

气动力对挥舞铰链的力矩为

$$M_\alpha = -\int_0^R Ly dy \tag{7.14}$$

其中，负号代表气动力矩与离心力矩方向相反，旋转桨叶挥舞运动达到平衡，则气动力矩和离心力矩之和为零，即 $M_{CF} + M_\alpha = 0$，整理得

$$\beta = \frac{3\int_0^R Ly dy}{m_b \Omega^2 R^2} \tag{7.15}$$

可以看出，桨叶质量或转速增加，挥舞角减小，同时旋翼锥角也减小。挥舞角大小随着旋翼拉力的增加而增加，随着离心力的增加而减小。理想扭转的桨叶受到定常来流的作用时，产生的气动中心位于 2/3 桨叶半径位置，则挥舞角等于桨叶拉力与桨叶离心力之比。

有铰外伸量的桨叶在旋转时，作用在旋转平面内的离心力会产生绕铰的力矩，迫使桨叶自身调整到垂直于旋翼轴上。实际上，旋翼带有铰外伸量，外伸量很小，一般小于 15%R。则绕挥舞铰的气动力矩为

$$M_\alpha = -\int_e^R Ly\mathrm{d}y \qquad (7.16)$$

离心力矩为

$$M_{CF} = \int_e^R m\Omega^2 y^2 \beta\mathrm{d}y \approx \frac{m_b \Omega^2 \beta R(R+e)}{3} \qquad (7.17)$$

此时，$m_b = m(R-e)$，则挥舞角变为

$$\beta = \frac{3\int_e^R Ly\mathrm{d}y}{m_b \Omega^2 R(R+e)} \qquad (7.18)$$

7.2.2 摆振运动

当直升机前飞时，旋翼桨叶绕挥舞铰上下挥舞，桨叶挥舞会引起桨叶重心相对旋翼轴的距离发生周期性变化，桨叶旋转角速度也会发生变化。桨叶向上挥舞时，桨叶旋转角速度增大，桨叶加速旋转；桨叶向下挥舞时，桨叶旋转角速度减小，桨叶减速旋转。

这表明桨叶挥舞时，在旋转面内有一个促使转速变化的力作用在桨叶上，这个力称为科氏力。桨叶上下挥舞都会产生科氏力，科氏力的大小与桨叶挥舞运动速度成正比，开始时上挥速度较小，科氏力也较小；随着上挥速度增加，科氏力也增大。科氏力对旋翼轴形成的力矩，称为科氏力矩。

由于桨叶的挥舞运动是周期变化的，桨叶加速或减速旋转时，受到的科氏力大小和方向也周期变化，这对桨叶的强度极为不利。同时桨叶旋转时也会产生惯性离心力，且惯性力很大，特别是在桨根部位，结构有可能因材料疲劳而被破坏，为解决这个问题就在桨毂上安装摆振铰（垂直铰）。采用摆振铰可以使桨叶受到科氏力作用后，在旋转平面内绕垂直铰前后摆动一定角度，消除了桨根受到的科氏力矩的影响，以减小桨叶的受载。

桨叶上挥，科氏力使桨叶向前摆动；桨叶下挥，科氏力使桨叶向后摆动。桨叶绕摆振铰的摆动角度称为前摆角或后摆角，用 ζ 表示，如图 7.24 所示。桨叶前后摆动角度受到惯性离心力的影响，在最大摆动角上，科氏力和惯性离心力分力相等。由于桨叶惯性离心力很大，所以桨叶在挥舞中，科氏力使桨叶前后摆动的角度很小。

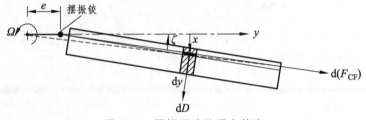

图 7.24　摆振运动的受力状态

经过桨叶受力状态的分析可知，桨叶绕摆振铰的摆振角分别与桨叶质量和转速成反比，转速越大，摆振角越小；桨叶质量越大，摆振角越小。

7.2.3 桨叶的变距

桨叶绕轴向铰转动来改变安装角或桨叶角，称为桨叶变距，如图 7.25 所示。一般通过操纵总距杆可以一起改变所有桨叶的桨距，通过周期变距杆可以周期性地改变桨叶的桨距。桨叶的变距也可以通过操纵自动倾斜器来实施。当自动倾斜器运动时，可使桨叶的桨叶角既可周期变化，也可同步变化。

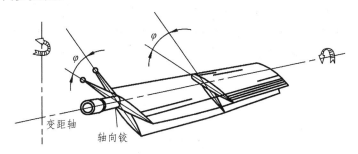

图 7.25　桨叶的变距

7.2.4 操纵挥舞

在周期变距作用下，旋翼也会发生操纵挥舞。由周期变距引起旋翼的另一种挥舞作用，称之为操纵挥舞。周期变距杆操纵旋翼时，变距拉杆上下运动引起旋翼斜盘倾斜，桨叶旋转时其桨叶角就会周期性发生改变，桨尖轨迹平面 TPP 也随之发生倾斜。

例如，周期变距 $\theta_c = 2°$ 时，斜盘向右倾斜 2°，则桨毂旋转平面各处变化角度如图 7.26(b) 所示，其中在 $A—C$ 倾斜轴处的角度不改变，而在 B 和 D 处的角度改变量分别为 –2° 和 2°。此时，旋转环带动变距拉杆也以相同的角度改变量上下移动，如图 7.26(a) 所示，从而带动桨叶变距相同的桨叶角。

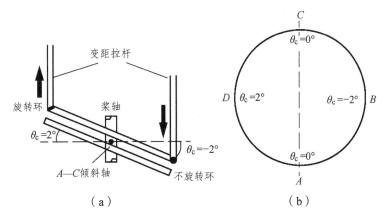

（a）　　　　　　　　　　　（b）

图 7.26　斜盘倾斜工作示意

在典型的周期变距过程中，对于两片桨叶的旋翼而言，根据陀螺进动效应，变距拉杆应该比桨叶所处的相位角提前 90°，这种变距机制使斜盘倾斜而引起 TPP 倾斜，此时斜盘与 TPP

基本平行。这种大相位角的变距机制需要更强大的变距装置来实现。而对于三四片或更多桨叶的旋翼，倾斜后的斜盘与 TPP 不平行，例如 45° 相位角的变距机制，引起 TPP 倾斜的方位角与斜盘倾斜的方位角相差 45°，即 TPP 前倾，而此时斜盘往机身侧前方倾斜。

图 7.27 所示为某型四桨叶直升机旋翼姿态，图中角度值为全量前推驾驶杆后，桨叶旋转一周所对应的斜盘位置。从图中可以看到，由于斜盘的倾斜引起的桨叶角变化，在 9 点钟位置桨叶角最大，在 3 点钟位置桨叶角最小。桨叶旋转经过 9 点钟位置后，桨叶角开始减小，直到旋转到 3 点钟位置，经过 3 点钟位置后桨叶角开始增加。在机头和机尾处的桨叶角相等。所以，前推周期变距杆，斜盘并不是前倾，而是往一边倾倒。

由于桨叶角和迎角减小引起桨叶升力减小，桨叶下挥，经过 90° 滞后，桨叶下挥到最大位置。相反，桨叶角和迎角增加会引起桨叶上挥，经过 90° 滞后，桨叶上挥到最大位置。所以，要想获得最大最小挥舞位置，就在其位置提前 90° 进行周期变距。

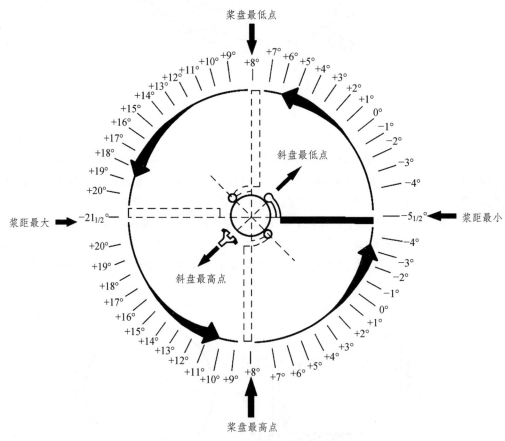

图 7.27　斜盘倾斜与操纵挥舞

7.3　旋翼挥舞特性

7.3.1　方位角和相位滞后

为了说明桨叶方位角，图 7.28 给出了转速为 Ω 的旋翼俯视图，沿着旋翼旋转方向按递增方式确定方位角，正后方 0° 方位表示为方位角 $\psi = 0°$，或表示为 $\psi = 360°$，正右方的方位角为 $\psi = 90°$，正前方的方位角为 $\psi = 180°$，正左方的方位角为 $\psi = 270°$。桨叶从正后方方位角 $\psi = 0°$ 为起点，将 $\psi = 0° \sim 180°$ 的半圆区域称为前行桨叶区，将 $\psi = 180° \sim 360°$（即 0° 方位）的半圆区域称为后行桨叶区。

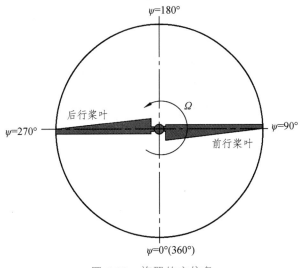

图 7.28　旋翼的方位角

　　解释相位滞后现象的理论还有很多种，但最普遍的一种理论认为，直升机旋翼桨叶在飞行中是一个转动的物体，则具有陀螺进动性。陀螺进动性原理指出，当一个外力沿轴线方向作用在转动中的陀螺上，则陀螺的旋转平面将倾斜，倾斜的最大位移量发生在沿陀螺转动方向 90° 滞后的点上。

　　另一种理论称为惯性原理。当变距力作用到桨叶上时，由于桨叶的惯性，桨叶不会马上对作用力做出反应，而先使桨叶挥舞，也就是说，产生的升力在使桨叶挥舞前首先必须克服桨叶的惯性，此时桨叶已经转动了 1/4 圆周，所以力的作用效果将沿转动方向滞后 90°。

　　现在大多数直升机旋翼的挥舞铰不在旋转中心，而是有一段偏置量，即铰外伸量。当铰外伸量增加时，由于离心力产生的恢复力矩要比绕挥舞铰的惯性力矩增加得更快，从而挥舞固有频率比旋转频率要高。简言之，有铰外伸量的旋翼不再是共振系统。所以有铰外伸量的旋翼，相位滞后小于 90°，挥舞在数值上不完全等于周期变距。

7.3.2　返流区

　　前面讲过，桨叶各剖面因旋转而产生的相对气流速度大小，与该剖面至旋转轴的距离有关。越靠近桨叶根部，由旋转所引起的相对气流速度越小。如果直升机处在前飞状态时，在桨叶从 $\psi = 180°$ 方位转向 $\psi = 360°$ 方位过程中，在桨叶根部某个区域内，由前飞所引起的相对气流速度，将会大于因旋转所引起的相对速度。在这个区域内，桨叶各切面的相对气流不是从桨叶前缘流向后缘，而是从桨叶后缘流向前缘。这种由桨叶后缘流向前缘的气流，叫返流，或反流，如图 7.29 所示。桨叶上存在返流的区域称为返流区，或反流区。

　　返流区与正流区的交界处 O'，桨叶的相对气流速度为零，该点叫桨叶返流区的边界点。

返流区就是在 180° ~ 360° 方位上，桨叶返流区的所有边界点的连线所形成的圆形区域，如图 7.29 所示。桨叶自方位角 180° 转向 270° 方位的过程中，前飞所引起的相对气流对桨叶相对气流的影响不断增大，故桨叶上的返流区逐渐扩大；桨叶自 270° 方位角转向 360° 方位，前飞速度对桨叶相对气流的影响不断减小，故桨叶上的返流区逐渐减小。

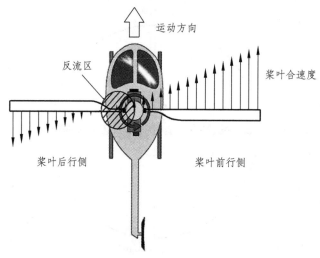

图 7.29　直升机的反流区

返流区的大小与飞行速度和旋翼转速有关。前飞速度一定时，旋翼转速增大，由旋转所引起的相对气流速度增大，使旋翼工作状态特性系数（前进比）μ 值减小，于是旋翼的返流区缩小；反之，旋翼转速减小，μ 值增大，则旋翼返流区扩大。

旋翼转速一定时，前飞速度增加，前进比 μ 值变大，旋翼的返流区扩大；反之，减小前飞速度，前进比 μ 值变小，旋翼的返流区缩小。

总之，前进比 μ 值越小，返流区越小；μ 值越大，返流区越大。旋翼的返流区越大，表明旋翼相对气流的不对称性越大，旋翼拉力不对称性越强。

在旋翼返流区内，由于桨叶周向速度是反向的，会产生向下的拉力。当速度不超过最大允许速度飞行时，旋翼返流区处在允许范围之内，甚至处在没有桨叶翼面的桨毂部分，这对飞行影响不大。否则，不仅会使旋翼拉力降低，桨叶在 270° 方位处产生的拉力将更小，而且由于每片桨叶的空气动力产生显著的周期变化，造成操纵困难。如果出现这种情况，应立即减小飞行速度或增加转速，降低返流区的影响，恢复正常飞行。所以，前进比 μ 要有一定的限制。

7.3.3　相对气流不对称性

前面讲过，桨叶旋转速度矢量与直升机速度矢量的合成就是桨叶的合成速度。直升机在无风悬停或垂直升降情况下，旋翼桨叶转到不同方位，桨叶各切面的周向速度在数值上保持一致，等于其相对气流速度大小，但两者的方向相反。只有直升机在前飞、后退飞行或侧飞中，旋翼桨叶的周向相对气流才会出现不对称现象。

例如，直升机前飞时，不同方位处的周向相对速度有所不同，即速度大小和方向都有所不同，因为桨叶除了受旋转所产生的相对气流的影响之外，还要受前飞所产生的相对气流的影响，这两种气流的合成气流将随桨叶转到不同方位时而不同。在 0°～180° 方位内，桨叶的相对气流速度都比无风悬停时要大；在 180°～360° 方位内，相对气流速度都比无风悬停时要小。

旋翼的相对气流不对称性，会使前行桨叶相对气流速度大，不考虑其他影响因素，根据空气动力特性，则产生的拉力就大，且在方位角 $\psi = 90°$ 处拉力最大；后行桨叶的相对气流速度小，则产生的拉力小，且在方位角 $\psi = 270°$ 处拉力最小。

由于旋翼相对气流的不对称性和返流区的存在，造成的旋翼两侧拉力不对称现象，就形成了横侧不平衡力矩，如图 7.30 所示。此时如果不消除这个力矩的作用，直升机势必会倾覆。所以，现在多片桨叶的旋翼都安装挥舞铰，有了挥舞铰后，桨叶一边旋转，一边绕挥舞铰上下挥舞。这样，桨叶绕挥舞

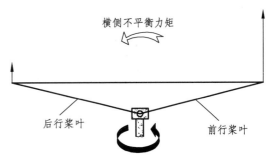

图 7.30　前飞中旋翼产生的不对称拉力

铰产生的拉力力矩以及在挥舞方向的其他力矩也传递不到桨轴上，从而消除了横侧不平衡力矩的影响。

直升机的横侧不平衡力矩是否能够完全被克服，还与水平铰安装的位置有关。由于一般直升机的水平铰并不直接安装在旋翼旋转轴上，而是安装在桨毂上，即水平铰与旋转轴之间有一定距离的挥舞铰外伸量。

7.3.4　迎角不对称性

安装挥舞铰的直升机前飞中，在桨叶相对气流不对称性的影响下，因挥舞速度不同也会引起桨叶迎角变化。在前飞的前行桨叶区，由于流经桨叶的相对气流速度增大，桨叶拉力也增大。桨叶绕水平铰向上挥舞，产生自上而下的相对气流，使桨叶迎角减小，于是桨叶拉力也减小。桨叶向上挥舞速度越大，桨叶迎角减小越多。可见，桨叶在上挥的过程中，可以自动调整自身的拉力，结果使拉力大致保持不变。

同理，在后行桨叶区中，旋翼桨叶绕旋转轴旋转时，由于相对气流速度和拉力减小，桨叶向下挥舞。桨叶向下挥舞所形成的自下而上的相对气流，又会使桨叶迎角增大。这样，桨叶下挥过程中，也能使桨叶本身的拉力大致保持不变。

由以上分析可知，在桨叶相对气流不对称性的影响下，因挥舞速度不同所引起的桨叶迎角不对称性，前行桨叶区内的迎角小，而后行桨叶区内的迎角大。相对气流不对称性和迎角不对称性促使桨叶在各个方位的拉力大致保持不变。所以，旋翼装有挥舞铰后，不仅消除了横侧不平衡力矩，就连拉力的不对称也基本消除了。

7.3.5　自然挥舞特性

直升机速度变化会使旋翼桨叶旋转的同时，伴随有周期性的自然挥舞运动，周向气流速度左、右不对称，使左、右拉力不对称，桨叶拉力按正弦规律变化使桨叶上下挥舞。

桨叶上挥速度最大和挥舞最高位置（上挥距离最大）不在同一方位，它们之间相差 90°

方位角。挥舞最高的方位滞后于挥舞最快的方位，即从桨叶挥舞速度最大的方位，再继续旋转 90°，便是桨叶挥舞最高的方位。

桨叶下挥速度最大和挥舞最低位置（下挥距离最大）也不在同一方位，它们之间方位相差 90°。挥舞最低的方位也滞后于挥舞最快的方位，即从桨叶挥舞速度最大的方位，再继续旋转 90°，便是桨叶挥舞最低的方位。

由此可见，由于桨叶的周向气流速度不对称引起的自然挥舞运动，产生的挥舞响应使桨叶在 $\psi = 180°$ 处挥得最高，而在 $\psi = 360°$ 或 $0°$ 处挥得最低。相对于桨毂旋转平面，轨迹前高后低，旋翼呈现为倒锥体向后倾斜，旋翼产生后倒姿态，如图 7.31 所示。前飞速度越大，旋翼相对气流速度不对称性越大，旋翼锥体向后倾斜也越多，后倒程度就越快。

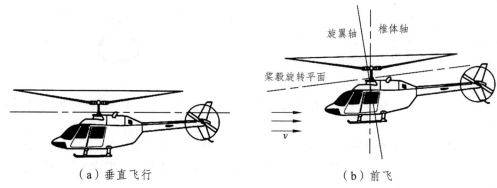

（a）垂直飞行　　　　　　　　　　　　　　（b）前飞

图 7.31　前飞时倒锥体向后倾斜

根据气动理论分析可知，桨叶在 $\psi = 180°$ 处迎角最大，桨叶拉力也最大，而在 $\psi = 0°$ 处迎角最小，桨叶拉力最小，但根据陀螺进动性原则，旋翼锥体向 $90°$ 方位倾斜，旋翼产生侧倾姿态。桨叶自然挥舞造成桨叶锥体侧向倾斜，主要是由于存在锥度角 a_0，它引起旋翼前后桨叶迎角不对称性和相应的不对称气动载荷分布。不仅在前飞状态，在任何给定状态下，锥体倾斜程度取决于锥度角。

总之，旋翼自然挥舞中，一方面，由于旋翼桨叶的相对气流不对称性，造成前飞中旋翼锥体向 $0°$ 方位倾斜；另一方面，由于旋翼桨叶的迎角不对称性，造成前飞中旋翼锥体向 $90°$ 方位倾斜。换句话说，由于桨叶本身的拉力自动调整作用，气流不对称性引起桨尖轨迹平面 TPP 后倒，迎角不对称性引起桨尖轨迹平面 TPP 侧倒。

7.3.6　胡克效应

桨叶挥舞会产生科里奥利斯效应（Coriolis effect）。1835 年，法国气象学家科里奥利斯（Gaspard-Gustave Coriolis）提出科里奥利斯效应。科里奥利斯效应的例子很多，如花样滑冰、傅科摆、地球信风与季风、热带气旋、陀螺仪等。

当桨叶向下挥舞时，桨叶的重心远离旋转轴线，向外移动，则桨叶减速旋转；而桨叶上挥时，桨叶重心向旋转轴线靠拢，则桨叶加速旋转。科里奥利斯效应造成的桨叶加减速效果，可以通过安装在摆振铰上的阻尼器来缓解。

科里奥利斯效应在直升机处于过渡飞行状态时最大，悬停时则不存在，如图 7.32 所示。

（a）悬停状态　　　　　（b）过渡飞行状态　　　　　（c）转换飞行状态

图 7.32　科里奥利斯效应

直升机在悬停状态时，主轴和虚轴两轴互相重合，当操纵周期变距杆时，直升机处在过渡飞行状态，桨叶旋转形成的锥体轴与旋翼轴不再重合，此时旋翼桨叶会重新定位，从而会产生胡克效应（Hooker Joint Effect），也叫万向节效应（Universal Joint Effect）。

这是由于进入过渡飞行状态时，桨尖轨迹平面 TPP 相对于旋翼轴线产生倾斜，为保证旋翼转速不变，前进桨叶（桨叶运动方向与气流流动方向相反）必须加速，后退桨叶（桨叶运动方向与气流流动方向相同）必须减速，从而产生胡克效应。

胡克效应和科里奥利斯效应一起作用，旋翼就会产生如图 7.33 中所示的结果。图 7.33 中 Ⅰ 和 Ⅲ 是无风中的悬停状态，桨尖轨迹平面 TPP 保持水平，主轴和虚轴重合，不存在胡克效应。如前推周期变距杆，从图中 Ⅱ 和 Ⅳ 可以看出，主轴仍保持垂直，但虚轴向前倾斜。而且，TPP 向前移动，见图中虚圆。由于旋翼转速保持不变，A 处的桨叶上挥，所以其提前转动；相反，C 处桨叶下挥，此桨叶转动滞后。

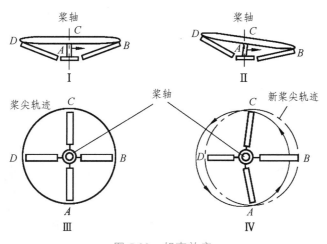

图 7.33　胡克效应

7.4　直升机的控制和操纵

7.4.1　直升机的操纵方式

任何航空器在空中运动都具有 6 个自由度。为了控制直升机的运动和姿态，就需要 6 个独立的操纵机构来控制 3 个力和 3 个力矩。直升机的纵向移动与俯仰转动、横侧移动与滚转是不能独立分开的，所以飞行员不能对 6 个自由度全部实施单独或彼此完全独立的控制。因此直升机的 6 个自由度只需要以下 4 个操纵：

（1）垂直运动操纵。通过总距杆改变旋翼桨叶角而改变旋翼拉力，操纵直升机升降改变拉力的大小来实现。

（2）纵向运动操纵。通过驾驶杆的前后移动，改变旋翼纵向倾斜角而改变升力方向，产生附加纵向力来操纵直升机前进或后退。

（3）横侧运动操纵。通过驾驶杆的左右移动，改变旋翼横向倾斜角而改变升力方向，产生附加横侧力来实现。

（4）航向运动操纵。通过改变尾桨拉力大小，改变尾桨桨距而改变尾桨拉力，来保证原定航向或进行左右转弯。

以上 4 种运动操纵是通过 3 种操纵系统来实现的，即总距操纵、周期变距操纵和尾桨操纵。总变距杆移动可以同时等量地改变所有旋翼桨叶的桨叶角，从而改变旋翼拉力。周期变距杆是用来倾斜旋转的旋翼，即使旋翼向前、向后、向左或向右以及这些方向的合成倾斜。这样就会在这个桨尖旋转面的倾斜方向产生一个作用力，使直升机沿该方向移动。当操纵周期变距杆，就会引起旋翼各个桨叶的桨叶角在转动过程中发生不同的变化，通过改变相应桨叶的桨距来使该桨叶向上或向下运动，从而使旋翼旋转面按照操纵要求发生偏转。通过控制尾桨桨距的大小来调节尾桨产生的侧向力，形成力矩来平衡旋翼反作用力矩，保证航向稳定；还可改变尾桨总桨距使拉力变化，实现机头转向控制。

为了改变旋翼的气动合力，有直接控制和间接控制两种方式：

（1）直接控制：直接改变旋翼轴的方向，从而改变旋翼气动合力的方向。

（2）间接控制：不用直接改变旋翼轴相对机身的位置，而用间接控制的方法，即通过自动倾斜器（图 7.34）的倾斜，周期性地改变桨叶的桨距，即可改变桨尖平面相对机身的位置，从而改变了旋翼的气动合力的方向。所以通过自动倾斜器改变旋翼桨叶总距和周期变距来间接实现对直升机的飞行操纵。

总之，单旋翼直升机的操纵规律为：通过操纵总距杆的总距操纵来实现直升机的升降运动；通过操纵周期变距杆的变距操纵来实现直升机的前后左右运动，可以使直升机向任意方向飞行；通过操纵尾桨总距进行航向操纵来改变直升机的飞行方向，使直升机转弯。

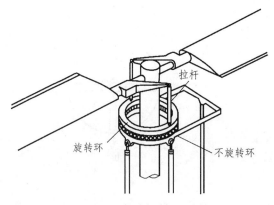

图 7.34　自动倾斜器示意

可见，相对于固定翼无人机而言，无人直升机的操纵原理比较复杂。若用飞行控制系统来代替驾驶员的操纵，则由 4 个通道组成：俯仰通道、横滚通道、航向通道及高度通道。例如，图 7.35 中单旋翼无人机采用 5 个数字式伺服器（舵机）实现飞行控制，利用这些舵机执行来自机载系统或者手动操纵信号，驱动各个控制桨叶。这 5 个舵机包括：横滚舵机、俯仰舵机、航向舵机、总距舵机和油门舵机，具体功能如下：

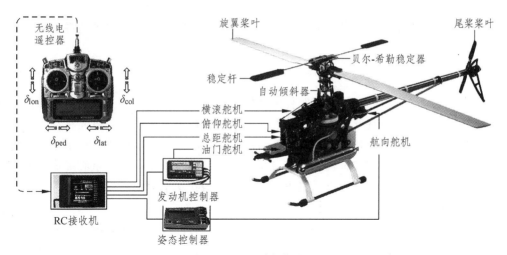

图 7.35 无人直升机操纵原理

（1）横滚舵机，产生旋翼横向周期变距驱动信号 δ_{lat}，掌管自动倾斜器（swashplate）的左右倾斜动作，改变旋翼桨叶的横向周期桨距，操纵横滚运动与横向平移。

（2）俯仰舵机，产生旋翼纵向周期变距驱动信号 δ_{lon}，掌管自动倾斜器的前后倾斜动作，改变旋翼桨叶的纵向周期桨距，操纵俯仰运动与纵向平移。

（3）航向舵机，产生尾桨总距驱动信号 δ_{ped}，由姿态控制器操纵，通过操纵尾桨总距实现偏航角速率与航向角的控制，因此允许手动操作人员间接控制裸机过于敏感的偏航运动。

（4）总距舵机，产生旋翼总距角驱动信号 δ_{col}，改变自动倾斜器垂直方向的位置，引起旋翼桨叶的总距变化，操纵垂向运动。值得注意的是，某些低端定桨距遥控直升机并不具备这个功能。

（5）油门舵机，由发动机控制器（engine governor）操纵，控制旋翼恒速转动。可以把发动机预先设置成恒速转动。

注意，这使用贝尔-希勒稳定器（Bell-Hiller stabilizer）配合自动倾斜器获得期望的桨叶挥舞运动响应性能。

7.4.2 直升机的操纵原理

1. 改变直升机拉力的大小

为了改变直升机拉力的大小，需要改变旋翼的转速和桨叶角。因为直升机是由旋翼旋转而产生拉力的，只要增加旋翼的转速或加大它的桨叶角就可以增大拉力。为了让发动机能在最有利的转速附近工作，现代直升机都采用改变桨叶角的方法来控制拉力的大小。

直升机由悬停转入垂直上升时，上提总距杆，最初由于旋翼总距增大桨叶迎角增大，旋翼拉力增大，旋翼拉力大于直升机的重力，升力与重力之差为 ΔT，在 ΔT 作用下直升机向上做加速运动，上升率不断增加。但是，当直升机具有一定的上升率之后，这时与悬停状态相比，旋翼的入流系数增大，桨叶来流角增大，桨叶迎角减小，ΔT 变小，使直升机向上的加速度减小。随着上升率的增大，桨叶来流角越来越大，桨叶迎角越来越小，ΔT 也越来越小，当 $\Delta T = 0$ 时，使直升机向上加速运动的力就消失，直升机就以某一固定上升率做稳定上升。显然，这时旋翼拉力基本上等于重力。也就是说，上述这种稳定飞行状态的桨叶迎角基本相等，此时旋翼总距之差实际上是它们的桨叶来流角之差。因此，不能笼统地说，旋翼总距增大，拉力就大。

2. 改变直升机拉力的方向

和其他的飞行操纵一样，周期变距杆的操纵也和人的直觉反应是一致的。向前推杆使直升机向前飞，向后拉杆使直升机后移，向左或向右移杆使直升机向相应方向移动。

如悬停中飞行员前推驾驶杆，拉杆和摇臂就会使自动倾斜器向前倾斜一个角度，由于桨叶周期变距促使旋翼拉力相对旋转轴向前倾斜。拉力偏离重心之后，绕重心形成一个下俯的操纵力矩，使直升机下俯。由于直升机下俯，这时拉力在水平面的第二分力增大，使直升机向前做加速运动。

综上所述，飞行员向某一方向移动驾驶杆，旋翼拉力向同一方向倾斜，拉力绕重心形成一个操纵力矩使直升机向驾驶杆移动的方向转动。拉力在水平面的分力增大，使直升机向驾驶杆移动方向做加速运动。移动驾驶杆的量越多，拉力绕重心形成的操纵力矩越大，直升机的转动的角速度也越大。同时，在驾驶杆移动方向的操纵力也越大，直升机向操纵方向运动的加速度也越大。

3. 操纵直升机方向的偏转

直升机在向前飞行时，如果机身纵轴方向与相对气流方向不一致，会出现侧滑。为了消除侧滑，需要有操纵机构使直升机机身绕旋翼旋转轴转动，以改变机身的方向。这个操纵机构中的脚蹬机构与尾桨变距机构相连，通过脚蹬来控制。

飞行中，可以利用脚蹬操纵机构改变尾桨的桨叶安装角来调整尾桨拉力的大小，从而改变尾桨所产生的方向偏转力矩。

当尾桨拉力绕重心形成的偏转力矩与旋翼反作用力矩相等时，直升机无偏转。这时，如果尾桨的桨距增大，拉力增大，尾桨拉力绕重心形成的偏转力矩大于旋翼的反作用力矩，机头向右偏转。反之，如果尾桨拉力绕重心形成的偏转力矩小于旋翼的反作用力矩，机头向左偏转。

同固定翼飞机一样，改变飞行状态，直升机上的各力和各力矩的平衡关系也都要改变，对此飞行员必须进行相应的操纵动作。但是，由于直升机飞行原理及构造上的特殊性，它的操纵性与固定翼飞机相比有很大的不同，这是因为直升机的操纵规律具有操纵的滞后性、操纵的反复性、操纵的协调性。

7.5 稳定性与操纵性

7.5.1 概 念

稳定性又称安定性，是物体受扰动后回复到原来状态的趋势。直升机稳定性是直升机的一种运动属性，通常指直升机保持固有运动状态或抵制外界扰动的能力。

直升机的静稳定性是指平衡状态被破坏瞬间的直升机运动趋势，包括 3 种形式：静稳定的、静不稳定的和中性稳定的。

如果直升机受到外界瞬态扰动作用后，不经人为干预，具有自动恢复到原来平衡状态的趋势，则称为直升机是静稳定的；反之，在外界瞬态扰动后，直升机有扩大偏离平衡状态的趋势，称为直升机是静不稳定的。直升机受到瞬态扰动后，既无扩大偏离也无恢复原来平衡状态的趋势，称直升机为中性稳定的。

把所有作用在直升机上的包括气动力的外力和外力矩之和为零的状态，称之为平衡状态。直升机能否自动保持平衡状态，是属于稳定性问题；如何改变其既有的平衡状态，这属于操纵性问题。

直升机平衡性包括以下三方面：

（1）直升机的俯仰平衡是指直升机绕横轴转动的上仰力矩和下俯力矩相等，直升机保持俯仰平衡时，不绕横轴转动。

（2）直升机的方向平衡是指直升机绕立轴转动的左偏力矩和右偏力矩相等。直升机保持方向平衡时，不绕立轴转动或只做等速转动。

（3）直升机的横侧平衡是指直升机绕纵轴转动的左滚力矩和右滚力矩相等。直升机保持横侧平衡时，不绕纵轴滚转。

直升机的动稳定性是指做定常飞行的直升机受到扰动而偏离其平衡状态后，在由此而产生的力和力矩作用下所发生的运动性质，也分为 3 种形式，第一种是动稳定的，直升机受扰而偏离原来平衡位置，当干扰因素消失后，其运动为单调衰减的减幅振荡，如图 7.36（a）、（b）所示；第二种是动不稳定的，直升机受扰而偏离原来平衡位置，当干扰因素消失后，其运动为单调发散的增幅振荡，如图 7.36（c）、（d）所示；第三种是中性动稳定的，直升机受扰而偏离原来平衡位置，当干扰因素消失后，其运动为等幅振荡（简谐振荡），如图 7.36（e）、（f）所示。

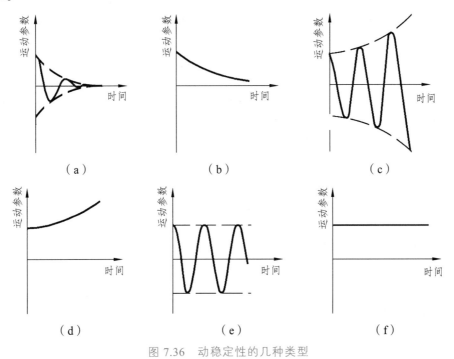

图 7.36　动稳定性的几种类型

直升机操纵性是在人为操纵改变飞行状态后，直升机仍保持原有的定常飞行状态，或完成所希望的机动能力。

7.5.2　直升机的静稳定性

静稳定性是直升机受扰动后的初始时刻是否具有自动恢复原来平衡状态的能力。直升机的静稳定性包括纵向静稳定性、横向静稳定性和航向静稳定性，静稳定性问题可以从速度静稳定性和迎角静稳定性进行分析。

直升机飞行中有效迎角保持不变，在偶然受到干扰后，速度发生改变，如能出现新的附加力矩，使之自动趋于恢复原来的速度，则称直升机按速度是静稳定的；反之称其按速度是静不稳定的。直升机的静稳定力矩主要来源于旋翼。

在悬停状态，直升机在受扰后，如果有了向前的速度增量，出现周期挥舞，桨尖平面后倒，那么旋翼气动合力对直升机产生附加的抬头力矩，这个力矩力图减弱向前的速度增量。同理，如果有了向后的速度增量，旋翼气动合力对直升机会产生附加的低头力矩，这个力矩力图减弱向后的速度增量。水平铰上的铰外伸量的引入也有利于提高直升机悬停时的速度稳定性。因此，直升机悬停时旋翼按速度是静稳定的。

直升机在前飞时，当飞行速度增加，桨叶周向来流左右不对称性增加，引起周期挥舞增大而使桨尖平面后倒，从而旋翼的气动合力对直升机重心产生附加抬头力矩，此抬头力矩的作用使前飞速度有减小趋势。同理，当直升机飞行速度减小时，旋翼产生附加低头力矩，有增加前飞速度的趋势。因此，直升机前飞时旋翼按速度是静稳定的。

直升机飞行速度保持不变，在偶然受到干扰后，有效迎角发生了变化。例如，受到干扰后机身抬头，如果出现新的附加低头力矩，使之自动趋于恢复原来迎角，则直升机按迎角是静稳定的；反之，如出现的附加力矩是抬头力矩，使机身进一步抬头，则按迎角是静不稳定的。

一般直升机在悬停及小速度飞行时对迎角是不稳定的，这主要是旋翼的作用。前飞速度增大，旋翼的迎角不稳定性更大，同时机身的不稳定作用也表现出来，只有靠平尾的稳定作用来保证直升机的迎角稳定性。无铰旋翼的桨毂力矩大，迎角不稳定性也更强，这种直升机需要更大的平尾。

直升机在受到扰转动之后还可能出现一种阻滞转动的力矩，通常称为阻尼。直升机的阻尼主要来自旋翼和尾桨。

如果直升机垂直运动，阻尼主要来源于旋翼的作用。其物理解释为：如直升机向下运动→剖面迎角增加→旋翼拉力增加→阻滞向下运动；反之，如直升机向上运动→剖面迎角减小→旋翼拉力减小→阻滞向上运动。

直升机的阻尼包括纵向阻尼、航向阻尼和横向阻尼 3 种。

7.5.3　直升机的动稳定性

静稳定性是指直升机受扰后的初始反应，而直升机受扰后的运动全过程则是动稳定性问题。动稳定性研究直升机受扰后飞行状态的动态过程，是一个非定常问题。

具有静稳定性的直升机不一定就是动稳定的，但静不稳定的直升机必是动不稳定的。原因是直升机若无恢复力矩，受扰后不可能恢复原平衡状态。

分析直升机的动稳定性，不仅要判断它是否稳定，而且要了解受扰后运动的具体特征，如运动的周期、频率、收敛或发散的快慢等。

7.5.4　直升机的操纵性

直升机的操纵性可以利用 3 个参数进行表征，分别是操纵功效、操纵灵敏度和响应时差。

操纵功效是指一定的操纵量（自动倾斜器的倾斜角或驾驶杆的位移）所能产生的操纵力矩。直升机的纵向和横向操纵力矩是通过驾驶杆的纵向和横向位移，即改变自动倾斜器的倾角来获得的。

操纵灵敏度是指操纵机构移动一个角度或一段行程后，如自动倾斜器偏转一个角度或驾驶杆移动一段行程，直升机可能达到的最大稳态转动角速度（如直升机稳定的俯仰角）。一般要求直升机操纵灵敏度在一定范围之内。

灵敏度的大小与操纵功效和阻尼有关。操纵功效大、阻尼小，则灵敏度高，但过高会使飞行员难以精确控制直升机；反之，灵敏度过低会使飞行员感觉直升机反应太迟钝。轻型直升机有较高的灵敏度，因为它的惯量和阻尼较小。

响应时差也是衡量直升机操纵性的另一个重要参数，表明直升机对操纵反应的快慢。灵敏度说明的是直升机达到稳态时的响应大小，但操纵后直升机不会立刻达到稳态值，而是经过一个响应过程，花一段时间后才能达到稳态，这就是直升机的反应快慢问题，即响应时差。

当操纵机构倾斜某个角度或移动某一段行程后，直升机开始转动至达到某一稳定的旋转角速度的时间，叫响应时差，或操纵反应时间。操纵反应时间越小，操纵反应越迅速；操纵反应时间越大，操纵反应越缓慢。

航空思政讲坛

天穹之梦：姜长英和《中国航空史》

1933 年，姜长英 29 岁，希望写一本中国航空史。

那时的中华大地，战火纷飞。姜长英便料到了此事艰难重重，但他怎么也不会想到，这部中国航空史要在半个多世纪后的 1987 年才能正式出版。

克服困难　一丝不苟

写史离不开对史料的收集和求证。

早在 1930 年，姜长英在沈阳东北航空军司令部工作时，即开始收集航空史料，拍摄他所见到的飞机照片，记录飞机修理厂的组织机构和人员名单。

待他决心写作中国航空史，此后的十余年间，他历尽战乱颠簸、贫困煎熬，然而他节衣缩食，置个人处境于不顾，坚持不懈地收集和购买航空书刊。

为了收集史料，姜长英可谓想尽千方百计。

战乱时期，他在交大航空门每期毕业后奔赴四面八方的学生中，建立了收集史料的信息网络，尽可能与他们联系，了解各个飞机工厂、飞机修理厂、航空培训和教育机构的相关资料。

如学生王启德比较活跃，和有名的上海文人陈蝶仙、陈小仙有亲戚关系，而他们又和《申报》有影响的文人周瘦鹃熟悉。为了收集航空史料，姜长英请王启德通过陈蝶仙、陈小仙转请周瘦鹃写了介绍信进入申报馆楼上的书库，查找清朝末年的老《申报》。

为了节约纸张，姜长英查抄资料时，把字写得很小，写得密密麻麻。他写得很认真，如同学生的作业本那样整齐，每个字都方方正正的，一点潦草也没有。

写近代史，实际上是写中国人的航空救国梦，这段天穹之梦很多史实他都亲身经历，比较熟悉。

但在撰写过程中，姜长英仍旧以一丝不苟的精神对一些重要的史料做考证核实工作。

例如，1932年12月8日，日军大举进攻上海，十九路军奋起抵抗，菲律宾华侨捐赠30架飞机给十九路军抗日。此事发生在"九一八"事变之后，又是发生在上海——自己家乡的事，姜长英自然是清楚的，但为了查证捐机的事，他特地给十九路军军长蔡廷锴写信求证，得到了蔡军长肯定的亲笔回信。

又如，40年前，杨仙逸曾制造一架飞机，孙中山和宋庆龄参加了试飞典礼，并给该机命名为"乐士文第一号"。姜长英专门给宋庆龄副主席写信询问"乐士文"的意思。1965年3月5日，中华人民共和国主席办公室"宋办"来了回信，解释"乐士文"乃宋庆龄在国外留学时所用学名"ROSAMONDE"的译音。可见姜长英修史的认真严谨。

姜长英曾感慨，"航空史研究是不容易的！"

即便已经高龄，他也会常常为查证一条资料，不顾年迈体衰，多次奔波于校内外图书馆，或发信去征询，或托人去查找。至于给书馆、报社、个人发信查询的更不计其数，不过这些往往得不到回音。

但他仍旧数十年如一日地坚持下来了。

他收集来的书刊资料堆满了他的书房，后来赠送给西北工业大学图书馆3000多册。西北工业大学图书馆还曾专门为姜长英建立了"航空史资料查询室"，不少专家学者都曾来此查阅考证。此外，他手头还有剪报6大本、手抄笔记本23册以及大量载有航空史料的书刊。

学生盛赞他：姜老师收集史料，从古到今，自中及外，认真核实，反复论证，既有航空科学发展过程，又有技术史脉络。

屡遭波折　终于付梓

1949年，姜长英的生活逐渐安定，那时他已收集航空史料20年左右。当年夏天，他开始撰稿。

经过深思熟虑，他决定先写古代航空史，并准备将这一部分作为中国航空史"全史"的第一篇。

两个多月后，他终于写完了这一部分。1949年10月1日开国大典那天，他给书写好自序，书定名为《史料》（简称《史料》）。

撰写完《中国航空史料》后，他托了同事朋友把书稿送到上海出版，然而碰到1950年国民党飞机的"二六"轰炸，上海发电厂被炸，电力紧张，书稿被商务印书馆退了回来。后来《中国航空史料》仅在华东航空学院的《航院学报》上零星刊出。

1956年，华东航空学院西迁，姜长英教授携家随迁西安。在西安航空学院主要讲授航空概论、飞机结构等课程。他学识渊博，治学严谨，和蔼可亲，深受学生欢迎。从相对繁华的南京来到艰苦的西部，姜长英初衷不改，仍醉心于中国航空史研究，不断修改旧稿，增补新资料，撰写新稿。

1959年，姜长英收到《国际航空》编辑部为新中国成立十周年征文的约稿信，指定题目是《中国古代航空史话》（简称《史话》）。

姜长英又动笔写了《史话》。因为原来有过写《史料》一书的基础，写来并不困难，用了一个暑假就写完了。

这本《史话》命途多舛。姜长英1959年完成，1万多字，有4幅插图。后来在《国际航空》杂志1959年第10期上发表。1963年《航空知识》杂志要稿，姜长英略改旧稿，自己选用了15幅插图，编辑部添了2幅。这是第二稿，刊于《航空知识》1964年第2、3、4期。

1965年，《航空知识》编辑部把《史话》推荐给北京某出版社，准备出本小册子。姜长英就整理旧稿，由出版社配图，这是第三稿。1966年，版已排好，却因为多种原因，未能出版。

1982年，西北工业大学把"中国航空史"定为一门选修课，由学校铅印成教材，分印为三册，其中一是《史话》，二、三是后来写的新的《史料》和《史稿》。对《史话》部分，姜长英又做了第四次修改，自选插图共27幅。

姜长英曾主动写信给钱学森，和他探讨撰写航空史的问题，寄给了他一套教材，并托他送一套给国防科工委领导同志，还告诉他将在学校里开"中国航空史"讲座。

钱学森专门给姜长英写信说："您多年来研究我国航空航天历史，很有成绩，发表论文多篇，今又把积稿印成教材三册一套，实可敬佩！我希望您能将讲义整理成《中国航空航天史》出版流传，以教育后代。"

钱学森作为一位大学者、国际知名人物，却没有一点架子。他谦虚、客气，自称晚辈，帮助转送材料，并写了回信，从1982年至1994年前后共写过6封信。

1983—1984年，姜长英又用两个月时间把《史话》整理了一遍，文字从2万多字增加到3万多字。这是第五稿，刚写完就被某出版社要去。

1985年6月，西北工业大学出版社成立，姜长英把《史料》《史稿》交给了西工大出版社。到1987年，这部积数十年心血，又屡遭挫折的巨著《中国航空史》（其中没有包括《史话》）终于由西北工业大学出版社正式出版了。

这是一部由中国人自己写的中国航空史，也是当时唯一的一部最为全面、最为系统和最为翔实的中国航空史料。它一出版立即受到航空史学界的高度评价："《中国航空史》以大量丰富、翔实准确的史料，说明了中国人民的创造才能与智慧及对世界文明在航空方面所做出的伟大贡献。"

时任国防部长的张爱萍将军为该书题写了书名。

但1987年出版的《中国航空史》一书中，不包含他所写的《中国古代航空史话》。

当年他写好《中国古代航空史话》后即被某出版社要去，然而出版社并未积极安排出版，而是空放了两年。

姜长英将稿子要回，一边修改一边寻求出版，期间历经坎坷，直到1996年才终于由航空出版社出版。

2000年10月，包括姜长英全部史稿的《中国航空史》（新版），由清华大学出版社正式出版。

姜长英修航空史，从收集史料到撰稿，再到出版，一干就是数十年。在许多时候都没有鼓励、没有认可、没有理解、没有宽容。下一步会怎样发展，修史的命运前途会如何，也一时半会说不清楚。

是什么让他坚持下来了呢？

姜长英认为，鉴古可以知今，了解过去可以指导将来，所以历史是必须研究的。

可多年以来，中国航空史的编写工作一直没有人去做，他想，若是让外国人来先写，如剑桥大学李约瑟研究编写《中国科技史》那样，就"真是使中国人太难堪了"，所以他愿意成为承担这个任务的第一人。

他坚信自己的著作可以使读者了解我们祖先的巨大贡献，增强民族的自豪感。

正是在这种崇高的爱国爱民信念和高度的责任感、使命感，才使得他顶住压力、奋勇前行，书写了中国航空史研究的永恒篇章。

2016年，姜长英航空史料馆在西北工业大学图书馆开馆。

展馆共分为两个部分。第一部分为中国航空史概览，展现了中国航空事业从无到有、从小到大、从探索到创新的全过程，展示了新中国成立以来研制的各种飞机型号，展现了西工大人为中国航空事业发展所做出的巨大贡献。第二部分为姜长英与中国航空史研究，展出了姜长英教授搜集的珍贵航空史料、手稿及书信等，记录了姜长英教授致力于中国航空史研究的光辉一生。

今天，在创建世界一流大学和一流学科的新长征路上，西工大人将继续发扬姜长英等老一辈科学家胸怀祖国、服务人民的优秀品质，主动肩负起历史重任，把自己的科学追求融入建设社会主义现代化国家的伟大事业中去。

人物简介：

姜长英（1904—2006），江苏人，航空教育家，中国航空史专家，中国航空史学科的创立者和航空史研究的奠基人。20世纪20年代留学美国，并参与美国三种飞机（船）的设计，均获成功。回国后，曾成功用国产材料仿制美国降落伞。自20世纪30年代起从事航空教育和航空史研究 70 余载，创立中国航空史学科，为中国航空事业培育了大批骨干人才，编著了第一部《中国航空史》专著，对中国古代航空技术创造也有深刻的独创性研究。

为"直升机"正名，是姜老学术研究的一个重要成果，也是对我国科普教育的一大贡献。1982 年，姜老在《航空知识》上发表谈"直升机和直升飞机"的文章，认为人们习惯地将"直升机"叫作"直升飞机"是不科学的，错误的根源是把飞机和飞行器的概念混同了。为以正视听，姜老在一次次会议中反复阐明观点；平时不断地撰写文章，与大家探讨，《航空史研究》也出了多期专门探讨"直升机"的特刊。他还自费在《老人天地》杂志上刊登"为直升机和直升飞机正名"的学术广告。

姜老的努力在社会上激起了反响。1984 年 6 月 29 日，《光明日报》刊登了姜老"为直升机正名"的文章，同年 8 月《新华文摘》转载；1987 年 1 月，《辞书研究》刊登了姜老"直升机辨"一文；《航空知识》从 1981 年起一律规范地用"直升机"，之后航空系统出版物中都采用了正确的名词；中国航空学会和陕西省航空学会专门为姜老印发了证明信件，认为他的意见是正确的。

姜老呕心沥血，孜孜以求，把毕生精力献给了航空史研究事业，他是我国航空史研究当之无愧的奠基人。

https://mp.weixin.qq.com/s/iMwf7e6nT5sRX2U-2WblVw

西北工业大学公众号

8 单旋翼无人机飞行性能

8.1 密度高度

大气的气压与温度影响着空气密度,最终影响直升机飞行性能。由于空气密度随高度变化不均匀,气压式海拔仪显示的海拔高度不够准确,而用密度高度来描述这个高度较为准确,而在直升机运行倾向于使用密度高度。

密度高度是指飞行高度上的实际空气密度在标准大气中所对应的高度。通过密度高度图(图8.1)可以了解气压高度与密度高度之间的关系。如果在热天,空气受热变得暖而轻,飞机所在高度的密度值较小,相对于标准大气中较高高度的密度值,称飞机所处的密度高度为高密度高度。高密度高度降低了飞机操纵的效率,且容易带来危险。

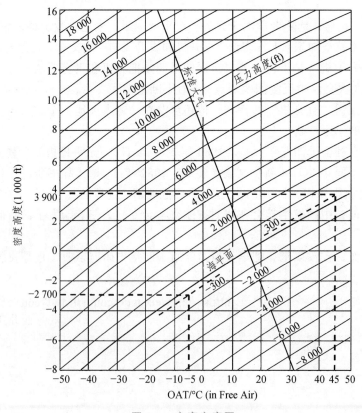

图 8.1 密度高度图

当大气压低或气温高，空气密度小，则密度高度就大。例如，某地 OAT 为 45°，大气压为 1 003 mb①（100.3 kPa），则压力高度增加了 300 ft，即（1 013 – 1 003）mb × 30 ft = 300 mb。在密度高度图（图 8.1）上，划线定位出 300ft 压力高度曲线与 OAT 45 ℃ 的交点，最后确定出密度高度 3 900 ft。

当大气温度低或气压高，空气密度增加，则密度高度就小。例如，某地 OAT 为 – 5°，大气压为 1 023 mb，则压力高度增加了 300 ft，即（1013 – 1023）mb × 30 ft = – 300 mb。在密度高度图（图 8.1）上，划线定位出 – 300 ft 压力高度曲线与 OAT – 5 ℃ 的交点，最后确定出密度高度 – 2 700 ft。

无线电高度是指的是飞机到地面的垂直距离，测量的是飞机距离地面的真实高度，一般测量高度范围为 – 20 ~ 2 500 ft。

8.2 悬停性能

悬停是直升机区别于常规固定翼飞机的一种特有的飞行状态。直升机在一定高度上航向和位置都保持不变的飞行状态，叫作悬停。悬停飞行是分析直升机垂直升降的基础，控制体和控制面如图 8.2 所示。

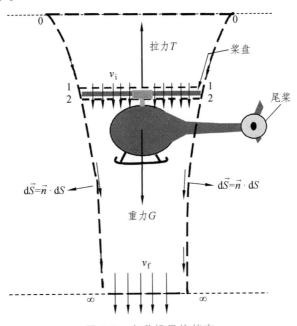

图 8.2　直升机悬停状态

旋翼旋转时，由于旋翼桨盘上面的空气压力小于大气压力，空气从上方被吸入桨盘内，空气通过桨盘受桨叶作用向下加速流动。滑流的速度为直升机的相对气流速度与诱导速度 v_i 的矢量和。图 8.2 中显示出：截面 0 代表远离旋翼的上方区，气流是静止的，即 $v_0 = 0$；截面 1 代表旋翼旋转平面的上面，截面 2 代表旋翼旋转平面的下面。在旋翼旋转平面处滑流速度等于诱导速度，即 $v_h = v_i$；截面 ∞ 代表远离旋翼下方充分发展的尾流区。

---

① 1 mb（毫巴）= 0.1 kPa，1 ft = 0.305 m。

滑流里诱导速度各不相同。在桨盘上方越远的地方，诱导速度越小；在桨盘下方的一定范围内，诱导速度较大。旋翼桨盘上的诱导速度严重地影响桨叶的来流角，从而影响桨叶迎角的大小。因此，在桨盘平面内，诱导速度的大小及其分布不均匀，对桨叶的空气动力性能有很大的影响。

8.2.1　悬停状态公式

在研究旋翼总空气动力的特性时，通常以桨盘平面内的诱导速度的平均值来作为旋翼的诱导速度。根据雷诺输运定理，其中 $B = b \cdot m$，则

$$\frac{\mathrm{d}B}{\mathrm{d}t} = \frac{\partial}{\partial t}\iiint\limits_{CV}\rho b\mathrm{d}v + \iint\limits_{CS}(\rho b)\vec{v}\cdot\mathrm{d}S \tag{8.1}$$

如果是稳态流，则公式变为

$$\frac{\mathrm{d}B}{\mathrm{d}t} = \iint\limits_{CS}(\rho b)\vec{v}\cdot\mathrm{d}S \tag{8.2}$$

根据连续性定理，在单位时间内通过控制面的空气质量相等，此时 $B = m$ 和 $b = 1$，则连续方程为

$$\frac{\mathrm{d}m}{\mathrm{d}t} = \iint\limits_{CS}(\rho)\vec{v}\cdot\mathrm{d}S \tag{8.3}$$

对于定常流，连续方程为

$$\iint\limits_{CS}(\rho)\vec{v}\cdot\mathrm{d}S = 0 \tag{8.4}$$

进一步，得到

$$\rho A_0 v_0 = \rho A_1 v_i = \rho A_2 v_f \tag{8.5}$$

对于均质不可压流体，连续性方程则为

$$A \cdot v = c \tag{8.6}$$

根据动量定律可知，物体在单位时间内的动量变化等于作用在物体上的力。由作用力和反作用力定律，可以推导出旋翼拉力与桨盘平面的诱导速度的关系。此时 $B = m\vec{v}$ 和 $b = \vec{v}$，则

$$\frac{\mathrm{d}m}{\mathrm{d}t}\vec{v} = \iint\limits_{CS}(\rho\vec{v})\vec{v}\cdot\mathrm{d}S \tag{8.7}$$

根据动量守恒定律，旋翼拉力与控制体中流体的动量变化量有关，等号左侧即为旋翼拉力 T，则进一步得到

$$T = \omega\iint\limits_{CS}(\rho\omega)\mathrm{d}S = \omega\dot{m} \tag{8.8}$$

根据能量守恒定律，此时 $B = E = \frac{1}{2}mv^2$ 和 $b = \frac{1}{2}v^2$，则

$$\frac{\mathrm{d}E}{\mathrm{d}t} = \iint\limits_{CS} \left(\rho \frac{1}{2} v^2 \right) \vec{v} \cdot \mathrm{d}S \tag{8.9}$$

直升机旋翼所做的功等于单位时间流体获得的动能，等式左侧代表单位时间能量的变化量，即等于 $T \cdot v_i$，因此

$$T \cdot v_i = \iint\limits_{CS} \left(\rho \frac{1}{2} v^2 \right) \vec{v} \cdot \mathrm{d}S \tag{8.10}$$

进一步，推导出

$$T = \dot{m} \cdot (2v_i) = 2\rho A v_i^2 \tag{8.11}$$

悬停时，经过桨盘的诱导速度为

$$v_h = v_i = \sqrt{\frac{T}{A} \frac{1}{2\rho}} \tag{8.12}$$

在悬停状态（$v = 0$）时，桨盘平面内 1 处的滑流速度 v_h 就是该平面的诱导速度 v_i，则公式为

$$T = 2\rho A_1 v_h v_i = 2\rho A_1 v_i^2 \tag{8.13}$$

可以看出，旋翼拉力与诱导速度平方成正比例关系，旋翼拉力越大，诱导速度越大，即桨盘载荷越大，诱导速度越大。前面讲过，尾流远处诱导速度等于桨盘处诱导速度的两倍，所以在尘、沙、雪或松软的地面上悬停，直升机尾流大的诱导速度会将沙尘或雪掀起。悬停时 $T = G$，则诱导速度公式为

$$v_i = \sqrt{\frac{T}{2\rho\pi R^2}} = \sqrt{\frac{G}{2\rho\pi R^2}} \tag{8.14}$$

与固定翼飞机的升力系数类似，旋翼拉力系数也可以推导为

$$C_T = \frac{T}{\frac{1}{2}\rho (R\Omega)^2 \cdot A} \tag{8.15}$$

悬停时，旋翼拉力系数为

$$C_T = 4 \left(\frac{v_i}{\pi\Omega} \right)^2 \tag{8.16}$$

由旋翼拉力公式可知，如旋翼半径一定，拉力取决于拉力系数 C_T、桨尖圆周速度 ΩR 和空气密度 ρ。当桨叶翼型和旋翼实度一定时，旋翼的拉力系数与桨叶迎角成正比，而迎角等于桨距与来流角之差，显然，桨距增大，拉力系数也增大，旋翼转速增加，圆周速度也增大。由此可见，直升机在一定高度悬停，旋翼拉力是由旋翼总距和转速所确定的。

悬停高度或大气温度发生改变，空气密度发生变化，同样会影响旋翼的拉力。悬停高度升高，空气密度减小，为了使旋翼所产生的拉力等于直升机重力，就要增大总距或增加旋翼转速。所以，随悬停高度的升高或大气温度升高，必须增加直升机总距。

8.2.2 保持悬停的条件

直升机无风悬停时速度为零，此刻旋翼拉力在纵向水平方向的第二分力应为零，即 $T_2 = 0$，否则，直升机出现前后移位的现象。同时，应使旋翼拉力的第一分力 T_1 与直升机的重力 G 相等，以保持直升机高度不变，如图 8.3 所示。

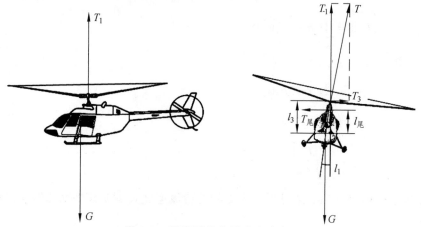

图 8.3　悬停时的作用力和力矩

为了克服旋翼的反作用力矩，尾桨必须产生尾桨拉力，绕其重心的偏转力矩与旋翼反作用力矩相平衡。同时，要保持直升机侧向平衡，必须使侧向力和力矩得到平衡，即左滚力矩＝右滚力矩。

归纳起来，保持直升机悬停的条件如下：

（1）保持高度不变条件：$T_1 = G$。

（2）保持前后不移位条件：$T_2 = 0$。

（3）保持航向无偏转条件：$\sum M_y = 0$。

（4）保持侧向平衡条件：$T_{尾} \approx T_3$。

悬停中的力和力矩的平衡，不是孤立的，而是相互联系、相互影响的，其中任何一个条件被破坏，都会引起直升机出现移位和绕重心转动。因此，驾驶员要及时预判飞行状态的变动趋势，稳定协调地操纵。

悬停时旋翼拉力等于直升机重力。如果重心作用线刚好位于旋转轴上，直升机离开地面时，直升机姿态不变，如图 8.4（a）、（b）所示；如果不在旋转轴上，直升机离地时会产生额外俯仰力矩，造成直升机姿态发生变化，直到重心作用线恢复到旋转轴线上，如图 8.4（c）、（d）所示。不管重心位置怎么偏离旋转轴线，直升机悬停起飞时经常产生抬头趋势。主要原因在于，旋翼下洗气流作用在尾部安定面上，产生抬头力矩。在静风情况下，这种趋势比较明显，当前飞速度增加，直升机姿态接近水平。

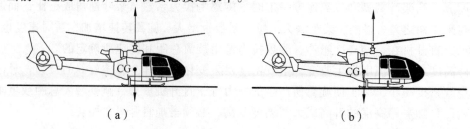

（a）　　　　　　　　　　　　　　　　（b）

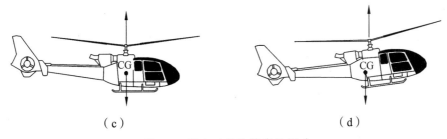

图 8.4 重心对悬停状态的影响

8.2.3 悬停的操纵原理

在悬停中，为了保持高度不变，应使拉力第一分力与重力相等，即 $T_1 = G$，此时总距杆保持在某一位置上。

如果上提总距杆会增加悬停高度，下放总距杆会降低悬停高度。直升机稳定悬停中，假如高度升高，下放总距杆进行修正。反之，如果高度下降，在上提油门总距杆修正高度。悬停高度变化会造成旋翼反作用力矩变化，此时需要修正尾桨拉力保持方向。

总而言之，悬停中应用总距杆保持高度，用驾驶杆的前、后、左、右保持直升机不移位，用舵保持好方向。但必须指出，驾驶杆、舵和总距杆三者的操纵不是孤立的，而是相互影响的，只有配合使用得当，才能做到稳定悬停。因此，操纵时要做到柔和、协调和相互配合。

在悬停的基础上，仅做改变航向的飞行状态，叫作悬停转弯。悬停转弯是直升机在接近地面实施方向机动经常采用的飞行状态。在风速不大的条件下，直升机可向左、向右做任意角度的转弯。

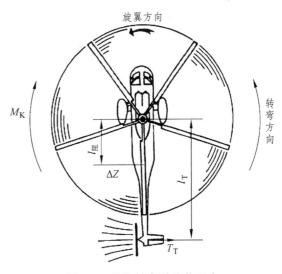

图 8.5 悬停转弯时的作用力

悬停转弯时的作用力基本上与悬停时相同，其不同点是蹬舵改变尾桨拉力的大小，使尾桨拉力力矩大于或小于旋翼反作用力矩，即 $T_T l_T > M_K$ 或 $T_T l_T < M_K$，如图 8.5 所示，从而形成方向操纵力矩，使直升机悬停转弯。当方向阻尼力矩与反向操纵力矩相等时，直升机以一定的偏转角速度转弯。

8.2.4 影响悬停的因素

1. 地面效应对悬停的影响

直升机的地面效应，是被旋翼排向下方的气流（即诱导气流）受到地面阻挡而影响旋翼空气动力的一种现象。当旋翼向下排压的诱导气流受到地面的阻挡作用，旋翼下方的静压增大，也相当于诱导速度减小了，在保持拉力相同条件下所需功率减小，或在保持功率不变的条件下拉力增加。当旋翼距离地面越近，地面效应引起的旋翼拉力越大，所需功率减小。当旋翼离地的高度超过旋翼直径的长度以后，地面效应迅速消失。

在发动机额定功率一定的情况下，直升机距离地面的高度小于旋翼直径，受地面效应的作用，直升机悬停时的旋翼拉力，随着直升机距离地面越近，旋翼拉力增加。旋翼拉力可用下列经验公式近似计算

$$\frac{T_h}{T_\infty} = 1.3 - 0.3\sqrt[4]{h/D} \tag{8.17}$$

式中　　T_h——悬停高度上的旋翼拉力；

　　　　T_∞——无地面效应的旋翼拉力。

地面效应还与海拔高度有关。海拔高度高，空气密度减小，地面效应随之减弱。但若利用地面效应做临近地面悬停，就可以超载悬停，因为地面效应使旋翼拉力增大30%以上，并且较安全。

在标准大气状态下，直升机发动机在额定工作状态所能维持的悬停最大高度，就是直升机的静升限。在静升限以上，旋翼产生的拉力不足以平衡重力，所以不能悬停。但在某些高原地区，其高度虽超过直升机的静升限，借助于地面效应的作用，直升机仍有可能在离地一定高度的范围内作悬停或垂直上升。

所以，直升机在超过其静升限的高度以后就不能做悬停飞行了，然而在地面效应影响下直升机仍可悬停。

2. 风对悬停的影响

直升机风中悬停时，与无风相比，所消耗的功率、稳定性和操纵性就会发生变化。如果直升机悬停高度超出地面效应范围，风的这种影响更为明显。下面分别对逆风、顺风、侧风对悬停的影响加以分析。

（1）逆风悬停。

逆风悬停所需功率比无风时小，因为风本身对所需功率的影响相当于直升机以风速相等的速度前飞。在逆风中悬停，旋翼的诱导速度减小，悬停所需功率减小。同时尾桨的方向稳定性增强，直升机也易于保持方向，如图8.6所示。

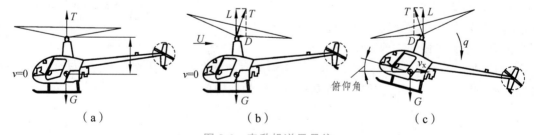

图8.6　直升机逆风悬停

因此，在有风的情况下，应尽量采取逆风悬停。逆风中悬停，直升机受风的作用，会以与风速相同的速度向后移位。

（2）顺风悬停。

顺风中悬停，直升机受风的作用会向前移位。此时，应向后拉杆，使旋翼拉力后倾，拉力第二分力克服空气阻力，产生与风速相等的后退空速。故此时直升机机头上仰比无风悬停时高。

顺风悬停机头上仰，这就会使尾部离地高度降低。为保证飞行安全，避免尾桨触地，顺

风悬停时，高度要适当增高。所以，直升机应避免在大顺风中悬停。

（3）侧风悬停。

侧风悬停，由于气流对尾桨的作用，直升机容易向来风方向转弯，故应注意用舵来保持方向。侧风的作用，还将使直升机沿风去的方向移位，而且由于旋翼桨叶的自然挥舞，还会使直升机俯仰姿态发生变化，向风去方向倾斜。

（4）风中悬停转弯。

有风条件下做悬停转弯的操纵与无风时有很大的不同。必须充分了解风对悬停转弯的影响，才能正确地操纵直升机做好风中悬停转弯。在有风条件下做悬停转弯，应根据风向风速用舵保持转弯角速度；用总距杆保持高度；用驾驶杆保持不移位。

3. 飞行重量对悬停的影响

直升机载重量的大小，将直接影响到悬停的高度。载重量越大，旋翼剩余拉力就越小，悬停高度也就越低，机动性也就越差。在这种情况下悬停，杆、舵的操纵要特别谨慎柔和，严禁粗猛地操纵杆、舵和总距杆，否则，将会掉高度，甚至坠地。

8.3 垂直飞行

直升机垂直飞行是指在悬停基础上垂直上升或垂直下降的飞行状态。

8.3.1 垂直上升

直升机垂直上升中，流过桨叶翼型的气流由两个相互垂直的气流速度合成的，如图 8.7 所示。其一是直升机向上运动产生的轴向气流速度 v_c 和旋翼的诱导速度 v_i，也就是说这两者的速度方向一致，在单位时间内流过桨盘的空气质量增多。其二是由桨叶旋转在桨毂旋转平面内产生的相对气流速度。

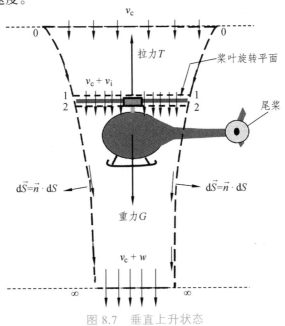

图 8.7 垂直上升状态

由于相对气流以速度 v_c 从上向下吹向桨毂旋转平面，经过桨盘的气流变为 v_c+v_i，根据质量守恒定律、动量守恒定律和能量守恒定律可知：

$$\dot{m} = \rho A(v_c + v_i); \quad T = \dot{m}v_f; \quad v_f = 2v_i \tag{8.18}$$

因此，

$$T = \dot{m}v_f = \rho A(v_c + v_i) \cdot 2v_i$$
$$\Rightarrow \frac{T}{2\rho A} = v_c \cdot v_i + v_i^2 \tag{8.19}$$

进一步，

$$v_h^2 = v_c \cdot v_i + v_i^2 \tag{8.20}$$

$$\frac{v_i}{v_h} = -\frac{1}{2}\frac{v_c}{v_h} + \sqrt{\frac{1}{4}\left(\frac{v_c}{v_h}\right)^2 + 1} \tag{8.21}$$

在上升过程中，由于 $P = T(v_c + v_i) = T \cdot v_c + T \cdot v_i = P_c + P_i$，所以，上升时的功率超过悬停时的功率。

上升时来流角要比悬停时大。桨叶迎角 α 等于桨距 φ 与来流角 ε 之差，即 $\alpha = \varphi - \varepsilon$。并且，上升率越大，来流角也越大。如桨距一定，则来流角越大，迎角越小。要保持桨叶迎角不变，应相应地增大桨叶安装角。因此，随着上升率的增大，必须相应地增大总距，才能保持旋翼拉力等于直升机的重力。

垂直上升的操纵与悬停时比，有其不同的特点。悬停时，上升率为零，直升机处于相对静止的状态；垂直上升时，上升率不等于零，直升机处于高度发生变化的状态。

直升机在悬停的基础上做垂直上升，首先应柔和地增加总距，在桨叶桨距增大的初始阶段，旋翼拉力大于重力，直升机加速上升；随着上升率的增大，桨叶来流角也不断增大，桨叶迎角减小，当来流角的增量与总距的增量基本相等时，旋翼拉力等于直升机重力，加速上升的力消失，保持稳定垂直上升。

由于增加旋翼总距，旋翼反作用力矩增大，直升机将出现偏转。为了保持方向平衡，要增大尾桨拉力。同时要使直升机不出现侧向移位和滚转。

8.3.2 垂直下降

垂直下降与垂直上升状态正好相反，相对气流从下而上流向桨毂旋转平面，旋翼迎角为 $90°$。垂直下降中，流经桨毂旋转平面的气流速度是两个方向相反的气流速度的合成，一是垂直下降所形成的自下而上的轴向气流速度 v_D；二是自上而下的旋翼的诱导速度 v_i，如图 8.8 所示。

直升机以 v_D 速度垂直下降过程中，气流穿过桨盘时速度变为 $v_D - v_i$，旋翼拉力变为

$$T = \iint\limits_{CS} (\rho\vec{v})\vec{v} \cdot \mathrm{d}S \tag{8.22}$$

垂直下降和垂直上升的情况相反，这时要保持一定的迎角，必须相应地减小总距。保持

等速垂直下降的条件同保持悬停和等速垂直上升的条件也基本相同。

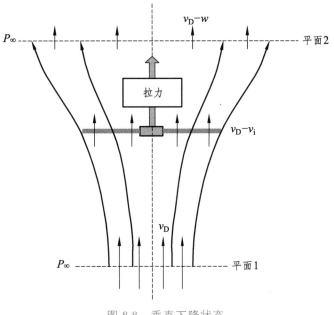

图 8.8　垂直下降状态

　　所以，直升机在悬停的基础上做垂直下降，首先应减小旋翼总距，减小旋翼拉力，使拉力小于直升机重力，进行垂直下降。此时旋翼反作用力矩减小，直升机将向旋转方向偏转。为保持方向平衡，必须减小尾桨拉力，同时不使直升机出现侧向移位和滚转。

8.4　旋翼失速

　　对于常规固定翼飞机而言，失速往往会在低速情况发生，机翼低速性能受到失速的限制。而对于直升机而言，情况恰恰相反，失速往往在高速的情况下发生，直升机的高速性能受到失速限制，被称为旋翼失速。旋翼失速现象包括前行桨叶失速和后行桨叶失速。在旋翼后行桨叶上会出现高迎角引起的动态失速，在前行桨叶上则会出现因为激波诱导前缘分离引起的激波失速，这都会影响直升机的性能和操纵。

　　飞行器动态失速是非定常动态运动引起的在静态失速迎角后出现的一系列复杂失速迟滞气动现象。大多数情况下，动态失速将会引起气动力的突然波动，导致过大的结构载荷。动态失速现象在直升机旋翼上表现得尤为典型。

　　直升机飞行中，旋翼始终处于动态运动状态，由于飞行员的操纵输入、旋翼的挥舞运动、涡流和气流分离的影响，造成旋翼桨叶迎角随时间和方位变化。在一定的飞行条件下，如直升机前飞中，旋翼桨叶迎角从前行一侧较小值变化到后行一侧较大值，旋翼将会出现动态失速。

　　动态失速是指翼型迎角或来流条件急剧变化，由附面层分离而带来的一种非定常流动现象。旋翼风洞实验证明，随着桨叶迎角的增加，在翼型上表面伴随有从前缘产生不断向后缘发展的动态失速涡，只要涡在翼型上方经过，升力就没有失速而是继续增加，翼型的最大升力也可以显著提高，产生明显的增升效应，如图 8.9 所示。

动态失速具有时变和动态的特性，引起迟滞效应和失速颤振现象。在迎角超过临界迎角后的短时间内，桨叶不会立刻发生失速，反而是升力系数继续增加，此时最大升力系数是静态情况下的近两倍。一旦动态失速涡离开翼型后缘流向下游，会伴随升力急剧下降、阻力迅速增大、低头俯仰力矩剧烈增大的失速或抖振现象。

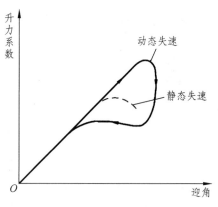

图 8.9　动态失速和静态失速

动态失速与静态失速有本质的区别。动态失速的气动力变化与静态失速的不一样。动态失速情况下，气流分离和失速的发展与静态失速机制根本不同。静态失速是在叶素迎角超过临界迎角时发生；而动态失速是桨叶随着来流变化而产生的非稳定复杂的反应，当桨叶角随时间和方位变化时，或处在颠簸或垂直升降等非稳定飞行状态中，非定常气动效应会促使叶素迎角变化很大，极易引发动态失速。从某种程度上讲，动态失速使气流分离推迟，且失速迎角变大，这意味着直升机旋翼不会丢失过多升力。

总而言之，固定翼飞机只要迎角超过临界迎角就一定进入失速，即静态失速；而直升机还需要更大迎角（动态临界迎角）才进入动态失速，故桨叶发生动态失速时，迎角超过常规静态失速迎角。

8.4.1　前行桨叶失速

直升机在前飞速度较大的情况下，或者操纵引起过载因数较大的情况下，虽然前行桨叶迎角小，但会发生激波分离，产生激波失速；而后行桨叶桨尖处在低 M 数下，若桨叶迎角会超过失速迎角，就会发生失速。

当飞行状态发生改变，如直升机处在前飞状态，受到飞行速度的影响，前飞产生新的相对气流，就是桨叶旋转所产生的相对气流与直升机前飞所引起的相对气流矢量之和，因此桨叶转到不同方位，相对气流速度大小和方向就不同，如图 8.10 所示。

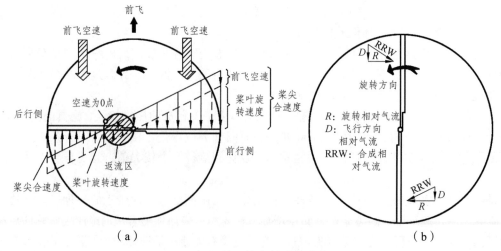

（a）　　　　　　　　　　　　　（b）

图 8.10　前飞状态的速度分布

如果旋翼转速固定，当直升机增加前飞空速，后行桨叶的合成空速越来越小，前行桨叶的合成空速越来越大。这是因为前行桨叶的合速度是桨叶旋转速度和前飞速度之和。当速度超过临界 Ma 数或音速后，桨叶翼面出现局部超音速区和局部激波，会使空气动力特性发生很大变化。在局部激波前的超音速区，压力降低；而在激波后，压力突然升高，逆压梯度增大，引起附面层分离。当激波增加到一定程度，发生严重气流分离，阻力系数急剧增大，升力迅速下降，进入激波失速状态。所以，前行桨叶的临界 Ma 数是产生激波失速的一个重要标志。

前行桨叶进入失速状态后，由于激波会作用在桨叶和机身上，从而产生振动，严重的话会造成机构破坏。由于临界 M 数和阻力发散是不可忽略的，所以空气压缩性和桨尖失速成为直升机性能所面临的重要挑战，是提升直升机性能的重大障碍。故前行桨叶失速是限制直升机前飞最大速度的因素之一。

8.4.2 后行桨叶失速

从本质上讲，后行桨叶失速与普通飞机机翼失速原因是一样的。当桨叶剖面迎角过大，超过了动态临界迎角，流过旋翼的气流，产生强烈的气流分离，出现了大量的涡流，旋翼拉力不但不增加，反而明显减小，同时旋转阻力急剧增加，便产生了旋翼失速现象。

直升机前飞时，在后行桨叶桨根处会产生返流区，返流区大小与前飞速度有关。由于返流区中的桨叶部分不会产生旋翼所需的拉力，因此需要增加桨叶迎角来满足要求。旋翼挥舞运动使桨叶旋转到后行侧时下挥。前飞中，前行桨叶的相对气流速度大，产生的拉力大，从而使桨叶向上挥舞，并产生向下的相对气流，使桨叶迎角减小；后行桨叶的相对气流速度小，产生的拉力小，而使桨叶向下挥舞，并产生向上的相对气流，而使桨叶迎角增大。

从图 8.11 中可以看到，在桨叶内侧 1 处的旋转速度较低，旋转相对气流和诱导气流（入流，下洗流）的合成气流引起迎角小于桨叶角。在桨叶外侧 2 处，由于旋转半径大，桨尖处的旋转速度变大，诱导气流影响到合成相对速度的大小和方向，在桨尖处迎角较桨根处的大，所以最大迎角出现在桨尖部位。随着转速增加，桨尖处首先达到最大迎角进入失速。

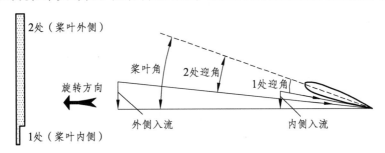

图 8.11　后行桨叶内外侧处的迎角

直升机的前飞速度越大，后行桨叶的迎角增加越多。另外，后行桨叶在向下挥舞过程中，向下挥舞的速度从桨根到桨尖是逐渐增大的，即桨尖向下挥舞的速度大，迎角增加也多，当前飞速度增大到一定速度时，首先发生桨尖失速。如果前飞速度继续增大，失速就会向桨根发展，失速区的范围就会扩大，如图 8.12 所示。

后行桨叶失速就是在桨尖部位迎角超过动态临界迎角开始出现失速，并向桨盘内侧发展，产生俯仰和滚转运动，失速加剧并产生振动，直升机性能和操纵性变差的现象。通过图 8.12 所示四桨叶旋翼的迎角分布来看，翼型在约为 14° 迎角出现失速，图中阴影区就是失速区。后行桨叶桨尖的迎角最大，返流区外侧的迎角迅速增加，而前行桨叶的迎角保持在较低的范围。

后行桨叶进入失速状态后，前行侧和后行侧的桨叶拉力不对称，造成直升机向后行侧倾斜，由于旋翼进动作用，滚转运动滞后 90° 后出现在机头方位。带有铰外伸量的铰链会使机身尽量贴近桨毂旋转平面，如果旋翼安装在尾桨上方，则促使机头上仰或拉起。因此，后行桨叶失速造成直升机抬头，且向后行侧倾斜。

总之，前行桨叶失速和后行桨叶失速统称为旋翼失速。相对空速大，迎角超过临界迎角，以

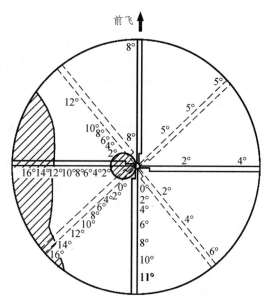

图 8.12　前飞状态的迎角分布

及在给定的空速下，桨叶载荷过大，都会引起桨叶失速。在低 Ma 数时，翼型前缘会失速；在高 Ma 数时，激波分离使桨叶前缘达到临界条件之前就失速了。旋翼失速后，直升机通常会有明显的振动，紧接着带有倾斜和抬头趋势。

从设计角度上讲，改进桨叶翼型失速特性、减小机身阻力和减小桨叶载荷也可以缓解旋翼失速。由于在大速度下发生旋翼失速很正常，在某些飞行情况下，飞行员必须比正常情况飞得慢些。既然后行桨叶失速是由于桨叶切面迎角过大，超过临界迎角而引起的，所以改出旋翼失速的方法，主要是适当减小旋翼总距，来迅速减小桨叶切面迎角。

改出旋翼失速的方法：减小功率，下放总距杆；减小空速；减小操纵过载因数；增加转速到最大额定值。

8.5　自转状态

自转和涡环状态是直升机所特有的空气动力学现象，也是关系飞行安全的重要问题。自转状态是一种直升机降低高度的特殊飞行状态，发动机不再向旋翼提供动力，而是由气动力来驱动，这是直升机在发动机失效时能够安全着陆的方法。

直升机的上升和悬停等有动力飞行过程中，旋翼旋转动力来源于直升机发动机。当发动机失效或人为停车，直升机自主下降掉高度，此时利用旋翼原有的旋转动能和直升机所储备的势能，操纵直升机的垂直下降率达到规定值，旋翼不再需要发动机驱动而能够维持旋翼转速，其动力是来源于流过旋翼的气流，旋翼稳定旋转产生较大的拉力，保持直升机飞行直至缓冲接地，这种现象就是自转下降。类似秋天落叶或竹蜻蜓自由旋转下降。

大部分直升机自转状态都带有前飞空速，但为了简化分析，下面仅分析无风情况下不带前飞速度的自转下降，如图 8.13 所示。

旋翼在发动机停车或人为关车后，在其旋转惯性作用下，虽然仍能沿原来方向继续旋转，但受旋翼阻力的作用，其转速和拉力会很快减小。在重力作用下，直升机开始下降高度。这时，旋翼的相对气流方向发生变化，桨叶相对气流合速度方向也发生了变化。作用在桨叶上的相对气流合速度 w 是旋翼转动下降而产生的相对气流速度 Ωr 和 v_i 相加而成。合成相对气流 w 吹向桨叶，在桨叶上产生桨叶升力 Y，总空气动力为 F，其方向为 OO'（垂直于旋转平面），桨叶的来流角由正值变为负值，桨叶升力后偏一个性质角 θ。如果性质角小于 $O'OA$ 角，则引起的总空气动力 F 向旋转方向倾斜。这样，空气动力 F 在旋转轴方向的分

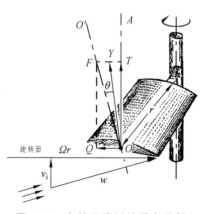

图 8.13　自转下降时的受力分析

力 T，起到阻止直升机下降的作用，而其在旋转面内的分力 Q，却促使桨叶转动。这就是旋翼能在没有发动机动力的情况下，继续按原方向自转的原理。

随着直升机垂直下降率的增大，v_i 变大，桨叶的来流角负得更多，总空气动力更前倾，旋转阻力更小。下降率增大到某一数值时，总空气动力垂直于旋转平面，旋转阻力为零。桨叶桨距大，旋翼旋转速度小；桨距小，转速大。只有桨距合适时才能稳定自转。在自下而上的相对气流作用下，旋翼保持稳定旋转，这就是旋翼自转的原因。

所以，发动机一旦停车后，飞行员应首先迅速将总距杆放到底，以便旋翼进入自转。如放总距杆过迟，或桨距过大，旋翼转速将会很快减小，甚至有可能停转，造成飞行事故。

如图 8.14 所示，在垂直自转下降过程中，将桨盘分为 3 个区：

（1）制动区：靠近桨尖，约占 30% 旋翼半径。气动合力方向偏向旋翼旋转轴后侧，产生的阻力减缓桨叶的旋转。

（2）驱动区：也叫自转区，处在 25% ~ 70% 旋翼半径之间。气动合力方向偏向旋翼旋转轴前侧，其分量提供驱动力，使旋翼加速旋转。

（3）失速区：靠近旋翼轴的内侧区域，约占 25% 旋翼半径。此区域的桨叶角超过临界迎角，产生的阻力使桨叶旋转减慢。

以前章节分析过，由于靠近桨根的相对气流速度小，速度在往桨尖方向增加，在靠近桨尖的相对气流速度最大。当入流自上而下流过旋翼，与旋转相对气流合成，沿着桨叶每

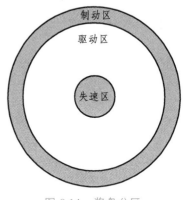

图 8.14　桨盘分区

一点上产生不同的合成气流，从而产生不同的气动合力。图 8.15 给出了桨叶的制动区 A、驱动区 B 和失速区 C，以及 3 个区的叶素受力情况。

在制动区 A 中，在旋转平面上产生一个制动力。因为气动合力偏向旋翼旋转轴后侧，结果产生的阻力阻碍旋翼旋转。虽然在这个区域也产生升力，但升力在旋转面上的分力也会继续减缓旋翼旋转。制动区的大小与桨距调定、下降率和旋翼转速有关。

在制动区和驱动区之间存在平衡区，其实就是一些点连成的曲线，如图 8.15 中 D 和 E 曲线所示。在这些点上，气动合力与旋翼旋转轴方向一致。虽然也存在升力和阻力，但不存

在影响旋翼转速的加速力和减速力。

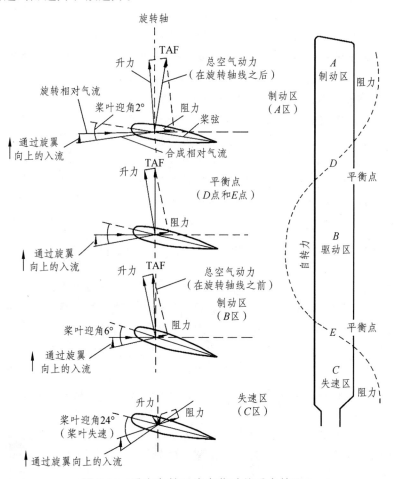

图 8.15　垂直自转下降中桨叶的受力情况

在驱动区 B 中，直升机自转可以产生驱动桨叶旋转的作用力。此时，气动合力偏向旋翼旋转轴前侧，从而产生一个连续加速力。驱动区大小与桨距调定、下降率和旋翼转速有关。

可以看出，如桨距过小，下降率大，桨叶的负来流角大，桨叶总空气动力方向前倾，在旋转平面的分力指向翼型前缘，扭矩增加，旋翼转速增加；如桨距大，桨叶总空气动力在旋转平面的分力指向翼型后缘，当桨距增加超过最大桨距，旋翼转速减小；只有当桨距适当，桨叶总空气动力在旋转平面的分力等于零，旋翼才能稳定自转。当桨叶有正桨叶角时，可以存在自转平衡状态。

直升机前飞中自转与无风中垂直自转下降所产生的自转力方式一样，直升机前飞过程中，前飞速度改变了向上流过旋翼的入流，驱动区和失速区往桨盘的后行侧移动，如图 8.16 所示。由于前行侧桨叶迎角减

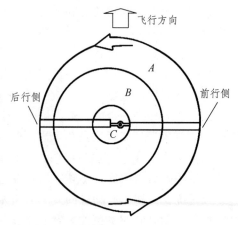

图 8.16　前飞中的桨盘分区

· 272 ·

小，更多桨叶部分进入驱动区，而在后行侧，桨叶更多部分进入失速区。

从操作方面上讲，发动机动力一旦消失，飞行员就要减小总距，目的是减小升力，更重要的是减小阻力。阻力的减小改变了升阻合力方向，使之更接近垂直参考线。为了成功地自转着陆，在直升机接地前，根据直升机机型和总重，飞行员必须减小空速和下降率。通过向后移动驾驶杆，改变空气流以增加桨叶的迎角，结果增加旋翼拉力，从而使下降率减小。气动合力增加使转速增加，由此增加的桨叶动能也有助于缓冲接地。

自转下降是属于无动力飞行，虽然发动机没有给旋翼提供动力，但直升机仍在飞行，这时气流是向上流过旋翼的，而有动力飞行时气流是经由旋翼从上向下排压。为了保证自转飞行安全，直升机仍要有足够的可操纵性，自转下降分为3种形式：自转下降到复飞（图8.17）、自转下降到着陆（图8.18）、巡航中自转下降。

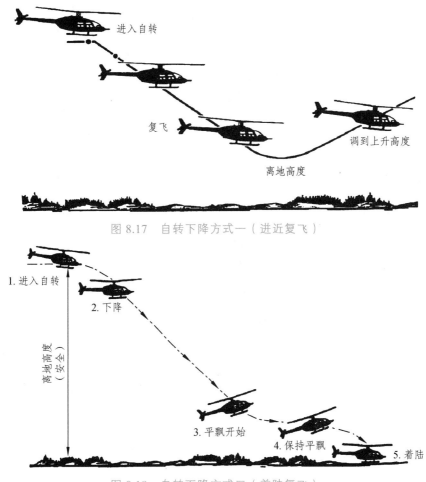

图 8.17　自转下降方式一（进近复飞）

图 8.18　自转下降方式二（着陆复飞）

8.6　涡环状态

直升机做垂直下降或以小空速飞行时，如果下降率较大，向上气流会阻碍滑流运动，其中一部分空气被重新吸入旋翼中，这种现象描述了一种特殊的气动条件，即涡环状态。涡环状态出现后，将会造成气流分离、低频振动、挥舞过度、周期变距的控制余度减小、产生额外噪声以及升力减小等现象，此时驾驶杆操纵功效下降，或者根本没有操纵功效，这是一种危险的现象。

8.6.1 涡环的形成

直升机下降中，一方面，旋翼将锥体上面的空气吸入排压后向下流去；另一方面，直升机的相对气流自下而上流向桨盘。两个相反方向的气流相遇，由于旋翼上下面有压力差，在旋翼边缘上就有少部分空气从旋翼下面高压区绕过桨尖，自下而上地向旋翼上面低压区流动。这样，有一部分空气被重新吸入和排出，通过旋翼多次循环，就形成了涡流，即桨尖涡流，类似于普通固定翼飞机的翼尖涡现象。此时可以看出，涡环就是强化的桨尖涡流。桨尖涡流是形成涡环状态的内因，而直升机的垂直下降则是形成涡环状态的外因。

当直升机从悬停状态［图8.19（a）］转入垂直下降时，如果下降率增大并超过一定值，桨尖涡流会逐渐扩大而发展成为涡环状态。直升机垂直下降引起的向上相对气流与旋翼向下排压的气流相遇，迫使一部分气流绕过旋翼锥体的边缘向上流动，如图8.19（b）所示。因为旋翼上面的空气压力比大气压力低，向上流动的这部分空气重新被吸入旋翼锥体中，又被旋翼排向下方，这样就使原来的涡流区扩大，从而形成如图8.19（c）所示的涡环。也就是说，有部分空气被往复吸入和排出，故发动机要多消耗一部分功率，直升机也变得不易操作。图8.19（d）是下降率很高的情况，通过旋翼向下的滑流速度减慢，这种情况称为风车刹车状态。此时，能量由空气传递到旋翼，桨尖涡流消失，滑流从旋翼下面流到上面。

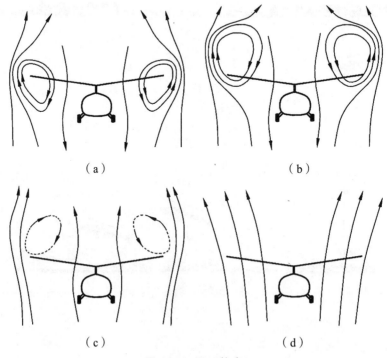

（a）　　　　　　　　　　　　（b）

（c）　　　　　　　　　　　　（d）

图8.19　涡环状态

只有当下降率增大到一定程度以后才可能出现涡环状态，涡环的形成与直升机的下降率有关系。如果下降率较小，旋翼向下排压空气的流动速度较大，直升机下降的相对气流速度较小，这两股气流相遇，其主流还是向下运动，空气绕过旋翼锥体的边缘向上流动还不致形成涡环。反之，如果下降率过大，直升机下降所形成的相对气流速度很大，而旋翼向下排压的气流速度很小，涡环将被自下而上的相对气流吹掉，也不致形成涡环状态。所以，在低下降率和高下降率之间，直升机下降就容易产生涡环状态。

特别在直升机下降比较快，导致桨叶内侧部位的诱导气流向上流动，也就是说桨根部位的气流相对于桨盘向上流动，上升气流克服了桨叶旋转引起的下洗流，在桨尖翼尖涡流外侧产生二次涡环。二次涡环在桨叶上气流方向改变为由桨盘下部流向桨盘上部，如图 8.20 所示。结果是桨盘大部分面积上产生不稳定紊流，造成旋翼效率损失。

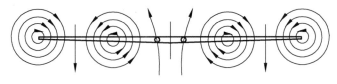

图 8.20　二次涡环

8.6.2　涡环的改出

如果直升机进入涡环状态后，气流做环状流动，使旋翼上下表面的压力差减小，所以旋翼产生的拉力减小，下降率增大。下降率越大，涡环现象越严重，旋翼拉力减小越多。此时旋翼周围气流十分紊乱，影响旋翼的正常工作，使旋翼拉力忽大忽小，引起旋翼和直升机抖动、摇晃现象，操纵性变差，严重时可能造成操纵失效，所以必须改出涡环状态。

涡环状态的改出方法如下：

（1）如果发现直升机垂直下降率增大，是由于发动机功率不足引起的，则应及时增加总距，迅速增大发动机功率，以制止下降率继续增大。

（2）如果增加总距也不能制止下降率继续增大，在一定的高度以上则应迅速地前推驾驶杆，使直升机产生前飞速度，把涡环吹掉，脱离涡环状态。

（3）如果操纵效能已降低或失效，推杆也无法增大前飞速度，则应迅速减少总距到底，增大下降率，使自下而上的相对气流速度增大，把绕着旋翼转动的环流向旋翼上方吹掉。然后再推驾驶杆增大前飞速度，改出涡环状态。这种方法损失高度较多，只有在高度较高或迫不得已时才采用。

8.7　斜坡起降

直升机可以在斜坡上安全起飞和着陆的情况很少，除非坡度很小，一般不要超过 5° 坡度，即 5° 坡度是斜坡运行的最大值。如果在斜坡起飞或着陆，应当对斜坡地形事先进行勘察，且飞行员要具备斜坡运行的操纵技能，以保证在整个着陆过程中飞行员仅用杆就能操纵直升机停稳在斜坡上，应采取横坡着陆的方式。

当直升机在斜坡面上接地时，旋翼轴基本与斜坡面垂直，而桨盘平面则与真实的地平线平行或微微朝上坡方向倾斜。因为正常情况下，旋翼锥体倾斜是通过操纵驾驶杆使桨叶周期变距来实现的，所以旋翼锥体倾斜的角度要受驾驶杆的操纵行程和机械等原因的限制，这种操纵限制在直升机遇下坡风时更容易出现。因此，斜坡着陆场地的选择应视风向风速、直升机的重心及载荷的不同而异。

8.7.1 斜坡起飞

斜坡起飞的具体操纵方法如下：

（1）先减小总距增加旋翼转速进行起飞，然后朝上坡方向压杆以使旋翼的桨盘平面与水平面平行，但不是与坡面平行。

（2）稳住驾驶杆，柔和地慢慢增加，滑橇承受直升机的重量越来越小，直升机下坡一侧滑橇主管离地，此时应注意保持方向。

（3）随着下坡一侧的滑橇离地，直升机桨盘平面逐渐处于水平姿态，立刻将驾驶杆回归到中立位置。此过程要做到动作协调一致，尽量让直升机保持在水平位置，用一侧滑橇主管保持直升机悬停。同时保持直升机方向，或需要调整油门保持旋翼转速。最后逐渐增加总距完成起飞。

脱离斜坡时，尾桨绝不能转向上坡方向，否则会发生尾桨撞地的危险。如果存在上坡风，要执行侧风起飞，然后转弯，也要注意避免尾桨与斜坡相撞。

8.7.2 斜坡着陆

直升机在斜坡上着陆时，一般情况下采取横坡着陆方式，而非沿上坡方向顺坡着陆。当然，沿下坡或下山方向的顺坡着陆就更不可取，因为这样可能会造成尾桨撞地，危及飞行安全。斜坡着陆与斜坡起飞相反，具体操纵方法如下：

（1）在最后进近阶段，操纵直升机往斜坡移动，横向对准斜坡，尾桨切勿转向上坡方向，使直升机在预定的接地点上空悬停。

（2）柔和地减小总距，让直升机慢慢下沉，当上坡一侧滑橇主管触地时，暂时让直升机在水平位置停顿片刻，即桨盘保持水平，然后往上坡方向压杆以免直升机向下坡方向滑动。

（3）为了使下坡侧滑橇继续下沉，就要继续减小总距，此时驾驶杆也要继续往上坡方向移动，以保持直升机位置不变。

（4）当下坡侧滑橇触地后，将总距减小到最低。然后保持旋翼按照规定转速继续旋转，直到直升机重量完全作用在起落架上。确保旋翼转速的目的是，确保万一直升机开始沿斜坡下坡方向下滑时，也可有足够的转速供直升机立即起飞。在整个着陆操纵中，保持直升机方向，在减小旋翼转速之前，务必要移动驾驶杆以检查直升机的稳定度。

8.7.3 动力翻转

直升机斜坡运行中，在地面上可能发生静态翻转和动力翻转。当直升机重心往一侧滑橇或起落架移动并超过这个支点时，就会发生静态翻转（Static Rollover）。

直升机斜坡或侧风起降时有横向翻滚的趋势，称为动力翻转（Dynamic Rollover）。动力翻转可能发生在任何类型的旋翼，和任何一侧滑橇或起落架情况。当发生动力翻滚时，直升机绕一侧滑橇或起落架机轮横向转动，直到倾斜角超过一定的临界翻转角，此时旋翼拉力促使直升机继续翻转，如图 8.21 所示。

每一架直升机都有一个临界翻转角，而且左右两侧滑橇或起落架接地对应的临界翻转角不同，还与侧风、重心偏置量和抵制偏航脚蹬量有关。超过临界翻转角，飞行员即使使用最大反向驾驶杆量，也无法制止直升机向一侧翻倒。

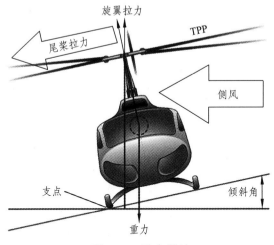

图 8.21　动力翻转

飞行员要时刻防止直升机产生加速横向翻转，而且坡度不要超过临界翻转角，小心谨慎地修正直升机俯仰、滚转和偏航姿态。

在比较平的地面上正常起飞和着陆时也有可能发生动力翻转，当一侧的滑橇或机轮在地面上并且旋翼拉力接近于直升机的重量时，如果不注意操纵，直升机有可能绕停留在地上的滑橇或机轮滚转。起飞或着陆时，动作应该柔和并注意配平驾驶杆，保证没有大的俯仰或滚转变化，尤其是滚转。

8.8　机动飞行

纵向机动飞行就是将飞行轨迹保持在垂直面内，侧向速度总为零，所以也称为垂直机动飞行。垂直机动飞行通常需要改变高度、速度、总距，以及飞行姿态和曲率半径。纵向机动飞行包括以下 6 种典型动作。

1. 平飞跃升（pop-up）

在贴地飞行中爬越地形或障碍物时采用平飞跃升机动。通常以中等速度从一种水平稳定飞行状态爬升进入另一种稳定飞行状态。飞行轨迹由障碍物的高度和长度确定。

2. 鱼跃越障（hurdle-hop，or dolphin）

贴地飞行中的地形跟踪常采用这种机动飞行以越过障碍物。直升机以中等速度平飞，遇障碍物时爬升减速，越过之后下降并加速，进入另一平飞状态。

3. 平飞加（减）速（level acceleration）

良好的加速和减速性能是直升机机动能力的基础，对于攻击地面目标、空中格斗或利用地形地物隐蔽，都可能采用这种机动飞行方式。在贴地飞行中，直升机做加减速机动时还必须保持等高飞行，以避免尾桨或旋翼与地面碰撞。

4. 迅速进位（dash stop）

迅速进位机动用于尽可能快地从一个隐蔽区域转移到前面另一个隐蔽区域。这是一种从悬停加速到另一规定速度然后再减速至悬停的一种水平机动飞行。

5. 垂直跃升（bob-up）

垂直跃升是一种从悬停到悬停高度不断变化的机动，用于从隐蔽待机到升高射击的战术过程。该机动飞行规定了最大法向速度和跃升高度。上升速度变化假定为从悬停加速到某一速度，再减速至悬停，加速过程和减速过程所需时间相等。

6. 筋斗（loop）

筋斗是典型的机动动作，运动过程中直升机飞行姿态、速度、高度都有急剧变化，而且过载也很大。筋斗是直升机在垂直平面内爬升角连续变化360°的翻转机动，即所谓垂直筋斗飞行。理想筋斗飞行中不会使直升机有过大载荷，且速度保持不变，航迹是一个完美的圆周。

假设直升机在筋斗过程中速度保持不变，直升机只受重力的作用（实际上这种假设不可能，因为还受其他力的影响）。当半径和速度保持不变时，表明直升机的向心力是恒定的。旋翼必须时刻产生一个沿轨迹曲率半径的拉力分量，以保证向心力的存在。在筋斗的底部，重力与旋翼拉力的方向是相反的；在垂直向上、向下时，重力与拉力垂直；在筋斗顶部，重力与拉力方向相同。这就表明旋翼产生的拉力要持续变化，才能保持向心力恒定并指向圆圈中心。所以，在筋斗最高点，旋翼拉力为零，或者至少是非常低的。

如果直升机速度比较小，为产生需要的向心力，甚至需要产生负拉力。最大过载位于筋斗飞行的底部，旋翼必须向上产生3倍于直升机自身重量的拉力，过载值为$2g$。

在进入和改出筋斗时（在最低点附近），旋翼会产生较大的过载，因此旋翼要有产生和承受这个大过载的能力。

在筋斗飞行过程中，由于向心力的影响，旋翼的总距变化范围比较大，这就意味着旋翼桨叶剖面迎角变化会比较大，将可能导致更加严重的动态失速问题。

8.9 飞行性能分析

目前，由于动力蓄电池技术原因，电动旋翼无人机的续航时间和航程仅为油动旋翼无人机的 1/30～1/15。电动旋翼无人机的续航时间以分钟计算，这将大大限制了电动旋翼无人机的飞行性能。

8.9.1 电池比能量和比功率

1. 电池比能重的定义

比能量是指单位重量或单位体积电池对外输出的能量。

参照油动发动机的耗油率，可定义电池的等效耗油率，其与电池比能量的关系如下：

$$C_{B} = \frac{1\,000}{A_{E}B_{E}} \tag{8.23}$$

式中　C_B ——电池等效耗油率，kg/(kW·h)；

　　　A_E ——电池比能量的温度特性系数；

　　　B_E ——电池常温时的比能量，W·h/kg。

2. 电池比功率的定义

比功率是指单位时间电池的比能量。比功率的大小表征电池能承受的工作电流的大小。电池的比功率直接影响了电动旋翼无人机的机动飞行能力，对应于油动旋翼无人机的发动机功率重量比，在电动机和电子调速器满足电池最大输出功率的前提下，电池的比功率越大，电动旋翼无人机的机动飞行能力越好。

一般油动（航空）发动机的功率重量比可达 1~3 kW/kg，而目前动力蓄电池的比功率在800~5 000 W/kg，所以当前的电动旋翼无人机较多地采用了动力蓄电池技术，而燃料电池由于比功率较小，在旋翼无人机上的应用受到了一定的限制。

3. 功率利用系数

旋翼无人机的功率利用系数包括了传动系统的效率、散热系统的效率、尾桨损失（对单旋翼而言）以及其他损失。对于电动旋翼无人机来说，还包含了电动机的效率、电子调速器的效率和电池的转换效率。

电动机的效率 ζ_M 可表示为

$$\zeta_M = \frac{P_{out}}{P_{in}} = \frac{(V_{in} - I_{in}R_0) - (I_{in} - I_0)}{V_{in}I_{in}} \tag{8.24}$$

式中　P_{out} ——电动机输出功率；

　　　P_{in} ——电动机输入功率；

　　　V_{in} ——电机输入电压；

　　　I_{in} ——电机输入电流；

　　　R_0 ——电机内阻；

　　　I_0 ——电机无负载电流。

当 V_{in}、R_0 和 I_0 为定值时，输入电流的大小直接影响了电动机的效率，图 8.22 所示为典型的电动机效率随输入电流变化的情况。目前，电动机效率可以达到 85%~95%。

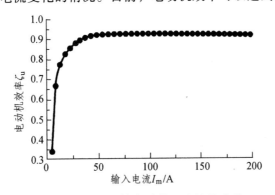

图 8.22　电动机效率随输入电流的变化

4. 旋翼单位需用功率

电动旋翼无人机前飞时，旋翼单位需用功率公式可表示为

$$\bar{N}_r = B_1' \frac{C_{x7}}{y_7} \Omega R + B_2' \frac{P}{v_0 \Delta} + B_3' \Delta \tilde{C}_x v_0^3 = \bar{N}_{\mathrm{Pr}} + \bar{N}_i' + \bar{N}_{\mathrm{Pa}} \quad (8.25)$$

式中　$\bar{N}_{\mathrm{Pr}}$——单位型阻功率，$\bar{N}_{\mathrm{Pr}} = N_{\mathrm{Pr}}/G$；

　　　$\bar{N}_i$——单位诱导功率，$\bar{N}_i = N_i/G$；

　　　$\bar{N}_{\mathrm{Pa}}$——单位废阻功率；

　　　P——在某高度飞行时的需用功率；

　　　C_{x7}、C_{y7}——桨叶特征剖面处的翼型阻力系数和升力系数；

　　　ΩR——旋翼桨尖速度；

　　　v_0——旋翼无人机前飞速度；

　　　Δ——大气相对密度，$\Delta = \dfrac{\rho}{\rho_0}$；

　　　$\tilde{C}_x$——全机单位废阻，$\tilde{C}_x = \dfrac{\sum C_x S}{G}$；

　　　B_1', B_2', B_3'——计算系数。

$$B_1' = \frac{3k_{\mathrm{p}}}{4 \times 1\,000 k_{\mathrm{T}} k}$$

$$B_2' = \frac{J}{2\,450 k}$$

$$B_3' = \frac{1.225}{1\,000 \times 2}$$

式中　k——旋翼桨叶片数；

　　　k_{p}——型阻功率修正系数；

　　　k_{T}——拉力修正系数；

　　　J——诱导功率修正系数。

电动旋翼无人机某高度飞行时的需用功率载荷 q_{r} 为

$$q_{\mathrm{r}} = G/P \quad (8.26)$$

式中　q_{r}——需用功率载荷，N/kW。

8.9.2　旋翼无人机飞行性能计算

1. 电动旋翼无人机续航时间和航程计算

与电动飞机类似，电动旋翼无人机续航时间 t 的表达式为

$$t = \frac{A_{\mathrm{E}} B_{\mathrm{E}} G_{\mathrm{B}}}{P_{\mathrm{Br}} g} \quad (8.27)$$

式中　G_{B}——电池的重量；

g —— 重力加速度；

P_{Br} —— 直升机某高度飞行时电池的输出功率，W。

按照功率平衡关系，电动旋翼无人机的单位需用功率 $\bar{N}_r$ 和电池的输出功率之间的关系为

$$P_{Br} = \frac{1}{\zeta} G \bar{N}_r \tag{8.28}$$

式中　ζ —— 功率利用系数；

　　$\bar{N}_r$ —— 旋翼无人机单位需用功率，W/N；

　　G —— 旋翼无人机的总重。

将式（8.28）代入式（8.27），得

$$t = \frac{A_E B_E \zeta \bar{G}_B}{\bar{N}_r g} \tag{8.29}$$

式中　$\bar{G}_B$ —— 电池的相对重量，有

$$\bar{G}_B = G_B / G \tag{8.30}$$

由式（8.26）与式（8.28）可得

$$q_r = 1\,000 \zeta / \bar{N}_r \tag{8.31}$$

电动旋翼无人机的续航时间 t、最大续航时间 t_{max} 弧和最大航程 L_{max} 可简化为

$$t = \frac{A_E B_E q_r \bar{G}_B}{1\,000 g} \tag{8.32}$$

$$t_{max} \approx \frac{B_E q_{max} \bar{G}_B}{1\,000 g} \tag{8.33}$$

$$L_{max} \approx \frac{(B_E q_r V)_{max} \bar{G}_B}{1\,000 g} \tag{8.34}$$

2. 电动旋翼无人机垂直爬升速度和悬停升限计算

假设电动机和电子调速器满足功率要求，将电池的可用功率充分地输出到旋翼无人机的传动系统，电动旋翼无人机的理论悬停升限可按以下功率平衡关系确定：

$$P_{Bky} = \frac{1}{\zeta} G \bar{N}_{Hr} = \frac{A_p B_p B_B}{g} \tag{8.35}$$

式中　P_{Bky} ——电池某高度的可用功率；

　　$\bar{N}_{Hr}$ ——电动旋翼无人机某高度悬停时的单位需用功率；

　　A_p ——电池比功率的温度特性系数；

　　B_p ——电池常温时的比功率，W/kg。

垂直爬升速度的计算公式可由下式确定：

$$v_{yV1} = \frac{\zeta(P_{Bky} - P_{Br})}{G} \tag{8.36}$$

将式（8.28）和式（8.35）代入式（8.38），得

$$v_{yV1} = \frac{\zeta A_p B_p \bar{G}_B}{g} - \bar{N}_{Hr} \tag{8.37}$$

以上计算的垂直爬升速度需要修正，修正公式如下：

$$v_{yV2} = k_{yV} v_{yV1} \tag{8.38}$$

$$k_{yV} = 1 + \frac{1}{\left(1 + \dfrac{v_{yV1}}{v_{i0}}\right)} \tag{8.39}$$

式中　v_{i0}——某高度的悬停诱导速度。

通过计算，$v_{yv} = 0.5$ m/s 对应的高度即为直升机的悬停升限。

3. 电动旋翼无人机最大爬升速度和最大飞行速度计算

电动旋翼无人机的最大爬升速度 v_{ymax} 和最大飞行速度 v_{max} 取决于电动系统的特性。参考传统油动直升机，得到电动旋翼无人机两项性能的计算公式为

$$v_{ymax} = \frac{\zeta A_p B_p \bar{G}_B}{g} \bar{N}_{min} \tag{8.40}$$

$$v_{max} \approx \sqrt[3]{\frac{\zeta A_p B_p G_B / g - N_{pr}}{1\,000 B_3' \Delta \tilde{C}_x} \bar{N}_{min}} \tag{8.41}$$

同理，旋翼无人机的垂直爬升速度 v_{yV}、最大爬升速度 v_{ymax} 可表示为

$$v_{yV} = \zeta \left(\frac{A_p B_p \bar{G}_B}{g} - \frac{1\,000}{q_{Hr}} \right) \tag{8.42}$$

$$v_{ymax} = \zeta \left(\frac{A_p B_p \bar{G}_B}{g} - \frac{1\,000}{q_{rmax}} \right) \tag{8.43}$$

式中，q_{Hr}——电动旋翼无人机某高度悬停时的需要用功率载荷，N/kW。

需用功率载荷可按式（8.25）和式（8.41）进行理论计算获得，也可以通过飞行性能试验按式（8.26）得到。

航空思政讲坛

钱学森之问

"为什么我们的学校总是培养不出杰出人才？"这就是著名的"钱学森之问"。钱学森之问与李约瑟难题一脉相承，它们都是对中国科学的关怀。

2005 年，温家宝总理在看望钱学森的时候，钱老感慨说："这么多年培养的学生，还没有哪一个的学术成就，能够跟民国时期培养的大师相比。"钱老又发问："为什么我们的学校总是培养不出杰出的人才？"

"钱学森之问"是关于中国教育事业发展的一道艰深命题，需要整个教育界乃至社会各界

共同破解。

求解钱学森教育之问

展涛：培养人才，要有多样化的模式

多样化的人才培养模式。如何培养杰出人才，没有一个统一模式，每所大学都有自己的独到之处。也就是说，我们应该在开放的环境中探索多样化的培养模式，在学习借鉴国外一流大学经验的基础上，探索适合中国国情、具有时代特征的模式，为学生成长提供更大的空间和更多可能的选择。

培养学生和每个人的批判思维。一个只会被动接受知识、只会相信书本和权威的人无法去创新，无法成为杰出人才；而一所在制度和环境上不鼓励批判精神、不鼓励挑战"权威"和"定论"的大学也无法培养出杰出人才。

激发学生和大学的创造激情。没有激情就没有创新，但在一个被浮躁与功利色彩笼罩的社会变革时代里，又该如何激发与呵护学生的创造激情，如何让我们的大学更具创新的激情，这是需要我们共同关注和探索的问题。

……

程方平：教育不能"批量生产"

无论在哪个时代，培养杰出人才的基本规律都没有发生根本变化。他们必须具有独立思考的品质、从实际出发不迷信经典和权威、具有科学的探索精神和求真欲望、善于发现问题并能够找到解决问题的途径和方法。这样的培养不能从高等学校才开始，中小学阶段就应该有意识地进行。

但是，在我国目前的教育系统中，教育的导向主要是记、背标准答案，学生提问的欲望和兴趣在中小学阶段已经被大大地削弱了。学生疏于独立思考、缺乏主动学习的精神，是我们在培养杰出人才时遇到的困境。究其根本，是因为我们的教育并未将学生作为主体，充分发掘他们的潜力。

哈佛大学曾强调，学校要赋予学生三个"法宝"，即给学生学习上选择的自由；使学生在所擅长的学科上有施展才华的机会；使学生的学习从被动行为转化为自主行为，让学生从对教师的依赖和从属关系中解放出来。学生只有变成学习主体，其主观能动性和无限的潜力才会被充分激活。

……

关于钱学森的 30 个故事：

他是杰出科学家，美国人称他"一个人抵得上 5 个海军陆战师"；他是中国航天事业奠基人，坚信"外国人能搞的中国人也能搞"；他是科学家群体中以身报国的代表 ——钱学森。

在钱学森 109 周年诞辰将近之际，我们摘选了和他有关的 30 个故事。这些细小或重大、欢欣或沉痛的人生切面，令我们更加敬爱这位前辈。

01

钱学森曾说："我的父亲是我第一个老师。"父亲钱均夫在花钱给钱学森买书上毫不吝啬，并坚持为儿子挑选图书、画报。钱学森行将离开祖国前往美国求学时，父亲送给他的礼物是一大箱"中华文化丛书"。

......

05

钱学森1923年到1929年在北京师范大学附属中学念书。当时的校长林砺儒实施了一套提高学生智力为目标的教学方法，启发学生学习的兴趣和自觉性。钱学森回忆，他和同学们临考前不开夜车，不死读书，只求真正掌握和理解所学的知识。

06

钱学森报考大学前夕，他的中学数学老师认为他数学好，应报考数学系；国文老师认为他文章写得好，应报考中文系；美术老师则认为钱学森在艺术上有天赋，建议他学画画。此时，钱学森做出选择：学铁道工程，学造火车头。1929年，钱学森考取了上海交通大学工程机械学院。

......

11

1932年 "一·二八"事变中，日军飞机对上海狂轰滥炸。目睹天空中肆虐的日军飞机，钱学森做出人生的第二次选择：改学航空工程，学造飞机。他利用课余时间阅读航空方面的书，还发表了多篇关于航空的文章。钱学森最终考取了清华大学庚款留美公费生，专业是航空工程。

......

13

1936 年，钱学森获航空工程硕士学位。在学习过程中，他发现当时航空工程的工作依据基本上是经验，很少有理论指导。他想，如果能掌握航空理论，并以此来指导航空工程，一定可以取得事半功倍的效果。钱学森做出了人生的第三次选择：从做一名航空工程师，转为研究航空理论。他向加州理工学院提出入学申请，并成为世界著名力学家冯·卡门教授的博士生。

......

19

1954年，钱学森在被美国政府软禁期间写成的专著《工程控制论》出版后在科学界引起了强烈反响。《科学美国人》杂志希望作专题报道，并将钱学森的名字列入美国科学团体。这个想法被钱学森回信拒绝，信中写明了一句话："我是一名中国科学家。"

20

1955年9月17日，钱学森一家来到洛杉矶港口，等待登上回国的邮轮。码头上挤满记者，记者追问钱学森是否还打算回美国。钱学森回答说："我不会再回来，我没有理由再回来，这是我想了很长时间的决定。今后我打算尽我最大的努力帮助中国人民建设自己的国家，以便他们能过上有尊严的幸福生活。"

......

22

回国后，钱学森被安排在中国科学院工作，筹备建立力学研究所。一次，陈赓大将问钱学森："钱先生，中国人自己搞导弹行不行？"钱学森不假思索地回答道："有什么不能的？

外国人能造出来的，我们中国人同样能造出来。难道中国人比外国人矮一截不成？"

……

23

钱学森并没有料到，国家会把研制导弹、火箭的任务交给他，让他来做技术方面的负责人。国家的需要，使钱学森做出人生的第四次选择：从学术理论研究转向大型科研工程建设。

……

28

1982年，从国防科研领导岗位退下来的钱学森已经71岁了。他又做出了人生的第五次选择：再次回到学术理论研究当中。他非常看重自己晚年的科研成果，对堂妹钱学敏说："我这些年来和你们一起研究和探讨的这些问题与设想，才是我回国以后开创性的、全新的观点和理念。它的社会意义和对现代科学技术发展的重要性，可能要远远超过我对中国'两弹一星'的贡献。"

……

在30个故事中，蕴藏着钱学森关于人生的五次重要选择。这五次选择，都是钱学森将炽热的爱国情怀融入学习和工作后作出的决定。

世界上有两种矿藏，一种是物质矿藏，很容易被用尽；另一种是精神矿藏，是无穷无尽的。看到一代科学家将个人的兴趣爱好与祖国的迫切需要紧密结合，我们也备受鼓舞。"只有献身于那些超越自身的存在，才能找到生命的意义。"

当今中国特色社会主义进入新时代之际，人才竞争已经成为综合国力竞争的核心，人才资源作为经济社会发展第一资源的特征和作用更加明显，而目前对于求解"钱学森教育之问"更为迫切。创新作为引领发展的第一动力，对教育者和受教育者都提出了要求，一方面，作为教育者，应将学生作为教育过程中的主体，以学生具体发展情况为导向，充分发掘学生个人的兴趣，使学生的学习从被动行为转化为自主行为；另一方面，作为受教育者，在学习时应从实际出发不迷信经典和权威、具有科学的探索精神和求真欲望，善于发现问题并能够找到解决问题的途径和方法。同时，学习能力与思想高度齐头并进，牢记"科学没有国界，但科学家有国界"。

https：//baijiahao.baidu.com/s？id=1685612045899644484&wfr=spider&for=pc
中央广播电视总台新闻新媒体中心官方账号　2020-12-09

第 4 篇

多旋翼无人机

本篇是关于多旋翼无人机的介绍，主要以多旋翼无人机的构造和基本概念为切入点，介绍多旋翼无人机特性，了解多旋翼无人机的螺旋桨运行特点以及桨叶设计理念，以及多旋翼无人机飞行特点和飞行原理。考虑无人机飞行过程中的各种影响因素，突出多旋翼无人机的飞行特点，特别是起飞、着陆和常规飞行，最后考虑多旋翼无人机的操控性是如何实现的，了解多旋翼无人机的操纵方式，为安全飞行保驾护航。

概念：

多旋翼无人驾驶航空器（multi-axis unmanned aircraft）：一种由动力驱动，飞行时凭借三个及以上旋翼依靠空气的反作用力获得支撑，能够垂直起降、自由悬停的无人驾驶航空器。（GB/T 38152—2019）

多旋翼无人驾驶航空器（multi-axis unmanned aircraft）：具有 3 个及以上旋翼，能垂直起降、自由悬停的无人驾驶航空器。（GA/T 1411.1—2017）

9 多旋翼无人机特性

9.1 多旋翼无人机基本结构

多旋翼无人机的基本结构主要包括机架、动力系统、指挥系统、控制系统，为了满足实际飞行需要，需配备电池、遥控器及飞行辅助控制系统，如图9.1所示。其机体组成如图9.2所示。

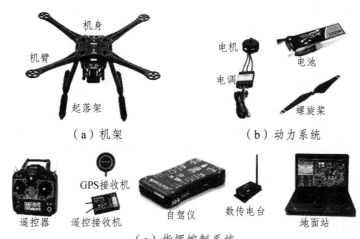

（a）机架　　　　　　　　　（b）动力系统

（c）指挥控制系统

图 9.1　多旋翼无人机系统组成总体框架

图 9.2　多旋翼无人机（植保类）机体组成

9.1.1 机 架

机架是指多旋翼飞行器的机身架，是整个飞行系统的飞行载体。多旋翼的安全性、可用性以及续航性能都和机身的布局密切相关。因此在设计多旋翼时，其机身的尺寸、布局、材料、强度和重量等因素都是应该考虑的。一般使用轻质高强材料，如碳纤维等材料。

机身的重量主要取决于其尺寸和材料。由于在相同拉力下，机身越轻意味着可分配的有效载荷越大，因此在保证机身性能的前提下，无人机的总机重量应尽量小。

轴距是用来衡量多旋翼尺寸的重要参数，它通常被定义为外圈电机组成圆周的直径。例如，轴距 450 mm 和 550 mm，如图 9.3 所示。

图 9.3　F450、550 机架

无人机机架的布局主要有四旋翼、六旋翼和八旋翼的布局，主要如图 9.4 所示。

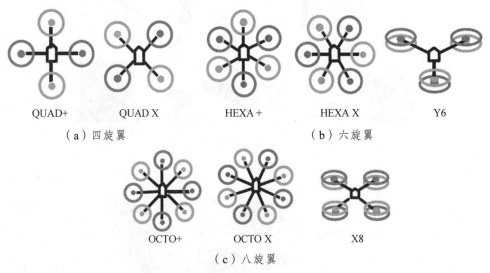

图 9.4　多旋翼无人机各类布局形式

9.1.2 动力系统

动力系统决定了多旋翼无人机的主要性能，如悬停时间、载重能力、飞行速度和飞行距离等。动力系统的部件之间需相互匹配与兼容，否则无法正常工作，容易导致无人机飞行事故发生。

电动多旋翼无人机的动力系统类似电动固定翼无人机动力系统，通常也包括螺旋桨、电机、电调以及电池。

1. 电 机

电机（图 9.5）是由电动机主体和驱动器组成，是一种典型的机电一体化产品，在整个飞行系统中，起到提供动力的作用。

多旋翼无人机的电机主要以无刷直流电机为主，将电能转换成机械能。无刷直流电机具有多种优势，如效率高、便于小型化以及制造成本低。根据转子的位置，无刷直流电机可以进一步分为外转子电机和内转子电机。外转子电机可以提供更大的力矩，因此更容易驱动大螺旋桨而获得更高效率。

图 9.5 电机

2. 电 调

电调（图 9.6）全称电子调速器（ESC），在整个飞行系统中，电调主要提供驱动电机的指令，来控制电机，完成规定的速度和动作等。

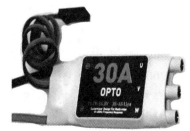

图 9.6 电调

电调的基本的功能就是电机调速、为遥控接收器上其他通道的舵机供电和充当换相器的角色，如图 9.7 所示。

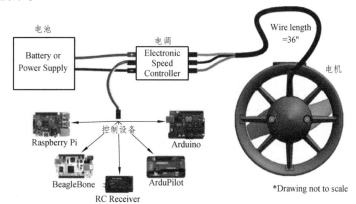

图 9.7 电调的作用

3. 电 池

在整个飞行系统中，电池作为能源储备，为整个动力系统和其他电子设备提供电力。由于优良的性能和便宜的价格，常用的有锂聚合物电池（LiPo）和镍氢电池（NiMh）。目前，在多旋翼飞行器上，一般采用普通锂电池或者智能锂电池等，如图9.8所示。

（a）普通锂电池　　　　　　　　　　　　　（b）智能锂电池

图9.8　锂电池分类

多旋翼飞行器常用锂电池一般采用锂聚合物电池（Li-polymer，又称高分子锂电池），它是一种化学性质的电池，相对普通电池来说，能量高、小型化、轻量化、放电电流大、单片电池电压大。锂聚合物电池具有高倍率、高能量比、性能高、高安全、寿命长，环保无污染，质量轻等优点。在形状上，锂聚合物电池具有超薄化特征，可以配合一些产品的需要，制作成不同形状与容量的电池。该类电池，理论上的最小厚度可达0.5 mm。

（1）6S-10000 mA·h电池，多用于S1000、S800 EVO等6轴及以上大型多旋翼飞行器。

（2）3S-5000mA·h电池，多用于风火轮F550等4轴中小型多旋翼飞行器。

（3）3S-2200mA·h电池，多用于Phantom1、风火轮F450等4轴小型多旋翼飞行器。

（4）3S-5200mA·h电池，用于Phantom2、Vision、Vision+等四轴小型多旋翼飞行器。

电池的主要参数有C数、P数、S数等，具体含义如下：

（1）C数是指电池能正常放电的倍数。可以简单理解为放电能力。C数乘以容量，就是电池最大放电电流。

（2）S数是指串联锂电池电芯的片数，S数越大，电池的电压越大。

（3）P数是指并联锂电池电芯的片数，P数越大，电池的电流越大。

锂电池的连接方式如图9.9所示。

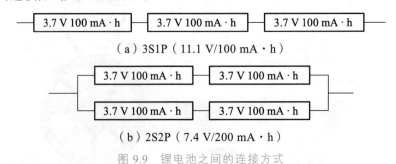

图9.9　锂电池之间的连接方式

4. 螺 旋 桨

考虑到电机效率会随螺旋桨尺寸变化而变化，所以合理匹配的螺旋桨可以使电机工作在更高效的状态，从而保证在产生相同拉力情况下消耗更少的能量，进而提高续航时间。

（1）螺旋桨的作用：直接产生多旋翼运动所需的力与力矩的部件，有利于提高螺旋桨对多旋翼性能和效率。

（2）指标参数：

螺旋桨型号，螺旋桨用4个数字表示，其中前面2位是螺旋桨的直径，后面2位是螺旋桨的螺距。比如，1045桨的直径为10 in，而螺距为4.5 in。假设螺旋桨在一种不能流动的介质中旋转，那么螺旋桨每转一圈，就会向前进一个距离，就称为螺距或桨距（Propeller Pitch）。

螺旋桨弦长，较小的转动惯量可以提升电机的响应速度，从而提升多旋翼的性能。

螺旋桨桨叶数，有实验表明，二叶桨的力效会比三叶桨稍高一些。

9.1.3 指挥控制与飞行控制系统

1. 指挥控制系统

指挥控制系统由遥控器和接收机组成，是整个飞行系统的无线控制终端。遥控器（图9.10）发送飞控手的遥控指令到接收器上，接收机解码后传给飞控制板，进而多旋翼无人机根据指令做出各种飞行动作。遥控器可以进行一些飞行参数的设置，如油门的正反，摇杆灵敏度大小，舵机的中立位置调整，通道的功能定义，飞机时间记录与提醒，拨杆功能设定。高级功能有航模回传的电池电压、电流数据等。

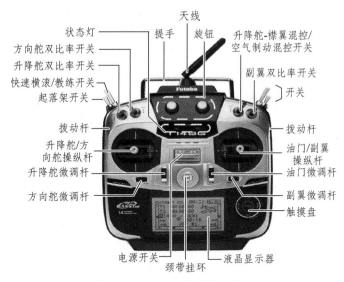

图 9.10　Futaba 遥控器及定义

2. 飞行控制系统

飞行控制系统是集成了高精度的感应器元件，主要由陀螺仪、加速计、角速度计、气压计、GPS及指南针模块，以及控制电路等部件组成。通过高效的控制算法内核，能够精准感应并计算出飞行器的飞行姿态等数据，再通过主控制单元实现精准定位悬停和自主平稳飞行。市面上常见的飞控如图9.11所示。

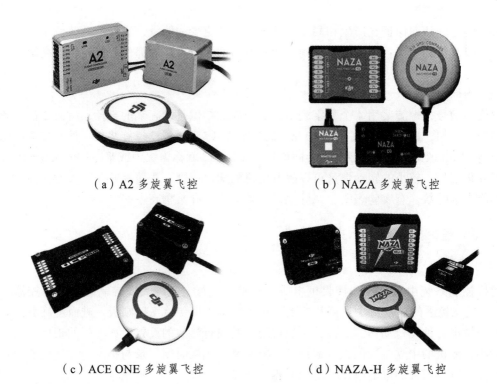

（a）A2 多旋翼飞控 　　　　　　　　　　　　（b）NAZA 多旋翼飞控

（c）ACE ONE 多旋翼飞控 　　　　　　　　　（d）NAZA-H 多旋翼飞控

图 9.11　飞控类型

飞行控制系统一般主要由主控单元、IMU（惯性测量单元）、GPS 指南针模块、LED 指示灯模块等部件组成。

（1）主控单元是飞行控制系统的核心，通过它将 IMU、GPS 指南针、舵机和遥控接收机等设备接入飞行控制系统从而实现飞行器自主飞行功能。除了辅助飞行控制以外，某些主控器还具备记录飞行数据的黑匣子功能，如 DJI 的 Ace One。主控单元还能通过 USB 接口，进行飞行参数的调节和系统的固件升级。

（2）IMU（惯性测量单元），包含 3 轴加速度计、3 轴角速度计和气压高度计，是高精度感应飞行器姿态、角度、速度和高度的元器件集合体，在飞行辅助功能中充当极其重要的角色。

（3）GPS 指南针模块，包含 GPS 模块和指南针模块，用于精确确定飞行器的方向及经纬度。对于失控保护自动返航，精准定位悬停等功能的实现至关重要。

（4）LED 指示灯模块，用于实时显示飞行状态，是飞行过程中必不可少的，它能帮助飞手实时了解飞行状态。

飞行控制系统一般提供三种飞行模式，GPS 姿态模式、姿态模式和手动模式。

（1）GPS 姿态模式，必须要有选配 GPS 模块，除了能自动保持飞行器姿态平稳外，还能具备精准定位的功能，在该种模式下，飞行器能实现定位悬停，自动返航降落等功能。

（2）姿态模式，适合于没有 GPS 信号或 GPS 信号不佳的飞行环境，能实现自动保持飞行器姿态和高度，但是不能实现自主定位悬停。

（3）手动模式，只能由比较有经验的飞手来控制，在该模式下，飞行控制系统不会自动保持飞行姿态和高度的稳定，完全由飞手手动控制，非受过专业飞行训练的飞手，请勿尝试。

9.1.4 任务载荷系统

无人机系统升空执行任务，通常需要搭载任务载荷（图 9.12 和图 9.13）。任务载荷一般与侦察、武器投射、通信、遥感或货物有关。无人机的设计通常围绕所应用的任务载荷进行。有些无人机可携带多种任务载荷。任务载荷的大小和重量是无人机设计时最重要的考虑因素。大多数小型商用无人机要求任务载荷的重量不超过 5 lb。有部分小型无人机制造商采用可快速拆卸和替换的任务载荷。

侦察任务和遥感任务而言，传感器任务载荷根据不同任务可采用许多不同形式，包括光电摄像机、红外摄像机、合成口径雷达、激光测距仪等。光学传感器组件即可永久安装在无人机上，以便传感器操作员获得固定的视角，也可安装在万向节或转塔上。万向节或转塔安装系统使传感器能够在预定范围内转动，通常绕两个轴转动。万向节或转塔即可通过自动驾驶系统，也可以通过独立的接收机来接受输出信号。有些万向节还装有振动隔离装置，可降低飞度。振动隔离方法有两种，一种是采用弹性/橡胶安装座，另一种是采用电子陀螺仪稳定系统。

图 9.12　固定式任务载荷　　　　　9.13　可拆卸式任务载荷

光电摄像机通过电子设备的转动、变焦和聚焦来成像，在可见光谱工作，所生成的图像包括全活动视频静止图片或二者的合成。大多数小型无人机的光电摄像机采用窄视场到中视场镜头。大型无人机的摄像机还可使用宽视场或超宽视场传感器（图 9.14）。光电传感器可执行多种任务，还可与其他不同类型的传感器结合使用，以生成合成图像。光电摄像机大多在昼间使用，以便提高视频质量。

图 9.14　多光谱任务载荷

红外摄像机在红外电磁频谱范围内工作。红外传感器也称为前视红外传感器，利用红外或热辐射成像（图 9.15）。无人机采用的红外摄像机分为两类，即冷却式和非冷却式。现代冷却式摄像机由低温制冷器制冷，可降低传感器温度到低温区域。这种系统可利用热对比度较高的中波红外波段工作。冷却式摄像机的探头通常装在真空密封盒内，需要额外功率进行冷却。总而言之，冷却式摄像机生产图像质量比非冷却式摄像机的质量要高。

图 9.15　红外成像效果

非冷却式摄像机传感器的工作温度与工作环境温度持平或略低于环境温度，当受到探测到的红外辐射加热时，通过所产生的电阻、电压或电流的变化工作。非冷却式传感器的设计工作波段为 7 ~ 14 nm 的长波红外波段。在此波段上，地面温度目标辐射的红外能量最大。

9.1.5　链路系统

1. 无人机数据链

无人机能够实现以上各种应用，数据链系统（图 9.16）起着非常重要的作用。数据链系统是飞行器与地面系统通信的纽带，其通信质量的稳定性、安全性及灵敏度对无人机有着极其重大的意义。

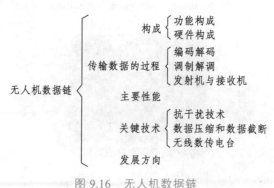

图 9.16　无人机数据链

无人机的数据链主要由两部分组成：机上模块（数据链机载电台、天线），地面模块（数据链地面电台、天线）。无人机数据链是双工通信，地面电台通过地面天线发送遥控数据，机载天线收到地面的遥控数据后，对数据进行解析执行相应的动作后，将数据再通过机载天线下发至地面电台，这就是一次完整的数据链通信过程（图 9.17 和图 9.18）。但是数据链不是独立于无人机工作的，数据链系统还需要跟机上设备和地面设备协同工作，才能将通信作用转化为无人机的作用（图 9.19）。

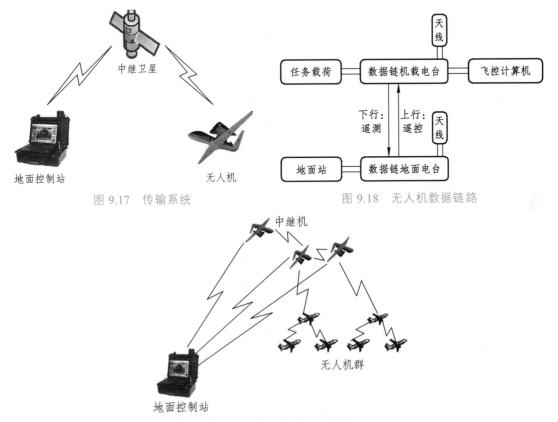

图 9.17　传输系统　　　　　　　　　　图 9.18　无人机数据链路

图 9.19　无人机系统数据链

2. 无人机系统数据链

无人机数据链的机上设备，需要跟机上的飞控计算机和任务载荷设备接连。

飞行控制计算机是整个飞行器的核心部件，它主要有以下三个功能：飞行器多路的模拟信号采集，包括航向信号、发动机转速、电源电压等；利用通信信道与机载数据电台、GPS信号、数字量传感器等进行通信；输出模拟信号和 PWM 脉冲等适应方向舵机、升降舵机和气道等的控制要求。

任务载荷是无人机为了完成具体任务而装备到无人机上的设备，如摄像机、雷达等等。以实现飞行任务的侦测、拍摄、摄像等一系列要求。

地面站的组成形式多种多样，最常见的是 PC 地面站，在民用领域更常见的是手机地面站和遥控地面站。地面站可以用来专门进行控制飞行器，对飞行路径进行规划，对数据进行采集、处理等。地面站可以收、发信号，甚至可以更广泛地编辑、处理和运算等。

3. 数据链的要求

质量和体积：轻，小巧；无人机的飞行器质量控制非常严格，机上部件的体积尽量小和重量轻，都对飞行器的飞行时间起着至关重要的影响。飞行器的整机质量太大，无论对电动还是燃料飞行器的续航时间都是不小的损失。

抗干扰：随着通信技术的发，电磁环境变得更加复杂，通信距离增大带来的路径损耗、传播路径带来的障碍物衰落、飞行器高速运动带来的多普勒频移等，数据链的抗干扰能力变为尤为重要，现在的通常的要求是数据链需要具有调频扩频能力，调频组合越高，抗干扰能力越强。

信号延迟：通信过程中信号延迟越小，对飞行器的飞行安全及通信可靠性的保障越高。

信号传输速率：通信过程中，信号传输速率越高，通信效率越高。

其他要求，如系统的灵敏度、误码率、功耗、数据加密等都是衡量数据链系统必不可少的指标。

9.2 多旋翼无人机的螺旋桨

9.2.1 螺旋桨工作原理

螺旋桨是安装在电机上，为多旋翼无人飞行器提供升力的装置，电机仅仅是将电能转换成机械能，而螺旋桨才是真正产生升力的部件。螺旋桨是一个旋转的翼面，适用于任何翼面的诱导阻力，失速和其他空气动力学原理也都对螺旋桨适用。螺旋桨产生推力非常类似于机翼产生升力的方式。产生的升力大小依赖于桨叶的平面形状，螺旋桨叶迎角和电机的转速。螺旋桨叶本身是负扭转的，因此桨叶角从毂轴到叶尖是变化的。最大桨叶角在毂轴处，而最小桨叶角在叶尖，如图9.20所示。

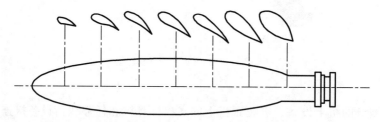

图 9.20　螺旋桨截面桨叶角的变化

扭转的原因是为了从毂轴到叶尖产生一致的升力。当桨叶旋转时，桨叶的不同部分有不同的实际速度。桨叶尖部线速度比靠近毂轴部位的要快，因为相同时间内叶尖要旋转的距离比桨根处要长。从毂轴到叶尖迎角的变化能够在桨叶长度上产生一致的升力。如果螺旋桨叶设计成在整个长度上迎角相同，那么效率会非常低。

在多旋翼飞行器上安装的都是定距桨，定距桨不能改变桨距，对于这种螺旋桨，只有在一定的桨距和转速组合下才能获得最高的效率。无人直升机上安装的旋翼其实就相当于一个大号的变距桨，只是更复杂一些。

螺旋桨的旋转平面称为桨盘面（图9.21），螺旋桨对流过桨盘面的空气做功，空气流经桨盘面后动量增加，加速的空气会对螺旋桨产生反作用力，这个反作用力就是螺旋桨的推力。

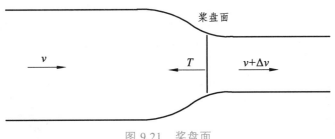

图 9.21 桨盘面

同时，螺旋桨可视为一个旋转的机翼，气动原理与机翼相同。螺旋桨垂直于桨径方向的剖面是一个翼型，称为螺旋桨叶素。每一个叶素均会产生气动力，所有叶素的合力即为螺旋桨的产生气动力，该气动力沿飞行方向的分力即为螺旋桨的推力，沿旋转方向的分力对旋转中心的力矩即为螺旋桨的扭矩，如图 9.22 所示。

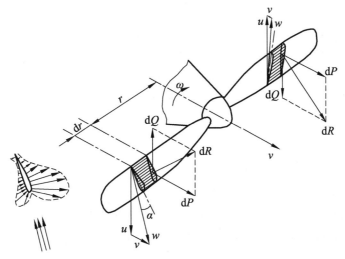

图 9.22 螺旋桨产生的气动力

9.2.2 螺旋桨几何参数

螺旋桨的材质主要分为塑胶桨、碳纤桨、木桨。按顺序刚度越来越好，即越来越不易变形。

1. 螺旋桨直径 D 和半径 R

螺旋桨直径是指桨尖所画圆的直径。螺旋桨的直径需要通过发动机功率、转速、无人机飞行速度、桨叶数目以及螺距综合确定，螺旋桨直径的单位是英寸。螺旋桨半径为 R，桨叶某位置的剖面半径用 r 表示，如图 9.23 所示。

2. 桨叶数目

桨叶数目也是螺旋桨的一个重要参数，如 2 叶桨、3 叶桨和 6 叶桨。无人机的螺旋桨多

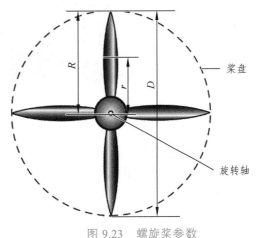

图 9.23 螺旋桨参数

为 2 叶桨和 3 叶桨，如大鹏系列无人机采用的都是 2 叶桨，我国的彩虹系列无人采用的是 3 叶桨（图 9.24）。

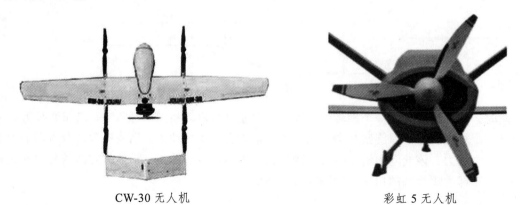

CW-30 无人机　　　　　　　彩虹 5 无人机

图 9.24　安装不同螺旋桨的无人机

　　螺旋桨的桨叶数目越多，螺旋桨的可吸收的最大功率越大，但是螺旋桨的效率越低，另外随着桨叶数目的增加，螺旋桨的重量也会随之增加。所以桨叶数目的选择需要结合发动机的功率，在保证具备可以吸收发动机最大功率和螺旋桨直径约束的前提下，尽可能减少桨叶数目，以提高螺旋桨的效率。

　　3. 叶　素

　　螺旋桨垂直于桨叶径向方向的截面形状称为叶素（图 9.25）。这和飞机的机翼类似，可以认为螺旋桨是一个带有大扭转角的机翼。

　　叶素的气动性能直接影响螺旋桨的性能，相同型号的螺旋桨选用的翼型不同，其性能也不同，一般需要通过做大量的计算和测试来确定螺旋桨的性能。

图 9.25　叶素

　　4. 桨叶宽度

　　叶素弦线长度称为螺旋桨的桨叶宽度 b。由于螺旋桨不同位置的效率不同，桨根和桨尖的效率比中部区域的效率低，因此为了提高螺旋桨的整体效率，中部区域的弦长大于桨尖和桨根的弦长。采用弦长与螺旋桨半径的比值来表示宽度分布，典型的宽度分布如图 9.26 所示。

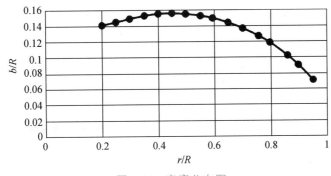

图 9.26 宽度分布图

5. 桨 距

螺旋桨的桨距是指螺旋桨在一个固定介质中旋转一周前进的距离。桨距（或螺距）是由螺旋桨的桨叶角决定的，桨叶角（β）是指叶素弦线与螺旋桨旋转平面的夹角。相同转速（v）下，螺旋桨不同半径位置的线速度（ωr）不同，导致气流的方向角（θ）不同（图9.27），为了使每个叶素都能在有利迎角（α）下工作，所以桨叶角不是一个固定值，典型的桨叶角分布如图 9.28 所示。为了满足不同速度的飞行，可以将螺旋桨设计成可变桨距的螺旋桨。在变距机构的控制下，根据飞机的飞行速度的变化，改变螺旋桨的螺距，提高螺旋桨的效率。

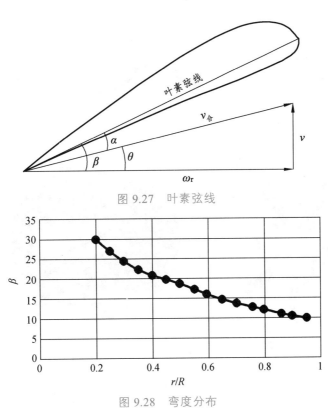

图 9.27　叶素弦线

图 9.28　弯度分布

6. 桨叶厚度

在任何半径处叶素的最大厚度，称为该处桨叶的厚度。为了在保证螺旋桨的强度的前提下尽量减轻重量，螺旋桨的厚度从桨根到桨尖是单调递减的。用相对厚度（C/b）来表示螺旋桨的厚度分布，典型的厚度分布如图 9.29 所示。

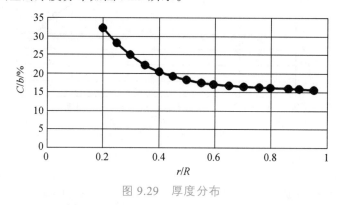

图 9.29　厚度分布

9.2.3　螺旋桨分类

1. 按桨叶数量

双叶桨、三叶桨、四叶桨、五叶桨、涵道风扇等，如图 9.30 所示。

（a）双叶桨　　　　　　（b）三叶桨　　　　　　（c）四叶桨

（d）五叶桨　　　　　　　　（e）涵道风扇

图 9.30　桨叶数量分类

2. 按桨叶结构

按桨叶结构分整体式螺旋桨、组合式螺旋桨、可折叠式螺旋桨等，如图 9.31 所示。

（a）整体式螺旋桨　　　　（b）组合式螺旋桨　　　　　　（c）可折叠式螺旋桨

图 9.31　桨叶结构分类

3. 按固定方式

按固定方式分插接式、螺丝固定式、自锁式、子弹锁紧式等，如图 9.32 所示。

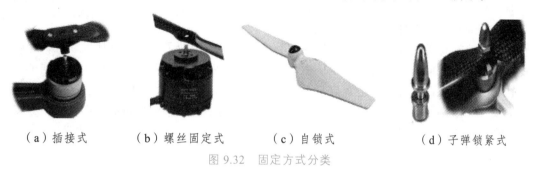

（a）插接式　　　　（b）螺丝固定式　　　　（c）自锁式　　　　　　（d）子弹锁紧式

图 9.32　固定方式分类

9.2.4　定距和变距螺旋桨

螺旋桨是一个旋转的翼面，也适用诱导阻力、失速和其他空气动力学原理。它提供必要的拉力或推力使飞机在空气中移动。螺旋桨产生推力的方式非常类似于机翼产生升力的方式，产生的升力大小依赖于桨叶的形态、螺旋桨叶迎角和发动机的转速。螺旋桨叶本身是扭转的，因此桨叶角从毂轴到叶尖是变化的。最大安装角在毂轴处，而最小安装角在叶尖。

轻型、微型无人机使用 2 叶桨，少数使用 3 叶桨或 4 叶桨等。根据无人机行业习惯，通常定义右旋前进的螺旋桨为正桨，左旋前进的螺旋桨为反桨。桨径 20 in 以下的螺旋桨有木材、工程塑料或碳纤维等材质，需要根据实际需要选用。部分螺旋桨桨叶设计成马刀形状，桨尖后掠，这样可以在一定程度上提高效率。

1. 螺旋桨截面安装角的变化

螺旋桨叶扭转的原因是为了从毂轴到叶尖产生一致的升力。当桨叶旋转时，桨叶的不同部分有不同的实际速度。桨叶尖部线速度比靠近毂轴部位要快，因为相同时间内叶尖要旋转的距离比毂轴附近要长。从毂轴到叶尖安装角的变化和线速度的相应变化就能够在桨叶长度上产生一致的升力。如果螺旋桨叶设计成整个长度上安装角相同，那么效率会非常低，因为随着空速的增加，靠近轴附近的部分将会有负迎角，而叶尖会失速。

螺旋桨各个截面同一角速度下不同的线速度轻型、微型无人机安装定距螺旋桨，大型、小型无人机根据需要可通过安装变距螺旋桨提高动力性能。

2. 定距螺旋桨

定距桨不能改变桨距（图 9.33）。这种螺旋桨，只有在一定的空速和转速组合下才能获得最好的效率。另外，定距桨分为两种类型，爬升螺旋桨和巡航螺旋桨。飞机是安装爬升螺旋桨还是巡航螺旋桨，依赖于它的预期用途。

（1）爬升螺旋桨有小的桨距，因此旋转阻力更少。阻力较低导致转速更高，和具有更多的功率能力，在起飞和爬升时这增加了性能，但是在巡航飞行时降低了性能。

（2）巡航螺旋桨有高桨距，因此旋转阻力更多。更多阻力导致较低转速和较低的功率能力，它降低了起飞和爬升性能，但是增为了高速巡航飞行效率。

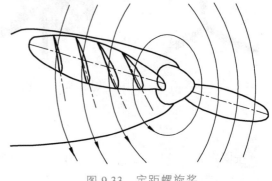

图 9.33　定距螺旋桨

螺旋桨通常安装在轴上，这个轴是发动机曲轴的延伸。在这种情况下，螺旋桨转速就和曲轴的转速相同了。某些其他发动机，螺旋桨是安装在和发动机曲轴经齿轮传动的轴上。这时，曲轴的转速就和螺旋桨的转速不同了。

轻型、微型无人机常用定距螺旋桨，尺寸通常用 $X \times Y$ 来表示，其中 X 代表螺旋桨直径，单位为英寸（in），Y 代表螺距，即螺旋桨在空气中旋转一圈桨平面经过的距离，单位为英寸（in）。例如，22×10 的螺旋桨尺寸为桨径 22 in，约为 55.88 cm，螺距 10 in，约为 25.4 cm。

3. 变距螺距

一些较旧的可调桨距螺旋桨只能在地面调节，大多数现代可调桨距螺旋桨被设计成可以在飞行中调节螺旋桨的桨距。第一代可调桨距螺旋桨只提供两个桨距设定 —— 低桨距设定和高桨距设定（图 9.34）。然而，今天，几乎所有可调桨距螺旋桨系统都可以在一个范围内调节桨距。恒速螺旋桨是最常见的可调桨距螺旋桨类型。恒速螺旋桨的主要优点是能在空速和转速组合范围内把发动机功率的大部分转换成推进马力。恒速螺旋桨比其他螺旋桨更有效率是因为它能够在特定条件下选择最有效率的发动机转速。

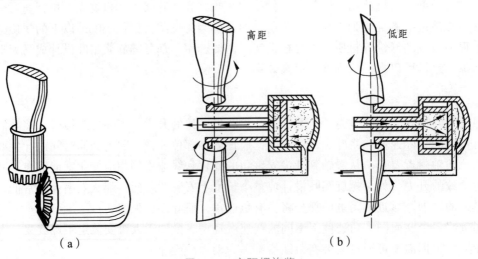

（a）　　　　　　　　　　（b）

图 9.34　变距螺旋桨

9.2.5 多旋翼无人机气动力特点

多旋翼无人机的结构包含多个旋翼,例如四旋翼、五旋翼、六旋翼等,这些旋翼是让多旋翼无人机产生气动力而升空的重要部件。在固定翼无人机的螺旋桨章节、单旋翼无人机的旋翼部分,都讲解了桨叶旋转产生气动力的原理,包括升力与阻力等。

固定翼飞机、直升机和旋翼机三种航空器的升空原理是不同的。对于固定翼飞机,需要起飞滑跑让飞机达到一定速度时,飞机才能产生足够抵消重力的升力,从而实现飞行。直升机依靠旋翼桨叶旋转产生旋翼升力,克服直升机重力而升空的,甚至可以实现垂直升降,其中旋翼旋转是靠动力系统的能量输出,需要类似尾桨克服旋翼旋转产生的副作用。旋翼机则介于固定翼飞机和直升机之间,旋翼机的旋翼与动力系统不相连,由飞行过程中的前方气流吹动旋翼旋转产生升力,即旋翼为自转式,传递到机身上的扭矩很小,无须专门抵消。

多旋翼无人机的多个旋翼旋转与直升机旋翼、固定翼无人机的螺旋桨相似,需要由动力系统提供旋翼旋转的动力,同时旋翼旋转产生的扭矩需要进行抵消。考虑到结构简单和控制方便,因此选择类似双旋翼的纵列式或横列式的直升机构型,两个旋翼旋转方向与另外两个旋翼旋转方向必须相反以抵消陀螺效应和空机动力扭矩。

多旋翼无人机的总气动阻力包括:作用在旋翼上的阻力(摩擦阻力、压差阻力、诱导阻力、升致阻力等),以及多旋翼无人机飞行过程中机体产生的气动阻力。多旋翼无人机的每一个旋翼桨叶的气动阻力贡献与自身转速和位置有关,当旋翼桨叶旋转的时候,根据不同的位置、转速和飞行速度等因素,总空气阻力也在变化,其中桨盘迎角的变化可以快速有效地影响空气阻力的变化。

下面以四旋翼无人机的垂直运动和悬停状态为例说明旋翼无人机的运动状态。当四旋翼无人机处于垂直运动状态时,同时增大旋翼机的四个电机的输出功率,旋翼转速同时增大,总拉力增大,当总拉力大于整机重量时,四旋翼无人机处于垂直上升状态;当总拉力等于整机重量时,四旋翼无人机处于垂直悬停状态;当总拉力小于整机重量时,四旋翼无人机处于垂直下降状态(此时不考虑外界力对旋翼机的影响)。

假定单个旋翼(螺旋桨)产生的拉力为 F_1、F_2、F_3、F_4,四旋翼无人机的总重量为 G,不考虑其他外界力对四旋翼无人机运动状态产生的影响,则有

$$\sum F = F_1 + F_2 + F_3 + F_4 \tag{9.1}$$

(1)上升状态 $G < \sum F$。

(2)下降状态 $G > \sum F$。

(3)悬停状态 $G = \sum F$。

计算简图如图 9.35 所示。

当旋翼机产生其他姿态的运动时,如翻滚、俯仰、前后、偏航和侧向运动时,F_1、F_2、F_3、F_4 在竖直方向产生分力,使得旋翼机在水平方向有分力和分力矩,会使旋翼机产生其他方式的运动姿态。如产生竖向力 F_2、F_4 所在的旋翼保持不变,则 F_2、F_4 提供的升力不变,F_1 提供的升力增大,F_3 提供的升力减小,则旋翼机产生俯仰的运动状态。

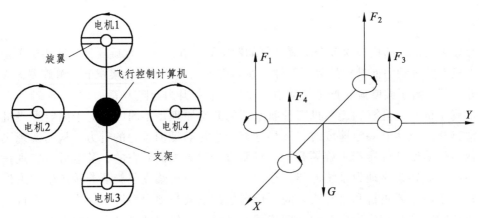

图 9.35　四旋翼无人机受力分析

俯仰运动：在图 9.36 中，旋翼 1 的升力上升，旋翼 3 的升力下降，产生的不平衡力矩使机身绕 Y 轴旋转。同理，旋翼 1 的升力下降，旋翼 3 的升力上升，机身便绕 Y 轴向另一个方向旋转，实现飞行器的俯仰运动。

滚转运动：与图 9.36 的原理相同，在图 9.37 中，改变旋翼 2 和旋翼 4 的升力大小，保持旋翼 1 和旋翼 3 的升力不变，则可使机身绕 X 轴旋转（正向和反向），实现飞行器的滚转运动。

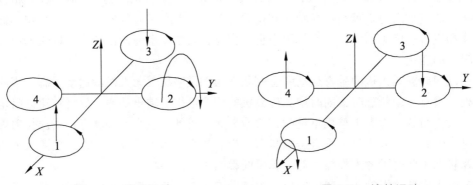

图 9.36　俯仰运动　　　　　　　　　　图 9.37　滚转运动

偏航运动：旋翼转动过程中由于空气阻力作用会形成与转动方向相反的反扭矩，为了克服反扭矩影响，可使 4 个旋翼中的 2 个正转，2 个反转，且对角线上的各个旋翼转动方向相同。反扭矩的大小与旋翼转速有关，当 4 个电机转速相同时，4 个旋翼产生的反扭矩相互平衡，四旋翼飞行器不发生转动；当 4 个电机转速不完全相同时，不平衡的反扭矩会引起四旋翼飞行器转动。在图 9.38 中，当旋翼 1 和旋翼 3 的升力上升，旋翼 2 和旋翼 4 的旋翼下降时，旋翼 1 和旋翼 3 对机身的反扭矩大于旋翼 2 和旋翼 4 对机身的反扭矩，机身便在富余反扭矩的作用下绕 Z 轴转动，实现飞行器的偏航运动，转向与旋翼 1、旋翼 3 的转向相反。

前后运动：要想实现飞行器在水平面内前后、左右的运动，必须在水平面内对飞行器施加一定的力。在图 9.39 中，增加旋翼 3 拉力，相应减小旋翼 1 拉力，同时保持其他两个电机升力不变，反扭矩仍然要保持平衡。按图 9.36 的理论，飞行器首先发生一定程度的倾斜，从而使旋翼拉力产生水平分量，因此可以实现飞行器的前飞运动。向后飞行与向前飞行正好相反。在图 9.36 和图 9.37 中，飞行器在产生俯仰、滚转运动的同时也会产生沿 X、Y 轴的水平运动。

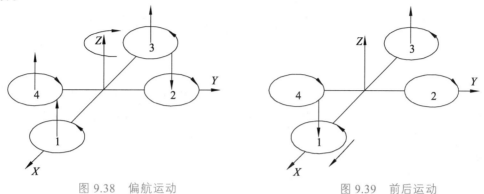

图 9.38　偏航运动　　　　　　　　　图 9.39　前后运动

倾向运动：在图 9.40 中，由于结构对称，所以倾向飞行的工作原理与前后运动完全一样。

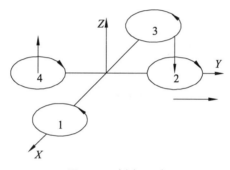

图 9.40　侧向运动

9.2.6　螺旋桨的设计

1. 设计考虑因素

螺旋桨（图 9.41）是直接产生多旋翼运动所需的力与力矩的部件，合适的螺旋桨对提高多旋翼性能和效率有着直接的影响。同时电机效率会随螺旋桨尺寸变化而变化，合理匹配的螺旋桨能使电机工作在更高效的状态，从而保证在产生相同拉力情况下消耗更少的能量，进而提高续航时间。

图 9.41　多旋翼螺旋桨

2. 桨叶材质

所设计的螺旋桨转动惯量越小，改变转速所消耗的能量就越小，从而能提高飞行效率。因此为了减少转动惯量，在不改变外形和强度的前提下，对螺旋桨内部材质进一步设计，一般会添加碳纤维、塑料、木制等材料。

3. 正、反桨

多旋翼无人机为了抵消单个螺旋桨旋转所产生的反扭矩，多旋翼无人机在运转时，相邻两个螺旋桨的旋转方向不同，从而抵消单个螺旋桨旋转所产生的反扭矩。顶视逆时针旋转的桨是正桨，正桨符合右手定则，即攥起右手竖起大拇指，拇指所指的方向为拉力方向，其他指头指向旋转方向。

4. 桨径和桨距

螺旋桨的两大主要指标有桨径和桨距（螺距、总距），使用 4 位数字表达，前面 2 位代表桨的直径（in）后面 2 位是桨的桨距，表示为 1104。

多旋翼桨距分为理论桨距和实际桨距，理论桨距是假设螺旋桨在一种不能压缩和流动的介质中旋转，螺旋桨每转一圈，向上前进的距离，这个距离，就称为理论桨距，可以理解为桨叶旋转形成的螺旋的螺距，就像拧开矿泉水瓶盖一圈瓶盖提高的距离。而实际桨距就是考虑流体的可压缩性后在实际使用时螺旋桨旋转一圈所前进的距离，实际桨距都小于理论桨距。

航空思政讲坛

中国飞机设计大师 ——顾诵芬：家国情怀

顾诵芬，1930 年 2 月 4 日生，江苏苏州人，飞机设计专家，中国自行设计、制造的高空高速歼击机的主要技术负责人之一，中国科学院院士、中国工程院院士及美国宇航学会会员，被誉为"歼 8 之父"。

他 1951 年毕业于上海交通大学航空工程系，1991 年当选为中国科学院院士，1994 年当选为中国工程院院士。

顾诵芬直接组织、领导和参与了低、中、高三代飞机中的多种飞机气动布局和全机的设计。在国内首创两侧进气方案；抓住初级教练机失速尾旋特点，通过计算机翼环量分布，从优选择了机翼布局；消化吸收国外机种的技术，利用国内条件，创立超音速飞机气动设计程序和计算方法；解决了方向安定性和排除抖振等重大技术关键，确保了飞机定型；利用系统工程管理方法，把飞机的各专业系统技术融合在一个总体优化的机型内。

https：//baike.baidu.com/item/%E9%A1%BE%E8%AF%B5%E8%8A%AC/3818152？fr=aladdin

百度百科

"歼 8 之父"顾诵芬：为了搞航空，我把母亲给牺牲了

"为了搞航空，我把母亲给牺牲了。"

说这句话的人叫顾诵芬，是我国的"歼-8 之父"。

他在我国"一张白纸"背景下，设计出我国第一架喷气式教练机，他还参与主持了初教

-6、歼-8 和歼-8II等机型的设计研发，并担任歼-8 和歼-8II的总设计师。

他还曾冒生命危险亲乘战机三上蓝天，只为弄清飞机的设计问题。

他说："回想我这一生，谈不上什么丰功伟绩，只能说没有虚度光阴，为国家做了些事情。"

1930 年 2 月 4 日，顾诵芬在苏州出生。他的父亲顾廷龙是著名的国学大师，母亲潘承圭是当时为数不多的知识女性。

在他 5 岁的时候，父亲顾廷龙应邀去燕京大学任职，全家迁居到北平。

1937 年，"七七事变"爆发，那时的飞机轰炸声成了顾诵芬儿时印象最深刻的声音。

那时候日本飞机列队往西飞，炸弹爆炸不仅声音大，而且振动很厉害，家里的玻璃窗都发颤，当时吓得顾诵芬不知所措，因为没有防空知识，所以只能从屋子里出来往院子里跑。

幸好遇到刚从德国回来的邻居，他在德国经过了防空训练，就立刻喊"别往外跑，赶紧在屋里，躲在桌子底下。"

经历过这样的日子后，顾诵芬说："没有航空的话，咱们国家将来还得受人欺负，我以后想造飞机。"

就这样，在他心里埋下了小小的报国种子。

10 岁那年，堂叔叔送给顾诵芬一架橡筋动力的杆身航空模型小飞机，但是这个飞机不是很结实，飞几次就坏了。

当时父亲顾廷龙看到儿子这么喜欢飞机，就带着他去上海一家由香港人开的航模商店。

当时店主拿出一架一米翼展的橡筋动力的航模，从柜台上起飞，即便撞到天花板下来还能继续飞，顾诵芬看到后特别喜欢，顾廷龙咬咬牙花重金给儿子买了一架。

回家以后亲戚们都议论，说父亲对顾诵芬太惯了。但从此以后，顾诵芬就没有离开过飞机模型。天好的时候，就在外面飞，下雨就在屋子里飞。飞机坏了他就自己动手修，后来变成了自己动手做，顾诵芬的空闲时间全都扑在了航模上面。

顾诵芬说："我父亲是一个很开明的人，对我的兴趣爱好并没有多加干涉，只是告诉我不管做任何事，都要认认真真地把事情做好，这对我影响很大。"

高中毕业后，顾诵芬报考了有航空专业的浙江大学、清华大学和上海交通大学，并且全部被录取了。

当时，顾诵芬 17 岁的哥哥因为得了伤寒去世，家里就剩下顾诵芬一个孩子。所以他的母亲不希望他离家太远，他最终选择留在上海，就读上海交通大学的航空工程系。

大学毕业后，正好赶上抗美援朝，国家决定要建航空工业。所有交大航空系毕业生三天之内离开上海到北京报到。

虽然母亲十分不舍，但还是把顾诵芬送上了北上的火车。

"后来我父亲写信告诉我，我母亲晚上基本上睡不着觉，经常是坐起来拉开窗帘看看外面，想我是不是有能突然回来的这个机会。"

由于大儿子去世，小儿子也离他远去，顾诵芬的母亲得了精神抑郁症。

1967 年，顾诵芬的母亲不幸离世。当他回到家时，母亲已经火化。

没有看到母亲最后一面，这让顾诵芬愧疚一生，每次一提到母亲，顾诵芬都会伤感地说："为了搞航空，我把母亲给牺牲了"。

1956 年 8 月，新中国第一个飞机设计室在沈阳建立，接到的首项任务是设计一架亚音速喷气式中级教练机，临界马赫数 0.8，定名"歼教-1"。

顾诵芬担任气动组组长，但在大学里，顾诵芬只学过螺旋桨飞机设计基础课程，为解决机身两侧进气的难题，他要从头学起。

"当时也没复印机，我就买描图纸、三角板、曲线板，把有关的图都描下来。花了一个星期，把这篇文章基本上看明白了。"

为解决设备匮乏问题，设计室的同志想出了不少"土办法"，"晚上去医院捡废针头，把它们焊接到铜管上，当作实验设备。"

那时候也没有好的风洞，顾诵芬就到哈尔滨军事工程院那个一米五口径的小风洞里去做，一个月的时间就和同事们拿下了实验。

1958 年 7 月 26 日，历时两年时间的研制，歼教-1 在沈阳飞机厂机场首飞成功。

1961 年，国防部第六研究院飞机设计研究所成立，对外简称 601 所。

三年后，601 所承担的歼-8 战斗机的研制工作正式启动。由于总设计师黄志千在执行出国任务时，因飞机失事遇难，顾诵芬与其他几名骨干临危受命，组成技术办公室接过了总设计师的重担。

1969 年 7 月 5 日，歼 8 战斗机实现首飞。

但在随后的飞行试验中，飞机出现强烈振动，这让所有参研人员都悬起了一颗心。

为了搞清楚问题所在，顾诵芬不顾危险和他人劝阻，三次乘坐战斗机紧随歼 8 飞行，用望远镜观察情况。

"我们没有摄像机，所以只能是人上去看。怎么看法，就在飞机的尾巴上都贴上毛线条，那时候的毛线是凭票买的，我们的同事拿自己家里的票，买了一磅红毛线，剪成一段段，每段 150 毫米，贴到垂尾上，贴到后机身上。我就看看那毛线到底在哪儿抖。"

因为黄志千就是逝于空难，顾诵芬的夫人江泽菲便和他有一个约定：不再乘坐飞机。

而这次，顾诵芬要登上不是客机，是风险更高的战斗机。

在他登上战斗机检查出问题后，只说了一句："我不敢让江泽菲知道。"

20 世纪 90 年代，顾诵芬发起并组织了与俄罗斯气动力和飞机设计专家对远景飞机的设计合作，使我国 250 多名飞机设计技术骨干受到锻炼并为设计新一代战机奠定了基础；1995 年，在他与李绪鄂、崔尔杰的共同努力下，率领技术团队研制出中国第一架地效飞行器。

几年前，顾诵芬被查出患有直肠癌，他手术住院期间还叮嘱资料室的工作人员给他送外文书刊，看到有用的文章会嘱咐同事推荐给一线设计人员。

他说"我现在能做的也就是看一点书，翻译一点资料，尽可能给年轻人一点帮助。"

直到现在，90 岁的顾诵芬在每个工作日的上午都会按时出现在中国航空工业集团科技委的办公楼里。

他说："了解航空的进展，就是我的晚年之乐。"

人生中，总会面临无数次的抉择。顾诵芬在大学毕业时，正赶上抗美援朝国家大力建设航空工业，为响应国家号召，虽然母亲十分不舍，但顾诵芬还是踏上了北上的火车，最终母亲患上了抑郁症，由于科研繁忙，没能见到最后一面。在战斗机的飞行试验中，顾诵芬冒着生命危险，违背与妻子的承诺，仍登上战斗机后检查问题，最终顺利完成。在身患重病时，不顾个人病痛，仍坚持帮助一线设计人员，90岁高龄，仍坚守在自己的岗位上，燃烧着生命的余热。他将自己的一生都贡献给了祖国的航空事业，舍小家，为国家，而他却说"回想我这一生，谈不上什么丰功伟绩，只能说没有虚度光阴，为国家做了些事情。"

https://baijiahao.baidu.com/s?id=1669835226723135964&wfr=spider&for=pc

百家号，甄比比，2006-18

10 多旋翼无人机的飞行基本原理

10.1 多旋翼无人机飞行基本原理

多旋翼飞行器是通过调节多个电机转速来改变螺旋桨转速，实现升力的变化，进而达到飞行姿态控制的目的。

以四旋翼飞行器为例，飞行原理如图 10.1 所示。四轴飞行器的四个螺旋桨高速旋转产生升力，提供飞行动力，其中 4 个电机旋转方向两两相同（2个顺时针旋转，2 个逆时针旋转）。因此飞行器平衡飞行时，陀螺效应和空气动力扭矩效应全被抵消。

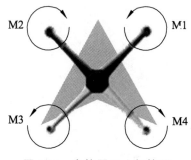

多旋翼无人机的飞行有 6 个自由度，分为直线运动与角运动两类，其中直线运动分为上下、前后、左右运动三个自由度；角运动分为绕三个机体坐标轴的 3 个滚转运动。多旋翼无人机属于静不稳定系统，因此必须依靠强大的飞控系统才能进行稳定飞行及控制。

图 10.1　多旋翼无人机旋翼

一般情况下，多旋翼飞行器可以通过调节不同电机的转速来实现 4 个方向上的运动，分别为垂直、俯仰、横滚和偏航（图 10.2）。

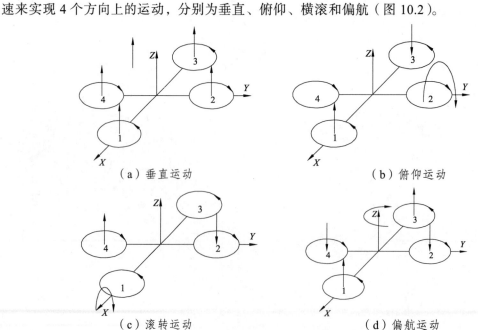

（a）垂直运动　　　　　　　　　　（b）俯仰运动

（c）滚转运动　　　　　　　　　　（d）偏航运动

图 10.2　多旋翼无人机的 4 种运动

10.1.1　垂直运动

垂直运动包括悬停和升降运动。在飞行器悬停时，桨盘面垂直于重力，4 个旋翼产生的合拉力抵消重力，产生的滚转和横滚力矩为 0，产生的反扭矩也相互抵消；在悬停的基础上，4 个旋翼同时提升相同的转速，产生的合拉力大于重力，此时飞行器产生上升运动；相反，产生下降运动。

在图 10.3 中，两对电机转向相反，可以平衡其对机身的反扭矩，当同时增加 4 个电机的输出功率，旋翼转速增加使得总的拉力增大，当总拉力足以克服整机的重量时，四旋翼飞行器便离地垂直上升；反之，同时减小 4 个电机的输出功率，四旋翼飞行器则垂直下降，直至平衡落地，实现了沿 Z 轴的垂直运动。当外界扰动量为零时，在旋翼产生的升力等于飞行器的自重时，飞行器便保持悬停状态。保证 4 个旋翼转速同步增加或减小是垂直运动的关键。

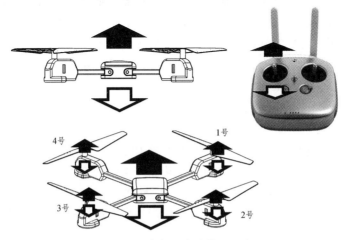

图 10.3　升降运动（美国手）

10.1.2　俯仰运动

多旋翼飞行器的俯仰运动，就是前后控制运动（图 10.4）。当 1 号和 4 号旋翼降低转速，2 号 3 号旋翼提升转速，则飞行器产生俯仰力矩，从而产生低头动作，低头动作的同时由于有向前的拉力，因而产生前进运动。

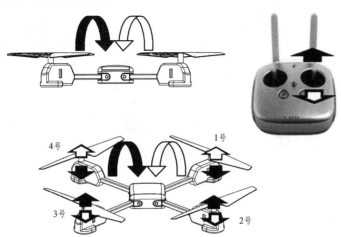

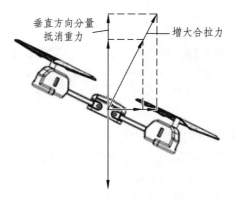

图 10.4　前后运动（俯仰运动）

反之 1 号和 4 号旋翼提升转速，而 2 号和 3 号旋翼降低转速，则飞行器产生抬头力矩，并产生抬头动作，同时由于有向后的拉力分量，产生后退运动注意的无论在俯仰还是横滚等倾斜运动的时候，提升转速的旋翼与降低转速的旋翼变化值不相等。这是因为合拉力在倾斜方向上产生了分量，导致在重力方向上的分量减小，因此合拉力需要增大，才能保证重力方向上的分量仍然能够保持与重力相等。

10.1.3　滚转运动

多旋翼无人机的滚转运动是左右控制运动（图 10.5）。当 1 号和 2 号旋翼降低转速，3 号 4 号旋翼提升转速，则飞行器产生横滚力矩，从而产生向右滚转动作，滚转动作的同时由于有向右的拉力分量，因而产生向右飞行的运动 。 反之，当 1 号和 2 号旋翼提高转速，3 号 4 号旋翼降低转速，则飞行器产生横滚力矩，从而产生向左滚转动作，滚转动作的同时由于有向左的拉力分量，因而产生向左飞行的运动。

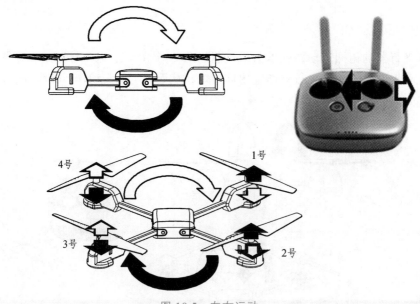

图 10.5　左右运动

10.1.4 偏航运动

四旋翼飞行器偏航运动可以借助旋翼产生的反扭矩来实现。旋翼转动过程中由于空气阻力作用会形成与转动方向相反的反扭矩,为了克服反扭矩影响,可使 4 个旋翼中的 2 个正转,2 个反转,且对角线上的各个旋翼转动方向相同。

反扭矩的大小与旋翼转速有关,当 4 个电机转速相同时,4 个旋翼产生的反扭矩相互平衡,四旋翼飞行器不发生转动;当 4 个电机转速不完全相同时,不平衡的反扭矩会引起四旋翼飞行器转动。

在图 10.6 中,当电机 1 和电机 3 的转速上升,电机 2 和电机 4 的转速下降时,旋翼 1 和旋翼 3 对机身的反扭矩大于旋翼 2 和旋翼 4 对机身的反扭矩,机身便在富余反扭矩的作用下绕立轴转动,从而实现飞行器的偏航运动。

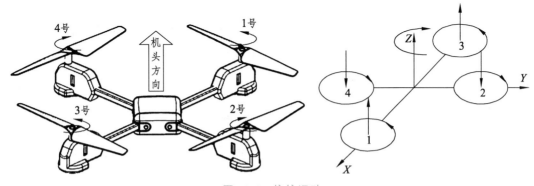

图 10.6　偏航运动

10.2　多旋翼无人机的起飞、着陆与常规飞行

飞行前调试流程必须做到位,不得忽略调试流程的任何一个细节,在操作无人机飞行前应对无人机的各个部件做相应的检查,无人机的任何一个小问题会导致在飞行过程中出现事故或损坏。因此在飞行前应该做充足的检查,防止意外发生。

10.2.1 飞行前检查

1. 外观机械部分

(1) 上电前应先检查机械部分相关零部件的外观,检查螺旋桨是否完好,表面是否有污渍和裂纹等(如有损坏应更换新螺旋桨,以防止在飞行中飞机振动太大导致意外)。检查螺旋桨旋向是否正确,安装是否紧固,用手转动螺旋桨查看旋转是否有干涉等。

(2) 检查电机安装是否紧固,有无松动等现象(如发现电机安装不紧固应停止飞行,使用相应工具将电机安装固定好)用手转动电机查看电机旋转是否有问题。

(3) 检查机架(图 10.7)是否牢固,螺丝有无松动现象。

(4) 检查挂载摄像设备是否能正常使用,是否安装牢固。

(5) 检查飞行器的重心位置是否正确。

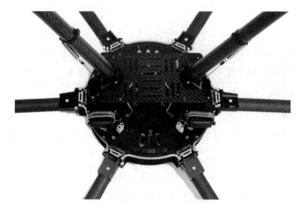

图 10.7　无人机框架

2. 电子部分

（1）检查各个接头是否紧密，插头不焊接部分是否有松动、虚焊、接触不良等现象。

（2）检查各电线外皮是否完好，有无剐擦脱皮等现象。

（3）检查电子设备是否安装牢固，应保证电子设备清洁，完整，并做好防护（如防水、防尘等）。

（4）检查电子罗盘指向是否和飞行器机头指向一致。

（5）检查电池有无破损，鼓包胀气，漏液等现象。

（6）检查地面站是否可，地面站屏幕触屏是否良好。

（7）检查遥控器模式是否正确，电量是否充足，开关是否完好。

3. 上电后的检查

（1）检查电调指示音是否正确，LED 指示灯闪烁是否正常。

（2）检查各电子设备有无异常情况（如异常振动，异常声音，异常发热等）。

（3）确保电机运转正常后，可进行磁罗盘的校准。

（4）测试飞行，以及航线的试飞，观察飞机在走航线的过程中是否需要对规划好的航线进行修改。

（5）试飞过程中务必提前观察飞机运行灯的状态，以及地面站所显示的 GPS 星数，及时做出预判。

4. 飞行前气象观察

主要观测气象内容包括：风速、雨雪、大雾、空气密度、大气温度等。

（1）风速：建议飞行风速在 4 级（5.5～7.9 m/s）以下，遇到楼层或者峡谷等注意突风现象。通常起飞重量越大，抗风性越好。

（2）雨雪：多数无人机设备无防水功能，故雨雪行程的水滴会影响飞行器电子电路部分短路或漏电的情况，其次机械结构部分零件为铁或钢等金属材料，进水后会腐蚀或生锈，影响机械运动正常运行。

（3）大雾：主要影响操纵人员的视线和镜头画面，难以判断实际安全距离。

（4）空气密度：大气层空气密度随着海拔高度的增加，空气密度减小。在空气密度较低的环境中飞行，飞行器的转速增加，电流增大，进而减少续航时间。

（5）大气温度：飞行环境温度非常重要，主要不利于电机、电池、电调等散热，大多数无人机采用风冷自然散热。温度环境与飞行器运行温度温差越小，散热越慢。

（6）飞行前观察电磁干扰源情况。

现在主流的飞行器无线电遥控设备采用 2.4 GHz 频段，而家用的无线路由大多也采用 2.4 GHz 频段，发射功率虽然不高，城市区的数量大，难免会干扰遥控器的无线操控，导致失控；手机地面基站发射功率较大，无人机靠近时，会影响飞控的正常工作；部分较大型无线电设备直接影响飞行，保证飞行的安全。

10.2.2　无人机飞行过程

飞行过程中注意事项：

（1）飞控手必须时刻关注飞行器的姿态、飞行时间、飞行器位置等重要信息。

（2）远距离飞行时，通过对讲机要求安全员实时汇报，飞机的实时状态。

（3）必须确保飞行器有足够的电量能够安全返航。

（4）若进行超视距飞行，必须密切监视地面站中显示的飞行器姿态、高度、速度、电池电压、GPS 卫星数量等重要信息。

（5）起飞后，必须一直关注飞机的，飞行状态，实时掌握飞机的飞行数据，确保飞行时飞行各项数据指标完好。

（6）若飞行器发生较大故障不可避免发生坠机可能时，要首先必须确保人员安全。

10.2.3　无人机飞行降落后检查

降落后检查事项：

（1）降落后使用遥控器或地面站锁定油门。

（2）回收无人机前先将电源切掉。

（3）检查是否有电气部件过热。

（4）油动固定翼无人机如果有剩余燃料，需要使用油泵抽回油桶。

（5）飞行器飞行结束降落后，必须确保遥控器已加锁，然后切断飞机电源。

（6）飞行完后检查电池电量，飞行器外观检查，机载设备检查。

（7）任务作业完成后整理设备。

（8）将无人机各部件拆散，收回运输箱。

10.2.4　无人机的飞行

本节内容介绍遥控器操纵无人机飞行的训练方法，训练的机型有多旋翼无人机、固定数无人机和无人直升机。训练的方法有模拟飞行、基本飞行、进阶飞行和特技飞行。在各种机型训练方法中针对各种机型特点、飞行难易程度和操控训练的相似性，进行了不同程度的介绍。模拟飞行作为本训练方法的前置课程，这里不做介绍。

1. 多旋翼飞行

多旋翼无人机因其飞行操控方法简单、入门容易等特点，是目前商业级无人机使用最为广泛的一种机型。无人机在空中飞行，其操控的自由度较地面运动的设备来说要多，并且由于其高速旋转的螺旋桨存在一定的危险性，所以对于一个刚接触无人机的人来说，有必要系统地学习无人机的操控方法，减少设备和人员损伤的概率。

无人机的操控主要由遥控器的左右两个摇杆来完成，每个摇杆均有上、下、左、右4个方向，分别控制不同的飞行动作训练过程首先是基本飞行训练，它包括起飞/升高训练、降落/降低训练、定高移动训练和方向控制训练等，进阶飞行包括对尾悬停训练、八方位悬停和360°自旋悬停训练等。综合训练包括矩形航线训练、梅花航线训练、圆形航线训练和匀速水平8字航线训练等。

2. 基本飞行

（1）起飞/升高训练。

操控之前需先找准无人机机头和机尾的位置，然后将无人机机头的位置对准前方，机尾的位置对准操纵者这样无人机的机头方向就和人的站立方向一致。一般情况下机头或机尾在无人机机身上会有标记，如桨叶的颜色或尾灯位置不一样。然后离无人机一个安全距离约3 m高，解锁飞控，缓慢推动油门，等待无人机起飞。其中推动油门动作一定要缓慢，即使已经推动一点距离，电动机还没有启动，也要控制好速度这样可以防止由于油门过大而无法控制无人机。在无人机起飞时，可能会向某个方向偏移，此时要控制相应的摇杆使无人机不要飞远，在可控范围内，保证人员和设备的安全（以下训练同样），起飞后不能保持油门不变，而是无人机到达一定高度后开始降低油门，并不停地调整油门大小，使无人机在一定高度内徘徊。无人机起飞训练如图10.8所示，其步骤如下：

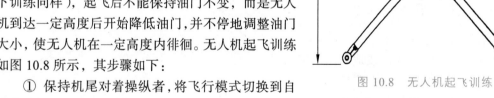

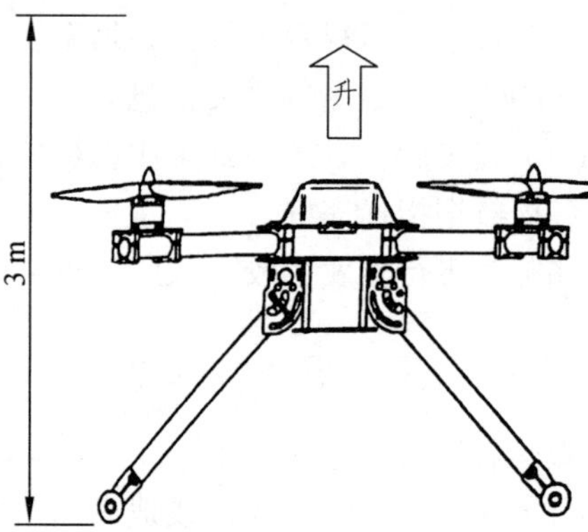

图 10.8　无人机起飞训练

① 保持机尾对着操纵者，将飞行模式切换到自稳模式。

② 根据设置的解锁方式将无人机解锁，如将遥控器左摇杆推到右下角位置，大约2 s后，无人机会发生解锁提示音或进入怠速，说明无人机动力系统开始工作。此时，将右摇杆回正，左摇杆推到正下方位置，飞控解锁完毕。

③ 将油门从正下方位置缓慢提升，并超过50%左右，此时，无人机呈现上升状态。

④ 待无人机飞到3 m高度时推动油门至50%左右，此时无人机处于悬停状态，完成起飞训练。

（2）降落/降低训练。

降落时，同样需要注意操控顺序。降低油门，使无人机缓慢地接近地面，离地面5～10 cm处稍稍推动油门。降低下降速度，然后再次降低油门直至无人机触地（触地后不得推动油门）油门降到最低，锁定飞控（上锁的方式根据飞控的设置来决定。通常和解锁的方式相反）。相对起飞来说，降落是一个更为复杂的过程，需要反复练习。无人机降落训练如图10.9所示，其步骤如下：

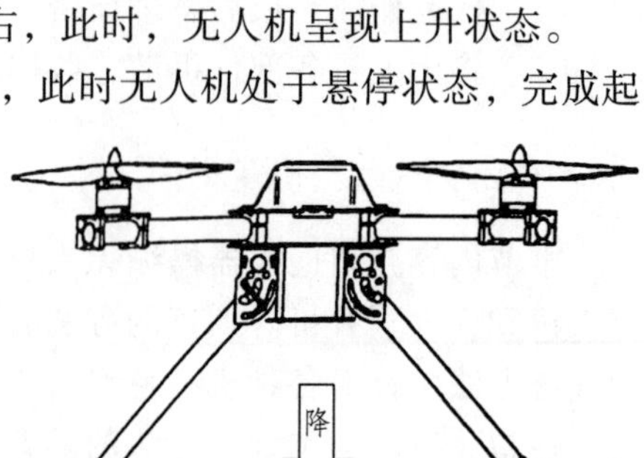

图 10.9　降落训练

① 保持飞机悬停。尽量选择空旷、平坦的地面进行降落练习。

② 缓慢拉低油门，当无人机缓慢下降时保持油门杆位不动，等待无人机降落。

③ 无人机落地后迅速把油门杆拉到底，等待电动机停转，完成降落。

在起飞和降落的操控中，还需要注意保证无人机的稳定，无人机的摆动幅度不可过大，否则降落和起飞时，有打坏螺旋桨的可能。

（3）定高移动训练。

无人机定高移动训练如图 10.10 所示，其步骤如下：

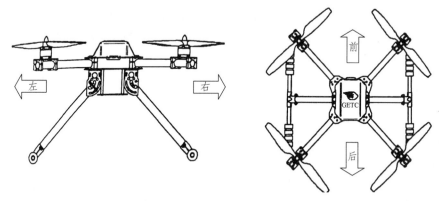

图 10.10　定高移动训练

① 操纵无人机起飞，缓慢推动油门至 50% 左右，当无人机高度处于视线上方 30″约 2 m 处，保持无人机处于悬停状态。

② 操纵副翼摇杆，练习移动无人机左右位置。当副翼摇杆向右推动时，无人机则向右偏航飞行；当副翼摇杆向左推动时，无人机则向左偏航飞行。在这里需要注意，不同的无人机在操纵副翼摇杆时，无人机偏航方向可能有所不同，需根据实际情况来完成操控训练。

③ 再操纵升降杆习移动无人机前后位置。当升降杆向上推动时，无人机则向前方飞行；当升降杆向后推动时，无人机则向后方飞行。

④ 最后把无人机移动到起飞点上空位置，完成定高移动训练。

（4）方向控制训练。

方向控制训练如图 10.11 所示，其步骤如下。

① 操纵无人机起飞.缓慢推动油门至 50% 左右,当无人机高度处于视线上方 30″角约 2 m 处，保持无人机处于悬停状态。

② 操纵方向舵摇杆。练习旋转无人机方向。当方向舵摇杆向左推动时，无人机则沿逆时针方向旋转；当方向舵摇杆向右推动时，无人机则沿顺时针方向旋转。在这里需要注意不同的无人机在操纵方向舵摇杆时，无人机转动方向可能有所不同，需根据实际情况来完成操控调练。

③ 最后旋转无人机，让尾灯对着飞手结束训练。

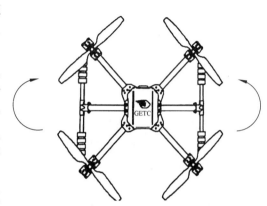

图 10.11　方控制训练

3. 进阶飞行

（1）对尾悬停训练。

无人机对尾悬停是指将机尾对着操纵者。操纵无人机悬停动作的训练方法如图10.12所示，其步骤如下：

① 在无人机下方放一个圆锥形参照物，如雪糕筒。

② 操纵无人机起飞，缓慢推动油门至50%左右，当无人机高度处于视线上方30″角约2 m处，保持无人机处于悬停状态。

③ 保持高度的同时控制偏航方向的稳定，使机尾正对着操纵者。

④ 保持无人机在参照物中心点上方悬停，位置偏差不超过半个机身位置。

（2）偏航练习。

偏航练习用于学习多旋翼无人机改变航线的练习。在飞行过程中改变航向也是一个标本操作。

① 左偏航练习。

左偏航练习是在多旋翼无人机前行时使它向左偏转的操作。在进行偏航操作时、使用到的摇杆是油门摇杆但是只有左右方向的才是偏航操作。在左偏航时，摇杆轻轻向左侧推动当摆动以后旋翼无人机的机头会开始转向。其实，在多旋翼无人机没有使用俯仰操作时直接摇动偏航多旋翼无人机会原地旋转，转动方向与摇杆打的幅度有关系，杆偏离中心位置越大，转动速度越快。

左转弯：这项操作需要使用俯仰操作来配合。首先需要使用俯仰操作让多旋翼无人机前行，然后缓慢将油门杆向左打一点，然后停止操作（保持现在的摇杆位置）。这时候可以观察多旋翼无人机已经开始向左转弯。保持摇杆位置在2~4 s即可将油门杆的左有方向回中右侧的方向摇杆全部回中。

逆时针旋转：这一步操作说起来很简单，只需要将油门杆拨动到一侧即可。但是在旋转时有可能无法保持正确的位置，所以在做旋转操作时需要慢慢来。首先需要将油门杆轻微拨动一下看到多旋翼无人机开始有轻微旋转时停止拨动，保持现有位置。这时，多旋翼无人机会慢慢开始转动，同时，应该注意多旋翼无人机的飞行方式，如果感觉有些控制不住，应立刻松开油门杆，让油门杆自动回中。同时，准备通过方向杆控制多旋翼无人机的位置，如果发现多旋翼无人机在旋转则需要拨动油门摇杆。操纵多旋翼无人机旋转一圈后即可完成旋转的练习。

② 右偏航练习。

右偏航练习同左偏航练习类似，只是需要将摇杆向右侧打同样也需要两种练习，即右转弯和旋转。在实际飞行练习中，可以左偏航和右偏航来回交替练习。例如，左转弯以后紧接着右转弯左旋转后是右（顺时针）旋转，这样效果更好。

（3）八方位悬停训练。

八方位悬停是指无人机机头方向向前、后、左、右和4个45°角方向的悬停动作，8个角度如图10.13所示，其训练方法参照对尾悬停训练方法。

八方位悬停训练步骤如下：

① 在无人机下方放一个圆锥形参照物，如雪糕筒。

② 操纵无人机起飞,缓慢推动油门至 50%左右。当无人机高度处于视线上方 30″角约 2 m 处,保持无人机处于悬停状态。

③ 保持高度的同时控制偏航方向的稳定,依次使无人机前、后、左、右和 4 个 45°角方向正对着自己,单次只练习一个方向,依次练习。

④ 保持无人机在参照物中心点上方悬停,位置偏差不超过半个机身位置。

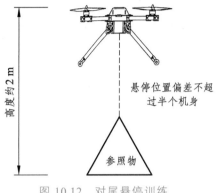

图 10.12 对尾悬停训练

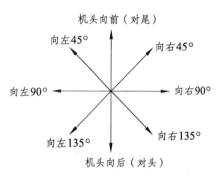

图 10.13 八方位悬停训练

(4)360°自旋悬停训练。

360°自旋悬停是指操纵无人机保持高度不变的前提下,操纵无人机顺时针或逆时针方向匀速并慢速地旋转动作,训练方法如图 10.14 所示。

360°自旋悬停训练步骤如下:

① 操纵无人机起飞,缓慢推动油门至 50%左右,当无人机高度处于视线上方 30°角约 2 m 处,然后进行 360°偏航旋转,在过程中注意匀速且不宜过快,要控制转完一周的时间大于 6 s,且旋转过程中不能停顿。

② 飞行中注意油门、偏航和升降舵的控制舵量,要控制所有方向的偏差不超过半个机身位置,训练时需根据实际情况来完成操控训练。

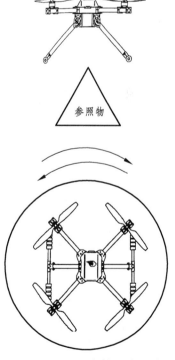

图 10.14 360°自旋悬停训练

4. 综合训练

(1)矩形航线训练。

矩形航线训练是指操纵无人机飞行矩形航线时,需保持高度不变,机头始终朝向无人机移动方向、最后操控无人机飞回起点位置,尾灯对着操纵者,结束练习。矩形航线训练如图 10.15 所示。

矩形航线训练步骤如下。

① 操纵无人机起飞,缓慢推动油门至 50%左右。此时,无人机到达与视线齐平的高度并处于悬停状态。

② 继续保持油门 50%左右,向上推动升降舵摇杆,无人机则沿机头方向直线飞行。当

飞行一定距离后，升降舵摇杆回位，向右推动方向舵摇杆，待无人机沿顺时针方向转过 90°后回正摇杆。

③ 重复 3 次步骤②的操控，最后操控无人机飞回起点位置，尾灯对着操纵者、结束训练。

（2）梅花航线训练。

梅花航线训练是指操纵无人机飞行梅花航线时，需保持高度不变，机头始终朝向无人机移动方向，最后操控无人机飞回起点位置，尾灯对着操纵者，结束练习。梅花航线训练如图 10.16 所示。

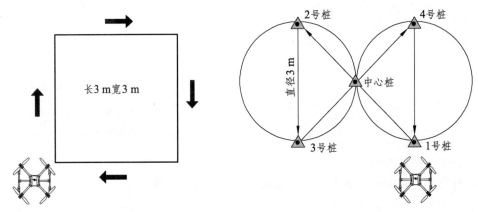

图 10.15　矩形航线训练　　　　图 10.16　梅花航线训练

梅花航线训练步骤如下。

① 操纵无人机起飞，缓慢推动油门至 50%左右。此时，无人机到达与视线齐平的高度并处于悬停状态。

② 继续保持油门 50%左右，向上推动升降舵摇杆，无人机则向前方直线飞行到 1 号桩上方，然后控制偏航方向使无人机机头方向转向 2 号桩方向，保持高度不变，水平位置偏差不超过半个机身位置。

③ 向上推动升降舵摇杆，无人机向左前方直线飞行到 2 号桩上方，注意飞行过程中要走直线保持匀速，然后控制偏航方向使无人机机头方向转向 3 号桩方向，保持高度不变，水平位置偏差不超过半个机身位置。

④ 向上推动升降舵摇杆，无人机向后前方直线飞行到 3 号桩上方，注意飞行过程中要走直线、保持匀速，然后控制偏航方向使无人机机头方向转向 4 号桩方向，保持高度不变，水平位置偏差不超过半个机身位置。

⑤ 向上推动升降舵摇杆，无人机向左前方直线飞行到 4 号桩上方，注意飞行过程中要走直线、保持匀速，然后控制偏航方向使无人机机头方向转向 1 号桩方向，保持高度不变，水平位置偏差不超过半个机身位置，结束训练。

（3）圆形航线训练。

圆形航线训练是指操纵无人机飞行圆形航线，需保持高度不变，机头始终朝向无人机移动方向，最后操纵无人机飞回起点位置，尾灯对着操纵者，结束练习。圆形航线训练如图 10.17 所示。

圆形航线训练步骤如下。

① 操纵无人机起飞缓慢推动油门至 50%左右，操纵无人机到达与视线齐平的高度并处于悬停状态。

② 同时操纵升降舵摇杆和方向舵摇杆。当向上推动升降舵摇杆时，同时向右推动方向舵摇杆，无人机则会沿着顺时针方向飞行；当向下推动升降舵摇杆时，同时向左推动方向舵摇杆，无人机则会沿着逆时针方向飞行。

③ 当顺时针或逆时针飞行 360°后，升降舵摇杆和方向舵摇杆回正，无人机飞回起点位置，尾灯对着操纵者，结束训练。

（4）匀速水平 8 字航线训练。

匀速水平 8 字航线是指操纵无人机沿 7 个参照物做"倒 8 字"的航线飞行训练，训练过程中要求保持匀速，每两个点之前的航线为圆弧形。匀速水平 8 字航线训练如图 10.18所示。

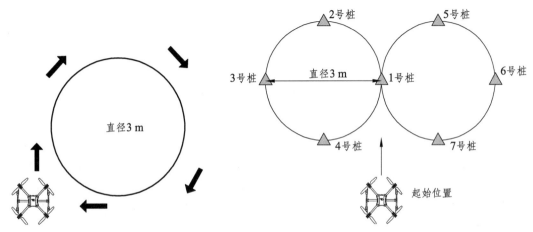

图 10.17　圆形航线训练　　　　　　图 10.18　匀速水平 8 字航线训练

匀速水平 8 字航线训练步骤如下。

① 操纵无人机起飞，缓慢推动油门至 50%左右，操纵无人机到达与视线齐平的高度并处于悬停状态。

② 向上推动升降舵摇杆,无人机向正前方直线飞行到中心点位置,完成第一段直线飞行,进入正式匀速水平 8 字航线飞行。

③ 同时推动升降舵摇杆和向左打偏航摇杆，使无人机向左前方以走圆弧的路线飞行到 2号桩上方，飞行过程中尽量保持路线圆滑，左右距离偏差不超过半个机身位置，还要保持飞行速度匀速，不要时快时慢，然后依次从 2 号桩→3 号桩→4 号桩→1 号桩→5 号桩→6 号桩→7 号桩→1 号桩，最后操纵无人机飞回起点位置，LED 灯对着飞手，结束训练。

10.3　多旋翼无人机的操纵性

10.3.1　旋翼无人机操纵性的基本概念

旋翼无人机（图 10.19）的操纵性是自动驾驶仪通过伺服机构对旋翼无人机施加力和力

矩，以保持旋翼无人机在有阵风的空气中仍处于常飞行状态，或者完成所希望的机动飞行能力。

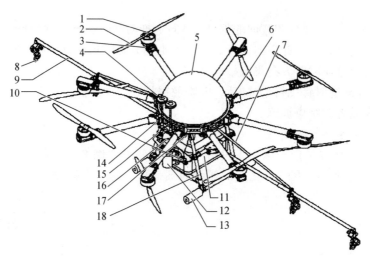

1—无刷电机；2—螺旋桨；3—电机底座；4—GPS 天线；5—圆顶（机体覆盖件）；6—折叠臂；
7—喷头支撑杆；8—喷嘴；9—输液管；10—泵接口；11—储液罐；12—泵；13—起落架；
14—GPS 支架；15—顶板；16—机载电子设备；17—底板；18—起落架支撑杆。

图 10.19　农业植保多旋翼无人机

操纵性是研究旋翼无人机在自动驾驶仪操纵后的飞行状态改变的动态过程。一般用操纵功效和操纵灵敏度定义操纵性。操纵功效指的是为了从定常配平飞行状态做机动或者为了补偿大的突风扰动，自动驾驶仪可以利用的总的力或者力矩（指单位操纵运动所产生的力或者力矩）；操纵灵敏度是指单位操纵运动所产生的飞行器加速度或者定常速度，在确定操纵的精确度时，灵敏度有重要的意义。

旋翼无人机的纵向和横向操纵力矩是自动驾独仪通过伺服机构改变自动倾斜器的倾斜角来实现的，而旋翼无人机的航向操纵力矩则是自动驾驶仪通过伺服机构改变尾桨桨距来实现旋翼无人机的操纵功效。

1. 旋翼无人机飞行操纵具有以下特点

（1）旋翼无人机的六个运动自由度，即沿 X、Y、Z 三个直角坐标轴方向的移动自由度和绕这三个坐标轴的转动自由度，旋翼无人机只有 4 个直接的飞行操纵力（旋翼的拉力 T_S 后向力 H_S、侧向力 S_S；以及尾桨拉力 T_{TR}），以及另一个操纵是对发动机转速或功率控制，因而对各自由度的控制并非彼此独立。对于挥舞铰偏置的旋翼，在改变 H_S 力和 S_S 力的同时，也改变了桨毂力矩 M_{GX} 和 M_{GS}。

（2）旋翼无人机对操纵的响应存在各轴之间的严重耦合（对扰动的响应也是如此），须由自动驾驶仪或自动增控增稳系统（SCAS）的修正动作予以消除。

（3）旋翼无人机的升降、俯仰、滚转操纵。皆通过旋翼挥舞这一环节，所以直升机响应滞后较大，而且挥舞惯性抑制了对于高频操纵输入的响应，起着过滤器的作用。

10.3.2 单旋翼带尾桨旋翼无人机的操纵方式

旋翼无人机在空中飞行时具有 6 个自由度。自动驾驶仪并不能对这 6 个自由度全部实施单独的或彼此完全独立的控制。但是，利用上述 4 个飞行操纵与发动机控制的适当配合，自动驾驶仪可以操纵旋翼无人机实现所需要的任何飞行状态。单旋翼带尾桨式旋翼无人机的操纵方式见表 10.1。

表 10.1 单旋翼带尾桨式旋翼无人机的操纵方式

自由度	旋翼无人机运动	操纵机构	气动操纵面	操纵力
垂直方向	升降	总距伺服机构	旋翼	T_S
纵向	俯仰、进退	纵向伺服机构	旋翼	T_S、M_{GS}
横向	滚转、侧移	横向伺服机构	旋翼	S_S、M_{GX}
航向	转向	转向伺服机构	尾翼	T_{TR}

旋翼是旋翼无人机最主要的操纵面，纵向、横向和垂直方面的操纵力都由旋翼提供。同时旋翼又是旋翼无人机的主升力面，产生使旋翼无人机飞行的最重要的空气动力。

双旋翼无人机没有尾桨，全部飞行操纵皆由旋翼执行。每一副旋翼都有一套自动倾斜器，均可进行周期变距，以改变每一副旋翼的拉力大小和倾斜方向。利用两副旋翼拉力变化的组合，实现旋翼无人机的飞行操纵。三种形式的双旋翼无人机的操纵方式见表 10.2。

表 10.2 双旋翼无人机操纵方式图解

操纵	布局形式			
	单旋翼式	纵列式	共轴式	横列式
垂直	L.R总距	L.R总距	L.R总距	L.R总距
纵向	L.R周期变距	F.R不同的总距和周期变距	L.R周期间距	L.R周期变距
横向	L.R周期变距	L.R周期变距	L.R周期变距	F.R不同的总距和周期变距
航向	T.R总距	F.R不同的周期变距	$Q_U \neq Q_{LO}$	L.RI不同的周期变距
旋翼扭矩平衡	$Q_{L.R}=lT_{L.R}$	$Q_H=Q_F$	$Q_U=Q_{LO}$	$Q_{RI}=Q_L$

10.3.3 多旋翼无人机的操纵方式

1. 无人机的操纵方式

多旋翼无人机没有自动倾斜器，为了克服旋翼旋转产生的反作用力矩问题.多旋翼无人机运用多个旋翼按照不同方向转动来克服彼此的反扭矩，使总扭矩为零。下面以四旋翼无人机为例，说明多旋翼无人机的操纵方式。

四旋翼无人机是通过协调改变各旋翼升力的大小来实现姿态控制的，需要对旋翼旋转转速或总距进行精准的同步调制，它是不稳定系统，也是欠驱动系统。欠驱动系统是指系统的独立控制变量个数小于系统自由度个数的一类非线性系统，在节约能量、降低造价、减轻重量、增强系统灵活度等方面都比完整驱动系统优越。欠驱动系统结构简单，便于进行整体的动力学分析和试验。同时，由于系统的高度非线性、多目标控制要求及控制量受限等原因，欠驱动系统又足够复杂。四旋翼无人机的旋翼桨叶只能产生向上的升力，不能产生向下的推力，所以它不稳定，很难控制好，飞行器翻过来之后基本没办法控制回来，就坠机了。

如图 10.2 所示，四旋翼无人机有 4 个处于同一高度平面旋转的旋翼，前后旋翼（1 和 3）顺时针方向旋转，左右旋翼（2 和 4）逆时针方向旋转。由位于二个轴向的旋翼反方向旋转方式抵消彼此扭矩，从而使四旋翼无人机能在空中保持飞行。

预定方向或悬停不动。四旋翼无人机在空中飞行时有 6 个自由度，它们分别是沿 3 个坐标轴作平移和旋转动作。在图 10.20 中规定沿工轴正方向运动称为向前运动，垂直于旋翼运动平面的箭头向上表示此旋翼升力提高，向下表示此旋翼升力下降，没有箭头表示升力不变。

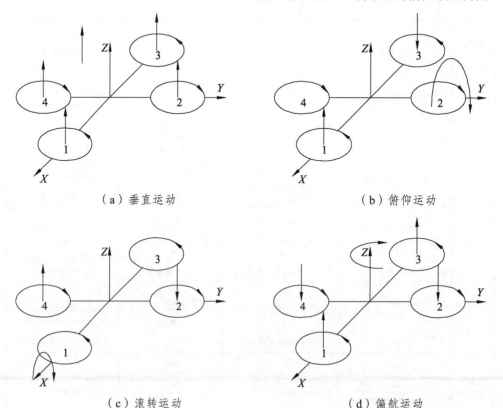

（a）垂直运动　　　　　　　　　　　　（b）俯仰运动

（c）滚转运动　　　　　　　　　　　　（d）偏航运动

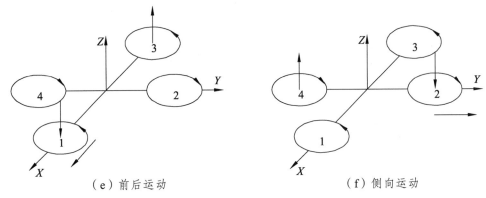

（e）前后运动　　　　　　　　　　　（f）侧向运动

图 10.20　四旋翼无人机飞行操纵方式示意图

（1）垂直运动：当同时增加或减小 4 个旋翼的升力时，四旋翼无人机便会垂直上升或下降；当四旋翼产生的升力等于机体的自重时，四旋翼无人机便保持悬停状态如图 10.20（a）所示。

（2）俯仰运动：改变旋翼 1 和旋翼 3 的升力，保持旋翼 2 和旋翼 4 的升力不变。产生的不平衡力矩使机身绕 Y 轴旋转。实现四旋翼无人机的俯仰运动如图 10.20（b）所示。

（3）滚转运动：改变旋翼 2 和旋翼 4 的升力，保持旋翼 1 和旋翼 3 的升力不变，产生的不平衡力矩使机身绕轴旋转，实现四旋翼无人机的滚转运动如图 10.20（c）所示。

（4）偏航运动：当旋翼 1 和旋翼 3 的升力增大，旋翼 2 和旋翼 4 的升力下降时，旋翼 1 和旋翼 3 对机身的反扭矩大于旋翼 2 和旋翼 4 对机身的反扭矩，机身便在富余反扭矩的作用下绕 Z 轴转动，实现四旋翼无人机的偏航运动如图 10.20（d）所示。

（5）前后运动：改变旋翼 3 和旋翼 1 的升力，同时保持其他两个旋翼升力不变。四旋翼无人机首先发生一定程度的倾斜，从而使旋翼升力产生水平分量，实现四旋翼无人机的向前和向后运动如图 10.20（e）所示。

（6）侧向运动：在图 10.20（f）中，由于结构对称，侧向飞行的工作原理与前后运动完一样。

2. 旋翼无人机操纵性的主要指标

旋翼无人机操纵性的主要指标包含以下两个方面：

（1）灵敏度。

灵敏度是旋翼无人机在操纵后的反应大小，通常这样规定：操纵机构移动一个角度或距离，所造成的旋翼无人机可能达到最大的稳态转动角速度。灵敏度不仅与操纵功效有关，而且与阻尼有关。由于在稳态中限尼力炬值等于操纵力矩，因此灵敏度也可以表示为操纵功效与阻尼之比。

在一定的操纵机构位移下，阻尼越小则可能达到的稳态角速度越大，灵敏度越高；反之，灵敏度越低。灵敏度过高或者过低均有相应的负面作用，因此灵敏度应该大小适中，一般而言，相对于同量级普通无人机来说，旋翼无人机的操纵灵敏度较高，这主要是由于旋翼无人机旋翼的阻尼小，因此一般具有较高的灵敏度，增加旋翼阻尼可以使灵敏度降低到较为满意的程度。但是增加旋翼桨毂到旋翼无人机重心的垂直距离不会改变操纵灵敏度，因为该距离的增加，使得阻尼和操纵功效同时增加。同理，增加桨叶挥舞铰离桨毂中心的外伸量也不能改变操纵灵敏度。

（2）响应时差。

灵敏度表明旋翼无人机在操纵后达到稳定的稳态值，而旋翼无人机达到该稳态值需要一个响应过程，该响应过程的快慢对应响应时间。人的反应时间一般在 0.5 ~ 1 s，因此，旋翼无人机在操纵后，无论是俯仰、偏航还是滚转响应，最好在 0.5 ~ 1 s 达到稳态角速度的 90% ~ 95%。旋翼无人机在操纵后的响应时间，主要取决于阻尼与机身惯性矩之比，按纵向、航向、横向划分。阻尼越大，机身惯性矩越小，响应时间越短。旋翼无人机均装有自动驾驶装置以利于飞行。

10.4 多旋翼无人机的应用案例

10.4.1 电力行业中的应用

精细化巡检：多旋翼无人机在输配电线路智能化巡检中针对作业区范围内主要电力线路进行安全巡检，使用多旋翼无人机对架空输电杆塔、导线、地线、引流线、避雷线、绝缘子、销钉、防震锤、线路金具、地基与基面、接地装置、防鸟装置等以及杆号、警告、防护、指示、相位等标识进行针对性巡查影像拍摄，巡检出铁塔隐患，如图 10.21 所示。

（a）线路巡检

（b）电力精细化巡检航线编辑

（c）激光点云树障分析

（d）悬垂绝缘子精细化巡检

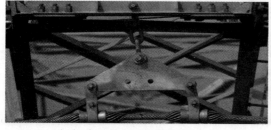

（e）地线悬垂金具精细化巡检

（d）悬垂绝缘子导线精细化巡检

图 10.21　电力精细化巡检

通过基于无人机输电线路精细化、智能化体系建设，以多旋翼无人机为切入点，配合巡检平台软件完成精细化航线自动生成、缺陷隐患智能分析、树障安全分析，提高巡视和消缺管理能力，最终内外业数据通过智能运检管控平台实现互联互通，形成人机结合、内外兼顾的全流程输电运检闭环，打通野外巡视—数据处理—数据管理—消缺管理的闭环全链条（图10.22）。

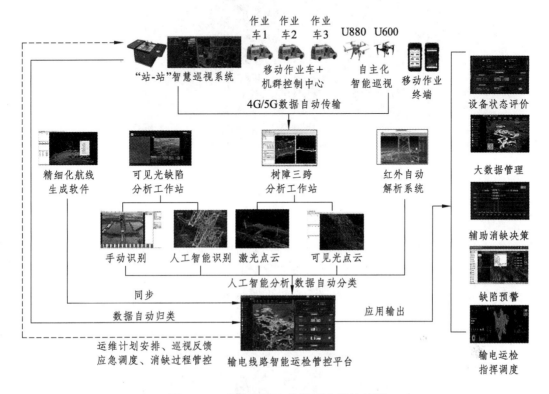

图 10.22　多旋翼无人机体系化巡检流程

10.4.2　油气管道巡检行业的应用

多旋翼无人机在油气管道巡检中，可有效解决汛期漂管巡检、复杂地形地貌巡检、涉外高危巡检线路、夜间可视化巡检等传统管道巡检技术难题，进一步提升管道巡检运维的质量与效率。

多旋翼无人机自动巡检具有以下优势：

（1）节省人力，提高巡检效率。

（2）不受地形限制，可在多山、丘陵、河流、沼泽、沙漠等极端环境下作业。

（3）同时搭配复合翼无人机兼顾续航时间长，可远距离巡线（图10.23）。

（4）高清图像数据传输，根据实时回传图像信息可及时发现违法侵占、漏管、漏油等隐患点。

图 10.23　长距离地埋管道巡检地面站航线设置

10.4.3　石油巡检领域行业的应用

多旋翼无人机在石油巡检领域生产工艺巡回检查，包括井场设备巡查、井口数据采集、油气管线地表变化情况、输油管线常规巡检等，全面覆盖需要监控范围。巡检时将发现异常情况，进行拍照取证并实时上传运管平台按需分配工单进行检修。

巡检无人机搭配无人机机巢可实现无人机定期自动化巡检。对油田生产工艺流程当中井口巡检点皮带、螺杆泵、固定螺栓、飞轮等检查点进行周期性自主巡查，搭配运管平台在数据库完备的情况才下，可实现人工+AI自主判别（图10.24）。

各运转部位螺栓紧固，减速箱无渗漏，皮带运转正常

全程自动化飞行、无需人员操控

图 10.24　AI 自动识别巡检点

另外，多旋翼无人机也可以在石油领域的健康安全环境（HSE）进行智能巡检。例如，对容器清淤施工、抽油机施工、钻井平台、修井平台、管道铺设施工、机采井检维修施工及作业施工等施工现场进行监督检查。做到把控施工队伍安全、环保施工，对存在的违章操作、违章指挥、安全环保行为及时拍照取证达到监管目的，降低安全环保事故发生可能性做到高

效管理，常态化监督（图 10.25）。

图 10.25 多旋翼无人机石油领域应用

航空思政讲坛

增强"三个敬畏"意识，深入推进作风建设

4月14日，民航局召开4月民航安全运行形势分析会，分析3月民航安全运行形势，并对下一步民航安全生产工作做出部署。民航局局长冯正霖表示，民航人都是这场疫情防控阻击战的逆行者，要大力弘扬和践行当代民航精神，以"敬畏生命、敬畏规章、敬畏职责"为内核，切实增强敬畏意识，深入推进作风建设，不断提升专业素养，全力确保民航安全运行平稳可控，为取得疫情防控阻击战的最终胜利贡献力量。民航局副局长李健、董志毅、吕尔学、崔晓峰出席会议。

冯正霖指出，3月，全行业按照"四保"工作要求，统筹推进新冠肺炎疫情防控和民航安全发展各项工作。针对境外疫情蔓延态势，采取增加第一入境点、出台"五个一"政策进一步调减国际客运航班、更新发布第四版《运输航空公司和运输机场疫情防控技术指南》、及时组织临时班机或包机接运确有需要的中国公民回国等措施，严防境外疫情输入。按照党中央、国务院的部署要求，在推进经济社会发展工作中，坚持突出重点、补齐短板，主抓着力恢复国内民航运输生产和快速提升我国国际航空货运能力两方面工作，民航业保持总体平稳的安全态势，航空货运紧张的局面得到明显缓解。这是全行业广大职工发扬优良作风，辛勤工作，敬业奉献的结果，再次证明了中国民航是一支作风过硬，关键时刻信得过、靠得住、顶得上的铁军。

冯正霖强调，当前疫情防控工作正处在"外防输入、内防反弹"的关键阶段，民航在打赢打胜疫情防控的总体战、阻击战中始终处于前沿阵地。在这个关键时期，民航安全工作决不能松劲儿、忙中出乱，要将"敬畏生命、敬畏规章、敬畏职责"作为民航作风建设的内核，增强"三个敬畏"意识，把作风建设推向深入。

一是要深刻把握"三个敬畏"的内涵，在作风建设中明确价值追求。在作风建设中倡导"敬畏生命、敬畏规章、敬畏职责"，有助于为作风建设、队伍建设植入厚重的人文内涵，为确保民航持续安全打下更为坚实的思想基础。敬畏生命体现了民航业的价值追求，是党的根本宗旨和民航业内在要求的高度统一，在全行业提倡开展作风建设，也是为了通过培育优良的作风，进一步提升民航安全运行水平，使旅客生命安全得到更好的保护；敬畏规章体现了民航业的运行规律，是安全理论与实践经验的高度统一，要通过深化作风建设，努力把规章外在的强制要求转化为员工内在的自我约束，真正做到按章操作、按手册运行，真正做到规章执行令行禁止；敬畏职责体现了民航人的职业操守，是岗位责任和专业能力的高度统一，民航人要对自己的岗位职责高度认同，在关键时刻绝不放弃责任，自觉按照岗位要求提升专业能力，自觉抛弃不适应岗位职责的不良习惯。

二是要开展"三个敬畏"专题教育，在作风建设中强化内在约束。目前全行业正在开展"抓作风、强三基、守底线"的安全整顿活动，要围绕"三个敬畏"创新安全教育的方式方法、内容手段，让员工真正受触动、得教益，真正把对生命、规章、职责的敬畏融入制度、化为责任、落到日常。要以牢记使命担当为核心，开展"敬畏生命"教育，全体民航人要把敬畏生命作为履行岗位职责的思想基础，打实扎牢；要以案为例，对违章操作导致的事故后果有更清醒的认识；要激发员工肩负起保护旅客生命的责任自觉，强化作为一个民航人的使命担当。要以培养专业精神为重点，开展"敬畏规章"教育，要充分认识和深刻理解规章条文背后的原理、逻辑，充分了解制定的背景和意义、针对的可能风险；在深刻理解和融会贯通之后，做到更加自觉、规范、在不违反规章的前提下举一反三，在应对突发情况时，能够更加自信自如、更有把握；各单位、各部门要趁当前飞行任务少，着力加强规章教育培训。要以树立责任意识为牵引，开展"敬畏职责"教育，组织关键技术岗位人员对照工作作风要求和岗位职责，剖析查摆问题，增强工作的责任心，意识到自身能力的不足并主动改进；各单位、各部门也要以此次疫情防控为契机，及时发现、树立和表彰一些在防疫斗争和安全生产中履职尽责的先进典型，引导广大职工对照先进，增强对自己的岗位职责的认同，自觉按照"工匠精神"提升自己的专业能力。

三是要按照"三个敬畏"要求严格规范管理，在作风建设中严明底线红线。在深化作风建设过程中，各单位要按照"三个敬畏"要求，不断创新管理方式和方法，切实把作风建设"抓不实""管不住"的突出问题解决好，让行业安全发展的"三基"更牢靠。做到敬畏生命，要努力克服侥幸心理和变通思维，越是在疫情防控的关键时刻，越是要牢记安全是民航业的生命线，越要切实加强安全管理，防范各类风险，保持平稳可控的安全态势；做到敬畏规章，要严肃惩戒违章和失信行为，对触犯规章底线、诚信红线的行为要严肃惩戒、令其付出代价，绝不允许不诚信的人员在行业内立足。做到敬畏职责，要狠抓资质能力提升，航空公司要重点关注新教员、新机长和新副驾驶操纵水平和配合效率，着力完善技术排查长效机制，建立健全人力资源管理体系，形成鼓励员工在专业技能上精益求精的激励机制。

3月，全国运输总周转量、旅客运输量、货邮运输量分别环比增长54.7%、81.4%、62.7%，恢复至同期水平的37%、28%、77%；全国实际日飞行从最低点2月18日的3732班，恢复到日均6533班，环比提升20.51%，恢复到疫情前同期水平的39%；航班正常率保持在96%以上。

作风是一个人思想、工作、生活等方面表现出来的较为稳定的态度或行为方式，而飞行作风则是飞行员对飞行的认知和态度以及在开展飞行作业时的风格。在作风建设中倡导敬畏生命、敬畏规章、敬畏职责，有助于为作风建设、队伍建设植入厚重的人文内涵，为确保飞行持续安全打下更坚实的思想基础。培养良好的安全作风并非一朝一夕之功，而是一个长期不间断的磨炼过程。苦练专业本领，锤炼顽强作风，需要在平时下足功夫，需要长期培育和巩固。心存敬畏之心，方能行有所止。不忘初心，牢记使命，只有每个民航人都在自己的职责范围内做好分内之事，坚守"三个敬畏"，才能筑起民航安全生产的坚强基石。

http://www.caac.gov.cn/XWZX/MHYW/202004/t20200415_202048.html

中国民航局 2020-04-15

第 5 篇

复合翼无人机

　　复合翼无人机作为无人机的新兴代表而备受关注，从本篇中可以了解复合翼无人机的构造和基本概念，复合翼无人机的基本飞行原理，特别是固定翼系统与旋翼系统相互影响和匹配关系，以及它们在飞行模式中的转换方式。从复合翼无人机操纵角度，了解无人机起飞和着陆的基本特点，并理解复合翼无人机的平衡、稳定性和操纵性是如何达到的。

　　概念：

　　复合式旋翼无人驾驶航空器（compound unmanned rotorcraft）：具有固定机翼和推进装置的旋翼无人驾驶航空器。

　　注：复合式旋翼无人驾驶航空器的垂直起飞、降落和悬停由旋翼提供升力，前飞时所需前进力主要由推进装置提供，所需升力由机翼提供。

11 复合翼无人机基本结构

复合翼无人机（图11.1）是固定翼与旋翼无人机型的完美组合，它兼具固定翼无人机飞行速度快、飞行高度高、飞行时间长和旋翼无人机垂直起降、悬停、灵活的特点。

图11.1　复合翼无人机

11.1　复合翼无人机的诞生

11.1.1　垂直起降固定翼无人机

自1903年莱特兄弟成功试飞世界第一架飞机"飞行者一号"以来，短距离起降性能一直是有人机的一个重要的性能指标。作为固定翼无人机同样也追求这样的起降性能，以摆脱对机场和跑道的依赖，甚至定点降落方式也一直是固定翼无人机所追求的目标。

为了满足这样的起降要求，追求短距起降，甚至零距离起降方式，目前发展了两种起降方式的固定翼无人机，一种是依靠弹射架弹射起飞和降落伞降落或拦阻网回收的无人机；另一种是垂直起降固定翼无人机。

这两种起降方式各有优缺点，弹射起飞需要携带笨重的弹射架或发射车，便捷性较差，如图11.2（a）所示。伞降易受气象的影响，在大风气象条件下，伞降的降落精度较差，如图11.2（b）所示。拦阻网回收方式同样需要携带专用的回收设备，便携性也差，如图11.2（c）所示。垂直起降无人机的降落方式不需要额外的设备来保障无人机的起飞和降落，如图11.2（d）所示，但是通常这种起飞方式需要增加较多的重量，会降低无人机的续航性能。

（a）弹射架弹射起飞方式

（b）降落伞回收方式

（c）拦阻网回收方式

（d）垂直起降无人机

图 11.2　无人机的典型短距起降方式

当今，随着民用无人机的普及，以及考虑到无人机使用方的便捷性，垂直起降固定翼无人机在固定翼无人机中得到了飞速发展。回顾垂直起降固定翼无人机的发展，大致上可以分为两种发展思路。第一种是配备一套动力系统，其布局形式有尾座式垂直起降固定翼（图 11.3）、倾转旋翼无人机等。另一种思路是配备两套动力系统，其典型的布局形式有复合翼无人机。倾转旋翼机是一种将固定翼飞机和直升机融为一体的新型飞行器，其既具有直升机的垂直起降能力，又具有固定翼飞机的高速巡航飞行的能力，如图 11.4 所示。

在复合翼无人机快速发展之前，尾座式垂直起降固定翼无人机和倾转旋翼无人机是当时无人机的研发重点，但是这两种布局形式的技术难度高、机械结构复杂、对材料、飞控、动力系统要求苛刻，而且在使用的过程中可靠性较低。所以在与弹射起飞固定翼无人机的较量中，垂直起降固定翼无人机的市场占有率并不高。

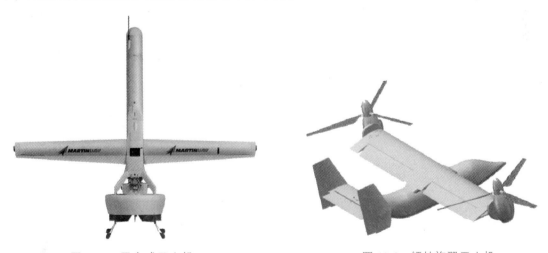

图 11.3　尾座式无人机　　　　　　　　图 11.4　倾转旋翼无人机

相比于一套动力系统，两套动力系统的设计方案的技术难度低、没有复杂的机械结构、可靠性和实用性高。经过近几年的发展，复合翼无人机在垂起降固定翼无人机中脱颖而出，这是一种经过市场选择和考验的布局形式。

11.1.2 复合翼无人机

复合翼无人机续航能力强，飞行包线范围广，机动性能好，其主要组成部件如图 11.5 所示。复合翼无人机综合了多旋翼无人机和固定翼无人机的优点，实现了固定翼无人机的垂直起降，这使得它的能够在没有跑道的山区、船舶等地方起降。除此之外，利用多旋翼的垂直升降能力，可以实现固定翼无人机的垂直爬升避障和原地迫降，大大提高了无人机的飞行安全性。

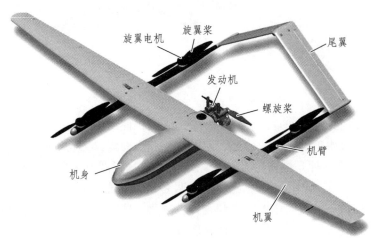

图 11.5　复合翼无人机组成

11.2　复合翼无人机的飞行模式

复合翼无人机作为多旋翼无人机和固定翼无人机的结合体，完成一次飞行任务会经历多个阶段，其飞行过程如图 11.6 所示，具体如下：

首先，无人机的旋翼启动，先爬升到指定高度，平飞动力启动进入怠速。

图 11.6　复合翼无人机的典型飞行模式

然后，无人机平飞动力推满油门，无人机平飞加速至固定翼无人机的安全速度，旋翼关闭，无人机进入固定翼飞行阶段。

接着，以固定翼状态爬升至巡航高度。

最后，无人机完成作业后，在无人机收到降落指令后，以固定翼状态进入四边降落航线，在达到降落高度后，平飞动力关闭，旋翼启动，无人机开始减速至速度为零，以旋翼状态垂直降落到指定降落点。

根据复合翼无人机的飞行过程可以看出，它的飞行状态可以分为三大类：垂直起降飞行、过渡阶段飞行以及固定翼巡航飞行，其特点如下：

（1）垂直起降飞行状态是以多旋翼为主，旋翼提高无人机所需的全部升力，具有多旋翼无人机的主要特性。

（2）固定翼巡航飞行状态是以固定翼为主，由机翼提供大部分升力，具有固定翼无人机的主要特性。

（3）过渡阶段飞行的特性则较为复杂，这是复合翼无人机独有的特性。此类飞行状态是多旋翼无人机和固定翼无人机共同提供飞行所需的升力，共同参与无人机的控制。

11.3 复合翼无人机的基本结构

复合翼无人机包含了多旋翼系统和固定翼系统两种，通过相关的结构将两个系统结合在一起，如图 11.7 所示，通过飞控计算机实现两个系统的协调控制。

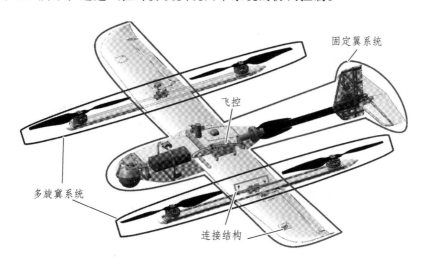

图 11.7 复合翼无人机的两个系统

11.3.1 多旋翼系统

多旋翼系统由机体结构、动力装置和飞控组成，如图 11.8 所示。其中，飞控与固定翼系统的飞控共有一套飞控系统，机体结构也可以融合在固定翼系统的机体结构中。

图 11.8　多旋翼系统组成

多旋翼系统的功用包括：

（1）多旋翼系统主要保障了复合翼无人的起降阶段。

（2）多旋翼系统的载重能力决定了复合翼无人机的最大起飞重量。

（3）多旋翼系统的可靠性决定复合翼无人机在起降阶段的安全性。

（4）多旋翼系统在复合翼无人机的迫降和固定翼飞行阶段的尾旋改出中都发挥着重要作用。

多旋翼系统的机体结构通常指的是机臂。机臂是连接多旋翼系统和固定翼系统的结构，如图 11.9 所示。在复合翼无人机整机承载过程中，机臂是主要的承力点，因此机臂需要很高的强度和可靠性。机臂也经常作为尾翼的尾撑使用。

图 11.9　旋翼机臂

目前，主流的多旋翼动力驱动方式是以电池驱动电机，电机带动螺旋桨产生拉力。因此，多旋翼系统的动力装置组成包括电池、电子调速器、电机、螺旋桨组成，如图 11.10 所示。

1. 电　池

针对复合翼无人机而言，电池是多旋翼系统的动力源。多旋翼系统要求电池在起降阶段能够提供较大的功率，而在固定翼阶段电池又成为额外载重（俗称死重），会降低无人机的续航时间，因此希望这部

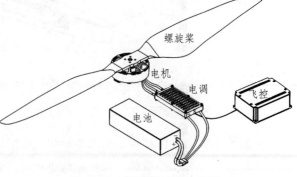

图 11.10　旋翼系统动力系统

分重量尽可能的小。

锂电池（图 11.11）是多旋翼中应用最广泛的电池，其优点是拥有较大的放电能力，且能量密度比较大，正是多旋翼系统动力所需的。目前，智能锂电池成为普通锂电池的发展趋势，与传统的锂电池相比，智能锂电池具备自主的管理能力，其特点包括电量管理、温控管理等。不仅增加了锂电池的使用方便性，也增加了锂电池的使用寿命，同时也可以保证锂电池在低温环境的正常使用。

2. 电子调速器

电子调速器简称电调（图 11.12），电调是控制电机转速的重要元器件，它的输入端由飞控计算机的脉宽信号和锂电池的直流电组成，输出端是电机三相交流电。电调的两个主要功能分别是：第一，将锂电池的直流电转化为电机所需的交流电；第二，将飞控计算机的脉宽信号转化为控制电机转速的信号，即三相交流电的频率。

（a）普通锂电池　　　　（b）智能锂电池

图 11.11　锂电池

图 11.12　电调

3. 电　机

电机是驱动螺旋桨旋转的直接动力源，它是一种将电能转化为机械能的装置。电机可以分为有刷电机和无刷电机。

目前，无人机大都使用无刷电机。电机是由定子和转子组成的，按定子的位置可以将电机分为内转子电机和外转子电机。外转子电机成为无人机主要使用对象。

无刷外转子电机（图 11.13）的转子主要由磁钢组成，它是一种高磁场强度的磁性材料，磁钢在受到磁场变化后会发生旋转，进而为输出轴提供机械能。无刷外转子电机的定子主要由线圈组成，绝缘的铜线按一定的缠绕方式缠绕在绝缘的固定架上，通过三相交流电频率的控制可以实现线圈内电流方向的变化，进而实现磁场的变化，保证了外转子的连续转动。

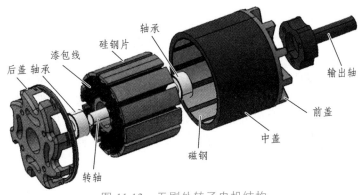

图 11.13　无刷外转子电机结构

无刷电机最重要的参数是 KV 值，KV 值是升高 1 V 电压电机可以增加的转速。一般来说，高 KV 值电机匹配小直径小螺距螺旋桨，低 KV 值电机驱动大直径大螺距螺旋桨。

4. 螺旋桨

螺旋桨（图 11.14）是为多旋翼无人机提供升力和直接控制力的部件。从材料和结构来看，带泡沫夹心的碳纤维螺旋桨是无人机应用最广泛的螺旋桨，这类螺旋桨不仅重量轻而且强度高。从气动角度来看，多旋翼无人机的螺旋桨具有大螺距的特点，这类螺旋桨可以在来流速度相对较小的时候产生较大的静拉力。更具体的介绍在 9.2 节。

图 11.14　旋翼螺旋桨桨叶

11.3.2　固定翼系统

复合翼无人机的固定翼系统主要运行在巡航作业阶段。一般而言，在复合翼无人机的整个飞行过程中，固定翼系统工作的时间远远大于多旋翼系统，因此固定翼系统的气动效率直接决定了复合翼无人机的飞行性能，特别是航程和航时。

固定翼系统与多旋翼系统相比，其优点在于：可靠性高、气动效率高、飞行稳定性好、操控简单、平台振动小。

固定翼系统主要由机体结构、航电系统、推进系统和任务载荷组成，如图 11.15 所示。

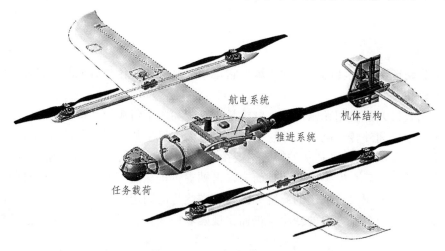

图 11.15　固定翼系统组成

1. 机体结构

复合翼无人机中常见的布局形式有常规布局、V 尾布局、飞翼布局和鸭翼布局。这些布局形式主要是气动方面的不同，机体结构的形式基本类似，即蒙皮骨架的结构形式。

机体结构是无人机的受力和传力部件，结构设计是无人机设计中的重要工作。结构设计追求的是在保证一定的结构强度和刚度的前提下，尽可能地降低结构重量。机体结构部件包括机翼、机身、尾翼，如图 11.16 所示。

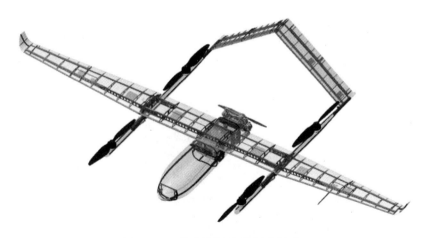

图 11.16　固定翼系统的机体结构

2. 航电系统

航电系统是固定翼系统的控制系统，包含飞控计算机、舵机、气压计、GPS、磁罗盘、线缆等部件，如图 11.17 所示。

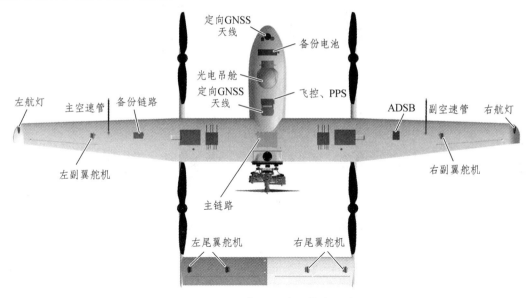

图 11.17　固定翼系统的航电系统

飞控计算机根据控制指令和各类传感器的信号，通过对舵机和发动机（电机）的转速的控制实现预定的飞行轨迹。

3. 推进系统

固定翼系统的推进系统是指复合翼无人机的平飞动力总成，包含电源系统或燃油系统、电机或发动机以及螺旋桨。

平飞所需推力是由螺旋桨的拉力提供的，螺旋桨是由发动机或电机驱动的，如图 11.18 所示。无人机发动机常用的燃料有汽油和航空煤油，其中汽油发动机最为普遍。电机的常用电池有锂电池、氢燃料电池和太阳能电池，其中锂电池最为普遍，氢燃料电池和太阳能电池还未得到广泛应用。发动机的转速控制是通过舵机调节风门大小实现的，电机的转速控制是通过电调控制三相交流电的频率实现的，舵机和电调的控制信号是由飞控计算机发出的。

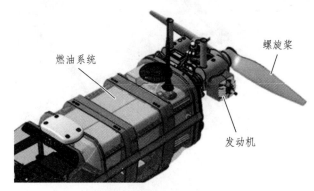

（a）油动无人机推进系统

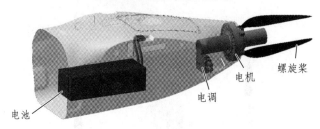

（b）电动无人机推进系统

图 11.18　固定翼系统的推进系统

4. 任务载荷

任务载荷是为了某项飞行任务，无人机搭载的设备。复合翼无人机常集成的载荷有测绘相机、激光雷达、光电吊舱、多光谱相机等，如图 11.19 所示。

（1）测绘相机主要用于测绘行业，通过航拍作业可以制作出二维和三维的地图。

（2）激光雷达可以获得较为精准的点云数据，通过点云数据可以实现三维逆向建模，在电力巡检领域应用得较为广泛。

（3）光电吊舱配合数据链使用，可以实时地将吊舱的画面传回数据终端，实现对目标是实时监控，多用于无人机的侦察任务。

（4）多光谱相机可以获得地面植被的光谱信息，通过对光谱信息的分析，可以进行植被的物种多样性分析、病虫害分析等。

（a）航测相机　　　　　（b）倾斜摄影相机　　　　（c）多光谱相机

（d）高光谱相机　　　　　　（e）光电吊舱　　　　　　（f）激光雷达

图 11.19　无人机搭载的典型任务载荷

11.4　旋翼系统与固定翼系统的匹配关系

复合翼无人机不是多旋翼无人机和固定翼无人机简单的叠加组合，在两者结合时，必须充分考虑两个系统之间的相互匹配关系。复合翼无人机的旋翼系统和固定翼系统相互影响、相互制约。

对于复合翼无人机来说，固定翼系统相对来说较为重要，一方面它的工作时间较长，另一方面它是复合翼无人机作业能力的保障。而多旋翼系统主要保障无人机起降阶段，偶尔会参与到一些特情的飞行控制。所以，在总体设计的过程中，应该充分利用有利的影响，尽可能避免或减少不利的影响。

11.4.1　固定翼系统对多旋翼系统的影响

在多旋翼无人机上增加一套固定翼系统，会对多旋翼的设计和飞行产生一定的影响，这些影响一般是不利的影响。

首先，对于多旋翼无人机螺旋桨来说，如果选用拉力相同的螺旋桨，螺旋桨的直径越大，螺旋桨的效率越高。但是可能受到固定翼系统结构尺寸的影响，会限制多旋翼螺旋桨的直径大小。

再者，在无人机侧风飞行中，由于固定翼系统会使无人机产生的较大侧向力，为了克服侧风的影响，就需要螺旋桨产生额外的拉力来平衡侧向力，因此由于固定翼系统的存在会降低多旋翼的抗风性能。

最后，固定翼系统造成无人机迎风面积增加，在多旋翼的操控时产生较大的阻尼，阻尼的增加就要求旋翼螺旋桨产生更大的操纵力。复合翼无人机与常规多旋翼无人机相比，需要更重的电机、电调、电池和螺旋桨，降低了无人机的性能。为了减少侧风对复合翼无人机飞行的影响，在起飞和降落阶段可以操纵无人机机头指向逆风方向，减小无人机的迎风面积。

11.4.2　多旋翼系统对固定翼系统的影响

由于多旋翼系统工作的时间较短，多旋翼螺旋桨效率对复合翼无人机性能的影响并不大。多旋翼系统对固定翼系统不利的影响主要有两方面：

一方面，多旋翼系统大部分情况下只在起降阶段工作，而多旋翼系统的电池、电调、电机、螺旋桨、线缆、结构等却伴随着复合翼无人机的全部飞行过程，在巡航阶段这部分重量是不会产生有利作用的，所以这部分重量被称为死重。死重不仅会降低复合翼无人机的续航能力和载重能力，在总体设计的过程中，这部分重量还会像滚雪球一样被放大。

另一方面，外露的旋翼系统部件会增加巡航时的阻力。常见的外露部件有旋翼电机和螺旋桨，这些外露的部件会增加全机的浸润面积，进而增加巡航时的摩擦阻力。如果旋翼螺旋桨没有锁桨装置，旋翼螺旋桨受到气流的干扰，会不停地旋转，此时会大大增加全机的干扰阻力。理论上，当旋翼螺旋桨顺气流时，旋翼螺旋桨产生的阻力最小，所以一般会在旋翼螺旋桨上增加锁桨装置，在巡航阶段保证旋翼螺旋桨顺气流停转。为了减小旋翼电机的阻力，设计时可以考虑将旋翼电机安装在机臂内部，但这样不仅会影响旋翼电机的散热，还会增加旋翼电机安装和维护的难度。

在某些飞行情况中，多旋翼系统可以克服固定翼系统的缺点，进而保障无人机的飞行安全。

第一，当固定翼系统的动力出现问题后，无人机开始掉高度，此时旋翼系统可以介入，利用旋翼自转特性，保障无人机成功迫降，避免发生坠机事故。

第二，由于固定翼系统的推重比一般都小于 1，所以固定翼模式不具备垂直爬升能力，此时即使能够检测到飞行方向的障碍物，也不具有避障能力。当固定翼系统安装避障雷达时，可以利用旋翼的垂直爬升能力实现固定翼的避障，避免发生撞山、撞楼等飞行事故。

第三，固定翼飞机在飞行过程，可能出现速度过低，飞机进入失速状态，进一步出现尾旋，飞机开始出现急剧下降，如果不能及时改出尾旋，就会出现坠机事故。在直接操纵固定翼无人机较难改出尾旋的情况下，复合翼无人机可以让旋翼动力介入，协助固定翼系统顺利改出尾旋。

第四，由于多旋翼的动力系统是独立于固定翼动力系统的，增加了动力系统的冗余度，所以在一定程度上保障了无人机的飞行安全。

11.4.3 旋翼系统与固定翼系统的匹配设计考虑

在复合翼无人机的设计过程中，优先设计固定翼系统。固定翼系统的机翼设计决定无人机性能，特别是翼型的选择，一般是根据翼载和推重比进行固定翼系统设计。

其中，要确定出多旋翼系统重量的一个估算值，因为多旋翼系统的重量会伴随复合翼的整个飞行过程，所以在固定翼系统的总体设计中必须考虑这部分重量。多旋翼系统的重量主要影响固定翼系统翼载荷的确定，进而影响固定翼系统的机翼设计。

除了需要考虑多旋翼系统的重量，还需要考虑多旋翼系统的布置、尺寸以及多旋翼系统结构与固定翼系统结构的结合。多旋翼系统的布置应该考虑电池、电调以及电机的布置。如果是纯电动的复合翼无人机，固定翼系统和多旋翼系统共用电池，电池一般布置在机身里，也有将电池布置在机臂里的设计。对于混合动力的复合翼无人机（旋翼为电动，固定翼为油动），一般尽可能地将电池布置在机翼里，节约机身里的空间，方便载荷的布置。电调一般布置在机翼里。多旋翼系统的电机一般固定在机臂上，机臂与固定翼系统的中翼相连。由于在多旋翼的控制中会出现额外的外载荷，尤其是非对称的载荷会大大增加中翼的扭矩，在中翼的结构设计中必须考虑这部分外载荷。

在多旋翼系统的设计过程中，主要考虑飞机的最大起飞重量，当然也需要考虑抗风等级、起飞海拔以及最大悬停时间等因素的影响。通过最大起飞重量进行旋翼系统电机、电调和螺旋桨的选型。通过电机的功耗和最大悬停时间确定电池的容量，结合锂电池的能量密度比确定电池的重量。这样就可以确定多旋翼系统的重量，再与之前估算的旋翼系统重量比较，经过几次迭代就可以确定多旋翼系统的重量和飞机的最大起飞重量。

多旋翼螺旋桨的选型应充分考虑直径限制，不得与固定翼系统干涉。

11.5 起降阶段的影响因素

与普通固定翼无人机相比，复合翼无人机的起飞和降落阶段的操控相比于巡航阶段较为复杂，原因在于复合翼无人机飞行模式中存在旋翼模式和固定翼模式的转换。在起飞段，升力来源由旋翼切换至机翼；在着陆段，升力来源由机翼切换至旋翼。起飞和降落阶段的系统可靠性低，事故率比较高。因此，了解复合翼无人机起飞与降落阶段飞行的影响因素，对提高复合翼无人机的飞行安全具有重要意义。

旋翼复杂的滑流与挂架整体对气流的扰动，都使这一段的气动分析和飞行控制变得异常困难。

在起飞过程中为复合翼无人机的旋翼模式，首先是旋翼启动，无人机爬升后滞空，此时升力完全由旋翼提供。对于复合翼无人机来说，旋翼模式仅持续很短的时间。旋翼模式下旋翼的地面效应与常规旋翼无人机地面效应没有太大区别。

当到达指定高度后，固定翼动力装置开始工作，推动无人机向前运动，此时升力由旋翼和机翼共同提供。当无人机加速至安全飞行速度后，旋翼停止工作，升力完全由机翼提供。这个阶段为旋翼模式向固定翼模式的转换过程，见 11.2 节描述。在这个转换过程中，虽然无人机已经距离地面有一定高度，但是完全关闭旋翼也应在机翼能够提供足以满足无人机稳定飞行要求的全部升力后再进行，因为掉高度过程会影响有效迎角，进而对转平过程的安全性产生影响。这一阶段中无人机的姿态是俯仰波动的，通过调整飞行控制器的相关参数，可以有效减小这一波动。

着陆过程则刚好与起飞过程相反。当无人机收到降落指令后，会先飞行至距离降落点较近的位置，在指定区域完成降高后进入降落程序。当旋翼启动后，无人机本身的剩余速度会通过四旋翼的控制耗散掉，以保证无人机能够定点稳定着陆。特别的是在进入降落程序后，无人机减速过程中，需要留有一定的安全高度，以便在固定翼模式转变为旋翼模式过程中，在预先设定好的垂降位置不满足降落条件时，无人机能够继续复飞，再次寻找满足垂降条件的位置。

从复合翼无人机的起降控制程序可以看出，影响复合翼无人机起降的主要因素有安全高度、安全速度以及风速风向等。

设置安全高度是为了避免飞机在加减速阶段撞到建筑或树木，安全高度是由起降点周围的环境决定的。在着陆过程中，为了避免无人机硬着陆，垂降高度裕度需要考虑进控制逻辑中。

安全速度是旋翼系统锁桨（起飞阶段）和启动（降落阶段）的判断速度。在起飞阶段，如果监测到飞机的速度达到了安全速度，就意味着机翼可以提供飞行所需的全部升力，此时旋翼可以停止工作。在降落阶段，如果监测到飞机的速度减速至安全速度，就意味着机翼不能提高飞行所需的全部升力，一部分升力必须由旋翼螺旋桨提供，此时旋翼必须启动。不难看出安全速度是与固定翼系统失速速度相关的速度，一般由失速速度乘上一个安全系数，因此失速速度和安全系数决定了安全速度的大小。

飞机的失速速度计算公式见式（11.1），由公式可以看出，失速速度与飞机的起飞重量、空气密度、机翼参考面积和最大升力系数密切相关，起飞重量越小、起飞海拔越低（空气密度越大）、机翼参考面积越大、最大升力系数越大，失速速度越小。由于计算的失速速度可能存在误差，所需要增加安全系数以保障起飞时的安全。但是安全系数不能过大，安全系数过大会导致锁桨延后，甚至会由于发动机功率不够，导致飞机不能加速到安全速度。

$$v_{\mathrm{s}} = \sqrt{\frac{2mg}{\rho S C_{\mathrm{Lmax}}}} \tag{11.1}$$

式中　　v_{s}——失速速度；

$\quad\quad m$——飞机质量；

$\quad\quad g$——重力加速度；

$\quad\quad \rho$——空气密度；

$\quad\quad S$——机翼参考面积；

$\quad\quad C_{\mathrm{Lmax}}$——飞机最大升力系数。

风速和风向直接影响着无人机起飞和降落航线的设置。复合翼无人机起飞前，需要将机头逆向风放置，一方面在旋翼垂直爬升阶段，减小飞机的迎风面积；另一方面在加速阶段，逆风可以使飞机更快达到锁桨速度，且风速越大锁桨越快。复合翼无人机降落的减速阶段，机头同样需要朝向逆风方向，逆风减速可以减小侧风对飞行的影响，同时也可以缩短减速距离；在垂直下降阶段，逆风同样是为了减小飞机的迎风面积，减小旋翼的控制力。顺风起飞会增加加速距离，甚至会出现加速超时，飞机迫降的情况；顺风降落则需要增加减速航线的长度，甚至会出现过冲着落点而复飞的情况。

除了以上三个因素外，平飞动力的功率也会影响复合翼无人机的起飞，平飞动力的功率直接影响加速阶段的加速时间和爬升阶段的爬升率。

复合翼无人机的起飞着陆过程是最危险的飞行阶段。这时涉及控制模式的切换，也涉及控制逻辑的优先级，即何时以旋翼的控制逻辑优先，何时以固定翼的控制逻辑优先。如果动力足够强，无人机可以在较短的时间内加速至所需空速，这样的过程是我们想看到的，因为短时间内各项系统偏差不至积累到无法修复，且无人机本身留有的裕度（如高度裕度）也足以容纳这些偏差；如果动力无法做到这些，就将使旋翼模式向固定翼模式切换的时间拉长，在本小节前面提到过，这一段的气动分析和飞行控制十分复杂，这些都将对平台整体的可靠性造成一定影响。

特别地，对于纯电动无人机，在返航阶段，如果电池电量不足，旋翼将因为拉力不足而无法对姿态进行有效且及时的修正，容易诱发旋翼模式的无人机整体失稳。返航电压不足是非常危险的行为，要尽量避免这种情况的发生。

11.6 大气对复合翼无人机飞行的影响

无人机所受外力是部件和空气相对运动产生的，螺旋桨旋转与空气发生相对运动产生拉力；飞机向前飞行与空气发生运动产生升力和阻力，所以大气会对无人机的气动力产生重要影响。除了对无人机的气动产生影响外，无人机的各个分系统以及结构强度设计也要考虑运行环境中大气的影响，这包括大气的几个重要物理参量：压强、温度、密度、湿度等对飞行的影响。

11.6.1 气 压

气压影响着复合翼无人机的燃油系统和发动机的进气。燃油系统的油箱与大气相连，在同一飞行高度，随着燃油的消耗，油箱的压强不会减小，始终和大气压强相等，有利于燃油系统给发动机供油。但是随着飞行高度的增加，气压逐渐减小，依靠大气压供油的方式就会出现供油压力不足的情况，发动机会因为供气不足出现喘振，此时需要给油箱加压。再者，复合翼无人机大多采用自然吸气的活塞发动机，如果在气压比较低的情况下飞行，此时需要通过涡轮增压提高发动机的进气压力。

11.6.2 气 温

气温对复合翼无人机飞行的影响有两个方面：一方面是低温产生的影响，另一方面是高温产生的影响。

首先，低温主要影响电气系统的工作，可能导致某些电气元器件失效，在电气系统设计时需要充分考虑低温工况。

再者，低温还会对锂电池产生较大的影响，锂电池在低温环境的放电倍率会大大下降，为了保证锂电池在低温环境下能够正常工作，需要给电池加热。智能锂电池的一个重要功能就是电池加热，通过温度传感器实时监测电池温度，根据温度信号控制加热装置。

低温也是飞机结冰的重要因素之一，结冰会危害到复合翼无人机的飞行安全，尤其是机翼结冰和空速管结冰。机翼结冰会改变机翼的形状，导致机翼的升阻特性急剧恶化，飞机会因为升力不够发生坠机。空速管结冰会导致动压和静压测量错误，飞机会因为空速异常而发生事故。

高温主要影响着电气系统的散热，以及机体的结构强度。电气系统工作时会产生大量的热量，例如，旋翼系统的电机和电调是复合翼无人机上产热量最大的两个设备，在总体设计中需要利用风冷对它们散热。如果环境温度过高，就会导致风冷散热效果不佳，甚至危害飞行安全。

目前，复合翼无人机大多是由复合材料制造而成，复合材料生产过程中的固化温度决定了复合材料的使用温度。如果气温高于复合材料的固化温度，就会导致飞机结构失效，进而影响到飞行安全。

11.6.3 大气密度

大气密度对复合翼无人机飞行的影响是最显著的，这是因为大气密度直接影响了螺旋桨和飞机的气动特性。

随着飞行高度的增加，大气密度逐渐降低，当飞行速度不变时，雷诺数就会逐渐减小。复合翼无人机及其螺旋桨的尺寸相对较小，飞行速度也较低，雷诺数一般不大于 10^6，属于低雷诺数范围。无人机的气动特性对雷诺数更加敏感，雷诺数越低，摩擦阻力越大。对于螺旋桨而言，螺旋桨的效率随着雷诺数的降低而降低；对于飞机而言，飞机的升阻比随着雷诺数的降低而降低。

大气密度也会影响旋翼螺旋桨的拉力，在相同转速下，螺旋桨的拉力随着大气密度的降低而降低。大气密度还会影响到发动机的功率，相同的进气量，含氧量随着大气密度的降低而降低，导致发动机的功率降低。

总之，大气密度会影响复合翼无人机的最大起飞重量、爬升性能以及续航性能。最大起飞重量随着起飞海拔的增加而减小，爬升率、航程和航时随着飞行高度的增加而减小。

11.6.4　湿　度

湿度是飞机结冰的另一个重要因素，只有同时满足湿度大、温度低两个条件时，才会出现结冰现象。湿度在一定程度上还会影响复合材料的力学性能，湿度过大会导致复合材料的力学性能下降，进而影响到飞机的结构强度。

除了气压、温度、密度和湿度外，大气当中的一些特殊的气象环境还会对复合翼无人机的飞行产生影响，例如风、雨、雷电等。风主要影响复合翼无人机的飞行稳定性；雨天飞行可能导致一些电路的短路；由于复合材料的导电性能差，在遇到雷击时不利于尖端放电，会危害飞行安全。

因此，复合翼无人机的飞行应尽可能避开这些特殊的气象环境。

航空思政讲坛

大鹏起兮：西北工业大学研制三型先进无人机系统纪实

2017 年 7 月 30 日，纪念中国人民解放军建军 90 周年阅兵式在朱日和训练基地举行，无人机方队第三次在阅兵中公开展示。由西北工业大学自主研制的三型无人机系统编队威武亮相，这也是西北工业大学研制的无人机以整个方队形式，继建国 60 周年国庆阅兵式后，第二次入列阅兵式，接受党和人民的检阅。

这在全国高校，是绝无仅有的。自学校 1958 年研制成功我国第一架无人机开始，几十年来，西工大人用一片赤诚和担当，书写了一段关于翱翔的精彩传奇。当日，阅兵场的无人机方队，就集中展示了一所大学为国家研制属于自己的先进无人机系统筚路蓝缕的历史，也彰显了西工大人为国防建设做出贡献的实绩和荣光。

又到"无人机时刻"

2017 年 7 月 30 日，朱日和，这个蒙古语意为心脏、勇气和胆量的地方，烈日灼灼，碧野莽莽。检阅台"1927—2017"字样和八一军徽在阳光下熠熠生辉。

而位于西安高新区的西北工业大学无人机所（即西安爱生技术集团公司，以下简称西安爱生）内，尽管是周日，研究室和厂房内，仍然是一派火热。"这是国家给予我们的至高荣誉啊。我军首次以庆祝建军节为主题举行专项阅兵，也是我军革命性、整体性改革重塑后的全新亮相，无人机方队在如此重要的场合亮相，就更加具有特殊的意义啊。"公司负责人王俊彪感慨地说。

这一天，再次迎来阅兵"无人机时刻"的西工大，相关的消息，很快就刷爆了众多师生校友的"朋友圈"。

天刚刚亮，难得在家过个周末的李艾生就起来了。简单吃罢早餐，他在电视机前坐定，脸上盛开着兴奋的笑容，嘴里喃喃地说道："直播啥时候开始？"

上午9时，阅兵式的直播正式开始。李艾生一下子就静了下来，他在静静地等待那个时刻的到来。突然，仿佛想起来了什么，他摁灭了烟头，对着妻子喊道："快！快！把儿子叫起来，让他也看看。"一旁的妻子拽过一架无人机模型摁到他的怀里揶揄道："小儿子没起来，让你的大儿子陪着看吧。"

望着妻子的背影，李艾生傻傻地笑着。研制某型无人机系统那段岁月，就像"过电影"浮现在他眼前，竟一时说不出话来……

攻坚克难：先进无人机系统展示"新质战斗力"

在阅兵中展示的三型无人机，分别是某新型通信干扰无人机、某新型雷达干扰无人机和某新型反辐射无人机，是我军无人机装备的重要组成部分，能对敌预警探测，对敌指挥通信体系进行断链、致盲、破网，达到预期作战目的。

据介绍，反辐射无人机是近年来无人机在电磁对抗领域重点发展的方向之一。如果说，雷达是"盾"，反辐射无人机就是"矛"，通过在无人机上加装被动寻的导引头和战斗部分，长时间压制敌方雷达，一旦发现雷达信号，就可以跟踪直至摧毁敌方的雷达系统，从而有效掌握未来战争的制电磁权甚至是制信息权。可以说，反辐射无人机不仅是雷达的"夺命杀手"，更是未来信息化战争对抗的"尖刀"。而实施通信和雷达干扰的无人机，则可以有效阻断干扰对方的雷达和通信设施，从而掩护己方顺利遂行作战任务，堪称是己方的"保护神"。

反辐射无人机是作战"多面手"，欧美等多个国家从20世纪70年代末开始进行技术研制工作，90年代已有多个型号装备部队，并先后多次被应用于战场实践。"怎么样？有没有信心做世界领先的反辐射无人机？"部队首长向西安爱生的负责人咨询道。"我们西工大是无人机研制领域的'国家队'，要做就一定要做好。"西安爱生负责人的回答铿锵有力。

经过积极筹划，20世纪末，由西安爱生担任总师单位的某型反辐射无人机系统正式列入国家重大工程项目。

项目研制团队，是名副其实的"年少当家"。项目总设计师和几位副总设计师大都是30出头的"小伙子"。"那个时候，就不知道累啊。实验室里研究试验，干到半夜，在钢丝床上窝两三个小时，第二天六点起来接着干。"回想起那段"金子"一般的岁月，李艾生不禁有些感慨。"军令状"是立下了，可是横亘在项目团队面前的，却是众多的困难。

第一重难关——能力。该型反辐射无人机对于国外国内都是一项重大创新，需要研发能力提升一个层次，如何提升？关键技术、难点项目如何攻克？

第二重难关——时间。研制周期仅为国外同类飞机的一半，各项工作节点精确到天，每个节点都是"政治任务"，任何一个重大节点保不住都可能导致"后墙倒塌"。

就像西安爱生另外的一个名字"365研究所"一样，项目团队实行的是，全年365天无间断工作。很多同志甚至把"家"也搬进了办公室，一张行军床、一席军大衣，一个塞满了烟蒂的烟灰缸，蓬头垢面、满眼血丝，成为彼时项目组的"标准形象"。曾经有热心肠的阿姨，张罗着为项目组的单身小伙子介绍对象，可是约了两个月，也排不上"相亲档期"，最后也只能作罢。

第三座难关——壁垒。在先进无人机领域，欧美等发达国家早就给中国人织好了一张大网，处处封锁、层层设防，无论是关键技术，还是原材料、加工工艺等，一概对我们说"No"。项目团队要想直接从"填补空白"到"世界领先"，登峰之路，艰难可想而知。

忠诚无声：用责任与担当构筑"国之重器"

"干军工项目这么多年，深深地感到，这份工作不仅需要奉献精神、攻坚克难的精神，还需要点不怕死的精神。"康定国回味道。

时光回转，一个秋天的下午，某型无人机系统第二次科研试飞准备完毕可以进行了。飞机起飞正常后，按程序飞行到预定高度，开始进行规定试验。

突然，"系统出现异常，没有按规定完成任务"。对讲机里传来急促的声音。"系统复位，重新进入试验程序"。现场指挥的指令沉着而冷静。"第二次试验失败，故障无法排除，采取紧急迫降措施。"之后，对讲机静默了。这一刻，气氛顿时紧张起来，大家担心会发生安全隐患，要知道，这可是一架携带了战斗炸药的无人机。幸好，飞机坠落在十多千米外的荒野，安然无恙。

接下来，怎么办？按照一般的操作规程，为了最大限度地保障人员生命安全，携带弹药的设备试验失败，应该现场组织销毁，不允许组织抢救拆解。

惊魂未定的人们，看着远处的无人机，一时都愣住了……"哎呀！数据还在里面。"不知是谁大声喊道。大家这才回过神来。"要把数据抢出来！"几个技术人员一边喊着一边冲出去。"你们疯了！太危险！飞机万一爆炸怎么办？"在场的部队官兵把他们死死抱住。

他们苦苦哀求："那些数据太珍贵了，几年的心血呀！同志，飞机要是毁了，型号就要从零开始，时间根本来不及啦！"

在场的部队官兵和参与单位被他们无畏的气概打动了，经过短暂的考虑，康定国和另外一名同志，在部队官兵的陪同下，硬是把数据抢了出来，并安全地"救回了"飞机。

经过一天缜密的排查，原来是一个元件的焊接头上的松香，因为受潮产生松动，导致故障。"要是那次直接引爆飞机，我们就可能要耽误好几个月重新归零开始。"在接下来的时间里，团队顽强地完成了各项试验任务，保住关键节点。"现在回想起来，才觉得有点后怕。"康定国唏嘘道。

军民融合：打造中国无人机产业新名片

在军用无人机领域内一路领跑，西安爱生更致力于做中国无人机产业格局构建的"拓路者"。

2012年，西安爱生就在某国建成了我国出口的第一条无人机生产线。2014年，公司抓住牵头筹建国家唯一的"无人机系统国家工程研究中心"的重大发展机遇，明确了"产业链创新，产业化发展"的新思路，确立了"陕西为总部，向全国布局，国际化发展"的产业化发展目标，规划了"一基地两中心"（无人机产业化基地、无人机研发中心、无人机试验测试中心）的产业化发展格局。

2017年，由西北工业大学联合西咸新区沣西新城等共同建设的西北工业大学"翱翔小镇"暨无人机产业化基地建设项目启动。这是我国最大的高端中小型民用无人机产业化基地。

未来，西安爱生服务国家经济社会发展和国防建设的能力将得到更大的提升。大鹏起兮云飞扬，四海纵横翔无疆。综观工业革命以来国家竞争的历史，比拼的不是高楼大厦的拔地速度，而是"国之重器"的研发能力。

先进无人机系统，它集中体现了中国航空人的创新能力，也是当代中国创新能力的蓝天写照。

一个国家的崛起归根到底是精神的崛起。先进无人机系统研制过程所承载和展现的拼搏、创新、协作精神，正是我们所需要的时代精神……

【记者述评】感受飞行的温度

与西安爱生技术集团公司众多科研人员"聊天"的时光，是古城西安这个夏天里最为闷热的日子。他们浅笑着坐在对面，静静而视，话语不多。

但在办公室里，随处可见他们为了国家国防事业所付出的辛劳和努力。在调试工房里，50 ℃ 以上的高温下，一群小伙子光着膀子挥汗如雨。他们的眼眸和肩头，投射出光……每每看到这一幕，从我的脸颊滑落的，已分不清是泪水还是汗滴。

由于众多的原因，在稿子当中，我要将项目团队的成员姓名、时间节点和技术细节等进行技术处理。但在我的心中，他们并不是抽象的符号和模糊的表述。中国无人机事业发展历程的重要成就，都能证明他们的内心和精神力量可以强大至何种境地。

如果中国军队将利剑出鞘，他们就是托举的杠杆；如果武器也有温度，他们就是那封存于其中的灼热。

这是一群人的温度。这是一群有理想的人。都在说"理想已经冷却"，可这代人身上的理想之火从来就没有熄灭过。在整个型号研制线上，总能看到，他们忙碌的身影、真诚的微笑、坚定的眼神，让飞行暖意融融。

这是一群从艰难中挺过来的人。他们或经历过航空工业那段令人窒息的低潮期，或曾经因报国无门、富家无力而苦闷，但他们坚信国家强盛需要强大的国防。于是，他们坚守着、忍耐着，在坚守中磨炼意志，在忍耐中充实自己，让飞行积蓄着迸发的力量。

这是一群肩负着振兴中国无人机事业重任的人。他们忘我学习、勤勉工作，他们有智慧、有经验、有魄力，让飞行寄托着未来的希望。

他们用自己的付出，赋予飞行生命的温度。从此，无人机冰冷的机身上拥有了这群人的体温。

飞行的温度到底有多高？那是熔化铁水的温度、是青春热血的温度、是激情燃烧的温度。

这，是一个时代的温度。

http：//nwpuepaper.ihwrm.com/index/article/articleinfo.html？doc_id=2382841
记者 王凡华（注：因保密和采访对象的要求，文中部分时间节点、
数据及人物姓名均有所处理，人物姓名为化名）

12 复合翼无人机的飞行基本原理

12.1 复合翼无人机飞行基本原理

前面提交到，复合翼无人机的飞行阶段分为起降/悬停阶段和平飞/爬升阶段。起降/悬停阶段使用旋翼模式，平飞/爬升阶段采用固定翼模式。

在旋翼模式下，无人机的固定翼无法提供升力，此时升力由旋翼提供。旋翼产生升力的原理与螺旋桨基本相同，其区别主要体现在功耗与升力的大小上。当旋翼旋转时，其剖面翼型对气流产生相对速度，从而产生升力，拉动无人机浮空。

在固定翼模式下，无人机的飞行原理与普通固定翼无人机基本一致，即以机翼相对气流的运动产生升力来克服重力，以平飞动力抵消阻力，从而使无人机完成滞空飞行。

复合翼无人机与固定翼无人机最大不同在于起飞阶段与降落阶段的飞行原理。

在起飞段的开始，无人机由旋翼系统桨叶旋转提供升力，无人机由地面升空；当到达指定高度后，其平飞动力开始启动，使无人机逐渐加速。此时，复合翼无人机空速较低，机翼产生的升力不足以克服其重力，旋翼仍继续工作，其受力如图 12.1 所示，无人机有一个较小的迎角 α_1，当真空速到达固定翼模式的安全速度后，旋翼停止工作，此时由机翼提供升力。

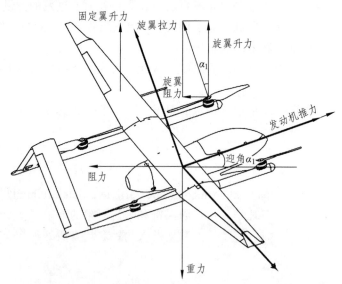

图 12.1　复合翼无人机加速上升阶段的受力

降落段则是相反的过程，所不同的是空速满足降落速度要求后，旋翼系统启动，此时平飞动力关闭，其受力如图 12.2 所示，无人机会有一个较大的迎角 α_2，会使旋翼产生更大的旋翼阻力，耗散掉无人机的平飞速度，以便进入到旋翼模式。

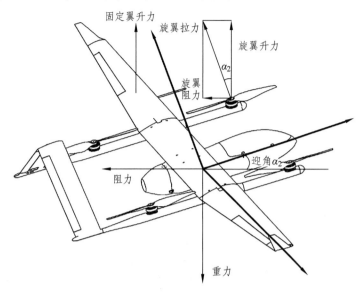

图 12.2　复合翼无人机减速下降阶段的受力

12.2　复合翼无人机的升力

复合翼无人机的升力主要由两部分组成，即旋翼旋转产生的拉力与机翼相对气流产生的升力。

在旋翼模式下，无人机的升力由所有的旋翼桨叶提供。旋翼提供升力的原理可参考本书 7.2 节单旋翼无人机相关内容。在旋翼模式切换至固定翼模式的过程中，也就是起飞加速阶段，旋翼和固定翼都会提供升力，其中旋翼提供的升力主要用于平衡无人机的重力。在固定翼模式下，无人机的升力由机翼提供。机翼提供升力原理可参考本书 3.2 节固定翼无人机的相关内容。

而在旋翼—固定翼过渡阶段，此时复合翼无人机的总升力等于旋翼旋转产生的拉力与机翼相对气流产生的升力之和。设机翼的升力、旋翼的拉力分别为 L_W、T，对应的参考面积为 S_W，由本书前面章节可知道升力系数和拉力系统分为

$$C_{LW} = \frac{L_W}{\dfrac{1}{2}\rho v^2 S_W} \tag{12.1}$$

$$C_{LR} = \frac{T}{\dfrac{1}{2}\rho v^2 S_W} \tag{12.2}$$

所以对于有多旋翼的复合翼无人机的总升力系数为

$$C_L = C_{LW} + n \cdot C_{LR} \tag{12.3}$$

复合翼无人机在其固定翼模式下，由于旋翼与旋翼挂架的存在，均匀的气流流过无人机时，与干净构型（即没有旋翼与挂架的普通固定翼无人机）相比，会产生更加复杂的流动现象，甚至紊流现象。根据第 3 章中机翼产生升力的基本原理，紊流将损耗来流总压，使上翼面压降增加，进而影响上下翼面压差，使升力降低。

　　另外，还存在另一个后果，就是会影响机翼上翼面的气流分离位置。对于干净构型的机翼，随着迎角加大，气流分离位置会从机翼后缘逐渐向前扩展；而复合翼无人机旋翼挂架的存在，会破坏这种正常的气流分离方式，在迎角较小的情况下，挂架与机翼连接位置的气流则已存在气流分离，并随着迎角增大不断向前与两侧扩展，如图 12.3 所示。这种过早的气流分离现象不仅会使机翼整体升力降低，还会使无人机更容易失速，即无人机的失速迎角变小，无人机气动性能降低。

图 12.3　复合翼无人机绕流流线

12.3　复合翼无人机的阻力

　　复合翼无人机的阻力，一般是指其在固定翼模式和旋翼—固定翼过渡模式下的阻力，因为旋翼模式下无人机基本没有前飞速度，无人机产生的阻力较小。对于常规固定翼无人机阻力构成，可以参考第 3 章中机翼阻力的构成。

　　复合翼无人机的摩擦阻力的产生原理上与固定翼无人机基本是一致的，主要的区别在于诱导阻力、压差阻力与干扰阻力。

　　第一，诱导阻力。机翼延翼展方向的环量分布，越接近椭圆，则总体诱导阻力越小；但是完全的椭圆分布将导致全翼后缘在某个角度同步失速，会使得飞机进入非常危险的状态。复合翼无人机旋翼挂架的存在使得翼展方向的环量分布发生扭曲，进而使得整体诱导阻力上升。

　　第二，压差阻力。复合翼无人机的压差阻力，由于旋翼与挂架的存在，流过机翼中段（即中翼与外翼的连接位置）的气流将变得混乱，总压损失加剧，分离位置提前，因此会进一步增大。实际上，在复合翼无人机的固定翼飞行模式下，螺旋桨本身就存在前后压差。如果在飞行过程中螺旋桨还在随风转动，紊流范围还将继续加大。使用锁桨机构将螺旋桨固定在沿来流方向，阻止其自由转动，可以有效地减小这部分阻力。但无论如何，与干净构型（即摘除旋翼与挂架的单纯固定翼无人机）相比，这部分阻力是不可避免的。

第三，干扰阻力。无人机各部件分阻力经过叠加后，会小于无人机整体的阻力，这部分多出来的阻力就是干扰阻力。干扰阻力本身兼具诱导阻力与压差阻力的特点，复合翼无人机不同部件之间的融合，会使流线发生挤压与变形，在某些位置就会使得升力方向与来流方向不垂直，此时升力就可能会在相反于来流的方向上存在分力，这就是干扰阻力的一种，其产生原理与诱导阻力的产生原理比较类似。而同样的，流线的挤压变形同样会使不同位置的气流产生干扰进而发生转捩，也会产生干扰阻力，这部分阻力产生原理又与压差阻力的产生原理近似。

总而言之，复合翼无人机的总阻力等于全机各部分组件的摩擦阻力、诱导阻力、压差阻力与干扰阻力之和。全机的总阻力系数

$$C_D = C_{Df} + C_{Din} + C_{Dp} + C_{Dif} \tag{12.4}$$

式中　　C_D——无人机总阻力系数；
C_{Df}——无人机摩擦阻力系数；
C_{Din}——无人机诱导阻力系数；
C_{Dp}——无人机压差阻力系数；
C_{Dif}——无人机干扰阻力系数。

12.4 复合翼无人机的应急飞行

复合翼无人机是一种具有两套对立动力系统的垂直起降固定翼，除了具备垂直起降的优点外，当在固定翼巡航阶段紧急情况时，旋翼系统可以介入，提高运行安全性。

固定翼无人机在飞行过程中会遇到动力失效、空速异常、机体受损、姿态异常、撞击障碍物等问题，由于固定翼无人机不具备悬停能力，且在低速飞行时舵面的操纵效率低，所以在遇到上述问题非常容易发坠机事故。

复合翼无人机可以利用多旋翼系统的悬停、垂直升降和直接力控制的能力，在遇到上述紧急情况时，执行应急飞行程序，保障飞行安全。

复合翼无人机在遇到如下紧急情况时会执行旋翼迫降程序，保障无人机系统的安全。

第一，动力失效，无人机在飞行的过程中不可以避免地出现空中停车，或螺旋桨因异物撞击而受损的情况，这些情况都会导致动力失效，无人机持续掉高，无法正常飞行。

第二，空速异常，无人机的空速是由空速管测得的，在遇到空速管结冰或堵塞的情况，会导致飞控接收到一个错误的空速值，无人机无法正常飞行。

第三，机体结构受损，当无人机结构出现较大损坏，如机翼、尾翼折断，无人机无法提供足够的升力和配平力，固定翼系统无法保持正常的飞行姿态。

复合翼无人机在遇到如下紧急情况时旋翼系统会介入飞行，在渡过紧急情况后，重新恢复固定翼飞行状态。

第一，失姿态异常，当飞行航线规划出现急转弯时，会出现飞机姿态异常，且在低速飞行状态，舵面的操纵力小，不利于异常姿态的改出。此时可以多旋翼系统可以介入控制，由于多旋翼的控制是通过螺旋桨的拉力直接控制，所以在低速时能有较好的操纵效率，隐藏在

多旋翼的帮助下，可以让复合翼无人机具备较好的姿态异常改出能力。

第二，避障，通过毫米波雷达的探测，可以很好地感知障碍物，但是毫米波雷达的探测距离较小，且固定翼无人机不具备悬停和垂直爬升能力，所以固定翼无人机不具备避障能力。但是复合翼无人机结合毫米波雷达就可以实现避障，当毫米波雷达探测到障碍物后旋翼启动，无人机垂直爬升至安全高度，然后恢复到固定翼飞行状态。

航空思政讲坛

中国的"居里夫人"——陆士嘉

2021年是陆士嘉诞生110周年。为追思这位优秀女科学家的家国情怀和重大贡献，我们在此重温她的故事，以激励后学者们传承和发扬她的优秀品质和崇高精神。

陆士嘉（1911—1986），教育家、流体力学家。1911年3月18日生于江苏省苏州市，1933年毕业于北平师范大学（今北京师范大学）物理系，1937年考入德国哥廷根大学学习物理，并以优异成绩获得洪堡奖学金。1942年写成优秀论文《圆柱射流遇垂直气流时的上卷》，获得博士学位。1946年回国后，先后在北洋大学、水工研究所、清华大学任职。1952年，参与筹建北京航空学院（今北京航空航天大学），后任该学院教授。主持建设我国第一个空气动力学专业，参与创建一整套低速风洞和我国第一个高速风洞。

童年坎坷，志向远大

1911年3月18日，上有两个哥哥的陆秀珍（陆士嘉原名）出生于苏州知府衙门内宅——狮子林。3个月后，因祖父去山西出任巡抚，家人一同北上。……其时，陆秀珍的父亲刚从日本留学回来，并已加入同盟会。祖父和父亲，一个是清朝封疆大吏，一个是留洋革命战士。……然而，尚未等到父子对阵，同样拥护国民革命的阎锡山率部下把他俩同时给枪杀了。……更为不幸的是，母亲因听信算命瞎子的胡言乱语，视小秀珍为她命中的"小人"，给她扣上"克父"帽子。

……初二那年，同学借给她一本《居里夫人传》，她一下子被迷住了。她对书中的居里夫人万分钦服：原来女人也可以学科学，也可以成为万人瞩目的科学家！自此，瘦小的波兰女人就在陆秀珍的心里坐上了头把交椅。"学科学，用科学造福国家，当中国的居里夫人！"——小小的陆秀珍给自己定下了远大目标。

1926年3月18日是陆秀珍15岁生日，那天北京城发生了令人发指的"三一八"惨案，北京女子师范大学学生刘和珍牺牲了，年仅20岁。这给陆秀珍的心灵带来极大触动：她是多么勇敢啊！

同时，陆秀珍也意识到，一个人想要有所作为，不仅要有远大的目标，还要有实际行动。这次，她平生第一次自作主张，将自己原本乖巧似邻家女孩的名字"秀珍"改成了"士嘉"。……

一路攀登，不让须眉

1937年7月16日，陆士嘉和未婚夫张维乘坐最后一班英国邮轮离开了祖国，漂洋过海，经法国到德国，开始了她远大目标的追求历程。

在德国柏林高工学习了一段时间后，陆士嘉得悉世界著名的空气动力学家、该学科创始人普朗特教授就在距离柏林两个多小时火车车程的哥廷根学院执教，便萌生了投奔普朗特、为祖国造飞机的愿望。

……

普朗特第一眼看见这位清秀的东方女孩时差点笑出声来，明确告诉她："我不收学生已经两年了，从未收过东方人，更没收过女生。"

"为什么？"陆士嘉紧张地问道。

"东方人的逻辑思维很差，女生就更别说了，他们的数学不好，而这是学空气动力学的基本素质。"

知道这个原因后陆士嘉松了一口气，她镇定而倔强地说："您可以考我，您不考怎么知道我不行？"

普朗特有点惊讶地看了她一眼，点了点头。他指给她两本专业书，让她回家看，一个月后再来考试。

一个月后，陆士嘉如约而至。而普朗特却已忘了这次约定，在她的提醒下才记起似乎有这么一回事，于是拿起笔，"刷刷"写下几道题递给了她。陆士嘉紧张又激动——她终于得到了考试机会。这次考试让普朗特感到意外。结果是，他非常满意，当场拍板收下了这个学生。就这样，陆士嘉成了普朗特的关门弟子，也是他所有弟子中唯一的东方人、唯一的女生。

……

独立女性，傲立枝头

1946 年 7 月初，陆士嘉和丈夫张维携带女儿回国。张维受李国豪之邀落靠同济大学，任教授，陆士嘉则在家相夫教女。一个月后，张维接到北洋大学（今天津大学）工学院院长李书田的邀请，夫妇俩同被聘为教授。陆士嘉不顾有孕在身，说服张维一起来到天津。她越过讲师、副教授，直接被聘为北洋大学航空系教授，成为这所中国最古老的大学的首位女教授。

……1947 年上半年，清华大学来信聘请张维担任该校机械工程系教授，鉴于清华大学有夫妇俩不能同时任教的校规……经多方协商，最后聘请陆士嘉担任清华大学附设的水工实验所研究员，同时兼授土木系课。

……1949 年 7 月，中国共产党接管了清华大学，破除了"夫妇不能同时在清华任教"的规定。7 月 29 日，陆士嘉被正式聘为清华大学航空系教授，两人成为清华大学历史上第一对教授夫妇。

投身北航，呕心沥血

1952 年秋，全国院系调整，陆士嘉随清华大学航空系调往新组建的北京航空航天大学（以下简称北航）。

刚进入北航的陆士嘉是空气动力学教研室召集人，没有行政职务。在这个男人成堆的地方，这位唯一的女教授鹤立鸡群，负责筹建空气动力学教研室——带领大家筹建实验室、风洞；翻译、编写教材；制定教学大纲等。很快，他们便在我国创建了空气动力学这门学科，并带出了一支过硬的队伍。不到一年，陆士嘉因为工作积极、政治进步、联系群众等突出表现获上级主管部门——第二机械工业部批准，被提名为校务委员会委员，进入学校核心层。

1956 年 3 月 29 日，陆士嘉光荣地加入中国共产党。从此，她更是时时以共产党员的标准严格要求自己，绝不松懈。

上过她的课的学生都记得，陆先生的讲义很厚，一堂课根本讲不完。因为她是这样备课的："先分析学生学习情况、程度，再考虑针对专业，应如何教。尽可能早把讲稿以及给学生要准备的东西整理出来，在讲课前只考虑如何让学生最容易接受，哪些概念应仔细讲、哪些只需提一下、哪些根本可以不提，等等。这是非常细致的教案。这样讲两小时至少用六小时（备课）。"（摘自陆士嘉人事档案《一年来的思想汇报》）这种备课方法需要大量时间，为了挤时间，陆士嘉不得不想办法处理家庭事务。

……繁重的工作压得她喘不过气来，夜里常常失眠，身体健康也开始每况愈下。……这种超常压力终于压倒了她，1962年7月，在参加我国第二个十二年科学规划会议时，陆士嘉在夜间突发心脏病，幸亏抢救及时才捡回性命。病情缓解后她又回到工作岗位，继续孜孜不倦、兢兢业业地工作。1986年，就在她病逝前不久，她还在医院病床上和探望的人讨论科研问题，以及她最后一个博士生的论文方向……

心有至善 山高水长

"为了祖国，才能高瞻远瞩"

进入20世纪80年代后，陆士嘉感到身体一天不如一天，心脏痛得越发厉害了。她很怕死后给组织和亲人留下太多的麻烦，因此，每次心脏一痛她就开始写遗嘱，写了很多份，所写内容一样，放在不同地方，就怕家人找不到。她的遗愿是：

（1）死后尸体赠医院供解剖研究。请注意心脏冠状动脉有无分枝增生，以证明锻炼有无效果。身体上凡可供使用的，都请取用（眼球毛病较多，可供研究）。

（2）尸体焚化后不留骨灰。请将骨灰撒在圆明园。

（3）焚化时着平时衣服，不用新衣，但希望用党旗覆盖遗体。

（4）死讯不通知亲友，不行遗体告别式。

（5）不举行追悼会。

（6）不放大遗像。

短短几行，唯见"奉献"二字。她将一辈子献给了祖国和人民，希望遗体也能作出最后的贡献，真入"无我"境界。是什么力量造就了陆士嘉这种精神？

"对年轻人来说，最重要的是要有一个正确的动力。为了自己的前途吗？为了自己的吃穿吗？这种动力是微乎其微的。我是三句话不离本行，飞机有个强有力的发动机才能飞得远，人也一样，为了个人的利益是飞不高的，为了祖国，才能高瞻远瞩。记得我在二十多岁时看居里夫人这部电影，最使我感动的是她的爱国心。居里夫人热爱祖国波兰，这一动力支持她发现了稀有元素'镭'和'钋'。我希望我国的青年人中也能涌现出千千万万个居里夫人，做出更大的成就。"

从她对年轻人说过的这段话里，我们分明看见了答案。

回顾陆士嘉教授成长求学的经历以及她为我国航空教育事业做出的光辉业绩，我们领悟到她志存高远、脚踏实地的求学精神；了解到她开拓创新、艰苦创业的奋斗历程；体会到她严谨治学、丹心育人的崇高品格；学习到她严以律己、克己奉公的奉献精神；崇尚她不慕虚荣、胸怀坦荡的优良作风。陆士嘉教授的伟大品格和奋斗精神至今还在北航校园内外流淌和延续。她是北航宝贵的精神财富和学习的光辉榜样，也是当今社会所有青年学生、留学报国者学习的楷模。

https://baijiahao.baidu.com/s？id=1701415399519046724&wfr=spider&for=pc

漆丹.陆士嘉：心有担当　方能翱翔.中国科学报，2021-04-08.

13 复合翼无人机的稳操性

13.1　复合翼无人机的受力

复合翼无人机，其平台整体分为旋翼部分与固定翼部分。旋翼部分包括旋翼，电机与其挂架，这部分会产生拉力、阻力以及控制力矩与陀螺力矩；固定翼部分包括机身、机翼、安定面与操纵面等，这些部分会产生升力、阻力与气动力矩；除此之外，无人机还受重力与发动机推力的作用。所有这些力与力矩，最终将向整机上的某一点进行简化，从而形成整机的合力与合力矩。针对不同的应用情形，简化点的选择也有所不同，常用的有"重心""压心""刚心"与"焦点"。

在无人机的初始设计阶段或气动力计算阶段，工程师一般将气动力与气动力矩向压心做简化；压心就是气动载荷合力矩为零的点，这个点是随着无人机的迎角变化而变化的。

在计算无人机性能时，或者求解无人机平台合外力时，一般会将力和力矩向重心做简化，将压心处简化得到的合力通过矢量位移的方式移至重心处，这将引入一个附加的气动力矩。

刚心是结构强度设计阶段的重要参考点，工程师一般会将合外力向刚心做简化，之后通过简化后得到的合力矩来考虑结构刚度是否能满足当前的气动载荷。刚心可以认为是机翼被扭转时，其扭转中心线所在的位置；如果合外力绕刚心的合外力矩不会使机翼产生较大幅度的扭转，则认为结构的刚度是符合要求的。

在计算纵向静稳定裕度时，会使用焦点作为力合成的参考点。焦点是升力增量的作用点，即当升力发生变化时，其所有部件的升力增量（可以为正也可以为负）相对于焦点取矩为零。焦点在一定迎角范围内是不会随着迎角发生变化的，之所以会这样，是因为在一定迎角范围内，力矩线斜率与升力线斜率均是线性变化的。

参考本书第4章中多旋翼无人机受力，复合翼无人机在旋翼模式下，受4个旋翼的升力作用，以及旋翼本身旋转产生的动量矩；当机身姿态出现波动时，还将受到旋翼陀螺力矩的作用。对于四旋翼无人机，一定是"两个正桨+两个反桨"的配置，这样的目的是抵消旋翼自转产生的动量矩，使旋翼相对中心的合力矩为零；如果不这样做的话，无人机将绕中心旋转。当无人机受扰动或者左右横偏时，螺旋桨还将产生陀螺力矩和脱落力矩。脱落力矩为阻止刚体相对旋转轴运动的力矩，与刚体绕转轴的转动惯量有关。由于螺旋桨质量都较轻，故而这部分力矩很小。

复合翼无人机在固定翼模式下，无人机的受力方式将接近普通固定翼无人机，如图13.1所示。其中，机翼与副翼提供升力，横向平衡力矩与滚转阻尼力矩；平尾与升降舵提供纵向平衡力矩与俯仰阻尼力矩；垂尾与方向舵提供航向平衡力矩与偏航阻尼力矩；发动机提供动力，用以克服整机阻力。除此之外，机身与旋翼、挂架对整机的升力，阻力和力矩也有一定影响。动力装置与旋翼对全机受力的影响基本相同，但一般来说仅考虑其产生的力与矢量位移所产生的力矩，陀螺力矩与自转产生的动量矩对飞行均影响不大。

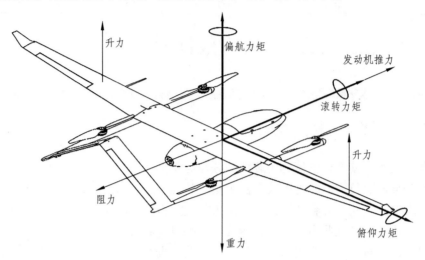

图 13.1　复合翼无人机固定翼模式受力

13.2　复合翼无人机的平衡

复合翼无人机的平衡同样也包括旋翼模式下的平衡与固定翼模式下的平衡。

在旋翼模式下，无人机的平衡主要依靠旋翼的拉力完成。旋翼的拉力合用以抵消重力，拉力相对重心的合力矩要为零，旋翼本身自旋产生的动量矩将由"正桨+反桨"的方式平衡掉，如图 13.2 所示。对于复合式四旋翼无人机在设计结构的时候，要尽量将重心的位置设置在 4 个旋翼的中心，这样可以使 4 个旋翼与电机均匀受力，其脉宽可以基本一致；如果重心距离某一个电机较近，则会使这个旋翼承受更大的重力分量，这在起飞着陆过程中将对平台的可靠性产生不利影响。实际运行中，旋翼的拉力是动态的，其相对重心的力矩将很难精确一致，还会受到空中乱流的扰动，所以要通过飞行控制以不对称转速的形式调整整机的平衡。4 个旋翼均匀受力还有一个好处，就是可以在外场试飞较大重量的无人机平台时，方便测试人员进行搬运；选择四个电机安装点作为搬运点，既符合无人机结构传力的设计思路，也更加的省力。

图 13.2　旋翼模式下"正桨+反桨"

在固定翼模式下，无人机的平衡主要依靠机翼，平尾，发动机与各个操纵面协作完成。在无人机纵向方向，在定速平飞的情况下，重力主要由升力来平衡，阻力主要由动力装置推力来平衡。但是当无人机姿态角不为零时，其推力与阻力不共线；当存在突风时，其升力与重力不共线，所以最终将是 4 个力同时进行力的配平。在无人机横航向方向，无人机靠滚转侧滑以及偏航来平衡测风引起的侧力与力矩。这一部分的详细内容，在本书第 5 章有完整的介绍。

复合翼无人机在起飞着陆阶段的平衡则是较为复杂的。首先，在旋翼模式下其力的平衡依靠旋翼的不对称拉力；当无人机开始具有空速后，气动力与气动力矩开始起作用，而由于速度较低，采用固定翼无人机舵面偏转方式的操纵效率很低，基本上不起作用，所以此时的姿态基本上是由旋翼来控制的。但由于四旋翼本身无法做到姿态与位置的解耦，所以在这个过程中，无人机六自由度全量方程的解是不唯一的，换句话说，其平衡点是不唯一的。如何确定哪些平衡点更加安全可靠，也是需要研究的内容之一。

13.3 复合翼无人机的稳定性

无人机的稳定性是指无人机在受到扰动后所表现的固有运动状态，也可以理解为无人机反抗外界扰动的能力。无人机的稳定性可以分为静稳定性和动稳定性，静稳定性是指无人机在受到扰动后是否具有恢复到原来状态的力和力矩；动稳定性是指无人机在受到扰动后，无人机在恢复力和力矩下的运动特性。在分析稳定性时，无人机被视为一个六自由度的刚体，可以单独分析每个自由度的稳定性。复合翼无人机的稳定性包括旋翼模式的稳定性和固定翼模式的稳定性。

在垂直爬升和垂直下降飞行阶段，复合翼无人机处于旋翼模式飞行状态，旋翼模式飞行的稳定性与多旋翼无人机的稳定性相似，多旋翼无人机的稳定性可参考本书 11.3 节。但是由于固定翼系统机身、机翼和尾翼的存在，增加了俯仰、偏航和滚转方向的迎风面积，这会对旋翼系统的稳定性造成显著的影响。迎风面积增加，一方面会放大扰动，另一方面会增加动稳定的阻尼。为了减小侧风扰动对旋翼模式稳定性的影响，在起降阶段要求机头指向逆风方向，这样可以大大减少侧风的迎风面积。俯仰方向失稳是复合翼无人机在起降阶段经常遇到的问题，这是因为机翼和尾翼在受到阵风扰动后会产生较大的升力，进而会产生突变的俯仰力矩，造成复合翼无人机的俯仰震荡。在复合翼无人机的试飞阶段，通过飞控调参可有效地抑制俯仰震荡。但是稳定性和操纵性是两个矛盾的对立体，操纵本质上也是一种可控的扰动，在飞控调参时，如果稳定性过强，则会导致操纵性过差。

在巡航飞行阶段，复合翼无人机处于固定翼模式飞行状态，固定翼模式飞行的稳定性与固定翼无人机的稳定性相似，而且多旋翼系统对固定翼模式稳定性的影响可以忽略。多旋翼系统主要通过飞控调参来调整多旋翼模式的稳定性，固定翼系统则需要在复合翼无人机的设计阶段进行评估，因为固定翼模式飞行的稳定性不仅会影响飞行安全，还会影响作业的质量，如俯仰方向的震荡会影响光电吊舱的成像。固定翼无人机飞行品质评估的一个重要工作之一就是稳定性分析。目前，针对有人驾驶的飞机，有着较为完备的飞行品质规范。无人机的飞行品质规范还不够完善，现阶段的固定翼无人机的飞行品质规范主要参考有人驾驶飞机的飞行品质规范。

在垂转平或者平转垂的飞行阶段的稳定性就比较复杂。这两个阶段是复合翼无人机事故率最高的两个阶段。通常平飞动力的推力线不过飞机的重心，在起飞加速阶段，发动机的推力处于最大状态，这会对俯仰方向的稳定性产生较大影响，在加速阶段复合翼无人机经常出现大的俯仰波动，因此在起飞程序里必须设定合适的安全高度。降落减速阶段与起飞加速阶段相比，稳定性较好一些。但是如果在减速阶段出现偏离设定降落点的情况，可能会导致无人机出现较大的姿态波动。

13.4　复合翼无人机的操纵性

无人机的操纵性是指无人机在收到操纵指令，并做出操纵动作后，无人机的响应特性。无人机的操纵性可以简单地理解为无人机在收到地面站操控指令后，无人机改变相应飞行状态的快慢，它是无人机飞行品质评估的另一项工作。但是无人机的操纵性与有人机的操纵性相比有较大的不同，有人机不仅需要评估操纵响应的灵敏度，还要评估杆力和杆位移，而无人机主要评估的是操纵响应的灵敏度。同样，关于有人机的操纵规范较为详细，关于中小型无人机的操纵性规范尚未发展，目前只能根据有人机的操纵性分析方法去分析无人机的操纵性。复合翼无人机的操纵性包括旋翼模式的操纵性和固定翼模式的操纵性。

在旋翼模式飞行状态，旋翼模式的操纵包括俯仰操纵、偏航操纵和滚转操纵，几个方向的操纵主要是通过调节螺旋桨的转速来实现的。多旋翼模式的操纵性可参考本书 11.4 节的多旋翼无人机的操纵性。由于固定翼系统机身、机翼和尾翼的存在，这些面积带来的操纵阻尼应该被考虑。旋翼模式的操纵性可以通过飞控调参进行优化，在进行飞控调参时，既要保证飞机具有良好的操纵性，也要保证飞机具有良好的稳定性。

在固定翼模式飞行状态，复合翼翼无人机具有固定翼无人机的操纵性，固定翼无人的操纵性在本书 5.4 节有详细的介绍。在复合翼无人机巡航阶段，旋翼可以通过直接力控制，可以改善固定翼低速状态的操纵性，如失速尾旋的改出，但是这需要飞控程序的支持。

在垂转平或者平转垂的飞行阶段旋翼和操纵舵面耦合控制，所以这两个阶段的操纵性比较复杂。复合翼无人机的设计中一般不分析这两个阶段的操纵性。

13.5　其他类型无人机简介

除了将旋翼以挂架的形式加载于无人机上，还可以以其他的方式来连接旋翼与固定翼。比如，在固定翼与旋翼之间通过倾转机构连接的倾转旋翼无人机，或者以机头朝上方式起降再转平飞的尾座式无人机。

倾转旋翼无人机是使用倾转机构，使旋翼可以相对无人机旋转运动。螺旋桨在垂起阶段起旋翼的作用，拉动无人机滞空；在倾转后起动力桨的作用，给无人机提供前飞动力。旋翼的布置有多种方式，按照倾转类型，有全部都倾转的，也有部分倾转的；按照螺旋桨数量，也有 3 个、4 个甚至更多的。带有倾转的旋翼同时起到旋翼与动力桨的作用，所以一般会按照动力桨的方法来选型。动力桨与旋翼最大的区别在于存在来流时效率的损失程度。无论是全部倾转还是部分倾转，均应在无人机前后都布置旋翼，因为在垂其阶段要依靠旋翼的拉力来平衡整机的力矩。对于全部倾转的无人机，在垂起滞空后其头尾旋翼均要进行倾转，然后依靠平尾等操纵面提供纵向平衡力矩。部分倾转无人机则会保留一个螺旋桨不倾转，在进入平飞段后会将不倾转的那个桨锁死，防止其随气流转动增大阻力。

无论是 3 个、4 个还是更多的螺旋桨，都需要考虑悬停与倾转过程中自旋动量矩的平衡问题。如果是 4 个或者多个螺旋桨，可以参考四旋翼的方式两两平衡；如果是三个螺旋桨，则需要设置螺旋桨的旋向，并计算好各自的自旋动量矩；同时还要考虑合动量矩一旦不为零时要如何进行调整。倾转旋翼在倾转过程中还会引入陀螺力矩，所以在倾转过程中会引入一个偏航力矩，这个力矩的平衡也是需要考虑的。并且倾转过程会对整机的稳定性与操纵性产生一系列的影响，这对自驾仪的考验也更加严峻。

与通过挂架将旋翼直接外挂于机体上的复合翼无人机不同的是倾转旋翼无人机理论上可以减少不少死重，因为普通的复合翼无人机在进入固定翼飞行阶段后其旋翼与挂架基本上是没有任何升力贡献的，是无人机不必要的负载。但在另一方面，倾转旋翼无人机需要较大的倾转机构，其给整个无人机带来的附加重量也是不可小觑的。另外，倾转旋翼本身的螺旋桨还要兼顾悬停和动力，很难在某一方面做到最优选型，再加上其本身较为复杂的控制逻辑，因此目前倾转旋翼无人机的发展受到较大的限制。

尾座式无人机起飞方式与导弹或者火箭类似，以机头朝上或者倾斜的角度射出，之后在飞行过程中调整姿态进入平飞。倾转旋翼式无人机，其旋翼相对于机体存在相对运动，即相对于机体进行倾转；而尾座式无人机的螺旋桨相对于无人机机体没有转动，而是与机身一同翻转，调整姿态直到能够平飞。尾座式垂起固定翼无人机最早发展于第二次世界大战时期，最近逐渐变得流行。

与一般的复合式无人机与倾转旋翼式无人机不同的是，尾座式垂直起降固定翼无人机具有更高的综合利用效率，因为其螺旋桨在垂起与平飞段均产生动力，能源利用率较高，同时又避免了挂架和复杂的倾转机构所增加的附加重量。尾座式无人机存在的最大问题在于其稳定操纵控制，即垂起转平飞段要如何提供翻转力矩；同时，起飞段遇到侧风扰动时要如何进行修正等。

航空思政讲坛

中国商飞研发制造 C919 大型客机纪实

中国大飞机诞生的"摇篮"

6 月 13 日，中国商飞公司传出喜讯，他们自主研发的国产 C919 大型客机再次收获订单，与国内一家公司签订 30 架 C919 大型客机销售框架协议。至此，C919 大型客机的国内外用户达到 24 家，订单总数达到 600 架。

纵观 C919 的发展历程，2008 年，启动项目；2009 年，正式开工建造；2015 年，首架机总装下线；今年 5 月，成功首飞。不到 10 年时间，中国人制造出自己的大飞机，并在世界航空领域占有一席之地。

百余年来，中国人都怀揣着一个航空梦。1909 年，冯如设计的中国航空史上第一架飞机"冯如一号"首飞成功，距莱特兄弟发明世界上首架飞机仅隔 6 年。跨越百年，C919 一飞冲天，这是新时期中国追逐大飞机梦跨出的第一步，也是中国商飞在航空领域的一个新突破。

6 年冲刺，建成世界一流民机总装基地

6 年前的浦东祝桥，一片 4000 余亩的土地被批准用于建造中国商飞总装基地，当时选址周边尽是滩涂和一望无际的芦苇荡。

今天在这里，已建成 12 座现代化的民机总装制造厂房和 5 条国际先进民机总装生产线，一排排高大厂房气势恢宏。

"短短 6 年，一座现代化民机总装基地拔地而起，向世界展现了中国速度。"公司副总经理刘林宗告诉记者，如今这里已经成为我国重要的民机总装基地，一大批飞机零部件制造企业在此集聚。

记者走进偌大的部装车间，一架崭新的 C919 大型客机停放在车间中央。刘林宗对记者说："前不久完成首飞的 C919 就是在这里完成总装的。"

安装电线、导管、驾驶舱、发动机……在这里，飞机完成"内装修"，随后喷上乳白色的"外套"，待整装完毕后，拖到 3 千米外的浦东机场专用试飞跑道，准备翱翔蓝天。

自动调整方向、真空排屑、自动送钉……巨大的车间里，记者看到，一台机器人上下挥舞着"手臂"，快速地进行制孔铆接。总工程师姜丽萍说，这些年，公司的智能化制造正加速推进，未来 C919 批量生产后，98%的钻铆工作将由机器人完成。

"5 年前，我们建造第一架 ARJ21 新支线飞机时，机身很多拼接环节需要肩扛手拉，用绳子吊上去。"现场的一位工人告诉记者，如今飞机零部件安装采用了自动化操作，每一步操作都精确到毫米。

短短 6 年，飞机部装跨越的是"两个时代"，从吊装定位到制孔铆接，过去依赖人工的工序，如今大部分实现了自动化操作。

造大飞机，百万零部件在这里"聚首"

在某大型压机车间，操作人员正娴熟地操作机械手从高温箱里缓缓地夹起一个锻件，送至 10 多层楼高的模锻压机锻压台上。只听"轰"的一声巨响，锻压台面迅速合拢，飞溅出鲜红的火花。

几分钟后，随着锻压台面缓缓张开，一个重达 1.6 吨的大型锻件诞生了。这个大型锻件与另外锻造的活塞杆连接，就组成了 C919 客机的一个起落架。

"这只是 C919 客机百万零部件中的一个，来自全国各地的飞机零部件都在这里'聚首'。"年轻的工程师余圣晖介绍，大型客机是目前世界上最复杂、技术含量最高的产品。从设计研发到总装下线，再到实现首飞，中国商飞公司用了近 10 年时间串起了国内外一条完整的飞机制造产业链——200 多家企业、36 所高校、数十万产业人员参与研发制造。

在这些企业中，不仅有民营企业，还有生产军机的知名军工企业。

这是商飞人难忘的一天。2014 年 5 月 15 日，C919 大型客机首个前机身，在航空工业洪都公司成功研制下线。从外形看，前机身就是一个巨大的圆筒状"铁家伙"，里面却包含 1600 多个零件，1900 多个工装项目。造民机与造军机有很大的不同，从图纸设计到产品下线，洪都公司用了两年多的时间。

宽大的数控厂房里"盘卧"着几台铣床，其中双龙门三座标高速铣床长达 18 米，这是全球第二台蒙皮镜像铣设备，是洪都公司为了研制国产大飞机而专门定制的。

有了先进设备还要配备过硬的人才。为此，洪都公司组建了一个数百人的技术攻关团队，全面推进新工艺、新材料、新技术的应用，并首次采用了第三代铝锂合金材料。

"80%的零部件是我国首次设计生产的，通过对 C919 的设计研制，我国掌握了民机产业 5 大类、20 个专业、6000 多项民用飞机技术，推动新技术、新材料、新工艺实现全面突破。"C919 项目部技术管理处处长崔克非如是说。

航空报国，用工匠精神打造中国品牌

在数控机加车间，记者见到一位身材偏瘦、头发花白的老师傅，正全神贯注地站在车间工作台前加工飞机零件。

他就是全国劳动模范、商飞数控机加车间钳工组组长胡双钱。这份工作，他一干就是整整35年。

2014年的一天，胡双钱接到紧急任务，要求3天内完成26个局部结构不同的C919零件加工。当天，胡双钱立即组建了技术攻关团队。拿到零件图纸后，胡双钱并没有急着加工，而是带领大家分析技术参数，商讨加工步骤和工艺方案。最后，他们鏖战三天三夜，终于加工完所有零件，并全部符合工艺要求。

"作为工匠，对待产品的加工流程，每一个环节、每一个细节都要做到精益求精，如同你们记者写稿子，每一句话、每一个字都要如切如磋，如琢如磨。"35年里，胡双钱加工了数万个飞机零件，对这份神圣的工作，他有自己的心得体会。

在商飞，这样的故事、这样的人物比比皆是。2014年，钣金制造车间接到了C919首架机一处蒙皮的制造任务，时间很紧，但零件的制造难度却很大。

这次任务是与时间赛跑。确定好制造工艺后，组长王伟带领团队先后尝试用6种垫料进行轧压试验，最后确定了辅助垫料；没时间做模拟仿真，他们依靠前期试验所得的一些数据，结合自身从业经验，轧压出蒙皮的大致弧度，并将公差缩小到标准公差的三分之一以内。

励志的故事，几乎每天都在发生。在商飞，35岁以下的年轻人是研发队伍中的主力，他们在边学边干、屡败屡战的过程中，先后攻克了综合航电、飞行控制等102项关键技术，填补了国内多项技术空白。

"浦东机场每天有那么多航班，但没有一架客机是中国人制造的，我们一定要改变这种局面。"年轻的商飞人没有忘记当初的誓言。航空报国，成就梦想，这些追梦人用自己的行动，助推中国大飞机梦飞蓝天。

编者按：党的十九大报告指出，要"建设知识型、技能型、创新型劳动者大军，弘扬劳模精神和工匠精神，营造劳动光荣的社会风尚和精益求精的敬业风气"。工匠精神是一种职业精神，是职业道德、职业能力、职业品质的体现，是从业者的一种职业价值取向和行为表现。C919大型客机的制造过程，正是因为有了胡双钱师傅这样精益求精的工匠，才得以顺利进行并最终取得成功。目前，我国正在由制造业大国向制造业强国转变和前进，需要越来越多的工程技术人才和产业工人来推动和实现这一转变。青少年应不怕苦不怕累，潜心钻研技术，提升自身专业水平，为我国成为制造强国而努力。

http://military.people.com.cn/n1/2017/0707/c1011-29389339.html

程福江，倪大伟. 打造中国自己的大飞机. 解放军报，2017-07-07

附　录

无人机相关法律法规

1. 中国民航局 CAAC 发布的相关规章清单

《无人驾驶航空器飞行管理暂行条例（征求意见稿）》

《民用无人驾驶航空器系统空中交通管理办法》（MD-TM-2016-004）

《民用无人机驾驶员管理规定》（AC-61-FS-2016-20R1）

《民用无人驾驶航空器实名制登记管理规定》（AP-45-AA-2017-03）

AC-61-FS-2018-20R2 民用无人机驾驶员管理规定

AC-91-FS-2015-31 轻小无人机运行管理规定（试行）

AC-92-2019-01 特定类无人机试运行管理规程（暂行）

AC-135-68《直升机医疗救援服务》咨询通告

高风险货运固定翼无人机系统适航标准

基于运行风险的无人机适航审定指导意见

民用无人机产品适航审定管理程序（试行）

民用无人机系统适航审定项目风险评估指南（试行）

2. 中国公安部警航牵头制定的相关标准清单

警用无人驾驶航空器系统 第1部分_通用技术要求

警用无人驾驶航空器系统 第2部分_无人直升机系统

警用无人驾驶航空器系统 第3部分_多旋翼无人驾驶航宝器系统

警用无人驾驶航空器系统 第4部分_固定翼无人驾驶航空器系统

3. 我国出台的无人机监管文件及行业标准体系文件清单

MD-TM-2016-004 民用无人驾驶航空器系统空中交通管理办法

MH/T 1065—2018 航空医疗救护飞行服务规范

MH/T 1069—2018 无人驾驶航空器系统作业飞行技术规范

MH/T 2011—2019 无人机云系统数据规范

MH/T XXXXX 城市低空无人驾驶航空物流航线划设规范（征求意见稿）

Q/GDW 11384—2015 架空输电线路固定翼无人机巡检系统

Q/GDW 11399—2015 架空输电线路无人机巡检作业安全工作规程

GB/T 38058—2019 民用多旋翼无人机系统试验方法

GB/T 38909—2020 民用轻小型无人机系统电磁兼容性要求与试验方法

GB/T 38911—2020 民用轻小型无人直升机飞行控制系统通用要求

GB/T 38924.1—2020 民用轻小型无人机系统环境试验方法第 1 部分：总则

GB/T 38924.2—2020 民用轻小型无人机系统环境试验方法第 2 部分：低温试验

GB/T 389243—2020 民用轻小型无人机系统环境试验方法第 3 部分：高温试验

GB/T 36924.4—2020 民用轻小型无人机系统环境试验方法第 4 部分：温度和高度试验

GB/T 38924.5—2020 民用轻小型无人机系统环境试验方法第 5 部分：冲击试验

GB/T 38924.6—2020 民用轻小型无人驾驶航空器系统环境试验方法第 6 部分：振动试验
（征求意见稿）

GB/T 36924.6—2020 民用轻小型无人驾驶航空器系统环境试验方法第 6 部分：振动试验

GB/T 38924.7—2020 民用轻小型无人驾驶航空器系统环境试验方法第 7 部分：湿热试验
（征求意见稿）

GB/T 389248—2020 民用轻小型无人机系统环境试验方法第 8 部分：盐雾试验

GB/T 38924.9—2020 民用轻小型无人机系统环境试验方法第 9 部分：防水性试验

GB/T 38924.10—2020 民用轻小型无人机系统环境试验方法第 10 部分：砂尘试验

GB/T 38930—2020 民用轻小型无人机系统抗风性要求及试验方法

GB/T 38930—2020 民用轻小型无人机系统抗风性要求及试验方法

GB/T 38931—2020 民用经小型无人机系统安全性通用要求

GB/T 38996—2020 民用轻小型固定翼无人机飞行控制系统通用要求

GB/T 38996—2020 民用轻小型固定翼无人驾驶航空器飞行控制系统通用要求（征求意见稿）

GB/T 38152—2020 无人驾驶航空器系统术语

GB/T 38567—2020 多旋翼无人机用无刷同股电动机系统通用规范

GB/T 38931—2020 民用轻小型无人机系统安全性通用要求

GB/T 38954—2020 无人机用氢燃料电池发电系统

GB/T 38997—2020 轻小型多旋翼无人机飞行控制与导航系统通用要求

无人机相关法律法规

文号	文件名称	文件分类	发文日期	备注
飞行管理				
	《无人驾驶航空器飞行管理暂行条例（征求意见稿）》	行政法规	2018/01/26	
AC-91-FS-2015-31	轻小无人机运行规定（试行）	规范性文件（咨询通告）	2015/12/29	
空中交通管理				
MD-TM-2009-002	民用无人机空中交通管理办法	规范性文件	2009/06/26	废止
MD-TM-2016-004	民用无人驾驶航空器系统空中交通管理办法	规范性文件（管理文件）	2016/09/21	
	中南地区民用无人驾驶航空器系统空中交通管理评审规则（试行）	规范性文件（管理文件）	2018/02/24	
驾驶员管理				
AC-61-FS-2013-20	民用无人机驾驶航空器系统驾驶员管理暂行规定	规范性文件（咨询通告）	2013/11/18	废止
AC-61-FS-2016-20-R1	民用无人机驾驶员管理规定	规范性文件（咨询通告）	2016/07/11	
无人机管理				
AP-45-AA-2017-03	民用无人驾驶航空器实名制登记管理规定	规范性文件（管理程序）	2017/05/16	
标准体系文件				
	无人驾驶航空器系统标准体系建设指南（2017—2018 年版）	技术性文件（标准体系）	2017/06/06	
MH/T 2008—2017	无人机电子围栏	民用航空行业标准	2017/10/20	
MH/T 2009—2017	无人机云系统接口数据规范	民用航空行业标准	2017/10/20	

参考文献

[1] 钟伟雄，等. 无人机概论[M]. 北京：清华大学出版社，2018.

[2] 陈再新，等. 空气动力学[M]. 北京：航空工业出版社，1993.

[3] 徐华舫. 空气动力学基础[M]. 北京：北京航空航天大学出版社，1987.

[4] 王永虎，等. 飞行原理[M]. 北京：中国民航出版社，2020.

[5] 付长青. 无人机空气动力学与飞行原理[M]. 西安：西北工业大学出版社，2018.

[6] 刘沛清. 空气螺旋桨理论及其应用[M]. 北京：北京航空航天大学出版社，2006.

[7] 朱宝鎏. 无人机空气动力学[M]. 北京：航空工业出版社，2006.

[8] 王永虎. 直升机飞行原理[M]. 成都：西南交通大学出版社，2017.

[9] 付长青，等. 多旋翼无人机技术基础[M]. 北京：清华大学出版社，2017.

[10] 祝小平，等. 无人机设计手册[M]. 北京：国防工业出版社，2007.

[11] 全权. 多旋翼飞行器设计与控制[M]. 北京：中国工信出版社，2017.

[12] 韦加无人机教材编写委员会. 无人机飞行原理[M]. 北京：航空工业出版社，2019.

[13] 邢琳琳. 飞行原理[M]. 北京：北京航空航天大学出版社，2018.

[14] 远洋航空教材编写委员会. 无人机飞行原理与气象环境[M]. 北京：北京航空航天大学出版社，2020.

[15] 刘菲，吕人力. 民用无人机运行管理立法分析与建议[J]. 科技导报，2020，38（16）：15-28.

[16] STOCKER C, ROHAN B. Review of the current state of UAV regulations[J]. Remote Sensing, 2017, 9(459): 1-26.

[17] KIMON P. VALAVANIS,et al. Handbook of Unmanned Aerial Vehicles[M]. Springer Dordrecht Heidelberg New York London. 2015.

[18] PAUL GERIN FAHLSTROM,THOMAS JAMES GLEASON. Introduction to UAV systems–4th ed[M]. John Wiley & Sons Ltd., 2012.

[19] JHA A R. Theory, design, and applications of unmanned aerial vehicles[M]. CRC Press / Taylor & Francis Group, 2016.

[20] PASCUAL MARQUÉS, ANDREA DA RONCH. Advanced UAV Aerodynamics,Flight Stability and Control: Novel Concepts, Theory and Applications[M]. John Wiley & Sons Ltd, 2017.

[21] RANDAL W BEARD, TIMOTHY W MCLAIN. Small unmanned aircraft: theory and practice[M]. Princeton University Press, 2012.